中国城市空间营造个案研究系列
本书由浙江工商大学旅游与城乡规划学院城乡规划重点学科建设基金资助出版

荆州城市空间营造研究
——楚文化融合多族群的空间博弈

Urban Space Construction of Jingzhou City
——Space Game of Ethnic Group led by Chu Culture

陈　怡　著
赵　冰　主编

中国建筑工业出版社

图书在版编目（CIP）数据

荆州城市空间营造研究：楚文化融合多族群的空间博弈 = Urban Space Construction of Jingzhou City——Space Game of Ethnic Group led by Chu Culture / 陈怡著；赵冰主编. —北京：中国建筑工业出版社，2020.12

（中国城市空间营造个案研究系列）

ISBN978-7-112-25443-9

Ⅰ. ①荆… Ⅱ. ①陈…②赵… Ⅲ. ①城市空间—空间规划—研究—荆州 Ⅳ. ①TU984. 263. 3

中国版本图书馆CIP数据核字（2020）第175197号

本书以荆州城市空间营造 2700 年的全过程为研究对象，从荆州城市空间发展的现状问题出发，研究荆州各历史时期的人文背景、城市空间营造思想和城市空间结构，剖析荆州族群文化与城市空间营造之间的作用机制和互动规律，研究当前荆州城市空间博弈的平衡法则，预测未来荆州城市发展的空间模式和时间进程。

本书由浙江工商大学旅游与城乡规划学院城乡规划重点学科建设基金资助出版

责任编辑：吴宇江　陈夕涛
责任校对：赵　菲

中国城市空间营造个案研究系列
荆州城市空间营造研究
——楚文化融合多族群的空间博弈
Urban Space Construction of Jingzhou City
——Space Game of Ethnic Group led by Chu Culture
陈　怡　著
赵　冰　主编
*
中国建筑工业出版社出版、发行（北京海淀三里河路 9 号）
各地新华书店、建筑书店经销
北京点击世代文化传媒有限公司制版
北京建筑工业印刷厂印刷
*
开本：850 毫米 ×1168 毫米　1/16　印张：22½　字数：514 千字
2022 年 1 月第一版　2022 年 1 月第一次印刷
定价：**98.00** 元
ISBN 978-7-112-25443-9
（36431）

总　序

中国城市空间营造个案研究系列是我主持并推动的一项研究。

首先说明一下为什么要进行个案研究。城市规划对城市的研究目前多是对不同地区或不同时段的笼统研究而未针对具体个案展开全面的解析深究。但目前中国城市化的快速发展及城市规划的现实困境已促使我们必须走向深入的个案研究，若继续停留在笼统阶段，不针对具体的个案展开深入的解析，不对个案城市发展机制加以深究，将会使我们的城市规划流于一般的浮泛套路，从而脱离城市自身真切的发展实际，沦落为纸面上运行的规划，为规划建设管理带来严重的困扰。因此，我们亟须做出根本性的调整，亟须更进一步全面展开个案的研究，只有在个案的深入研究及对其内在独特发展机制的把握基础上，才可能在城市规划的具体个案实践中给出更加准确的判定。

当然也并不是说目前没有个别的城市规划个案研究，比如像北京等城市的研究还是有的。但毕竟北京是作为首都来进行研究的，其本身就非常独特，跟一般性的城市不同，并不具有个案研究的指标意义。况且这类研究大多未脱离城市史研究的范畴，而非从城市规划的核心思想来展开的空间营造的研究。

早在 20 世纪 80 年代我就倡导以空间营造为核心理念来推动城市及城市规划的研究。在我看来空间营造是城市规划的核心理念，也是城市规划基础性研究即城市研究的主线。

我是基于东西方营造与 Architecture（营建）的结合提出空间营造理念的。东方传统注重营造，而西方传统注重 Architecture（营建）。营造显示时间序列，强调融入大化流衍的意动生成。Architecture（营建）则指称空间架构，强调体现宇宙秩序的组织体系。东方传统从意动生成出发，在营造过程中因势利导、因地制宜，面对不同的局势、不同的场域，充满着不断的选择以达成适宜的结果。在不同权利的诸多生活空间的合乎情态的博弈中随时进行不同可能序列的意向导引和选择，以期最终达成多方博弈的和合意境。西方传统的目标是形成体现宇宙秩序的空间组织体系，这一空间组织体系使不同权利的诸多生存空间的博弈能合乎理性地展开。而我提出空间营造就是将东西方两方面加以贯通，我认为空间营造根本上是以自主协同、合乎情理的空间博弈为目标的意动叠痕。

对于城市空间营造来说，何为最大的空间博弈？我以为应该是特定族群的人们聚集在一起的生存空间意志和生存环境的互动博弈。当特定族群的人们有意愿去实现梦想中的城市空间时，他们会面对环境的力量来和他们互动博弈，这是城市空间营造中最大的一个互动博弈。人们要么放弃、要么坚持，放弃就要远走异地，坚持就要立足于这个特定的环境，不断去营造适宜的生存及生活空间。这是发生在自然层面的博弈。而在社会层面，人与人之间为了各自理想空间的实现也在一定的体制内进行着博弈，其中离不开各种机构和组织的制衡。就个人层面，不同的生存和生活状态意欲也会作为潜在冲动的力量影响其自主的选择。城市规划就是贯通这 3 个层次并在一定时空范围内给出的一次或多次城市空间营造的选择，其目的是以自主协同的方式促使空间博弈达成和合各方情理的一种平衡。

我提出的自主协同是至关重要的，在博弈中参与博弈的个体的权利都希望最大化，这是自主性的体现，但这需要博弈规则对此加以确保。博弈规则的确立就需要协同，协同是个体为确保自身权利最大化而自愿的一种行为。协同导致和合情理的博弈规则的遵从，这也是城市规划的目的。

和合各方情理就是促使博弈中诸多情态和诸多理念达成和合，这里也包含了我对城市规划的另一个看法：即城市规划应试图在空间博弈中达成阶段性的平衡。假如没有其他不期然的外力作用的话，它就达到并延续这种平衡。但是如果一旦出现不期然的外力，空间博弈就会出现不平衡，规划就需要再次梳理可能的新关系以达成空间博弈的更新的平衡。

多年来的研究与实践使我深感城市空间营造个案研究的迫切性，更感到城市规划变革的必要性。在我历年指导的硕士论文、博士论文中目前已陆续进行了30多个个案城市的空间营造的研究，这是我研究的主要方向之一。我希望从我做起，推动这项工作。

所有的这些个案城市空间营造研究的对象统一界定并集中在城市本身的空间营造上。在时段划分上，出于我对全球历史所做的深入思考，也为了便于今后的比较研究，统一按一维神话（中国战国以前）、二维宗教（中国宋代以前）、三维科学（中国清末以前）3个阶段作为近代以前的阶段划分；1859年以后近代开始，经1889年到1919年；1919年现代开始，经1949年到1979年进入当代；再经2009年到未来2039年。这是近代、现代、当代的阶段划分，从过去指向未来。

具体落实到每一个城市个案，就要研究它从开始诞生起，随着时间的展开其空间是如何发生变化的，时空是如何转换的，其空间博弈中所出现的意动叠痕营造是如何展开的，最终我们要深入到其空间博弈的核心机制的探究上，最好能找出其发展的时空函数，并在此基础上对于个案城市2009年以后空间的发展给出预测，从而为进一步的规划提供依据。

空间方面切入个案城市的分析主要是从城市空间曾经的意动出发对随之形态化的体、面、线、点的空间构建及其叠痕转换加以梳理。形态化的体指城市空间形态整体，它是由面构成的；面指城市中的各种区域空间形态，面又是由线来分割形成的；线指城市交通道路、视线通廊、绿化带、山脉、江河等线状空间形态，线的转折是由点强化的；城市有一些标志物、广场，都属于点状形态。当我们说空间形态的体、面、线、点的时候，点是最基本的，点也是城市空间形态最集中的形态。这就是我们对于个案城市从空间角度切入所应做的工作。当然最根本的是要从空间形态的叠痕中体会个案城市的风貌意蕴，感悟个案城市的精神气质。

时间方面切入个案城市的分析包含了从它的兴起到兴盛，甚至说有些城市的终结，不过目前我们研究的城市尚未涉及已终结或曾终结的城市。总体来说，城市是呈加速度发展的。早期的城市相对来讲，发展较为缓慢，在我们研究的个案城市中，可能最早的是在战国以前就已经出现，处于一维神话阶段，神话思维引导了城市营造，后世的城市守护神的意念产生于此一阶段。战国至五代十国是二维宗教阶段，目前大量的历史城市出现在这个阶段，宗教思维引导了此阶段城市营造，如佛教对城市意象的影响。从宋代一直到清末，是三维科学阶段，科学思维引导了此阶段城市营造，如园林对城市意境的影响。3个阶段的发展时段越来越短暂，第一阶段在战国以前是很漫长的一个阶段，从战国到五代十国，这又经历了将近 1500 年。从宋到清末，也经历了 900 年的历程。

1859 年以后更出现了加速的情况。中国近代列强入侵，口岸被迫开放，租界大量出现，洋务运动兴起。经 1889 年自强内敛到 1919 年 60 年一个周期，“三十年河东，三十年河西”，60 年完成发展了一个循环。从 1919 年五四运动思想引进，经 1949 年内聚，到 1979 年我们又可以看到现代 60 年发展的循环。1919 年到 1949 年 30 年，1949 年到 1979 年 30 年，从 1979 年改革开放，经 2009 年转折到未来 2039 年又 30 年，是当代 60 年发展的循环。从发展层面上来说现当代 120 年可以说是中华全球化的 120 年。它本身的发展既有开放与内收交替的历史循环，也有一种层面的提高。我从 20 世纪 80 年代以来不断在讲述 1919 年真正从文化层面上开启了中华全球化的进程，1919 年五四新文化运动唤起了中国现代人的全球化的意识，有了一种从新的全球角度来重新看待我们所处的东方的文化。通过东方的和侵入的西方的比较来获得一种全新的文化观。1919 年一直持续到 1949 年，随着中国共产党以及毛泽东领导的时代的到来，中国进入一个在文化基础上进行政治革命的时代，这个时代持续到 1979 年。这个阶段可以说是以政治革命来主导中华全球化的进程。这个阶段是建立在上一个阶段新文化运动的基础上所开展的一个政治革命的阶段。这种政治革命是有相应文化依据的，因为它获得了一种新的文化意义上的全球视角，所以它就在这个视角上去推动一个全球的社会主义或者说共产主义运动，希望无产阶级成为世界的主导阶级，成为全球革命的主体，以这个主体来建立起一个新的政治制度。这毫无疑问是全球化的一种政治革命。这种政治革命到 1979 年宣告结束。1979 年以后，随着邓小平推动的以经济为主的变革，中华全球化就从政治革命进入一个更深入的经济改革的时代。这个改革的时代一直持续到 2009 年，可以说中华全球化获得了更深入的发展。不仅仅在文化、在政治，也在经济这 3 个层面获得了中华全球化的突飞猛进。当然 2009 年到随之而来的 2039 年，中国将会更深入地在以前的 3 个基础之上，进一步深入到社会的发展阶段。这个阶段是以公民社会的建构为主，公民社会的建构将成为一个新时代的呼声。未来我们会以这个为主题去推进中华全球化，推进包括空间营造在内的城市规划的发展。

实际上在空间营造方面我们也经历了与文化、政治、经济相应的过程，在特定的阶段都有特定的空间营造的特点。我希望在对个案城市的研究中，特别应该注意现当代空间的研究。结合文化、政治、经济的重点展开来具体分析。比如 1919—1949 年 30 年中，当时的城市空间营造推进了一种源于西方的逻辑空间意识，这种逻辑空间意识当然是以东西方结合为前提的，与之呼应出现了一种复兴东方的传统风格的意识，所以我们可以看到在这个阶段中城市的风貌表现出的一种相互间的整合，总体上是文化意识层面的现代城市空间的营造。最典型的例子就是当时南京的规划，就是以理性空间结构与传统的南京历史格局相结合。第二个阶段，1949—1979 年，由于政治是主导，所以在空间引导方面更多的是以人民革命的名义所进行的空间的营造。这代表了大多数人的空间意识，比如说北京城市的空间营造，特别能够体现出这个时代的空间的权力、人民的权力空间。所以包括天安门广场，以及整个围绕天安门广场的空间的布局，它反映出一种现代中国人民的权力意识的高涨。面对着南北轴线上的紫禁城，如何去和它相对抗，出现了人民英雄纪念碑竖立在南北轴线上，正面对着紫禁城的空间表现出人民的一种强大的权力。而且毛主席纪念堂最终也在1978年落到了南北轴线上，更是最终定格了人民的权力。这是关于天安门广场的空间表现出来的政治上的一种象征性，北京在这个时代是非常典型的，一种关于人民政治权力的表现在空间上进行了非常有意义的探索。当时的各个城市也同样建立了人民广场，同时工人新村成为那个时代的典型空间类型。单位的工作、生活前后空间组织的格局成为最基本的空间单元。1979—2009年，这30年在空间上更多的是关于空间利益的，不同的空间代表不同的利益取向。从开发区的划定到房地产的楼盘泛滥，城市空间的营造离不开空间的利益，离不开不同的个体或集团通过各种手段在城市建设中获得自身最大化的利益。

从2009年以后未来30年将会如何？这就涉及对未来发展的宏观认识以及未来城市规划应该把重点放在何处的问题。它涉及未来我们以怎样的思想和方法来进行规划，涉及城市规划自身的变革问题，涉及规划师自身的转型问题。我提出用自主协同、和合情理的规划理念和方法来开展个案城市今后的规划，这当然是基于空间营造是以自主协同、和合情理的空间博弈为目标的意动叠痕思想而对个案城市的一种把握。我希望能够整合现当代所获得的空间之理、空间之力、空间之利来达成未来的空间之立。个体的空间自立是阶段性空间博弈平衡的目标。这里的核心是要尊重每一个个体的自主性，同时防止让他们侵害到其他的自主性，使得我们的规划能够去适应一个新时代的公民社会的建构。

我们研究这些个案城市，就是为了顺着族群生存空间的梦想及其营造实现这一贯穿始终的主线，梳理个案城市在历史演化过程中空间营造所面对的一次次来自自然、社会、个人的挑战及人们所作出的回应，把握它独特的互动机制，从而进一步推动它在未来的空间营造特别是公民社会的空间建构来具体实现自主协同、和合情理的空间博弈。这就是我希祈每一个个案研究所要达成的目的。

在体例上，所有这些论文也都是以这样的基本格局来展开的。我希望我指导的硕士生、特别是博士生能够脚踏实地，像考古学家一样调研发掘他所研究的个案城市的营造叠痕，也要深入钻研，像历史学家一样详尽收集相关的文献资料，并且发挥规划师研究和体悟空间的特长，以直观且精准的图文方式展现我们的研究成果，特别是图的绘制，这本身就是研究的深化。我当然也知道他们个性及求学背景的差异会最终影响论文的面貌，只能尽力而为了。

最后，我表达一种希望，希望有更多的人参与到这项研究计划中来，以便尽早完成中国600多个案城市的研究，同时推动城市规划的变革。

武汉大学城市建设学院创院院长、教授、博士生导师

赵 冰

2009年7月于武汉

序

禹划天下为九州，荆州为其一。《尚书·禹贡》载："荆及衡阳惟荆州。"荆州是个地域概念，又是个城市概念。

无论从"地域"或"城市"而言，荆州既具有自然地理优势，又具有政治、军事、文化、经济、交通等诸多方面的优势，历来是"用武之国，帝王之都"。公元前689年至公元963年，先后有6个朝代、34位帝王在这里建都，历代以降荆州实为神州重镇。至于现当代，它又有了新的发展。

随着全球一体化的到来，中国的新农村建设和城镇化进入了一个新时代。城市规划虽在阔步前进，却也面临许多问题，或者说一种困境。在广泛的城市学理论研究中，赵冰教授从人类学思想出发开创了他的城市空间营造理论，认为城市"空间营造根本上是以自主协同和合情理的空间博弈为目标的意动叠痕"。而这种"空间博弈"的主体是"族群"，博弈会不断地在自然层面、社会层面及个人层面交互并持续地发生，其本质是"人的空间"。多年来，在这一基础理论的引领下又主持进行了多个个案城市空间营造的研究。因为只有进行了个案城市空间营造的深入研究，我们的城市规划才能在认识论上指明方向、在方法论上达到准确，以迈入正确的实践道路。

有幸读到陈怡博士的专著《荆州城市空间营造研究》，该著内容纷繁，频感震撼。

绪论数万言，敷陈了中外诸多学派有涉城市空间营造理论之所本及其研究成果，以及对于荆州城市空间营造研究成果之罗列、解析，窃以为，这些正是该著的精髓。

我们知道，汉语"营造"一词含意深广，非英文Architecture或Building可相对应。该著以易学思维为哲学基点，重在对立的统一及其整体以及抽象思维与逻辑思维的通变，既从时间看空间，又从空间看时间，以显空间的实质"存在"。

该著注视到了在荆州城市空间营造的历程中"楚文化融合多族群的空间博弈"。我们知道，楚人是来自东方，辗转迁徙至荆州的客家人。由于能与当地多民族融合，至于熊渠"甚得江汉间民和"，封王、拓土。至楚文王自丹阳徙都郢（荆州纪南城），荆州乃为楚文化崛起及核心基地，新兴的楚文化与西方的希腊文化被誉为东西辉映"竞辉齐光，宛如太极之两仪"。楚都纪南城无论其规模及其规划建设之科学性，皆居于当年世界前列。所谓"秦承楚制"，汉亦承楚制。不但在政治、经济抑或在城市建设——空间营造方面，楚之影响深远。

陈怡博士怀着研究荆州城市的激情和理念，刻苦努力，面对荆州城市空间营造这个"复杂巨系统"，采取并运用了系统论的思想，"集大成，得智慧"，积十年之功，方毕此役。

该著的核心部分从自古迄今不同的历史阶段分别对荆州城市空间营造予以研究，一是空间营造历史，二是营造特征，三是空间尺度，四是空间博弈，从而探究其空间营造的法则、规律。第9章还专门研究了荆州城市空间营造的"动力机制"，所有这些都呈现出了该著的闪光点，在此基础上对荆州城市空间未来的发展有所展望和预测。

综上所述，我们不难认定该著既是中国个案城市空间营造研究域的重要成果，具有高度的学术价值，尤其是荆州城市史域一项本于多学科交叉研究，从宏观至于微观、涉观至为全面的典籍。

人们看到，今日荆州为塑造大写的“中国旅游目的地”正在蓄势待发，因而该著也为荆州的总体规划提供了及时的参考。

以上只是我读此著时的一点感受，忝为序。

高介华

2017 年 10 月 30 日

前 言

荆州市位于长江中游的江汉平原中部，拥有2700年的营造历史，1982年被评定为国家首批历史文化名城。30多年的经济发展带来城市巨变，荆州与中国大多数历史文化名城一样，尚未找到保护与发展相协调的营造方法。本书旨在通过荆州城市空间营造历史的研究，探讨其空间营造的特征和规律，预测未来荆州城市空间营造的方向和方法。

第1部分论述本书的研究意义、方法和背景。第1章介绍荆州城市发展的现状问题，通过国内外城市空间研究和荆州城市空间研究的现状分析，提出以文化为脉络解读荆州城市空间营造特征、从空间意象角度研究空间尺度，运用易学思维建构其营造法则的研究方法。并简要介绍荆州自然条件、社会背景和历史沿革，以此为基础展开各历史时期的城市空间营造研究。

第2部分为古代荆州城市空间营造研究。第2章介绍战国之前荆州城市起源和早期城址变迁，探讨一维神话阶段以楚文化主导的荆州城市空间博弈规则。第3章研究战国到五代十国时期荆州城市空间营造，这是荆州城市发展史上的第一个黄金时期，重点介绍战国纪南城和汉代江陵城兴起，揭示二维宗教阶段荆州城市空间博弈规则。第4章是宋代到晚清的荆州城市空间营造研究，主要介绍宋代沙市城的兴起和明清荆州城的变迁，揭示三维科学阶段荆州城市空间博弈规则。

第3部分研究近代荆州城市空间营造。第5章为1889—1919年的荆州城市空间营造研究，主要介绍辛亥革命后荆州满汉双城的变迁，沙市九十铺和洋码头的发展等，探讨四维后科学阶段中华文化发展时期的荆州空间营造机制。

第4部分研究现代荆州城市空间营造。第6章介绍1919—1949年的荆州城市空间演变，主要包括民国时期荆州城的变迁和沙市市政工程整理规划，研究四维后科学阶段中华文化转型时期荆州的开放式空间博弈规则。第7章研究1949—1979年的荆州城市空间营造，主要分析中华人民共和国成立后荆沙间交通方式变革和沙市市总体规划实施对城市空间的影响，研究四维后科学阶段全球文化萌芽时期的荆州空间博弈规则。

第5部分研究当代荆州城市空间营造。第8章是1979—2009年的荆州城市空间营造研究，主要介绍荆州历届历史文化名城保护规划的编制和实施情况，分析荆沙合并对荆州城市扩展方向的影响，揭示四维后科学阶段全球文化发展时期荆州内聚式空间博弈规则。

结论部分对荆州的城市空间营造动力机制和营造模式作出总结。第9章总结荆州城市空间营造的动力机制，分析楚文化对荆州城市空间营造的重要作用。第10章依据荆州城市空间营造的博弈规则，展望未来30年荆州城市空间营造的远景。

目　录

第1部分　研究背景

第3部分　近代荆州城市空间营造研究

第4部分　现代荆州城市空间营造研究

第 6 部分 结论与展望

第 1 部分

研究背景

第 1 章　绪　论

1.1　研究目的

人类城市文明历经数千年，城市形态经历了从聚落、乡村、城镇、城市到城市群的演变过程，城市空间形态经历着新兴、扩展，到更新、成熟的生命周期。城市仿佛一个个自转和公转的星球，占据三维空间，又参与四维时间，创造了一个个时空互动的四维空间。人与环境的互动创造了城市、建筑与景观，它们属于人化的环境，又是物化的文明。

人与环境的互动关系千变万化，带给城市不同的基因密码。解读城市基因的目的不仅是为了理解历史，更是为了创造未来。荆州城市空间营造研究的目的就是顺着荆州主体族群的空间理想和营造实现这一主线，梳理荆州 2700 年的主客互动过程，解读城市空间营造历史所蕴含的时空转换机制和互动规律，破解城市基因密码，推动城市未来自主协同、和合情理的空间营造[①]。

主客体互动过程和时空转换机制的研究不是独立的两个部分，而是相互交织的一个过程。首先，主体（族群）和客体（城市）的研究需要结合，赵冰教授提出“从空间角度研究城市，就是从族群（主体）的营造理想出发，对相应的空间体、空间面、空间线、空间点等空间形态（客体）的构建和转换元素加以梳理”，“通过空间形态的叠痕梳理，体会城市的风貌意蕴，感悟城市的精神气质”[②]，从而理解城市空间与主体文化的呼应关系。同时，主客体互动过程和时空转换规律的研究需要结合。不同时间维度下，城市主客互动的过程不同，时空转换机制不同，需要展开分段研究。根据“人类生活世界的四个发展形态”理论[③]，以及中国近代之后 30 年为一阶段的研究方法[④]，我们将荆州 2700 年的空间营造研究划分为 8 个时间段：一维神话阶段（中国战国以前）；二维宗教阶段（中国宋代以前）；三维科学阶段（中国清末 1889 年以前）；1889—1919 年（近代）；1919—1949 年（现代）；1949—1979 年；1979—2009 年（当代）；2009 年到未来 2039 年。通过研究每个阶段的主客互动过程，分析各阶段的时空作用机制，归纳出整体的时空转换规律。

这种主客结合、时空结合的研究包括 3 个层面：

---

① 这又与城市史或空间形态角度研究城市个案不同。

② 参见：赵冰．中国城市空间营造个案研究系列总序 [J]．华中建筑，2010（12）：4.

③ “生活世界”，是相对于精神世界的概念，“人类生活世界的四个发展形态”，是基于人类精神世界的不同形态对生活世界所作的时间划分，反映了主客互动的不同阶段。参见：赵冰．4！——生活世界史 [M]．长沙：湖南人民出版社，1989.

④ 由于荆州位于内陆地区，西方文化的影响较沿海城市晚，因此从 1889 年（晚于沿海城市 1859 年）开始进入近代。原思想表述源自：赵冰．中国城市空间营造个案研究系列总序 [J]．华中建筑，2010（12）：5.

第一是荆州城市空间营造特征的研究。城市空间是物化的城市文明，族群空间理想是城市空间营造的直接动力。族群文化与在地文化融合形成族群的空间理想，固化为一定的技艺、礼仪和境界[①]，最后才物化为城市空间。因此从特定时段的文明特征和族群构成、族群文化和在地文化、营造技艺、礼仪和境界等出发梳理空间理想，分析城市空间营造特征，就能找到主体——族群和客体——空间的结合点，找到城市空间尺度的来源。

第二是荆州城市空间营造尺度的归纳。在族群与城市空间互动的过程中，哪些尺度被族群认同和保护？哪些尺度被淘汰和改变？稳定的空间尺度体现了怎样的空间博弈平衡？城市空间尺度的提炼，是寻找城市空间博弈的法则和归纳时空转换机制的前提。

第三是荆州城市时空互动规律的研究。荆州 2700 年的历史创造了多座城市空间，每座城市营造的起始期、高峰期和衰落期何在？每个时期推动时空转换的主导因素是什么？整体而言维持城市空间博弈平衡的主导因素是什么？根据荆州城市空间营造的时空互动规律，今天荆州城市空间博弈失衡的原因在哪里？在未来的文化背景下，空间营造需要发展怎样的技艺、制度和境界，需要创造怎样的空间尺度来建立新的平衡关系？因此，总结荆州各时期的时空转换机制，归纳其独有的时空互动规律，预测未来荆州城市空间的营造模式，是本书研究的最终目的。

1.2 研究意义

本书的研究意义体现在 3 个层面：协调荆州城市的保护和发展，保存长江流域的多元文化，探索中国城市空间博弈的平衡机制。

1.2.1 保护发展的协调

荆州是中国早期南北通道上的重要地区[②]。荆州东北长湖之滨的鸡公山遗址 5 万 ~ 6 万年前[③]，是人类从山林走向平原的早期驻足点。荆州西北的阴湘城遗址 4500 年、面积 $20hm^2$,是屈家岭文化时期长江中游重要的聚落中心城市之一[④]。荆州纪南城是春秋时期中国最大的都城,也是战国时期长江流域规模最大、人口最多的城市。其后的江陵城在东汉时期、三国时期、南北朝时期、隋唐时期、五代十国时期都是中国最繁荣的城市之一，建于 1788 年清乾隆年间的江陵古城保留至今。明末清初，沙市成为江汉平原的贸易中心，民国年间由功能单一的码头和集镇发展成为长江流域重要的港口城市，中华人民共和国成立后 30 年间又成为中国重要的轻工业基地和明星城市。1996 年荆沙合并后，荆州以沙市为中心结合荆州古城、武德、城南和城东开发区等 5 个片区形成大型城市。从公元前 2550 年到今天，荆州的空间营造历时 4500 年，先后出现了阴湘城、纪南城、郢城、江陵城、沙市城和大荆

① 赵冰“营造体系”讲谈录 [R]. 2004-12-18. 见：刘林. 活的建筑：中华根基的建筑观和方法论——赵冰营造思想评述 [J]. 重庆建筑学报，2006（12）.

② 也是目前东亚最早出现城邑的地区。赵冰. 长江流域族群更叠及城市空间营造 [J]. 华中建筑，2011（1）.

③ 数据引自：刘德银，王幼平. 鸡公山遗址发掘初步报告 [J]. 人类学学报，2001（5）：111.

④ 参见：裴安平. 聚落群聚形态视野下的长江中游史前城址分类研究 [J]. 考古，2011（4）：51.

州等 6 座位置不同、形态各异的城市，族群更叠之频繁、城市空间交替时间之长在人类城市发展史中极为少见。

作为中国第一批历史文化名城，荆州的保护和发展却面临诸多困境。江陵古城虽保存完好，但建筑密集，小型工业用地与传统居住空间混杂，城市传统风貌丧失。产业结构老化、生态环境破坏、交通不畅、公共空间品质不佳和治安水平下降等一系列城市问题使这座江汉平原的中心城市活力不足。尽管《荆州市城市总体规划（2010—2020）》已经实施，但在下一轮规划修编之前，深入了解荆州的城市空间营造历史，研究城市的时空转换机制和空间营造法则，探讨保护和发展相互协调的规划模式①，是我们亟须完成的工作。

1.2.2 多元文化的保存

荆州的第二个独特性在于城市文化的影响面极广。荆州是楚文化的摇篮，是春秋时期中国最大的都城和战国时期长江流域规模最大、人口最多的城市。荆州紧靠长江，航运、军事和商业的发展将楚文化传播到整个长江流域——东至吴越、南至湘滇，从而对中国南方的城市文化乃至中华文化的形成产生了深远影响②。自五代十国至明代的中国十大城市③中，有 7 座位于长江中下游，浙江地区成为明代中国人口最密集的地区④。近现代以来，长江三角洲成为中西文化交融的前沿，出现了世界级城市上海和一系列大型城镇群，族群更叠的强劲活力使长江流域成为东亚族群文化内涵最为丰富的区域之一⑤。赵冰教授提出："城市所在的区域空间往往和特定流域和流域间所形成的地理单元相对应，流域是稳定的族群生存空间。"荆州作为长江流域最早的大型城市和文化之源，其影响力不可忽视，其文化特质值得研究。

1.2.3 空间博弈的平衡

荆州的第三个独特性在于城市生命力极强。2005 年一项面对荆州居民的城市公共空间意象调查显示，尽管荆州的保护和发展面临诸多困境，本地居民对城市空间的认同感却很强⑥，城市文化显示出强大的生命力。赵冰教授提出，城市空间博弈的内在机制蕴含在城市

---

① 参见：赵冰．访谈录 [R]. 2009．另见：陈雪莲．关注荆州古城保护的"叠痕营造"模式 [EB/OL]．2009-01-13．http://www.ccdy.cn/xinwen/gongong/201109/t20110926_56980.htm.

② 参见：高介华，刘玉堂．楚国的城市与建筑 [M]．武汉：湖北教育出版社，1996.

③ 包括：汴州（开封）、洛阳、金陵（南京）、杭州、福州、广州、成都、长沙、荆州、扬州。

④ 其中浙江地区在洪武二十六年（公元 1393 年）的人口是 10784567（其中军籍人口 297000 人），人口密度为 106.9 人 /km^2，居全国之首，并且以后的 110 年中人口发展环境相对平衡，没有受到明显的影响。关于明代人口分布，参见：刘士岭．试论明代的人口分布 [D]．郑州：郑州大学，2005.

⑤ "更叠"表达历史空间叠压关系，"族群更叠"的概念由赵冰教授于 2011 年首次提出。赵冰．长江流域族群更叠及城市空间营造 [J]．华中建筑，2011（1）: 4.

⑥ 71% 的居民认为城市中心充满乐趣、令人激动，80% 的居民认为城市中心的环境会越来越好，人们在市中心最喜欢的是老建筑，最不喜欢的是市容不洁和污染问题。75% 的居民希望增加步行道，33% 的人可以接受步行和机动车结合。最迫切的需要是：多种植树木（68%）。其次是高质量的建筑物（37%）、增建更多的步行区（27%）、减少汽车和卡车（22%），更吸引人的路面铺装（21%）。对于旧城人口的搬迁问题，超过一半（51%）的居民愿意搬迁，41% 的居民不愿意搬迁。该调查由武汉大学城市建设学院师生 2005 年 4 月完成，调查结果引自：陈怡．荆州古城城市空间形态保护 [D]．武汉：武汉大学，2005.

文化包含的空间理想中，理清族群历史、理解城市空间的意蕴、认识族群空间理想，将城市个性更明确地彰显出来，才能实现城市空间博弈的平衡，推动公民社会自主协同、和合情理①的城市空间营造②。

然而西方现代主义思想主导的国际大都市模式正成为中国普遍追求的城市蓝图，忽视内在发展机制的城市研究方法③正大量运用于中国城市的规划决策。2010年北京国际城市研究中心发布的《2006—2010中国城市价值报告》表明，2010年全国有655个城市提出要“走向世界”，183个城市要兴建“国际大都市”④，2008年荆州市政府也确立了“新荆州、古荆州、美荆州、大荆州”的发展策略。随着六大“城市病”⑤症状凸显，以西方城市为蓝本、以西方城市研究为指引的中国城市，无法避免地陷入了个人、社会和自然层面的博弈失衡⑥。

中国城市内在生命力的延续与空间博弈的平衡，能否走出西方城市模式的束缚和西方城市研究的误区，找到具有中国特色的城市营造之道？我们希望用荆州城市空间营造研究来回答这个问题。从族群历史和空间遗产出发，找到荆州的城市空间理想和城市营造机制，展现荆州的城市意蕴和城市个性，将不仅有利于荆州城市空间营造模式的创新，更有利于中国城市空间博弈平衡机制的探索。

1.3 国内外研究现状

荆州城市空间营造机制的研究方法来源于两类理论：一是西方人本主义的空间认知理论，二是东西方结合的空间营造思想。空间认知理论是本书分析荆州城市空间营造特征和空间尺度的主要方法，空间营造思想是本书研究荆州城市空间营造历史、归纳空间博弈模式和总结空间营造机制的主要方法。这两种理论体现了国内外城市空间理论的研究背景和发展前沿，它们的结合是城市空间理论发展的必然趋势。

1.3.1 国外城市空间理论研究的现状

1. 西方城市空间理论的发展背景：立足空间看时间的哲学

西方空间哲学的发展从理性走入感性，重空间而轻时间⑦。西方文化很早就将空间的认识与“人的存在”联系在一起，建造城市与建筑的目的是创造场所感，追求空间的稳

① 赵冰．讲谈录[R]．2011-04-30.

② 原思想表述源自：赵冰．中国城市空间营造个案研究系列总序[J]．华中建筑，2010（12）.

③ 原思想表述源自：赵冰．中国城市空间营造个案研究系列总序[J]．华中建筑，2010（12）.

④ “通过对‘十一五’期间中国城市发展的跟踪调查，北京国际城市发展研究院发布了《2006—2010中国城市价值报告》。”引自：六大“城市病”挑战中国“十二五”城市发展[EB/OL]．2010-10-29．http://www.caijing.com.cn/2010-10-29/110555447.html.

⑤ 包括：人口无序集聚、能源资源紧张、生态环境恶化、交通拥堵严重、房价居高不下、安全形势严峻等。

⑥ 关于“自然、社会和个人层面的城市空间博弈”，参见：赵冰．中国城市空间营造个案研究系列总序[J]．华中建筑，2010（12）：4.

⑦ 参见：牟宗三．中西哲学之会通十四讲[M]．长春：吉林出版集团有限责任公司，2010.

定和永恒，根据空间决定时间的安排，这与东方文化中相天法地[①]和辩证实用[②]的空间观截然不同。

2. 20世纪西方城市空间理论发展历程——实证主义、人本主义、结构主义和解构主义的影响

第一次世界大战后，理性主义和实证主义主导欧美城市空间研究，城市空间的美学原则和现代功能受到关注。19世纪末，城市美化运动大量展开，古典尺度在城市建设中重新得到运用。1922年法国建筑师勒・柯布西耶（Le Corbusier）发表《明日的城市》，从人的需求角度批判了19世纪末形式主义的错误，提出集中主义的观点，认为未来城市空间的本质是美学和功能的外化，从此现代主义思想普及到全球。但极端的功能主义忽视了城市空间的意义，导致出现“千城一面”的现象。第二次世界大战后的20年间，欧美的建筑学家和规划师又对日益僵化的现代主义思想展开批判，逐渐形成了人本主义、结构主义和解构主义3类规划思想。

人本主义是影响西方现代城市空间理论发展的第一类思想。1960年，美国城市规划学家凯文・林奇（Kevin Lynch）出版的《城市意象》[③]将人类学的视觉感知研究用于城市空间解析，提出城市意象的5要素——路径、节点、边界、标志和区域，第一次将城市空间形态与人的主观感受联系起来，但忽略了意象与社会的关联[④]。1963年，挪威建筑历史与理论学家诺伯格-舒尔茨（Christian Norberg-Schultz）出版的《建筑的意向》[⑤]从现象学角度研究空间，1971年又出版《存在・空间・建筑》[⑥]一书中，结合梅洛・庞蒂的感知现象学、皮亚杰的拓扑心理学方法、海德格尔的现象学理论和凯文・林奇的城市意象方法，考察了实用空间、知觉空间、存在空间、建筑空间和抽象空间的5种空间概念，指出建筑空间与逻辑空间的区别，提出建筑空间是生存空间的外化，界定了“定向”和“认同”两个由生存空间到建筑空间的转化过程，并归纳了建筑空间的4个层次：景观、城市、建筑和用具，以及它的构成要素——中心与场所、方向与路线、区域与领域。诺伯格-舒尔茨认为，城市空间形态由人与人的相互作用和社会生活形态决定，城市内部结构是“正在那里发生”的个人和社会功能复合作用的结果，这就将城市空间与更广泛的社会因素联系在一起。1975年诺伯格-舒尔茨出版的著作《西方建筑的意义》[⑦]进一步对建筑、城市空间与社会意义的关联展开研究。1980年他出版的《场所精神：迈向建筑现象学》[⑧]以具体的、存在的语句分析

---

① 如河图、洛书中人的空间与宇宙空间的混同。

② 如《老子》提出：“埏埴以为器，当其无，有器之用。凿户牖以为室，当其无，有室之用。故有之以为利，无之以为用。”原思想表述源自：赵冰. 人的空间 [J]. 新建筑，1985（2）：31.

③ 凯文・林奇. 城市意象 [M]. 方益萍，何晓军译. 北京：华夏出版社，2001.

④ 参见：汪原. 凯文・林奇《城市意象》之批判 [J]. 新建筑，2003（3）：70.

⑤ NORBERG-SCHULTZ C. Intentions of the architecture[M]. Cambridge：M.I.T. Press，1963.

⑥ NORBERG-SCHULTZ C. Existence，space and architecture[M]. New York：Praeger Press，1965. 中译本：诺伯格-舒尔茨. 存在・空间・建筑 [M]. 尹培桐译. 北京：中国建筑工业出版社，1990.

⑦ 诺伯格-舒尔茨. 西方建筑的意义 [M]. 李路珂，欧阳恬之译. 北京：中国建筑工业出版社，2005.

⑧ 诺伯格-舒尔茨. 场所精神：迈向建筑现象学 [M]. 施植明译. 武汉：华中科技大学出版社，2010.

建筑，根据海德格尔的“定居”概念[①]，提出“场所”的概念[②]，开辟了建筑现象学研究，指出西方建筑学的本质是空间逻辑的建立[③]，这一观点成为今天欧洲建筑和城市空间研究的理论基础。1966年，意大利建筑师阿尔多·罗西（Aldo Rossi）出版《城市建筑学》[④]，运用现象学和类型学的方法，对城市不同时期、不同地点的生活关联展开研究[⑤]，开创了意大利文脉主义学派，成为新理性主义和城市历史空间研究的代表人物。

结构主义是影响西方现代城市空间研究的第二类思想。1965年，美国建筑理论家和规划师克里斯托弗·亚历山大（Christopher Alexander）发表文章《城市并非树型》[⑥]，第一次从社会结构的角度论述了城市空间的非等级化。1977年，亚历山大发表《模式语言》[⑦]，1979年出版《建筑的永恒之道》[⑧]，提出了空间的“无名特质”概念，认为社会成员应当按照自己的存在状态设定生活的空间秩序，因此只要选择适当的城市空间逻辑片段，通过自组织活动就可以实现城市空间的整体秩序。1984年，英国伦敦大学的比尔·希利尔（Bill Hillier）出版《空间的社会逻辑》[⑨]一书，吸收人类学（列维-斯特劳斯）、语言学（索绪尔）、科学哲学（波普）和信息理论（“熵”与结构）[⑩]等结构主义理论研究空间与社会结构的互动关系，提出空间句法（Space Syntax）的概念，认为空间就是按照某种规则自行排列的、可以划分的拓扑关系，通过拓扑结构的模拟将空间中蕴含的关系量化，可以此评判和验证某种空间结构的合理性。亚历山大与希利尔都注重空间逻辑片段的解析，但忽略了空间逻辑的社会背景和形成过程，认为无论何种社会背景，只要解决了空间片段的问题，整体空间逻辑就可自发形成，表现为超文化和超历史的自然主义，难以解决空间中蕴含的“人类困境”[⑪]。

---

① 诺伯格-舒尔茨的定居概念来源于海德格尔的Concept of dwelling，“存在空间”和“定居”是同义词，而“定居”在存在的意义上就是建筑的目的，当人能在环境里面为自己定向并和它打成一片，或者简言之他体验环境作为有意义的，人就定居下来。因此，“定居”包含着比“遮蔽所”（Shelter）更多的东西，它包含了有生活呈现的空间就是词句的真正意义上的场所。此解释引自：汪坦．诺伯格-舒尔茨:《场所精神——关于建筑的现象学》前言[J]．世界建筑，1986（12）．另参见：HEIDEGGER M.Being and time[M]．trans. by MACQUARRIE J，ROBINSON E．London：SCM Press，1962.

② 诺伯格-舒尔茨提出的“场所”包含有生活呈现意义的空间就是词句的真正意义上的场所，因此场所是有明确特征的空间，空间意义的传统本质是地方守护神的思想（genius Logic，即场所精神），它自古以来曾被认为是人在日常生活中所必须面对着的或习惯于的具体现实，建筑意味着使这些地方守护神成为可见的，而建筑师的任务就是创造各种有意义的场所，因此他有助于定居。此解释引自：汪坦．诺伯格-舒尔茨:《场所精神——关于建筑的现象学》前言[J]．世界建筑，1986（12）.

③ 这与中国以体验营造为起点的空间概念截然不同。

④ 罗西．城市建筑学[M]．黄士钧译．北京：中国建筑工业出版社，2006.

⑤ 提出城市是众多有意义的和被认同的事物（urban facts）的聚集体，见：罗西．城市建筑学[M]．黄士钧译．北京：中国建筑工业出版社，2006.

⑥ ALEXANDER C．A city is not a tree[J]．Architectural Forum，1965，122（1）：58-62；1965，122（2）：58-62.

⑦ ALEXANDER C. 建筑模式语言：城镇·建筑·构造[M]．王昕度，周序鸿译．北京：中国建筑工业出版社，1989．亚历山大的著作由赵冰教授率先引入中国大陆。

⑧ 亚历山大．建筑的永恒之道[M]．赵冰译．北京：中国建筑工业出版社，1989.

⑨ HILLIER B，HANSON J．The social logic of space[M]．New York：Cambridge University Press，1984.

⑩ 朱剑飞．当代西方建筑空间研究中的几个课题[J]．建筑学报，1996（10）：42.

⑪ 人类困境是罗马俱乐部提出的概念。指人类在当代所遇到的一系列问题，如人口剧增、环境冲突尖锐、资源减少、社会分裂、区域对抗等。

解构主义是影响城市空间理论发展的第三类思想。20世纪40年代开始，解构主义和理性主义结合的城市空间研究在英语国家展开。1941年西格弗瑞德·吉迪翁（Sigfried Giedion）发表的《空间·时间·建筑：一个新传统的成长》[①]用空间概念分析建筑，用恒与变来阐述城市和建筑空间的历史，是西方现代建筑和城市空间分析的经典之作。20世纪50年代，美国得克萨斯大学奥斯汀建筑学院的一批具有先锋思想的年轻教员[②]系统地发展了现代建筑教育的理念和方法，在古理性诠释典主义的基础上建立了古典和现代建筑、城市背后共同的空间概念[③]。其中来自英国的建筑学家柯林·罗（Colin Rowe）对城市空间研究影响深远，1978年他发表的《拼贴城市》[④]提出用空间拼贴的方法把断裂的城市历史文脉重新连接起来。1966年美国建筑师文丘里（RobertVenturi）发表的《建筑的复杂性和矛盾性》[⑤]和1972年发表的《向拉斯维加斯学习》[⑥]同样指向城市空间文脉的多样性现实。1969年波兰裔的美国建筑学家阿摩斯·拉普卜特（Amos Rapoport）发表的《宅形与文化》[⑦]和1982年发表的《建成环境的意义：非言语表达方法》[⑧]运用人类学方法研究乡土建筑的文化成因，探讨文化与建成环境之间的作用机制，尽管归纳尚不完全，但他第一次跳出西方文化的背景，以世界各地多文化背景下的居住空间为研究对象，探讨地理、气候、社会、经济、哲学等因素对居住空间形态的影响，拓宽了城市空间研究的范畴和角度，同时建立了城市空间研究研究的人本主义价值观，即无论空间的经济社会背景如何，其空间逻辑的文化价值同等重要。

20世纪50年代开始，解构主义和人本主义结合的城市空间研究在欧洲大陆展开。1959年法国哲学家加斯东·巴什拉（Gaston Bachelard）发表的《空间诗学》[⑨]，从心理学

---

① 吉迪恩.空间·时间·建筑：一个新传统的成长[M]. 王锦堂，孙全文译. 武汉：华中科技大学出版社，2010.

② “这个学术团体被称为德州骑警（Taxes Rangers，1951—1958）包括勃那德·赫伊斯利（Bernnard Hoesli）、柯林·罗（Colin Rowe）、约翰·海杜克（John Hejuk）和鲍勃·斯卢斯基（Bob Slutzky）等人，他们对建筑空间理论的研究和建构与1950年代中国同济大学冯纪忠教授提出的《空间原理》异曲同工”，此解释引自：顾大庆.《空间原理》的学术及历史意义[M]// 赵冰. 冯纪忠和方塔园. 北京：中国建筑工业出版社，2007.

③ 德州骑警的设计练习彻底摆脱了对风格和样式的依赖，而转向由内在逻辑结构控制的形态操作。他通过对建筑历史和实践的分析发掘出“现代”和“传统”之间一些新的概念关系，特别在古典主义的诠释上以及被称作“白色建筑”的现代运动中，柯林·罗提出了很多独特深远的观点。

④ 该书对西方传统城市空间的本质以及现代城市空间的困境进行了深刻剖析，柯林认为：城市规划从来就不是在一张白纸上进行的，而是在历史的记忆和渐进的城市积淀中所产生出来的城市的背景上进行，所以，我们的城市是不同时代的、地方的、功能的、生物的东西叠加起来的。现代城市规划所造成的城市解构影响了历史城市的延续性，工业化国家正在“现代城市”中受煎熬，那里的城市规划和设计师正在试图找回失去了的世界。参见：罗，科特. 拼贴城市[M]. 童明译. 北京：中国建筑工业出版社，2003.

⑤ 文丘里. 建筑的复杂性与矛盾性[M]. 周卜颐译. 北京：中国建筑工业出版社，1991.

⑥ 文丘里，布朗，艾泽努尔.向拉斯维加斯学习[M]. 徐怡芳，王健译. 北京：知识产权出版社，中国水利水电出版社，2006.

⑦ 拉普卜特.宅形与文化[M]. 常青等译. 北京：中国建筑工业出版社，2007.

⑧ 拉普卜特. 建成环境的意义：非言语表达方法[M]. 黄兰谷等译. 北京：中国建筑工业出版社，1992.

⑨ 巴舍拉.空间诗学[M]. 龚卓军，王静慧译. 台北：张老师文化事业股份有限公司，2003.

和精神分析学角度论述空间本质，被称为空间心理学的经典[①]。他提出人本主义和解构主义结合的认识论[②]，认为科学不能在科学本身中得到说明，它根本上是一种关系的学说，哲学的任务也不在于解释和普及科学，而是要阐明我们精神的认识过程。在科学领域，诞生就是发现；在艺术领域，诞生就是创造；建筑和城市空间的诞生介于科学和艺术之间，调和理性与经验，联系自然科学与社会科学，形成人类精神世界的外在来源。巴什拉对空间本质的论述使自然科学和社会科学的界限消失，将多元关系的概念带入城市空间研究。法国哲学家米歇尔·福柯（Michel Foucault）将解构主义与城市空间研究结合，1969年他出版的《知识的考掘》[③]将历史空间化，暴露出知识体系的断层，对西方理性主义进行拆解，质疑历史法则逻辑，重新建立了知识衍生传播的脉络，显示了意义、法理和道德的权宜性与扩散性。关于建筑和城市空间的本质，福柯提出杂托邦和它空间的概念，他认为我们生活的空间充满着混杂性（Mixité）和矛盾性，不同时空或同时空的矛盾被挤压到相邻空间或重合到同一空间中，这种思想打开了空间研究的社会学视野，空间被看作是知识与权力结合的场所，空间营造成为一种话语实践。这种空间研究方法也影响到英国，2004年伦敦大学朱剑飞的博士论文《中国空间策略：帝都北京（1420—1911）》[④]中运用了福柯的空间概念。

20世纪80年代，解构主义和人本主义结合的城市空间研究影响到中国。1983年巴黎十大和巴黎美丽城建筑学院教授、建筑师皮埃尔·克雷蒙（Pierre Clément）与艾曼纽·派赫纳特（Emmanuelle Pechenart）合著的《中国都城：选址和模式》[⑤]探讨了中国古都空间模式背后的社会成因。1984年皮埃尔·克雷蒙与苏菲·克雷蒙-夏邦杰（Sophie Clément-Charpentier）合著的《模糊的依赖：中国城市与商业》[⑥]研究了中国城市的商业空间在各个历史时期的形态变化，揭示了商业对中国城市空间形态的影响。1985年和1989年皮埃尔分别完成了《苏州城市形态和城市肌理》[⑦]和《中庸的建筑——传统街区形态》[⑧]两项研究，发表

① “诺伯格-舒尔茨将此书与海德格尔的《存在与时间》《住居思》，以及梅洛庞蒂的《知觉现象学》中有关空间的章节等，并列为建筑空间研究的必读经典。”引自：沈克宁．建筑现象学[M]．北京：中国建筑工业出版社，2007．参见：诺伯舒兹．场所精神：迈向建筑现象学[M]．施植明译．武汉：华中科技大学出版社，2010．

② 在认识的辩证法中，否定占有极其重要的地位。科学的精神是活着的历史，永不会结束，它是无休止的织与拆的活动，真理只有在争论结束时才会有完整的意义，不可能有最初的真理，只有最初的错误。所以，否定性是与知识的重新组织的普遍化运动相一致的，通过否定性，矛盾就像对立的幻想一样被克服了。巴什拉指出，直观所得到的结论是不可靠的，直接性应让位于具体性，认识也不能从已定数据出发，而只能从否定出发。因此认识论应建立在实践过程中的唯理论基础上。参见：巴舍拉．空间诗学[M]．龚卓军，王静慧译．台北：张老师文化事业股份有限公司，2003．

③ 福柯．知识的考掘[M]．王德威译．台北：麦田出版社，1993．

④ ZHU J F. Chinese Spatial Strategies：Imperial Beijing（1420–1911）[M]. London：Routledge Curzon，2004. 其空间策略的提出运用了比利尔·希列尔的空间句法理论。

⑤ CLÉMENT P，PECHENART E. Les Capitales Chinoises，leur Modèle et leur Site[R]. 1983.

⑥ CLÉMENT P，PECHENART E，CLEMENT-CHARPENTIER S. L’Ambiguïté d’une Dépendance，la Ville Chinoise et le Commerce[R]. 1984.

⑦ CLÉMENT P，PECHENART E，WONG M Y，et al. Suzhou Forme et Tissu Urbains[R]. 1985.

⑧ CLÉMENT P，CLEMENT-CHARPENTIER S，PECHENART E，et al. Architectures Sino-logiques，La Forme des QuartiersTraditionnels[R]. 1989.

《上海居住区的转换》[①]，阐述了中国传统街区的建筑理念。2005年武汉大学李军发表的博士论文《近代武汉城市空间形态的演变（1861—1949）》[②] 也是皮埃尔指导的亚洲城市空间研究系列成果之一。这种解构主义和人本主义结合的城市空间研究从空间的文化背景和城市问题出发，选择城市空间形态发展的某一历史片段，解析其空间逻辑和具体成因，避免了结构主义的城市史研究中的超文化倾向，又回避了解构主义研究中的超历史倾向。

同时，法国波尔多建筑景观大学的一系列成果也体现了解构主义和人本主义的结合。1989年波尔多建筑景观大学教授、建筑学家让·保罗·卢布（Jean-Paul Loubes）发表的《黄河流域的窑屋》[③] 研究中国黄河流域的地理特征对窑屋空间形态的影响，1998年发表的《吐鲁番的建筑和城市规划》[④] 从族群文化的角度解析新疆维吾尔自治区的民族建筑和城市形态，1997年发表的《西安三条主干道街区的更新：中国城市的转型与消失》[⑤] 记录了西安现代化城市更新中的传统城市形态变化。2007年波尔多建筑景观大学教授、历史和考古学家法约乐·吕萨克·布鲁诺（Fayolle Lussac Bruno）出版的《现代世界中的古老城市：西安城市形态的演进（1949—2000）》[⑥] 分析了新中国成立之后西安的城市形态变迁和成因。布鲁诺的研究揭示了社会背景的时间转换对城市空间形态的影响。卢布则受阿摩斯·拉普卜特的文化决定论影响，更关注族群文化和族群生活空间[⑦]。

总之，波尔多建筑学院将人类学、社会学与城市空间研究结合，注重本土文化背景对城市空间的影响，关注中国人眼中的中国城市空间，更多地体现了人本主义思想。巴黎大学侧重于运用西方空间逻辑解析中国城市空间，更多地体现了解构主义思想。

3. 国外的荆州城市空间研究

2005年2月至5月，法国波尔多建筑景观大学的布鲁诺教授、卢布教授、建筑师奥利弗·布赫什（Olivier Brochet）和建筑师弗朗斯娃·布朗（Françoise Blanc）受武汉大学赵冰教授和李军教授的邀请来到荆州，法方老师带领的10名法国建筑学研究生与中方老师带领的10名中国城市规划研究生合作，展开了荆州城市空间遗产调研和"荆州城市更新设计工作坊"，并出版了法文版作品集——《荆州城市空间保护规划设计研究》，笔者参与了荆州南门地段城市设计。2006年9月至2007年6月笔者在波尔多建筑景观大学交换学习，在布鲁诺教授、卢布教授和梅里达（Emmanuel Mérida）教授指导下，运用考古学、人类学和社会学方法，完成法语论文《两座城门的比较——波尔多Aquitaine和荆州南门的城市空间

① CLÉMENT P，GED F，QI W，et al，Transformations de l'habitat à Shanghai[R]. 1989.

② 李军. 近代武汉城市空间形态的演变（1861—1949）[M]. 武汉：长江出版社，2005.

③ LOUBES J-P. Maisons creusées du Fleuve Jaune[M]. Paris：Editions Créaphis，1989.

④ LOUBES J-P. Architecture et urbanisme de Turfan [M]. Préface de Michel Cartier. Paris：Editions l'Harmattan，1998.

⑤ LOUBES J-P. Réhabilitation du quartier des trois allées à Xian，la ville chinoise entre transformation et disparition[M]//dans：Chine Patrimoine architectural et urbain. Paris：Les éditions de la Villette，1997.

⑥ BRUNO F L. Xi'An - an ancient city in a modern world - Evolution of the urban form 1949-2000[M]. Paris：Editions Recherches，2007.

⑦ 在西方社会种族矛盾日益强烈的社会背景下，城市空间也成为冲突演绎的场所，美国"9·11"事件震惊世界，2006年巴黎骚乱也引发了城市空间中种族隔离问题和建立社会混合性的大讨论，同样的倾向也存在于分子人类学的研究领域.

演变》，研究了中西方文化背景下城门空间的不同形成机制。

2006年5月，波尔多建筑景观大学建筑学研究生王颖波运用荆州交流项目的调研成果，完成硕士论文《过去的等级、未来的转换——中国传统街区中的新混合模式》[①]，文章通过荆州古城南门街区的空间形态研究，将荆州传统居住街区的空间结构归纳为一个"层次体系"，提出中国传统居住空间设计中植入现代空间、创造混合性城市空间的设计方法。

4. 总结

从国外城市空间研究的发展趋势[②]看，西方擅长建立局部空间逻辑和解读场所精神，关注空间元素的作用机制和意识形态的场所体现，如水体对城市空间的作用、中国人心中的城市空间意象等问题。城市空间研究的目的不是阐述中西方城市的好与坏、优与劣，而是阐述意识形态（不同于实际功能）如何作用于空间。人本主义对人的空间的理解、对逻辑空间和实用空间的区分、对社会意识形态的关注以及对不同文化逻辑的平等态度，代表了西方空间研究的前沿思想。

国外进行荆州城市空间研究的目的是提炼空间元素和创造生活场所，研究方法是以人类学和社会学理论为基础，解析局部空间逻辑，探索空间更新手法。其不足在于时空作用机制的整体研究尚未展开，这是由人本主义背后的解构主义思想决定的，因此研究范围限于荆州古城的城门空间，尚未扩展到沙市和其他城市空间，研究年代集中于现代，尚未对荆州历史各时期的城市空间演变逻辑展开追溯、解析和系统分析。

1.3.2 国内城市空间理论研究的现状

1. 中国城市空间理论的发展背景——立足时间看空间的哲学

东方空间哲学从感性走入理性，重时间而轻空间[③]，易学思想最早体现了这种时空观。远古先民用形象思维总结生活经验，归纳事物关联，抽象为河图、洛书等符号，通过图像演绎占卜命运。伏羲氏将这些符号提炼为八卦，解释天地万象、预测凶吉，成为易学的开始。周文王将《易》规范化和条理化，创造《周易》，将时间和空间系统化，用时间变化规律指导空间决策，这种从客观世界中抽象出的朴素辩证法是中华文化和学术思想起源。

春秋时代是中华学术思想的黄金时代，史称"诸子百家"。其中影响最深远的是"阴阳五行"之说。"阴阳"是对立统一的辩证法，"五行"是原始的普通系统论。"阴阳五行"理论被大量应用于城市选址、色彩规划和建筑命名，成为城市和建筑空间营造的风俗和礼仪制度。春秋时期楚国老子进一步阐述了建筑中实体与空间的辩证关系[④]，是中国最早阐述空

---

① WANG Y B. Une hiérarchie du passé, une autre du futur——Un nouveau modèle d' architecture mixté dans un ancien quartier chinois[D]. Bordeaux: Travail Personnel de Fin d' Études de l' École d' Architecture et de Paysage de Bordeaux, 2006.

② 2010年下半年至2011年上半年法国城市空间研究核心刊物 Révue Urbanisme（《城市规划杂志》）双月刊的论题分别为，2010年7、8月，Villes créatives ?（创意城市？）；2010年9、10月，Istanbul（伊斯坦布尔）2010年11、12月，Jeunesse : lieux et liens（青年：地点和连接）；2011年1、2月，Aires numériques（数码区）；2011年3、4月 Centres commerciaux contre la ville ?（反城市的商业中心？）；2011年5、6月 Les villes moyènnes contre-attaquent（反攻中的中等城市）；2011年7、8月 Lire et écrire la ville（读写城市）. 参见：http://urbanisme.fr/.

③ 参见：牟宗三. 中西哲学之会通十四讲[M]. 长春：吉林出版集团有限责任公司，2010.

④ "埏埴以为器，当其无，有器之用。凿户牖以为室，当其无，有室之用。故有之以为利，无之以为用"。

间本质的文字论述。

战国时期，儒家思想推动中国从原始的卜巫神话阶段转为理性的人文文化阶段。儒家整理的《周礼》记载了关于城市空间规模等级和尺度格局的礼仪制度[①]。战国末期，周王朝统治衰落，儒学的统治局面被打破，学术下移，日益强盛的诸侯国中，诸子思想发展，对《周礼》进行了否定和批判,《管子》就是一例。与《周礼》中严格的城市营造制度不同,《管子》主张城市营造从实际出发，不重形式，不为宗法封建与礼制制度所约束，是魏晋时期风水理论产生的重要基础[②]。

秦代闾里制度和郡县制度的发展推动了城市管理水平的提高。东汉时期划分刺史部，是中国行政管理体制的第一次改革，刺史治所设于区域中心城市，城市营造的权力第一次由国家下移到地方行政机构。汉代道教出现，东汉佛教传入中国[③]，东汉末年道儒思想结合的玄学发展，魏晋时期风水思想形成。《晋书・五行志三》记载魏明帝时期，洛阳宫城火灾后，“清扫所灾之处，不敢于此有所营造”[④]第一次提到“营造”的概念。东汉、西晋和东晋末年3次北方移民高潮推动了南方士族文化的发展、风水思想的普及和私家园林的产生。唐代行政中心回移北方，代表中央集权的《周礼》制度和表现地方权力的风水思想在城市营造中博弈[⑤]，前者表现为区域中心城市中广泛实施的重城制度、市坊制度等级体系，后者表现为城市形态、道路格局和城门位置依地形变化，府署偏离中心等多样化布局。

宋代中国南方城市发展，民间的神仙崇拜和官方的佛教、道教思想并存。理学和心学的发展，掀起天道性命的哲学思潮，在认识论上提出“格物致知”学说和“即物穷理”的系统方法。城市管理制度中的市坊制度改为厢坊制度，撤销对“市”的限制，允许商人在街道上开设店铺经商。市坊制度的废除带来中国历史上第一次“城市革命”，促进了城市商业的繁荣。城市总体布局不再实施重城制度，空间均质化趋势初现端倪。城门和道路设计依据风水理论，府署等行政中心尺度仍遵循等级制度。北宋李诫总结隋唐以来中国木构建筑的营造技术和等级规范，编纂完成《营造法式》，成为中国历史上第一本官方发布的建筑设计标准集。

元代至晚清时期，儒释道结合的汉文化逐渐成熟，伊斯兰教、天主教等外来宗教发展。元、清统治者为巩固统治地位，恢复《周礼》的传统礼制，着意强化都城空间的等级制度，同时伊斯兰教的发展带来了十字街、鼓楼等新的城市空间元素。清代儒释道文化的发展加强了国民精神世界的约束，19世纪末期学术界开始关注西学，形成了第一次西学东渐浪潮，“西学”逐渐取代“夷学”，被中国知识分子视为可与“中学”对等的学术思想。

1919年五四运动的新文化思想宣告与封建传统文化彻底决裂，同时大开“全盘西化”

① “匠人营国，方九里，旁三门。国中九经九纬，经涂九轨。左祖右社，前朝后市，市朝一夫……经涂九轨，环涂七轨，野涂五轨。环涂以为诸侯经涂，野涂以为都经涂”。

② 风水思想的本质就是探讨如何在不断流逝的时间中寻找和构建理想居住空间格局。

③ 佛教传入中国的最早时间有多种说法，本书取高介华先生2012年5月1日观点。

④ 引自：房玄龄等．晋书[M]．北京：北京图书馆出版社，2003．

⑤ 总结自：鲁西奇．中国历史的空间解构[M]．桂林：广西师范大学出版社，2014：325-330．

论的先河。20世纪20年代第三次中西文化论战开始，中国现代建筑起步。20世纪20年代末上海的复古主义和折中主义建筑盛行，体现了西方实证主义和理性主义的影响。1926年中国现代建筑教育的先驱——国立中央大学建筑系组建，1928年东北大学建筑系成立，他们发展了法国巴黎美术学院的古典建筑教育传统，即布扎体系（Beaux-arts）。

20世纪30年代，上海租界出现了西方现代主义建筑，西学归来的中国建筑师展开了中西结合的设计探索。南京、上海、天津、武汉、沙市等一批重要的港口贸易城市和政治中心城市成立了都市计划委员会，现代城市规划和市政工程设计实践展开。20世纪40年代，中央大学解散，中国建筑思想的发展呈现多元化趋势。

20世纪50年代，以古典主义为背景的现代主义、包豪斯反古典的现代主义和维也纳工大以理性主义为背景的现代主义三者在中国生根发芽，一批新结构、新形式建筑和现代主义的城市规划出现。中国第一个五年计划开始，苏联本土流行的民族主义建筑思潮影响到中国，复古主义建筑和古典主义城市规划成为主流。

1950年奥地利维也纳工大毕业的冯纪忠和德国留学归来的金经昌在同济大学开设市政设计课，成为中国城市规划专业的创始人[①]。1952年同济大学创办城市建设与经营专业。20世纪60年代，现代主义的城市规划工作因“文化大革命”而停滞，大量政治主题的象形和隐喻建筑流行，建筑技术停滞，全国形成一种无形割据和疏于管理的局面，地域建筑的探索获得一线生机[②]。

20世纪70年代“文化大革命”后期，反古典的现代主义在中国发展衰微，古典主义和理性主义的城市规划重新开始。20世纪80年代中国建筑设计和城市规划一方面延续古典主义，出现大量现代功能与古典风格结合的建筑；另一方面地方文化发展，地域风格的建筑设计和历史文化名城保护研究开始，同时“通俗文化”发展，表现主义风格的建筑和城市空间出现[③]。由于西方后现代主义建筑思想引入中国，建筑意义、文化传统和地域特色受到关注，中国现代城市空间理论研究从此展开。

2. 1979年后以“人的空间”为基础，不断深化的人本主义城市空间研究

中国知网以“城市空间”为关键字的搜索[④]中，1979—1989年论文仅46篇，1990—1999年论文150篇，2000—2009年论文为1872篇，2010—2011年的论文554篇，这一系列数据（表1-1）说明了中国城市空间研究在改革开放之后的30年间走过的发展过程和今天受到关注的程度。

---

① 参见：冯纪忠．建筑人生——冯纪忠自述[M]．北京：东方出版社，2010.

② 赵冰．从后现代主义多元论说开去[N]．中国美术报，1986（41）.

③ 作为后现代主义思想引入者之一的赵冰教授认为，“后现代主义不同于以前建筑思想的根本之处在于其多元论。现代主义虽处于多元时代，但建筑师们沉浸在新建筑的惊喜中未考虑多元的实现，使现代建筑步入表现主义的歧途”。该解释引自：赵冰．从后现代主义多元论说开去[J]．中国美术报，1986（41）.

④ 选择“中国期刊全文数据库世纪期刊（1979年至1993年，部分刊物回溯至创刊）”“中国期刊全文数据库（1994年至今，部分刊物回溯至创刊）”“中国博士论文全文数据库”“中国优秀硕士论文全文数据库”和“全国重要报纸全文数据库”。

中国知网"城市空间"相关论文数量统计表　　表1–1

	中国期刊全文数据库世纪期刊（1979—1993 年，部分刊物回溯至创刊）	中国期刊全文数据库（1994 年以后，部分刊物回溯至创刊）	中国博士论文全文数据库	中国优秀硕士论文全文数据库	中国重要报纸全文数据库	总计
1979—1989	23	23（重复）	—	—	—	23
1990—1999	10	140（10 重复）	—	—	—	140
2000—2009	—	1370	40	264	198	1872
2010—2011	—	408	6	71	70	555

来源：根据中国知网 2011 年 8 月 25 日数据库信息统计。

1977 年台湾大学建筑与城乡研究所所长夏铸九主编《空间的文化形式与社会理论读本》[①] 围绕空间、文化与社会的关系，翻译介绍了 12 位西方著名社会学家和都市研究学者的 15 篇文章，是国内介绍人本主义空间理论较早的著作。

1979—1989 年中国改革开放，城市化进程加速，城市规划学界引入国外城市空间理论，主要包括 4 个方面（表 1-2）：一是城市空间尺度理论，如芦原义信的《街道的美学》《外部空间设计》等；二是城市空间设计理论，如亚历山大的《建筑模式语言》等；三是空间形态分析理论；四是人的空间理论，如诺伯格 - 舒尔茨的《存在・空间・建筑》、阿摩斯・拉普卜特《建成环境的意义——非语言学研究方法》等。城市空间理论阐述了"人的空间"和"城市空间"的概念，对微观层面的城市空间尺度、中观层面的城市空间结构和宏观层面的城市经济功能，以及时间层面的城市空间文脉等研究理论展开介绍，展现了理性主义（微观层面）、结构主义（中观层面）、实证主义（宏观层面）和人本主义（时间层面）等不同角度的城市空间研究成果。其中介绍人本主义城市空间研究的论文有：葛水粼翻译的槙文彦的《日本的城市空间和"奥"》[②]，艾定增的《古代城市模式对现代城市规划的影响——城市空间结构的跨文化研究》[③]，乔文领的《城市空间・城市设计——读芦原义信、亚历山大、沙里宁等论著之后》[④] 等。

1979—1989年中国知网"城市空间"相关论文数量分析表　　表1–2

	理性主义主导的城市空间设计	结构主义主导的城市总体空间结构研究	实证主义主导的城市形态研究	人本主义主导的城市空间文脉
1979—1989 年	7	3	8	5

来源：根据中国知网 2011 年 8 月数据库信息统计。

1983 年赵冰在中国大陆率先介绍了美国 20 世纪 70 年代结构主义规划学者克里斯蒂安・亚历山大的著作 [⑤]。1985 年 1 月，赵冰发表译文《空间句法——城市新见》[⑥]，成为国内

---

① 夏铸九，王志弘编译．空间的文化形式与社会理论读本 [M]．台北：明文书局有限公司，1999.

② 槙文彦．日本的城市空间和"奥"[J]．葛水粼译．世界建筑，1981（1）.

③ 艾定增．古代城市模式对现代城市规划的影响——城市空间结构的跨文化研究 [J]．城市规划，1987（3）.

④ 乔文领．城市空间・城市设计——读芦原义信、亚历山大、沙里宁等论著之后 [J]．新建筑，1988（4）.

⑤ 包括《建筑的永恒之道》《建筑模式语言》《城市设计新理论》《俄勒冈实验》《住宅制造》等 5 本。1989 年由中国建筑工业出版社出版 2 本：《建筑的永恒之道》《建筑模式语言：城镇・建筑・构造》。1989—2000 年中译本由北京中国知识产权出版社出版，包括：《城市设计新理论》《俄勒冈实验》《住宅制造》。

⑥ 希列尔．空间句法——城市新见 [J]．赵冰译．新建筑，1985（1）.

介绍“空间句法”理论第一人。1985年赵冰发表论文《人的空间》[①]，对中西方哲学中的空间概念展开研究，提出了“空间是图式”的观点，从人的认知角度界定了“城市空间”的概念。1987年赵冰发表《关于居住的思考》和《作品与场所》等论文，吸收人本主义的“居住”概念，将城市空间和建筑空间归纳为居住模式的外在形式，从“存在”的角度将空间的技艺、礼仪和境界塑造等归纳为“营造”活动[②]。1989年赵冰出版的博士论文《4！——生活世界史论》对人类“居住”形态的演变历史展开了跨文化研究[③]，同时他开始从人类族群更叠的空间投射出发，展开城市空间营造个案研究[④]。

1979—1999年中国城市空间研究的成果反映出这一时期学术界侧重于吸收西方城市空间哲学和城市规划理论，对中国传统空间哲学关注较少，程泰宁院士指出，中国建筑界“追着西方走”的本质是对中国文化缺乏自觉与自信，最终结果就是学者的“中国文化探索”很难在社会上得到认同[⑤]。这一时期将中西方城市空间哲学放在同等地位批判的研究者极少，对人类诸多文明的空间理念放在同一个理论框架下进行比较研究的学者更少，赵冰教授的跨文化空间研究不仅在1980年后“西风盛行”的中国城市空间研究中独树一帜，而且开辟了中国本土城市空间营造研究的先河。今天规划理论研究逐渐由西方理论主导转向多元化背景的城市空间研究，赵冰教授的研究角度和方法仍处于前沿地位。

1990—1999年中国城市空间理论研究的仍然分为4个角度（表1-3），从论文的统计数量可以看出，人本主义角度的城市空间研究是中国城市空间理论研究的主要方向，1990—1999年间这一方向的城市空间研究主要包括4个方面的内容：

1990—1999年中国知网“城市空间”相关论文数量分析表 **表1-3**

	理性主义主导的城市空间设计	结构主义主导的城市总体空间结构研究	实证主义主导的城市形态研究	人本主义主导的城市空间文脉
1990—1999年	13	27	47	53

来源：根据中国知网2011年8月数据库信息统计。

（1）城市空间研究方法的探索：以西方城市空间理论为基础，整理研究方法和研究框架，如：朱文一1994年发表的《秩序与意义—— 一份有关城市空间的研究提纲》[⑥]、1997年发表的《城市空间分类》[⑦]，王建国1994年发表的《城市空间形态的分析方法》[⑧]，于大中、吴

① 赵冰．人的空间[J]．新建筑，1985（2）：31．

② 同时将文明的“外在”和“内在”的状态归纳为“在”。原思想陈述源自：赵冰．关于居住的思考[J]．美术思潮，1987（2）；赵冰．作品与场所[J]．新美术，1988（4）．

③ 原思想表述源自：赵冰．4！——生活世界史论[M]．长沙：湖南教育出版社，1989：3．

④ 这些研究成果直到20年后才逐渐发表。同时，赵冰教授自身的学术研究与其指导的硕博士课题研究之间也存在相当长的时间差。

⑤ 原思想陈述源自：解辰巽．建筑师，请对中国文化有自信[J]．新建设：现代物业上旬刊，2011（6）：11-12．

⑥ 朱文一．秩序与意义—— 一份有关城市空间的研究提纲[J]．华中建筑，1994（1）．

⑦ 朱文一．城市空间分类[J]．城市规划通讯，1997（4）．

⑧ 王建国．城市空间形态的分析方法[J]．新建筑，1994（1）．

宝岭发表的《城市空间层次浅析》[①]，齐康发表的《建筑与城市空间的演化》[②]等。另外，王念吉的《人与城市空间——从环境心理学谈起》[③]，洪亮平、潘宜的《城市空间与社会生活变迁》[④]，于一丁的《居民心理——城市空间扩展的另一个重要因素》[⑤]等从环境心理学和社会学角度展开了城市空间理论的研究。

（2）中西方城市空间特色比较，如：董国红的《中西方城市空间特色比较》[⑥]，田银生、陶伟的《场所精神的失落——10 ~ 20 世纪西方城市空间的一点讨论》[⑦]，张京祥、崔功豪的《后现代主义城市空间模式的人文探析》[⑧]等。

（3）中国城市空间演变规律分析，如：陈宏的《中等城市空间结构演变规律——以梧州为例》[⑨]，倪俊明的《广州城市空间的历史拓展及其特点》[⑩]，李兵营的《城市空间结构演变动力浅析——兼谈青岛城市空间结构》[⑪]，刘艳平的《武汉城市空间形态：历史变迁与未来构想》[⑫]和陆邵明的《近现代外滩地区城市空间结构及其相关因素的演变研究》[⑬]等。

（4）中国城市历史地段的空间特色和保护模式研究，如：刘凤云的《市廛、寺观与勾栏在城市空间的交错定位——兼论明清城市文化》[⑭]、魏皓严的《从家院到城市——中国古代城市空间中心谈》[⑮]、阮仪三的《保护上海历史特色地段，创建上海特色城市空间》[⑯]等。

1990—1999 年人本主义城市空间研究主要关注城市空间理论的整理以及个案城市空间演变规律的研究。随着中国城市化加速和经济全球化，如何保持中国城市空间的文化特色成为研究焦点，城市空间特色研究、历史地段城市空间保护方法的研究展开。

2000—2009 年，中国城市化水平受到世界瞩目，同时经济全球化带来了中国城市生活方式和空间形态的飞速变化，大量城市问题出现，学术界对于城市空间的关注程度急剧提升。仅九年时间，题名中包含城市空间的论文达到 1872 篇，是 1990—1999 年间总量的 13 倍多，博士论文总数 40 篇，硕士论文总数 264 篇。其中，人本主义角度的城市空间研究博士论文有 7 篇：

2002 年，赵冰教授指导的萨伟硕士论文《琅勃拉邦城市研究》[⑰]从空间的角度研究老挝佛教中心琅勃拉邦的发展历程。2005 年刘林的博士论文《营造活动之研究》[⑱]对赵冰提出的

---

① 于大中，吴宝岭．城市空间层次浅析 [J]．新建筑，1998（1）.
② 齐康．建筑与城市空间的演化 [J]．城市规划汇刊，1999（2）.
③ 王念吉．人与城市空间——从环境心理学谈起 [J]．当代建设，1998（3）.
④ 洪亮平，潘宜．城市空间与社会生活变迁 [J]．新建筑，1999（6）.
⑤ 于一丁．居民心理——城市空间扩展的另一个重要因素 [J]．华中科技大学学报（城市科学版），1991（3）.
⑥ 董国红．中西方城市空间特色比较 [J]．新建筑，1997（1）.
⑦ 田银生，陶伟．场所精神的失落——10 ~ 20 世纪西方城市空间的一点讨论 [J]．新建筑，1999（4）.
⑧ 张京祥，崔功豪．后现代主义城市空间模式的人文探析 [J]．人文地理，1998（4）.
⑨ 陈宏．中等城市空间结构演变规律——以梧州为例 [J]．城市问题，1995（3）.
⑩ 倪俊明．广州城市空间的历史拓展及其特点 [J]．广东史志，1996（3）.
⑪ 李兵营．城市空间结构演变动力浅析——兼谈青岛城市空间结构 [J]．青岛建筑工程学院学报，1998（3）.
⑫ 刘艳平．武汉城市空间形态：历史变迁与未来构想 [J]．长江论坛，1999（3）.
⑬ 陆邵明．近现代外滩地区城市空间结构及其相关因素的演变研究 [M]// 张复合主编．建筑史论文集（第 11 辑）．北京：清华大学出版社，1999.
⑭ 刘凤云．市廛、寺观与勾栏在城市空间的交错定位——兼论明清城市文化 [J]．中国人民大学学报，1997(5).
⑮ 魏皓严．从家院到城市——中国古代城市空间中心谈 [J]．重庆建筑大学学报，1999（3）.
⑯ 阮仪三．保护上海历史特色地段，创建上海特色城市空间 [J]．上海城市规划，1999（4）.
⑰ 萨伟．琅勃拉邦城市研究 [D]．武汉：武汉大学，2002.
⑱ 刘林．营造活动之研究 [D]．武汉：武汉大学，2005.

“营造”概念展开了系统研究。

2004 年，东北师范大学刘继生教授指导的郐艳丽博士论文《东北地区城市空间形态研究》[①] 从历史学角度对东北城市古代、近代和现代的空间自构过程和被构过程展开研究，对其形态特征和发展规律进行总结，提出未来东北城市的空间发展模式。同年，天津大学曾坚教授指导的侯鑫博士论文《基于文化生态学的城市空间理论研究》[②] 将文化生态学这一人类学、地理学和社会学领域的交叉理论引入城市空间研究。

2005 年陕西师范大学朱士光教授指导的任云英博士论文《近代西安城市空间结构演变研究（1840—1949）》[③] 运用历史地理学的方法，以城市近代历史为主线，从宏观、中观、微观 3 个层面，对影响城市空间结构的各种要素进行分析，研究了西安作为内陆城市的空间结构演变肌理。

2007 年浙江大学沈济黄教授指导的李包相博士论文《基于休闲理念的杭州城市空间形态整合研究》[④] 通过杭州整体区域、线形空间和块状空间等 3 类空间形态的实证研究，提出杭州城市空间形态整合的思路与方法。同年，同济大学潘海啸教授指导的崔宁博士论文《重大城市事件对城市空间结构的影响》[⑤] 将“政府力”列为影响城市空间结构演化的最大因素之一，以上海世博会为例剖析了城市规划和城市管理之间的作用过程。

2008 年华东师范大学扎利奥（Pierre-Paul Zalio）教授指导的赵晔琴博士论文《上海城市空间建构与城市改造：城市移民与社会变迁》[⑥] 针对上海的城市改造中政府、开发商、居民、外来民工之间的矛盾冲突，从社会学角度予以解答。同年，天津大学曾坚教授指导的胡华博士论文《夜态城市》[⑦] 以城市夜晚的行为活动为出发点，提出行为模式、功能空间和景观空间和谐发展的夜态城市规划方法。

2000—2009 年人本主义角度的城市空间在研究方法上呈现出多学科综合的趋势，如：引入历史学的时间分段方法，人文生态学的“物种”和“平衡”概念，历史地理学的宏观、中观和微观的空间分层研究，以及形态学的区域空间、线状空间和块状空间等分类方法，从政治体制、管理机制、社会结构和生活方式等社会层面研究城市空间。

需要注意的是，这一时期出现的两个研究热点——“城市空间形态”与“城市形态”是截然不同的概念。“城市空间形态”属于人本主义的城市空间研究范畴，对人所能感知的城市空间结构进行逻辑解析，将“城市空间”作为“建筑空间”的一个层面，介于抽象的逻辑空间和具象的存在空间之间，研究其产生过程和对人认知的影响。而“城市形态”属于实证主义的城市形态学（urban morphology）研究范畴，关注经济因素与城市土地利用之间的互动关系，即经济形态（即物流、人流的集聚模式）与城市宏观形态之间的关系。

2010—2011 年，中国知网录入以城市空间为题名的论文 555 篇，其中硕士论文 71 篇，博士

---

① 郐艳丽．东北地区城市空间形态研究 [D]．长春：东北师范大学，2004.
② 侯鑫．基于文化生态学的城市空间理论研究 [D]．天津：天津大学，2004.
③ 任云英．近代西安城市空间结构演变研究（1840—1949）[D]．西安：陕西师范大学，2005.
④ 李包相．基于休闲理念的杭州城市空间形态整合研究 [D]．杭州：浙江大学，2007.
⑤ 崔宁．重大城市事件对城市空间结构的影响 [D]．上海：同济大学，2007.
⑥ 赵晔琴．上海城市空间建构与城市改造：城市移民与社会变迁 [D]．上海：华东师范大学，2008.
⑦ 胡华．夜态城市 [D]．天津：天津大学，2008.

论文6篇,代表了中国城市空间研究的最新成果。人本主义角度研究城市空间的博士论文有3篇:

2010年重庆大学赵万民教授指导的黄瓴博士论文《城市空间文化结构研究》[①]以西南地域典型城市为对象，分析文化结构对城市空间的作用。同年，哈尔滨工业大学金广君教授指导的刘堃博士论文《城市空间的层进阅读方法研究》[②]研究与城市空间设计实践匹配的调研方法，提升城市空间调研的系统性与有效性。

2011年吉林大学宋宝安教授指导的吴庆华博士论文《城市空间类隔离》[③]从城市空间的隔离现象出发，研究现阶段中国城市空间类隔离的特征，提出社会差异、空间隔离与居住区类型之间的关系。

2010年与2011年的博士论文表现出学术界对决定城市空间结构的两个重要因素——文化结构和社会结构的关注，是对城市空间生成机制的追本溯源，在城市空间研究中引入文化学的实证研究和社会学“类”的概念；同时体现了城市空间研究与城市设计实践结合的趋势，探讨了城市空间调研方法体系，体现了城市空间研究的社会意义和理论价值。

2006—2010年，城市空间个案研究的博士论文和博士后论文大量出版，引起了学界的广泛关注。2006年同济大学陈泳的博士后论文《城市空间:形态、类型与意义——苏州古城结构形态演化研究》[④]出版,从空间类型角度对苏州展开城市个案研究。2010年华南理工大学吴庆洲教授主编的“中国城市营建史研究书系”出版，从城市史的角度对城市空间形态展开个案研究,其中包括:张蓉的《先秦至五代成都古城形态变迁研究》[⑤]，万谦的《江陵城池与荆州城市御灾防卫体系研究》[⑥],李炎的《南阳古城演变与清“梅花城”研究》[⑦],王茂生的《从盛京到沈阳——城市发展与空间形态研究》[⑧],刘剀的《晚清汉口城市发展与空间形态研究》[⑨]、傅娟的《近代岳阳城市转型和空间转型研究（1889—1949）》[⑩]等。2011年，赵冰教授主持的“中国城市空间营造个案研究系列”出版，第一本专著为:武汉大学于志光的博士论文《武汉城市空间营造研究》[⑪]。中国城市空间个案研究之所以受到学术界关注，是因为在快速城市化的背景下，要解决中国城市空间的困境，仅依赖西方逻辑体系、展开以空间为中心的研究是不够的，而要从根本上理解中国城市空间在中国文化（即其时间序列）的背景下所蕴含的多样化逻辑，因此中国城市空间个案的多样化研究十分重要。正如赵冰教授在“中国城市空间营造个案研究系列总序”指出的，“只有在个案的深入研究及对其内在独特的发展机制的把握的基础上，才可能在城市规划的具体个案实践中给出更加准确的判定”。吴庆洲教授在“中国城市营建史研究书系”序言中也提出:“过往的城市营建史研究较多地集中于都城、边城和其他

① 黄瓴. 城市空间文化结构研究 [D]. 重庆：重庆大学，2010.
② 刘堃. 城市空间的层进阅读方法研究 [D]. 哈尔滨：哈尔滨工业大学，2010.
③ 吴庆华. 城市空间类隔离 [D]. 长春：吉林大学，2011.
④ 陈泳. 城市空间：形态、类型与意义——苏州古城结构形态演化研究 [M]. 南京：东南大学出版社，2006.
⑤ 张蓉. 先秦至五代成都古城形态变迁研究 [M]. 北京：中国建筑工业出版社，2010.
⑥ 万谦. 江陵城池与荆州城市御灾防卫体系研究 [M]. 北京：中国建筑工业出版社，2010.
⑦ 李炎. 南阳古城演变与清“梅花城”研究 [M]. 北京：中国建筑工业出版社，2010.
⑧ 王茂生. 从盛京到沈阳——城市发展与空间形态研究 [M]. 北京：中国建筑工业出版社，2010.
⑨ 刘剀. 晚清汉口城市发展与空间形态研究 [M]. 北京：中国建筑工业出版社，2010.
⑩ 傅娟. 近代岳阳城市转型和空间转型研究（1889—1949）[M]. 北京：中国建筑工业出版社，2010.
⑪ 于志光. 武汉城市空间营造研究 [M]. 北京：中国建筑工业出版社，2011.

名城，相对于中国古代城市在层次、类型、时间和地域上的丰富性而言，营建史研究的多样性尚嫌不足，因此案例研究近年来在博士论文的选题中都得到了鼓励。案例积累的过程是逐渐探索和完善城市营建史研究方法和工具的过程，仍然需要继续。”①

城市空间个案研究多样化的关键，是根据每个城市的特点，结合东西方空间理论和多学科角度，研究城市空间与时间的互动规律，进一步理解城市空间的本质特色。赵冰教授指导的于志光的博士论文《武汉城市空间营造研究》作为“中国城市空间营造个案研究系列”中第一本出版的专著，从社会学、城市经济学和城市地理学角度对武汉城市空间展开研究，分析政治格局和经济形态对武汉城市空间带来的影响，阐述其空间的独特性，体现了城市空间营造个案研究体系的基本特点，即：研究框架的整体性，时空结合和主客结合，是本书的理论来源和框架参考。

1979—2012年中国城市空间研究的30余年发展说明，城市空间研究的趋势已经由理性主义的城市物质空间研究、实证主义的城市形态研究转向人本主义的城市“人的空间”研究，也就是由城市空间的表象——空间结构研究走向城市空间的内涵——空间关系研究，即从城市中人的感知出发，探讨人的空间关系，包括人与自然、人与社会以及人与自身生活的关系，而空间关系变化的过程就是“空间博弈”的过程。“城市空间营造个案研究系列”以“空间营造理论”为核心，从族群这一主体出发，按中国河流流域串联城市个体，展开多元化城市个案研究的体系。这种关注城市主客博弈过程的研究体系，在人本主义的城市空间研究领域尚属首例。

3.“城市空间营造个案研究”的发展现状

“空间营造”理论体系的构建起始于20世纪80年代，其思想来源有两个：一个是西方逻辑中心体系，一个是东方易学思维②。前者推衍出建造外部空间的同一结构，后者发展为抒发内在信仰的营造思想。正是基于东西方空间理论的系统批判和人类文明诸居住形态的研究，赵冰教授提出了心物合一、个体与整体的统一的“空间营造”理论。

城市空间营造个案研究发展至今经历了4个阶段，包括：20世纪80年代西方空间理论的引入和批判；20世纪90年代东方营造思想的表述；21世纪初营造法式的表达；21世纪10年代中国城市空间营造个案研究等。《荆州城市空间营造研究》第一次较全面地运用了“城市空间营造个案研究”的理论框架，并将博弈理论用于城市时空发展机制的研究，反映了中国城市空间营造个案研究走向成熟的趋势。

1）20世纪80年代：中心的解构——西方空间理论的批判

20世纪80年代初期，赵冰基于对中西方文化中的空间概念的哲学批判，提出了“空间是图式”③的“人的空间”概念；同时吸收人本主义的“居住”概念，将城市空间和建筑空

---

① 吴庆洲. 迎接中国城市营建史研究之春天（中国城市营建史研究总序）[M]// 万谦. 江陵城池与荆州城市御灾防卫体系研究. 北京：中国建筑工业出版社，2010：13.

② 赵冰认为，中国传统的城市空间哲学和城市空间营造成就丝毫不逊色于西方，中华文化作为一种具有7000年历史的殊相文化，在人类多元文化中具有独特的地位和作用，其思想核心是中国生生不息的“易”的思想。参见：王明贤. 三十年中国当代建筑文化思潮[M]// 张颐武. 中国改革开放三十年文化发展史. 上海：上海大学出版社，2008.

③ 引自：赵冰. 人的空间[J]. 新建筑，1985（2）.

间统一为“居住”模式的外化形式，将“居住”相关的技艺、礼仪和境界问题归纳为“营造”的概念[①]，将文明的“外在”和“内在”的状态归纳为“在”[②]。1989 年，赵冰总结人类“居住”形态的跨文化和跨时间的研究成果，出版了《4！——生活世界史论》[③]一书。

1985 年，赵冰在《人的空间》一文中首次提出人的空间（即人所能感知的空间）与逻辑空间的区别。“我们通常定义的虚空，是经过社会协调出的抽象的逻辑空间，并非人所能感知的空间。”“我们唯一可以感知的是事件（事物的关系），事件的累积形成事象。其中事件的关联形成图式，也就是人的空间感；事象的关联形成意象，也就是人的空间意象。因此人的空间是指人所感知的事象流衍呈现的不同的事象关系，即事件的关系，也就是关系的关系，也就是人的图式。这个图式与逻辑图式不同，它来源于人的感知，因此带有多样性和复杂性。”赵冰以“人所感知的事象流衍呈现的不同的事象关系”——也就是“人的图式”来定义人的空间，受到了胡塞尔现象学对心物关系的强调和海德格尔存在主义对场所与存在的关系（即个体和整体关系）研究的影响，“人的空间”是从心物关系、个体与整体关系两方面对中西方传统哲学体系的空间概念进行批判后得出的结果，赵冰认为这个定义体现了心物合一、个体整体统一、事与理的统一[④]。这种由理性主义的逻辑思维向人本主义的意识角度转变是进步的，然而并未走出西方逻辑体系的局限。

1989 年，赵冰的《4！——生活世界史论》发展了海德格尔“生活世界”的概念，提出“生活世界与精神领域的不同在于，前者是对‘外在’的强调，后者是对‘内在’的理解，他们共同构成强调‘在’的文化”（图 1-1）。“生活世界最高层次的对‘外在’的关注，通过‘定向’和‘认同’的转化来达到，这种转化又通过‘环境’‘情境’‘意境’的营造来实现，最终表现为私密居住、公共居住、联合居住和自然居住的具体模式，这就是人类生活世界的 4！逻辑体系。”[⑤]（图 1-2）

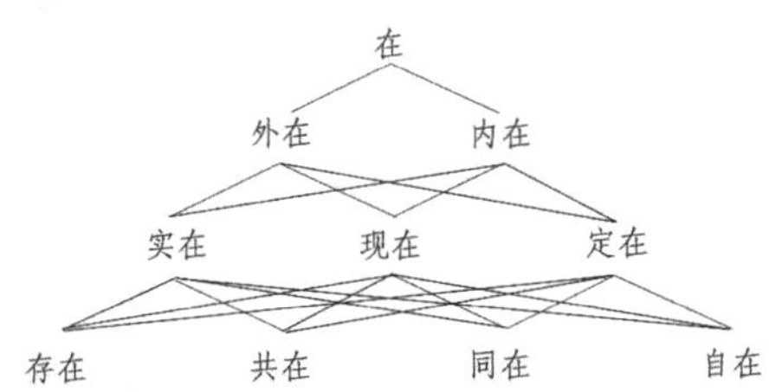

图 1-1 后科学概念框架中最抽象的层面
来源：赵冰 .4！——生活世界史论 [M]. 长沙：湖南教育出版社，1989：4.

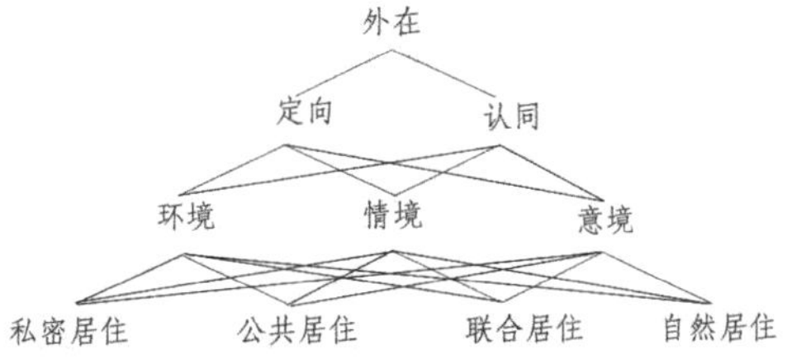

图 1-2 生活世界的逻辑结构
来源：赵冰 .4！——生活世界史论 [M]. 长沙：湖南教育出版社，1989：5.

“生活世界的形态演变过程就是居住叠合的历史，在叠合中居住形态得以扩大，居住类型得以交错更新。文明史的主干结构就是生活世界与精神世界统一后的综合表述，文化类

① 原思想陈述源自：赵冰. 关于居住的思考 [J]. 美术思潮，1987（2）.
② 原思想陈述源自：赵冰. 作品与场所 [J]. 新美术，1988（4）.
③ 原思想表述源自：赵冰. 4！——生活世界史论 [M]. 长沙：湖南教育出版社，1989：3.
④ 原思想表述源自：赵冰. 人的空间 [J]. 新建筑，1985（2）：33-34.
⑤ 原思想表述源自：赵冰. 4！——生活世界史论 [M]. 长沙：湖南教育出版社，1989：1-4.

型与空间体验是对应的：尼罗河文化的存在体验，两河文化的共在体验，印度河文化的同在体验，黄河文化的自在体验，基督教域文化的实在体验，伊斯兰教域文化的现在体验，大乘佛教域文化的定在体验，西方文化的外在体验，东方文化的内在体验，全球文化的在体验。”①（图 1-3）

生活世界史的结构创立运用了乔姆斯基的语言学的分析方法和计算机语言编写中的维度概念，采用由主干结构层层剥离的分析方法，对东西方文明的精神世界和生活世界进行了一次大解构。抽象的一元“在”被解构为各个历史时期的地域文化的“存在、共在、同在、自在、实在、现在、定在、外在和内在”，生活世界的“外在”也被解构为“私密居住、公共居住、联合居住和自然居住”，以及“环境、情境、意境，定向和认同”。生活形态中的场域被分解为“场所、区域、建筑、聚落、景域、住宅、公共设施、聚落景域和风土景域”（图 1-4）。整个文明史则依据空间体验的维度被拆解为“一维神话阶段、二维宗教阶段、三维科学阶段和四维后科学阶段”②。

图 1–3　文明史的主干结构
来源：赵冰 .4！——生活世界史论 [M]. 长沙：湖南教育出版社，1989：5.

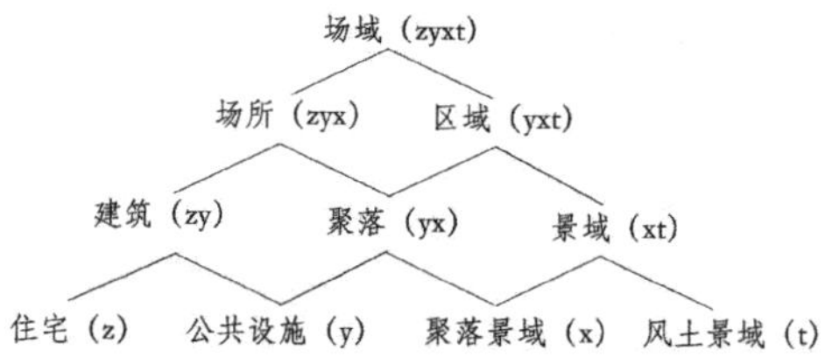

图 1–4　生活世界的形态转换
来源：赵冰 .4！——生活世界史论 [M]. 长沙：湖南教育出版社，1989：5.

基于东西方建筑理论批判得出的“人的空间”概念和人类文明史拆解而得出的生活世界史结构，为空间营造研究的展开确立了空间和时间框架。正是基于“空间营造”概念和框架，结合人类族群更叠的空间投射，赵冰展开了城市空间营造的个案研究，然而研究成果直到 20 年后才逐渐发表。

2）20 世纪 90 年代：太极的建构——营造思想的表述

20 世纪 90 年代初期，中国大量以西方空间理论为基础的建筑和城市规划的实践展开，在西方空间理论的研究上开始从后现代主义的翻译转向以自己的语言来讨论和研究后现代主义。面对中国现代建筑外貌千篇一律现象的消失和各地建筑师创作多元化的趋向③，当时“中国文化界有两种声音，一方面是提醒人们要警惕文化殖民主义，另一方面是对民族主义

① 原思想表述源自：赵冰．4！——生活世界史论 [M]．长沙：湖南教育出版社，1989：1-5.

② 原思想表述源自：赵冰．4！——生活世界史论 [M]．长沙：湖南教育出版社，1989：1-5.

③ 原思想表述源自：王明贤．三十年中国当代建筑文化思潮 [M]// 张颐武．中国改革开放三十年文化发展史．上海：上海大学出版社，2008．同时赵冰提出：“中国的当代艺术，两种不同的力量正在分化再迭，一种是从 20 世纪 80 年代西化浪漫的惯性中蜕化衍变出的虚假做作，它徒有一具被称为当代艺术的僵尸，它的‘活力’更多体现在商品市场上；另一种是 20 世纪 90 年代出现的回归本土，回归中国精神的力量，它在中国历史的变化更迭中更多地体会了中国精神中的命运感，更多地接受了中国传统中的思想精华，它以沉浸在中国的情境中为其艺术指向。”引自：乾子（赵冰）．民众的力量 [M]// 当代艺术（4）．长沙：湖南美术出版社，1992.

保持一种沉静的反思”[①]，在此背景下，赵冰展开了“营造思想”的表述和传播。

1992 年 8 月在河南省三门峡市召开的“全国第二次建筑与文化学术讨论会”上，提出研究建筑文化学的问题，它标志着中国当代建筑文化研究步入一个新的阶段，建立完整和系统的新学科的时机到来。如何在整个人类文化的多元状态中真正创造出中国自己的当代文化？这次会议对中国建筑的创作之路也展开探讨。赵冰提出的“中华主义”是对这一问题的创造性回答，他提出：“‘中华主义’不只是一种逻辑的判定，更重要的是中国人的一种情感需求。‘中华主义’不同于欧洲主义、美国主义等其他的文化主义，更不同于共相的世界主义，它作为一种具有 7000 年历史的殊相文化，在人类多元文化中具有独特的地位和作用。中华主义的思想核心是中国生生不息的‘易’的思想，在哲学上我们可以转换出当代的‘易’的哲学，在建筑设计上我们亦可以创造了独特的‘太极设计理论’。”[②]

“太极设计理论”是赵冰教授对“空间营造”理论所蕴含的东西融合的空间哲学和设计思想的一种表述，它建立在“解构主义”[③]“建构主义”[④]“转换主义”[⑤]“多元主义”[⑥]等 4 个后现代主

① 引自：王明贤．建筑的实验 [J]．时代建筑，2000（2）：10.

② 引自：王明贤．三十年中国当代建筑文化思潮 [M]// 张颐武．中国改革开放三十年文化发展史．上海：上海大学出版社，2008.

③ “解构主义是后现代主义的思维形态，后现代主义是结构主义的生活形态，它们作为欧美文化对世界文化的贡献，提供了走向全球文化生活世界的思维方式和生活态度。”“在这个意义上，它们对亚太文化产生了越来越大的影响。”“本世纪以来的中国文化发展的大趋势无疑是建构主义的，但今天的建构主义却面临着解构主义的挑战，而这种解构主义的挑战根本上是中国传统思想的老水还潮，它从客观上将促进中国的建构主义走向东方遗产的转换，从而形成人类文化的又一次复兴。”见：赵冰．解构主义——当代的挑战 [M]．长沙：湖南美术出版社，1992.

④ “在经历了中国传统思想对西方传统思想的解构之后，我们将重建以太极论为基础的建构主义。”赵冰教授认为，“太极论为代表的后现代主义不仅意味着西方逻辑体系在亚太地区的消解，而且将实现中国传统思想与现代主义基础上的重生。”“实际上，在欧美已经有一种所谓的建构论后现代主义，而在亚太地区．特别是中国……这种太极论后现代主义承继了现代主义重建世界的理想，但不是以单纯的科学理性的逻辑思维方法（这是解构论后现代主义所极力消解的），而是以一种置入了逻辑思维的太极思维方法来重建我们多元的世界。”太极论后现代主义的建构将实现东西方文化的融合，“是后现代主义时代的一种极具建设性和启发性的思想状态，它将带动世界文化走向一种多元的太和境界”。引自：赵冰．建构主义——文本化趋势 [M]．长沙：湖南美术出版社，1992.

⑤ 太极论后现代主义的实现过程，赵冰教授用“转换主义”加以概括。这个过程包括两种相反相成的文化走向，它们都是从各自文化的根源出发对当代多元文化状态的一种转换。“一种是以中国为代表的东方的转换，它强调心灵境界与思维境界中的诸意象和诸话语的生成流变；一种是以美国为代表的西方的转换，它强调自身与周身世界的置换。”“东方重生成，借助心灵的生成来转换裂解的诸逻辑片断，以求复归生命的和谐；西方重置换，通过诸身体间的置换进入虚无的世界。”就艺术而言，“生成”表现为意象流变所带动的母语形象或诸母语形象的转换，它在中国中部表现得尤为突出。“置换”则以身体为主题，借助着身体与周身不同场景的变换而体悟不在场的虚无。太极论的后现代主义实际上就是东西方文化经历各自的生成和置换后走向的融合。赵冰．转换主义——生成与置换 [M]．长沙：湖南美术出版社，1992.

⑥ 生成和置换的最终结果是多元主义。“多元主义是一种自我或文化的逻辑片断并置的状态，它是对逻辑一元论分崩离析以后在的状况的陈述。不论是每个人的自我，还是文化的自我，都处于一种在的漂浮状态，随时可能沉入虚无的海洋。”“与多元相对的是一元。一元指的是精神形式的不变性，而多元则指的是精神内容的差异性。一元是超时空、超逻辑的，而多元则是和诸时空情境与诸逻辑片断相关的。”赵冰教授对多元主义的描述解决了德里达对解构主义模棱两可、无法定义的问题，同时他指出实现多元的途径：“关注多元也就是关注精神内容的差异性，关注作为思维片断的逻辑和诸逻辑片断的离接，而挪用便是达到这一目的的有效方式。”“挪用是使每一个自我发生断裂和错位的一种策略。实际上，挪用更多的是要进入所挪用片断的状态之中，这意味着从一种状态向另一种状态的转换，它所带出的将是一种意想不到的离接效果。”赵冰．多元主义——挪用的策略 [M]．长沙：湖南美术出版社，1992.

义思潮的影响下中国文化发展趋势的研究之上[①]，是对中国语境下东西方文化的融合过程、全球文化的建构在精神领域的发展趋势的思考，是中华主义的展望。与此对应的物质层面是对未来生活世界的建构，赵冰教授认为，未来生活世界的规划和设计是以“太极设计理论”为基础展开的[②]，“太极设计理论的特点是，强调诸有从虚无中生成的转换协调过程，强调空间媒介的文本化过程。设计可以理解为空间媒介的文本生成的过程，每一次的生成都是虚无背景中诸有的一次协调，最终的空间文本只是影像、形象、功能、结构等诸有片断的协调痕迹。”[③]

解构、建构、转换和多元的实践探索在赵冰设计建造的一系列建筑中体现出来。1999年国际建筑师大会上展出的“中国青年建筑师”实验性作品展推出这一时期中国建筑师的作品[④]，包括赵冰的“书道系列”。作为中国青年实验建筑师之一，建筑评论家王明贤这样评述赵冰：“他那严肃而又荒诞的建筑创作，是与特有的超宏观哲思和艺术玄想联系在一起的。”[⑤]正是这种“超宏观的哲思”和太极设计理论的建构，为20世纪90年代末中华主义下“活的信仰”的表达以及21世纪初“城市空间营造个案研究体系”的展开奠定了基础。

20世纪90年代中后期，随着中国改革开放的深入和经济全球化的挑战，中国建筑面临来自国际建筑市场的冲击，特权阶级主导的建筑规划时代到来[⑥]。基于空间营造理论中蕴含的对个体体验的尊重和关注，赵冰提出中华主义下需要建立的“活的信仰”[⑦]。

首先，“活的信仰”是物质和精神的统一，同时也是个体和整体的统一。“活的信仰根本上是我自己的信仰，这一信仰从我自己的生存体验中诞生出来，最终也促成我自己的生存发展，但中间却关涉了类的问题，精神创造本身就是类的关怀，离开了精神的创造，类就无法作为类出现。活的信仰的表述就是类的关怀的体现。”

其次，“活的信仰”的表述既包含个人层面的逻辑，又包含整体层面的逻辑。“活的信仰是心灵升华的结晶，它的表述既可以是一种不同逻辑片断之间的转换，它自身又可以构成一个完整的逻辑。前者作为活的信仰和其他个人信仰之间的激活方式，使活的信仰具有一种协调诸多个人信仰的功能，后者使活的信仰本身成为诸多不可共约的个人信仰之中的一种可表述的信仰。”

---

① 原思想表述源自：赵冰. 讲谈录：中华主义 [R]. 1992.

② “中国近现代从西方输入的建筑理论（包括设计理论）……在基本形态上保持了西方的特征，它伴随着西方文化对中华文化的冲击，在文化理智上中断了中华文化8000年承传发展的易的设计理论，像我们通常说的风水理论等。一般的中国建筑师几乎对中华的易的设计理论一无所知，因而中国近现代的建筑根本上是和中国本土相冲突的。而随着殊相文化的中华主义的发展，我们越加感到了中华主义的设计理论和方法的必要，而我所提出的太极设计理论正是一种中华主义的设计思想。”赵冰. 讲谈录：中华主义 [R]. 1992.

③ “此时的建筑不再是西方解构主义建筑的片断的离接，而是诸片断的转换生成，它在虚无的背景中协调了诸片断，使之不再冲突，它带出了一种和合的境界。”引文及解释均引自：赵冰. 讲谈录：中华主义 [R]. 1992.

④ 此展览由王明贤策展，推出了张永和的“中国科学院晨兴数学中心”“泉州中国小当代美术馆方案”，赵冰的“书道系列”，汤桦的“深圳电视中心”，王澍的“苏州大学文正学院图书馆”，刘家琨的“四川犀浦镇石亭村艺术组天井之家”，朱文一的“绿野里弄”，徐卫国的“一个探索性设计”，董豫赣的“家具建筑作家住宅”等。

⑤ 王明贤. 建筑的实验 [J]. 时代建筑，2000（2）：10.

⑥ 正如赵冰在《中华主义》一文中提到的：“我们时刻面临着权力运作中文化虚妄的危险性。作为一个清醒的知识分子，面对中华主义的文化大趋势，应强调个人的信仰，使中华主义收回到个人信仰之中。唯独个人信仰才能解除文化虚妄的危险性，这也是中国知识分子未来的使命。”赵冰. 讲谈录：中华主义 [R]. 1992.

⑦ 赵冰. 讲谈录：活的信仰 [R]. 1996.

同时，每个人都可以构建自身的信仰体系，“活”是“活的信仰”的核心，是信仰体系的起点：“作为境界，活是瞬间永恒，它既是空中妙化，又是诸多和合。作为概念，它是活的信仰的基本点，它既是生命定位的中心，又是逻辑体系的起点。”①

作为“活的信仰”中“活法”（也就是精神领域）的构建和表达形式，语言和书写代表了西方和东方两个思维体系的特点。“语言强调的是听与说，在建筑上，建筑的语言，如古典建筑语言、现代建筑语言、后现代建筑语言，比如亚历山大的‘模式语言’等都是从语言的角度来进入建筑的。”②“但是，书写不一样，书写强调的是读和写。语言是一种逻辑状态，而书写是超越逻辑的，书写是我们中国文化的主脉和核心。”③

3）21世纪初：信仰的表达——长江流域城市研究展开

21世纪初，随着中国正式加入WTO，中国经济逐渐融入全球化市场，建筑设计领域的全球化从改革开放初期的外籍建筑师进入中国和西方建筑思潮的引入，发展到中国建筑师主动展开建筑实验，进行设计思想、设计方法、设计课题和技术手法的创新，这类建筑师被称为实验建筑师。作为中国当代实验建筑师的一员，赵冰以中华文化的当代转换作为创作理念方法的来源，表达在其作品当中④。外在的建筑规划创作又来源于内在信仰体系的构建。⑤薛求理在其著作《建造革命：1980年以来的中国建筑》中介绍赵冰：“是个孤独的深邃思想家，他的实验结合了西方神学、中国佛教、易经和道教。他把中国传统思想与西方文明融合起来，并能够从全球视野来定位中国文化。”⑥

这种传统思想和西方文明的融合体现在规划设计和建筑创作等多个方面。在规划设计方面，2002年6月，赵冰在《规划师》杂志发表《此起彼伏：走向建构性后现代城市规划》⑦

---

① 由“活”开始如何构建信仰的逻辑体系呢？“活这个逻辑起点可以转向活着和活法。”这是活的身、心的两面。“活着是活，活法也是活。活着是身之活，活法是心之活。身之活主要是衣食住行，心之活主要是听说读写。”因此，每个人都可以根据自身的“活”来构建自身的信仰体系：“对于每个自己的活来说，衣食住行、听说读写是活的主要活动。这些活动也代表了身心不同的发展方向，简单地说，衣食住行、听说读写，可以延伸出一套活的信仰的完整的逻辑。”赵冰．讲谈录：活的信仰[R]．1996.

② 赵冰．建筑之书写——从失语到失忆[J]．新建筑，2001（1）.

③ 赵冰教授认为：“20世纪作为语言学高歌猛进的世纪已经过去了，一个新的世纪开始了，这就是书写的世纪，在书写中有两个要点，大家记住，一是书写的动态感，二是多重影像。”“我所说的意思是，当我们真正创作的时候，不是死死盯着实体的东西……我们将要达到的境界应该是白茫茫一切真干净的，能把一种无形的东西在建筑中贯通就能达到这样一个境界……我管这方向叫‘建筑之书写’，从此意义上我们可以超越前人做过的工作，寻找一个基本出发点，这种感觉应当是失忆的，忘我的。”赵冰．建筑之书写——从失语到失忆[J]．新建筑，2001（1）.

“活”的意义可以用网络来阐释。“在网络中可以活得更加真实。因为网络不仅是人在精神上获得一种活的状态，在行动上则能感受一种全新的生活。网是知和行的统一，网与网可以构成相关性。”“网络就像神经一样把不同的‘身’连在一起，成为一个共同的‘身’，最后再与世界相关构成一个更大的‘身’。我们的世界就是一个‘身’，这个身具有虚幻性，也有实在性。网络上的生活很具体，如网上交流、电子商务、网络医疗等等。当这些都成为生活的一部分时，世界就真是亦真亦幻的了。”赵冰．讲谈录：蜕变[R]．2000.

④ “就我个人来说，我更多的是以我身处的中华文化的当代转换为背景来探求一种适合于当代的建筑与规划创作的理念、方法，并通过自己的建筑和规划作品表达出来。当然，这是个互动的深化探索过程。”赵冰，崔勇．风生水起——赵冰访谈录[J]．建筑师，2003（4）.

⑤ “我的创作根本上是与我自己的活的信仰体系相关的。同时大量的创作活动也是我的信仰体系深化的养料，也使我始终保持敏锐的感觉。我给自己的定位是以建筑师和规划师为职业的思想者。”赵冰，崔勇．风生水起——赵冰访谈录[J]．建筑师，2003（4）.

⑥ 薛求理．建造革命：1980年以来的中国建筑[M]．水润宇，喻蓉霞译．北京：清华大学出版社，2009.

⑦ 赵冰．此起彼伏：走向建构性后现代城市规划[J]．规划师，2002（6）.

一文，提出“由于不同的文化在相互的整合中都会表现出自己的文化意志和时空特性，我们不相信有一个由同一逻辑控制的绝对逻辑的时空，我们只相信多元的不同文化连续体的相互碰撞。如何面对我们自己的时空，如何使我们自己的文化走出西方引领整合阴影，对于后现代的介绍不仅变得必要，而且也是我们通向自身文化精神的一个桥梁，是知此知彼、此起彼伏的转换”。这种对后现代主义的探讨，在赵冰编写的 2002 版《中国大百科全书（环境科学卷）》美学诸条目[①]中也有体现。

在建筑创作方面，赵冰提出后现代语境下“风生水起”的设计思想。“从宏大思想建构逐渐地向自身剥落，而进一步走向纯粹的心灵异动的体验”，赵冰将这种心灵异动的建筑创作体验描述为“风生水起”[②]。这种“风水体验”[③]是“书写”思想在建筑和规划取向上的一种表达。这种“通过自己对外部世界变化和心灵变化的体验来导引建筑设计和规划设计”被他称为“体验建筑学”[④]，“它强调设计从体验出发再进入分析研究最后回到体验”。“‘体验建筑学’以体验来导引设计，如果没有自己的体验，那么最后表现出来的东西就都是共相的东西，最后都是千篇一律。要通过自己的体验寻求境界的表达，不管是在建筑中或是在城市中。这也许就是我们中华文化的根本。”

由后现代规划设计思想和体验建筑学为基础，赵冰提出了“营造法式”的概念。“中国古人没有‘建筑’的概念[⑤]，我想遵循古人的传统，将所有的建造活动称为‘营造’，营造一个可以给外部环境带来好的指向的氛围，通过对环境的改造来获得更高的境界。我们做设计，不就是为了把环境提升一个境界吗？使得我们在环境的变化中获得更好的体验吗？所有这些建造活动其实根本都是‘营造’过程。”[⑥]“营造法式”是“体验建筑学”生发出的实践体系[⑦]：“风水是讲人的体验，而营造法式是怎样把这种体验营造出来，以意境的方式让人们体

---

① 《中国大百科全书·环境科学》编委会，《中国大百科全书》编辑部编．中国大百科全书·环境科学卷．北京：中国大百科全书出版社，2002.

② “风生水起”指称从外部的感性感知到内心的理性认知的转化过程，同时它又描述了理性认知被感性唤醒的表达过程：“风水体验就是当我们意识指向外部，由外部世界唤醒我们内心的某种性情的感受时所形成的体验。”以上引文引自：赵冰，崔勇．风生水起——赵冰访谈录 [J]．建筑师，2003（4）.

③ 其中“如风的体验”来源于个人对外部场域的感知：“我们每一个生命意识都会面对自己的一个世界，它由内心及始终出现又消失的外部事象组成，外部事象不断出现又消失的过程就是大化流衍，当我们的意识指向外部事象变化的时候，这个体验就可表述为如风体验。”“如水的体验”则来源于个人在感知基础上的认知：“在我们内心汇集了刚才提到的所有那些外部事象，内心体验有如我们汉语说的心海，当我们唤起过去记忆的时候是从心海中唤起的记忆，过去在外部看到的景象消失了，但当我们的意识指向内心，过去的景象却在心中浮现出来，过去感受的情感也被唤起，在我们的意识指向中我们自己会感受内心的情感变化，对这种变化的体验，就叫如水体验。”以上引文引自：赵冰．如风如水的体验 [J]．新建筑，2004（1）.

④ 这是一种外在创作的体验，与艺术的内在创作的“山水体验”不同。原思想陈述源自：赵冰，崔勇．风生水起——赵冰访谈录 [J]．建筑师，2003（4）.

⑤ 在此指西方 Architecture 对应的中文译文“建筑”。

⑥ 赵冰．营造法式解说 [J]．城市建筑，2005（1）：80.

⑦ “我是要提出一个全球时代的新的建筑学，这就要建立一套体系，称为‘营造法式’。……‘营造法式’和 20 世纪亚历山大的‘模式语言’是不一样的，‘模式’是具有特定使用功能的一个空间形式，是特定事件下表现的空间，而‘法式’是营造自身可以和使用无关的一种方式和规则，‘法式’可以转化成‘模式’。”赵冰．营造法式解说 [J]．城市建筑，2005（1）：80.

验。”[①] 建立“风生水起”的体验，通过“营造法式”把体验营造出来，这就是“体验建筑学”，而“体验建筑学”的本质是“活的信仰”的表达。关于“营造法式”体系框架，以及基于“易”思维的显现和描述虚拟世界和真实世界的全息坐标系，赵冰在2004年发表的《数字时代的建筑学》[②] 一文中进行了介绍。

21世纪初，在大量城市规划和建筑设计创作和理论阐述的同时，赵冰展开了“活的信仰”表达的中观层面——“城市空间营造研究”成果的表达。基于对东西方思想的深入研究，20世纪80年代赵冰开始以“空间营造”为框架展开城市空间营造的案例研究，并于21世纪初开始指导“城市空间个案研究”硕博士论文。在指导个案研究之初，他提出了“城市空间营造个案研究系列”的统一体例，要求研究生将营造研究的核心内容限定在营造背景、营造特征和营造尺度3个方面，并对研究时间段的划分提出了统一要求：“空间营造思想既涵盖西方世界对现实世界侧重物的共相层面的理解，也能包容东方世界对现实世界侧重人的殊相层面的理解，这是空间营造研究的精髓所在”[③]，而“时间段和空间逻辑研究框架的统一是为了给下一步跨流域和跨文化体系的城市空间打下基础”[④]。2012年统一体例的运用基本达到要求。

“城市空间营造个案研究系列”的统一体例如下：

（1）研究时间的限定：自城市营造活动之始至未来，依据每个城市起源不同而不同。

（2）研究空间的限定：城市现有建成区和历史上出现过城市营造活动的区域。

（3）研究时间段的划分：首先根据人类生活世界的发展阶段分4个部分。

第一阶段，一维神话阶段（中国战国以前）；第二阶段，二维宗教阶段（中国战国至五代十国时期）；第三阶段，三维科学阶段（中国宋代至晚清），第四阶段，四维后科学阶段。

其中四维后科学阶段，由于城市变迁的速度日益加快，特点也更为复杂，分为：中国近代（鸦片战争至五四运动）；中国现代（五四运动至“文化大革命”结束）；中国当代（改革开放至今）3个阶段，每个阶段又以30年为单位，共分为6个时间段：1859—1889年；1889—1919年（中国近代）；1919—1949年；1949—1979年（中国现代）；1979—2009年；2009—2039年（当代）。

（4）每一章的研究内容：

①营造背景的研究；

②营造特征的研究；

③营造尺度的研究。

（5）结论：营造机制的总结和未来发展的预测。

---

① “就教授营造者来说，除了给你‘体验’这匹马，还得给你‘营造法式’这个马鞍，你才能骑好马，将你的体验通过营造表达出来。每个人的体验是不同的，这样就可以将这种差异表现到创作中来。”赵冰．营造体系讲谈录．2004-12-18．转引自：刘林．活的建筑：中华根基的建筑观和方法论——赵冰营造思想评述 [J]．重庆建筑学报，2006（12）.

② 赵冰．数字时代的建筑学 [M]// 水晶石数字传媒．建筑趋势．北京：知识产权出版社，2004.

③ 赵冰．“营造体系”讲谈录 [R]．2004-12-18．转引自：刘林．活的建筑：中华根基的建筑观和方法论——赵冰营造思想评述 [J]．重庆建筑学报，2006（12）.

④ 赵冰．讲谈录 [R]．2011-04-30.

2002年，赵冰指导的老挝籍研究生萨伟完成硕士学位论文《琅勃拉邦城市空间研究》，之后景德镇、武汉、荆州、襄樊、随州、钟祥等“长江流域城市空间营造个案研究”陆续推开。2005年5月，博士生刘林完成学位论文《营造活动之研究》，系统阐述了赵冰“营造体系”的内涵，包括营造的4个阶段：“设计、建造、呵护和保护”，营造的3个目标：“技艺、礼仪和境界”，以及“主体和客体”两个方面相互交织构成的“4！营造体系”[①]，并借用易经的8个卦象作为指称，提出“营造八法”[②]。

2005年开始，第一批从历史城市保护和城市空间形态角度研究湖北省境内长江流域历史文化名城空间营造的硕士论文完成。2005年12月王毅的硕士论文《历史城市保护与更新研究》对历史城市保护和更新的理论和方法进行系统研究[③]。2005年8月，陈怡的硕士论文《荆州城市空间形态保护研究》从宏观、中观和微观及其对应的城市山水景观、城市街区和城市标志点等空间形态角度分析荆州城市空间特色和现状问题[④]。2005年12月，罗先明的硕士论文《荆州历史文化名城保护研究》、容晶的硕士论文《鄂州历史文化名城保护研究》、左凌云的硕士论文《恩施历史文化名城保护研究》、贺朝晖的硕士论文《武汉历史文化名城保护研究》、李晓军的硕士论文《钟祥历史文化名城保护研究》、余思点的硕士论文《随州历史文化名城保护研究》、谭广的硕士论文《荆门历史文化名城保护研究》、黄嫦玲的硕士论文《襄樊历史文化名城保护研究》、赵京飞的硕士论文《黄石历史文化名城保护策略研究》、颜胜强的硕士论文《当阳历史文化名城保护研究》等，从历史文化名城保护工作的角度研究城市空间营造的历史、现状问题和未来策略。[⑤]通过这些硕士论文的研究工作，我们收集到长江流域城市空间营造研究的一手资料，并初步分析了历史文化名城保护中出现的现实问题，为城市空间营造个案研究的深入展开奠定了基础。

2008年开始，赵冰指导的于志光博士论文《武汉城市空间营造研究》第一次将城市空间营造的理论与武汉城市空间演变的历史贯通，分析了不同时期武汉的城市空间形态特征，重点论述工业发展对武汉城市空间形态的影响[⑥]。

---

① 原思想陈述源自：赵冰．营造体系讲谈录 [R]．2004-12-18．见：刘林．活的建筑：中华根基的建筑观和方法论——赵冰营造思想评述 [J]．重庆建筑学报，2006（12）.

② 刘林．营造活动之研究 [D]．武汉：武汉大学，2005.

③ 原思想陈述源自：王毅．历史城市保护与更新研究 [D]．武汉：武汉大学，2005.

④ 原思想陈述源自：陈怡．荆州城市空间形态保护 [D]．武汉：武汉大学，2005.

⑤ 原思想陈述源自：

罗先明．荆州历史文化名城保护研究 [D]．武汉：武汉大学，2005.

容晶．鄂州历史文化名城保护研究 [D]．武汉：武汉大学，2005.

左凌云．恩施历史文化名城保护研究 [D]．武汉：武汉大学，2005.

贺朝晖．武汉历史文化名城保护研究 [D]．武汉：武汉大学，2005.

李晓军．钟祥历史文化名城保护研究 [D]．武汉：武汉大学，2005.

余思点．随州历史文化名城保护研究 [D]．武汉：武汉大学，2005.

谭广．荆门历史文化名城保护研究 [D]．武汉：武汉大学，2005.

黄嫦玲．襄樊历史文化名城保护研究 [D]．武汉：武汉大学，2005.

赵京飞．黄冈历史文化名城保护策略研究 [D]．武汉：武汉大学，2005.

颜胜强．当阳历史文化名城保护策略研究 [D]．武汉：武汉大学，2006.

⑥ 原思想陈述源自：于志光．武汉城市空间营造研究 [M]．北京：中国建筑工业出版社，2011．于志光．武汉城市空间营造研究 [D]．武汉：武汉大学，2008.

2008年，赵冰指导的李瑞博士论文《南阳城市空间营造研究》注重空间形态和社会、经济等背景的整理，试图通过空间句法的计算机处理方法，找到空间形态与背景因素间的作用机制，重点论述了南阳梅花型的城市空间形态与城市自然环境、宗教和文化等因子的关系[①]。

2008年，赵冰指导的黄凌江博士论文《黄石城市空间营造研究》从城市外部空间形态的角度论述黄石城市选址、城市功能、城市中心的变迁过程，重点关注矿产资源的开发和水运发展对黄石城市空间形态的影响，以及城市轴向发展和集聚发展的交替过程[②]。

2008年，赵冰指导的周庆华博士论文《鄂州城市空间营造研究》[③]从鄂州不同时期城市空间的点、线和面状空间要素出发，探讨鄂王城、吴王城的营造对今天鄂州城市空间营造的影响，重点论述了当前鄂州从工业城市向山水园林城市的转变过程。

2009年，赵冰指导的王玉硕士论文《芜湖城市空间营造研究》[④]对芜湖城市空间营造的历史背景、营造特征和营造尺度进行横向分析，同时在动力机制的总结上首次提出“时空矛盾”和“城市再生”的观点，重点关注芜湖当今的城市中心、城市功能分区、城市交通和城市生态环境等4个问题，并对城市未来的历史发展背景、空间营造特征和营造尺度进行了预测。

同年，赵冰指导的宋靖华博士论文《荆门城市空间营造研究》[⑤]系统讨论了中国士绅制度的解体转型与中国中小城镇空间营造的关联，并重点运用空间句法对荆门城市的风环境进行评价，以预测未来城市中心区、城市居住区等空间要素的分布。

2010年，赵冰指导的陈重硕士论文《九江城市空间营造研究》[⑥]强调山（庐山）和水（长江）对九江城市空间营造的基础作用，提出九江城市空间形态由单一集聚向多元分散的演变规律，提出以渐进式代替激进式发展的多组团式空间营造模式。

同年，赵冰指导的方一帆博士论文《武昌城市空间营造研究》[⑦]运用GIS技术分析武昌城市空间形态，注重武昌城市整体扩展趋势的预测。赵冰指导的徐轩轩博士论文《宜昌城市空间营造研究》[⑧]以城市空间形态理论为基础，关注重大事件与城市空间突变的关系，以及文化多样性与城市活力的关系，探讨宜昌未来分散化集中的外部空间模式、多中心的内部空间结构和多样化功能混合等营造方法。赵冰指导的王毅博士论文《南京城市空间营造研究》[⑨]是对南京历代城市空间营造思想的整理总结。

2011年5月，赵冰指导的胡思润博士的论文《常德城市空间营造研究》[⑩]和彭建东博士

---

① 原思想陈述源自：李瑞．南阳城市空间营造研究 [D]．武汉：武汉大学，2008.
② 原思想陈述源自：黄凌江．黄石城市空间营造研究 [D]．武汉：武汉大学，2008.
③ 原思想陈述源自：周庆华．鄂州城市空间营造研究 [D]．武汉：武汉大学，2008.
④ 原思想表述源自：王玉．芜湖城市空间营造研究 [D]．武汉：武汉大学，2009.
⑤ 原思想表述源自：宋靖华．荆门城市空间营造研究 [D]．武汉：武汉大学，2009.
⑥ 原思想表述源自：陈重．九江城市空间营造研究 [D]．武汉：武汉大学，2010.
⑦ 原思想表述源自：方一帆．武昌城市空间营造研究 [D]．武汉：武汉大学，2010.
⑧ 原思想表述源自：徐轩轩．宜昌城市空间营造研究 [D]．武汉：武汉大学，2010.
⑨ 原思想表述源自：王毅．南京城市空间营造研究 [D]．武汉：．武汉大学，2010.
⑩ 原思想表述源自：胡思润．常德城市空间营造研究 [D]．武汉：武汉大学，2011.

的论文《景德镇城市空间营造研究——瓷业主导下的城市空间演变》[①]分别对常德和景德镇市的城市空间营造模式和主导因素进行分析研究。

从2005年开始至今，赵冰指导的长江流域城市空间营造个案研究陆续展开，已完成或将近完成40个城市的案例（表1-4），每个案例都体现了自身的独特性。赵冰始终强调城市现实问题的分析和城市独特境界的提炼，从而以营造机制的探讨为目标，形成“一个开放的研究系统，不同的研究者将空间营造理论与城市的现实结合，折射出属于每个城市的思想之光”[②]。

赵冰教授指导的长江流域城市空间营造个案研究成果一览表（2005—2013）　　表1-4

编号	论文题目	研究人	论文答辩时间
1	营造活动之研究	刘林（博士）	2005年6月
2	武汉城市空间营造研究	于志光（博士）	2008年11月
3	重庆城市空间营造研究	胡嘉渝（博士）	2008年11月
4	荆门城市空间营造研究	宋靖华（博士）	2009年5月
5	宜昌城市空间营造研究	徐轩轩（博士）	2009年5月
6	武昌城市空间营造研究	方一帆（博士）	2009年5月
7	南阳城市空间营造研究	李瑞（博士）	2010年5月
8	鄂州城市空间营造研究	周庆华（博士）	2010年5月
9	黄石城市空间营造研究	黄凌江（博士）	2010年12月
10	南京城市空间营造研究	王毅（博士）	2010年12月
11	长沙城市空间营造研究	阮宇翔	2010年12月
12	岳阳城市空间营造研究	彭旭	2010年12月
13	常德城市空间营造研究	胡思润	2011年5月
14	景德镇城市空间营造研究	彭建东	2011年5月
15	荆州城市空间营造研究	陈怡	2012年
16	赣州城市空间营造研究	叶鹏	2012年
17	合肥城市空间营造研究	涂光陆	2012年
18	黄冈城市空间营造研究	贺治民	2012年
19	南昌城市空间营造研究	庞辉	2013年
20	镇江城市空间营造研究	王琦	2013年
21	历史城市保护与更新研究	王毅（硕士）	2005年12月
22	武汉历史文化名城保护研究	贺朝晖（硕士）	2005年12月
23	荆州历史文化名城保护研究	罗先明（硕士）	2005年12月
24	襄樊历史文化名城保护研究	黄嫦玲（硕士）	2005年12月
25	随州历史文化名城保护研究	余思点（硕士）	2005年12月

① 原思想表述源自：彭建东. 景德镇城市空间营造——瓷业主导下的城市空间演变研究[D]. 武汉：武汉大学，2011.

② 赵冰. 讲谈录[R]. 2011-04-30.

续表

编号	论文题目	研究人	论文答辩时间
26	钟祥历史文化名城保护研究	李晓军（硕士）	2005 年 12 月
27	荆门历史文化名城保护研究	谭广（硕士）	2005 年 12 月
28	黄冈历史文化名城保护策略研究	赵京飞（硕士）	2005 年 12 月
29	鄂州历史文化名城保护研究	容晶（硕士）	2005 年 12 月
30	恩施历史文化名城保护研究	左凌云（硕士）	2005 年 12 月
31	武汉历史建筑保护研究	孙丽辉（硕士）	2005 年 12 月
32	荆州古城空间形态保护研究	陈怡（硕士）	2005 年 12 月
33	当阳历史文化名城保护研究	颜胜强（硕士）	2006 年 6 月
34	随州城市空间形态演变研究	张戎（硕士）	2008 年 6 月
35	襄樊城市空间形态演变研究	张博（硕士）	2008 年 6 月
36	钟祥城市空间形态演变研究	于政喜（硕士）	2008 年 6 月
37	潜江城市空间形态演变研究	谢飞（硕士）	2008 年 6 月
38	天门城市空间营造研究	蒋珏（硕士）	2008 年 6 月
39	孝感城市空间形态演变研究	张高平（硕士）	2008 年 6 月
40	咸宁城市空间营造研究	田梅霞（硕士）	2008 年 6 月
41	仙桃城市空间营造研究	徐佳佳（硕士）	2008 年 6 月
42	芜湖城市空间营造研究	王玉（硕士）	2009 年 5 月
43	九江城市空间营造研究	陈重（硕士）	2010 年 5 月
44	恩施城市空间营造研究	乐叶凯（硕士）	2010 年 12 月
45	常州城市空间营造研究	郑功韧（硕士）	2011 年 5 月
46	无锡城市空间营造研究	朱凌（硕士）	2011 年 5 月
47	苏州城市空间营造研究	但佳寅（硕士）	2012 年
48	昆明城市空间营造研究	赵鲁云（硕士）	2012 年
49	安庆城市空间营造研究	王扬慧（硕士）	2012 年
50	南通城市空间营造研究	张作福（硕士）	2012 年
51	池州城市空间营造研究	张瑶（硕士）	2012 年

从“活的信仰”的内在建构，到“风生水起”的外在体验，到“营造法式”的创作方法，赵冰认为，随着中华全球化的发展，将建立“以公民社会建构为主导，自主协同规划和设计的空间营造主流思想”①。其中，“中华全球化周期性超越发展的四个阶段，其主导因素是文化、政治、经济和社会诸领域”②，“从 1919 年开始，以 30 年为一个周期，中国已经经历了中华全球化的 3 个阶段的提升③，而 2009 年中国正走向一个时代的转折点……未来 30

① 赵冰．中华全球化之走向公民社会——兼论自主协同规划设计 [J]．新建筑，2009（3）.
② 赵冰．中华全球化之走向公民社会——兼论自主协同规划设计 [J]．新建筑，2009（3）.
③ 即文化、政治和经济主导的三个阶段。

年……建筑和城市的空间营造将转型，以顺应全球化时代的公民社会的建构需求"[①]。在这样一个转折点中，赵冰发表"中国城市空间营造个案研究系列总序"，提出"将空间营造理论与城市空间营造的全过程贯通，通过时间坐标体系下城市空间演变的全过程来说明城市的空间特色和精神气质，避免了单纯按空间形态类别研究带来的城市规划与城市个体的脱节：只有在个案的深入研究及对其内在独特的发展机制的把握的基础上，才可能在城市规划的具体个案实践中给出更加准确的判定"[②]。同时，在更深远的意义上，以"中华历史视角兼容西方历史视角，贯通世界历史、和合全球族群"[③]的空间研究，将引领我们"从历史的梳理最终走向建构未来和合的全球文明"[④]。

在多元和合的背景下，赵冰将自身建立的"空间营造"理论与中国城市的多元化结合，展开城市空间营造的研究，他认为"城市空间营造研究将营造理论的阳与城市个案的阴结合，将西方抽象的理论提炼与东方具象的历史追溯结合，将空间营造理论与中国城市实践完全贯通，归纳出符合城市自身个体信仰的时空作用规律，激发出营造活动本身的思想闪光。这种被激活的空间营造研究是一种创造，是一种机制、规律和作用的发现，是东方传统文化精华的弘扬"[⑤]。

同时，为了让更多的人能够了解并加入"城市空间营造"的开放研究，共同推动自主协同的规划变革，赵冰在"中国城市空间营造个案研究系列总序"[⑥]中论述了"城市空间营造个案研究"的现实意义、统一体例和核心内容，在"长江流域族群更叠及城市空间营造"[⑦]中论述了长江流域城市的研究意义，以及营造研究最根本出发点——族群研究的重要性，并对长江流域的族群更叠历史和城市空间营造历史进行了概述。

2011 年开始，赵冰在《华中建筑》杂志开辟"城市空间营造专题"，发表"长江流域系列"[⑧]12 篇文章。其中 2011 年 2 月发表的《长江流域：昆明城市空间营造》[⑨]对昆明城市族群的更叠和城市空间营造进行了分析研究，提出多民族共同营造基础上展开的多族群

---

① 赵冰．中华全球化之走向公民社会——兼论自主协同规划设计 [J]．新建筑，2009（3）.

② 赵冰．中国城市空间营造个案研究系列总序 [J]．华中建筑，2010（12）.

③ 赵冰．长江流域族群更叠和城市空间营造 [J]．华中建筑，2011（1）.

④ "城市空间营造研究与欧美建筑规划理论的不同在于重点关注空间的时间性。西方思维擅长同一结构的建立即'分'，因此欧美建筑理论表现为纯粹的空间理论归纳，其历史视角对于族群在空间上以逻辑的力量相聚拢具有重要价值，但其历史表述体系不会顺着族群自身的演化去追溯，压抑了各族群自身的历史脉动，增加了未来各个族群互相间的内在冲突，无法达成族群间的多元和合。相反，东方思维擅长各个不同概念间的贯通即'合'，中华文化具有尊重族群自身的历史脉动、调和各族群之间冲突的传统，中华历史视角是融合各个族群一道梳理他们的来龙去脉，以及族群精神信仰的源流。"原思想陈述源自：赵冰．长江流域族群更叠和城市空间营造 [J]．华中建筑，2011（1）.

⑤ "依据每个城市个案呈现的时间与空间关系的不同，城市空间营造研究从空间营造概念出发，所发现的时空作用机制具有多样性和差异性，这个独特的作用机制就是每个城市研究的结论所在。当然，由于各人的背景、研究深度、投入精力的不同，得出的结论各有不同，有的符合了空间营造体系的套路，但并没有实现与具体城市个案的互动，火花并未产生。一旦营造理论与具体个案没有结合，那么这套理论就不会催生问题的闪现，就不会发挥作用。"赵冰．讲谈录 [R]．2011-04-30.

⑥ 参见：赵冰．中国城市空间营造个案研究系列总序 [J]．华中建筑，2010（12）：4.

⑦ 原思想表述源自：赵冰．长江流域族群更叠及城市空间营造 [J]．华中建筑，2011（1）：2.

⑧ 参见：赵冰．长江流域：昆明城市空间营造 [J]．华中建筑，2011（2）.

⑨ 原思想陈述源自：赵冰．长江流域：昆明城市空间营造 [J]．华中建筑，2011（2）.

社区营造对昆明未来构建东南亚国际区域中心都会的重要意义。2011 年 3 月《长江流域：成都城市空间营造》[①] 一文，对蜀文化影响下的成都族群更叠和城市空间营造历史进行梳理，提出集权体制消解对实现公民自主的城市空间营造，重塑成都城市境界的意义。

2011 年 4 月，赵冰发表《长江流域：重庆城市空间营造》[②]，对巴文化中心城市重庆的族群更叠和城市空间营造进行论述，提出自觉的公民维权对激烈城市性格下重庆未来城市兴衰的作用力。2011 年 5 月在《长江流域：荆州城市空间营造》[③] 一文中，对人类沿长江由山地向平原转移的第一个中心城市——荆州的族群更叠和城市空间营造进行研究，揭示了荆州依傍庞大的自然和人工水系演绎出的“苦难而传奇”的城市境界，强调交通转型对于荆州未来城市空间营造的开拓意义。

2011 年 6 月，赵冰发表《长江流域：南阳城市空间营造》[④] 一文，对黄河文化和长江文化的交汇地带、汉文化的中心城市南阳的族群演变和城市空间营造历史进行剖析，揭示了南阳族群中蕴含的汉族及其东亚来源族群的文化基因，呼吁在未来城市空间营造中将复杂的历史叠痕以混搭的方式重新呈现，展现南阳蕴含的汉文化意蕴。2011 年 7 月发表的《长江流域：长沙城市空间营造》[⑤] 一文分析了湘江流域戈人后裔象族最早聚居的中心城市——长沙的族群更叠和城市空间营造历史，揭示长沙城市性格中乡民文化的特性，提出长沙未来凝聚市民和乡民形成公民社会、将城乡联合拓展至更广阔的区域联合层面的城市空间营造之路。

2011 年 8 月，赵冰发表的《长江流域：武汉城市空间营造》[⑥] 一文研究集中体现“近代中华民族内部对立发展取向”的城市——武汉的族群更叠和城市空间营造，揭示代表中华民族近代动荡发展的“二元对立反转历史”（60 年为周期）对武汉城市发展脉络的影响，预示“以社会建设领跑，带动经济建设、政治建设、文化建设的四位一体建设发展”[⑦] 的公民反转的时代到来。2011 年 9 月，《长江流域：南昌城市空间营造》[⑧] 一文研究了赣鄱流域中心城市——南昌的族群更叠和城市空间营造，分析南昌作为中国内陆城市与统治中心城市发展规律的差异，揭示当代特权阶层利益膨胀驱使下提出的不切实际的城市规划构想，预示草根大众的革命精神在南昌未来出现反转的可能。

2011 年 10 月，赵冰发表《长江流域：合肥城市空间营造》[⑨] 一文，研究了长江下游巢湖流域中心城市合肥的族群更叠和城市空间营造，分析“合肥模式”的优点以及在历史传统保存方面的欠缺。2011 年 11 月发表的《长江流域：南京城市空间营造》[⑩] 一文，研究了东亚东南部长江下游中心城市——南京的族群更叠和城市空间营造，分析南京在东亚历次政治中心变迁中“希望与悲情”交叠的城市发展特征，强调保护历史遗产和保存其背后的

---

① 原思想陈述源自：赵冰．长江流域：成都城市空间营造 [J]．华中建筑，2011（3）.
② 原思想陈述源自：赵冰．长江流域：重庆城市空间营造 [J]．华中建筑，2011（4）.
③ 原思想陈述源自：赵冰．长江流域：荆州城市空间营造 [J]．华中建筑，2011（5）.
④ 原思想陈述源自：赵冰．长江流域：南阳城市空间营造 [J]．华中建筑，2011（6）.
⑤ 原思想陈述源自：赵冰．长江流域：长沙城市空间营造 [J]．华中建筑，2011（7）.
⑥ 原思想陈述源自：赵冰．长江流域：武汉城市空间营造 [J]．华中建筑，2011（8）.
⑦ 赵冰．长江流域：武汉城市空间营造 [J]．华中建筑，2011（8）.
⑧ 原思想陈述源自：赵冰．长江流域：南昌城市空间营造 [J]．华中建筑，2011（9）.
⑨ 原思想陈述源自：赵冰．长江流域：合肥城市空间营造 [J]．华中建筑，2011（10）.
⑩ 原思想陈述源自：赵冰．长江流域：南京城市空间营造 [J]．华中建筑，2011（11）.

国际化都市境界对南京未来发展的重要性。

2011 年 12 月，赵冰发表《长江流域：苏州城市空间营造》①，研究长江三角洲太湖流域腹地中心城市——苏州的族群更叠和城市空间营造，分析吴人族群与西亚族群的关联，以及其背后的文化基因对苏州城市境界（文化）、政治、经济和社会的巨大推动作用。2012 年 1 月的《长江流域：上海城市空间营造》② 一文研究欧亚大陆东端、中国东部南北海岸线中心——上海的族群更叠和城市空间营造，分析"全球化洪流中大格局的突变"对上海城市发展带来的影响，指出城市规模极度扩张背后亟须建立公平的社会体系。

2011—2012 年 1 月发表的"城市空间营造研究"系列文章，是赵冰早期完成的长江流域城市空间营造研究纲领性论述，同时他还将所指导的硕博士论文以系列方式正式出版③，其目的是"推进城市空间营造的开放研究，使之不局限于所带的硕博士，而是广泛吸纳社会上愿意参与的研究者加入"④。目前，珠江流域、海河流域和黄河流域等已全面开放给愿意参与的研究者进行研究，赵冰正在指导大家做这些工作。一个多流域"城市空间营造研究体系"已经形成，"城市空间营造个案研究"进入"多元追溯"阶段。

4）21 世纪 10 年代：多元的追溯——多流域城市研究推进

2012 年 2 月，赵冰发表《珠江流域族群更叠及城市空间营造》⑤，阐述多流域族群更叠及城市空间营造研究的意义，提出通过"追溯世界各族群的迁徙分衍，确立同源异流的世界各族群历史性构成的人类文明共同体……从而推动未来人类文明共同体的自觉发展，以达成世界各族群间的共存和合，并最终实现每个自我的全面解放以及我本身的自我救赎"⑥。同时揭示珠江流域的城市在"不断接纳南下族群和转身面对辽阔的海洋所出现的世界各种不同族群"⑦ 时所表现出的开放特质，指出其"为中华民族的发展所贡献的独特精神所在"⑧。2012 年 3 月，《珠江流域：南宁城市空间营造》⑨ 一文研究中国面对东南亚各国的前沿城市——南宁的族群更叠及城市空间营造，指出族群对抗的交界地带中隐含的"一体化民族内部的深层对立的超稳定结构"⑩ 对未来南宁城市发展的影响，提出各族群自主、和合发展的南宁城市发展目标。2012 年 4 月和 5 月，赵冰发表的《珠江流域：广州城市空间营造》和《珠江流域：珠海城市空间营造》，分析广州和珠海的城市空间营造特征。2012 年 6 月至 8 月发表的《珠江流域：澳门城市空间营造》《珠江流域：深圳城市空间营造》《珠江流域：香港城市空间营造》等，发布了珠江流域城市空间营造研究的纲领性论述。

从以上介绍可以看出，赵冰的"城市空间营造个案研究"有以下特点⑪：

---

① 原思想陈述源自：赵冰．长江流域：苏州城市空间营造 [J]．华中建筑，2011（12）.

② 原思想陈述源自：赵冰．长江流域：上海城市空间营造 [J]．华中建筑，2012（1）.

③ 见：于志光．武汉城市空间营造研究 [M]．北京：中国建筑工业出版社，2011.

④ 引自：赵冰．讲谈录 [R]．2012-03-31.

⑤ 参见：赵冰．珠江流域族群更叠及城市空间营造 [J]．华中建筑，2012（2）.

⑥ 赵冰．珠江流域族群更叠及城市空间营造 [J]．华中建筑，2012（2）.

⑦ 赵冰．珠江流域族群更叠及城市空间营造 [J]．华中建筑，2012（2）.

⑧ 赵冰．珠江流域族群更叠及城市空间营造 [J]．华中建筑，2012（2）.

⑨ 参见：赵冰．珠江流域：南宁城市空间营造 [J]．华中建筑，2012（3）.

⑩ 赵冰．珠江流域：南宁城市空间营造 [J]．华中建筑，2012（3）.

⑪ 原思想陈述源自：赵冰．讲谈录 [R]．2010-04-30.

（1）研究对象是活生生的城市和城市空间；

（2）研究方法包括空间营造的全过程探讨，包括无意识的营造和有意识的营造；

（3）研究目的是提出城市时间与空间的作用机制，最终揭示城市的个性和精神气质；

（4）研究意义在于个案推进反映的时空互动机制是空间营造理论在城市实践中的落实和反映，是空间营造思想与活的城市营造结合、碰撞产生的思想火花闪现。

赵冰构建的"城市空间营造个案研究体系"以流域划分的城市群构成宏大的空间研究尺度，以西亚至东亚族群的漫长更叠历史构成精深的时间研究角度，整体上形成庞大的主干体系，体现了对城市空间在文化特色和空间逻辑上的多元追溯，是其早期空间营造思想的扩展和深化。如《华严经》中"一花一世界，一叶一如来"，赵冰指导的硕博士论文是"空间营造思想体系"主干中生长的枝叶，体现空间营造的核心思想，同时结合案例城市特征，融入研究者自身生命感悟，完成时间与主干研究有相当长的时间差，但在研究尺度和研究角度上更多样化。

《荆州城市空间营造研究》是"城市空间营造个案研究系列"课题之一。本书试图运用空间营造理论，借鉴荆州城市研究的相关成果，结合"城市空间营造个案研究"的体例，揭示荆州城市空间营造的内在特征，指导荆州未来的城市空间营造。

4. 国内的荆州城市空间研究

目前从人本主义角度荆州城市空间展开整体研究的文章较少。2005 年 5 月笔者的硕士论文《荆州古城空间形态保护研究》[①] 将荆州古城空间形态演变的全过程，从宏观、中观和微观三个层面，选择重要的空间点、空间面和空间线进行初步研究，提出荆州城市空间保护面临的现状问题。2005 年 12 月，武汉大学罗先明的硕士论文《荆州历史文化名城保护评估》[②] 回顾了荆州历史文化名城保护的过程，分析保护工作的现状问题，评估荆州的历史价值和保护成效。2009 年，华中师范大学贺杰的硕士论文《古荆州城内部空间结构演变研究》[③] 运用历史地理的方法，研究了楚王迁都郢至辛亥革命前荆州的历史沿革、城池形状、内部布局、功能分区等内容，总结了荆州城市发展演变的规律。

虽然对荆州城市空间展开整体研究的成果不多，但是对荆州特定历史时段、特定空间范围展开研究的成果比较丰富。春秋时期的楚郢都纪南城以及隋唐至晚清的荆州城曾是考古学、社会学（民族学）和史学研究的热点，建筑规划界在 1984 年、1994 年、2004 年曾有过 3 次研究荆州城市空间的热潮，近年来荆州水文化和滨水空间设计、荆州城市御灾防卫体系等成为深入研究的课题。本书的基础资料主要来源于考古学、社会学（民族学）、史学和城市规划学四个领域，下面将按照文章引用顺序依次介绍参考成果：

1）荆州族群的来源和变迁是本书研究的出发点。

20 世纪 80 年代赵冰教授对人类族群文化之间的关联展开研究，通过分子人类学[④]、语

① 原思想陈述源自：陈怡．荆州城市空间形态保护 [D]．武汉：武汉大学，2005．

② 原思想陈述源自：罗先明．荆州历史文化名城保护评估 [D]．武汉大学，2005．

③ 原思想陈述源自：贺杰．古荆州城内部空间结构演变研究 [D]．武汉：华中师范大学，2009．

④ 分子人类学对荆州族群基因的研究参见：李辉、金力．重建东亚人类的族谱 [J]．科学人，2008（8）：36．

言学等领域最新成果的研究和批判，提出“族群更叠”[①]的思想，并逐步整理出人类族群更叠的脉络，这种思想与张良皋先生在《巴史别观》[②]中提出的族群迁徙的“风箱”理论相似，都认为定居在某个区域的族群会因为自然变迁或人为因素的影响，被迫结束某种定居状态，向其他地区迁徙，迁徙而来的族群挤压或融合该地区的原有族群，从而改变地域文化。这种思想启发作者从族群文化的角度整理荆州城市空间营造的历史背景，以此为基点展开城市营造活动、营造特征和空间尺度的研究。

2）战国以前荆州城市空间的研究主要集中在考古学领域。

关于鸡公山遗址的研究，主要根据刘德银、王幼平的考古发掘报告[③]，参考朱诚等对湖北旧石器遗址分布特点的研究[④]，以及周凤琴[⑤]和郑明佳[⑥]对荆江三角洲的历史变迁和江汉平原古地理的研究，分析荆州早期长江河道的位置以及与人类活动遗址的关系。关于荆州阴湘城的研究，主要参考马世之先生撰写的《中国史前古城》[⑦]，该书对阴湘城展开考古学研究，并概括了江汉平原史前古城的整体特点，同时参考裴安平的《聚落群居形态视野下的长江中游史前城址分类研究》[⑧]一文，该文章从遗址群角度揭示了阴湘城空间结构的特点和成因。春秋早期荆州范围的楚城研究参考了曲英杰的“说郢”[⑨]，该文考证了纪南城的始建时间和春秋时期楚国城市群的营造思想。

3）战国至秦汉时期是荆州城市发展最为辉煌的时期，因此相关的研究成果也最多，包括考古学、史学、社会学和建筑学等 4 个方面。

关于纪南城的考古学简报和史学论述数量众多，其中湖北省博物馆发表的《楚都纪南城的勘查与发掘》[⑩⑪]是研究纪南城的第一手考古资料。杨旭莹的《楚都纪南城与渚宫江陵区位考析》[⑫]从历史地理学角度分析纪南城和江陵渚宫的位置关系。孙家柄、马吉苹、廖志东和杨权喜等发表的《楚古都——纪南城的遥感调查和分析》[⑬]运用遥感技术判读研究纪南城的城址、水系和城内布局，是纪南城考古研究的重要补充资料。1999 年郭德维撰写的《楚都纪南城复原研究》[⑭]研究纪南城原型和其反映的楚文化、楚国社会制度、建筑和城市规划

---

① 从 Y 染色体的遗传信息角度解读人类族群的起源是分子人类学近年来的热点，赵冰教授是将这种方法引入城市研究的第一人，与分子人类学认为个体遗传的信息仅仅是族群分布的现状投影的解释方法不同，赵冰教授认为当代个体遗传分布信息反映的是历史叠压后的结果，因此需要对人类族群的迁徙进行不同时间的空间投影的分层研究，从而解释历史叠压的过程。关于赵冰教授的“族群更叠”思想，参见：赵冰．长江流域族群更叠及城市空间营造 [J]．华中建筑，2011（1）：2.

② 原思想表述源自：张良皋．巴史别观 [M]．北京：中国建筑工业出版社，2006.

③ 刘德银，王幼平．鸡公山遗址发掘初步报告 [J]．人类学学报，2001（5）.

④ 朱诚，钟宜顺，等．湖北旧石器时期至战国时期人类遗址分布与环境的关系 [J]．地理学报，2007（3）.

⑤ 周凤琴．云梦泽与荆江三角洲的历史变迁 [J]．湖泊科学，1994（3）.

⑥ 郑明佳．江汉平原古地理与“云梦泽”的变迁史 [J]．湖北地质，1988（12）.

⑦ 马世之．中国史前古城 [M]．武汉：湖北教育出版社，2003.

⑧ 裴安平．聚落群居形态视野下的长江中游史前城址分类研究 [J]．考古，2011（4）.

⑨ 曲英杰．说郢 [J]．湖南考古辑刊，1994（6）：201.

⑩ 湖北省博物馆．楚都纪南城的勘查与发掘（上）[J]．考古学报，1982（3）.

⑪ 湖北省博物馆．楚都纪南城的勘查与发掘（下）[J]．考古学报，1982（4）.

⑫ 杨旭莹．楚都纪南城与渚宫江陵区位考析 [J]．湖北大学学报（哲学社会科学版），1988（4）.

⑬ 孙家柄，马吉苹，廖志东，等．楚古都——纪南城的遥感调查和分析 [J]．遥感信息，1993（1）.

⑭ 郭德维．楚都纪南城复原研究 [M]．北京：文物出版社，1999.

技术等方面展开，引起了考古学界、建筑界和史学界的极大关注①。东北师范大学董灏智的硕士论文《楚国郢都兴衰史考略》②结合考古学和历史学的研究成果，梳理了纪南城城市发展的全过程。窦建奇、王扬的“楚‘郢都（纪南城）’古城规划与宫殿布局研究”③和黄渺森的“纪南城的布局及其城建思想”④对前辈研究成果展开解读。秦汉郢城的起始时间一直存在争议，江陵郢城考古队的“江陵县郢城调查发掘简报”⑤论证了郢城的形制和起始时间。社会学方面，张正明先生的著作《楚文化史》⑥和《楚史》⑦是研究楚文化的权威之作。马世之先生的“略论楚郢都城市人口问题”⑧论证了纪南城的人口数量和民族构成。王勇的《楚文化与秦汉社会》⑨全面研究了楚秦社会文化的差异。建筑学领域，张良皋先生1984年发表的“论楚宫在中国建筑史上的地位”⑩、1985年发表的“秦都与楚都”⑪和2005年出版的《匠学七说》⑫，以及赵冰1989年出版的博士论文《4！——生活世界史论》⑬都对楚文化中的建筑和景域规划思想展开了研究。1996年高介华先生和刘玉堂先生合著的《楚国的城市与建筑》⑭对楚国城市设计和建筑特色进行了全面研究。1998年高介华先生发表的文章“‘楚辞’中透射出的建筑艺术光辉——文学‘幻想’，楚乡土建筑艺术的全息折射”⑮和刘玉堂先生发表的文章“有无相生 道法自然——楚国的建筑艺术”⑯深入剖析了楚国建筑背后的文化内涵和哲学思想。2005年汪德华先生出版的《中国城市规划史纲》⑰从双子城的角度剖析了纪南城与渚宫的关系。总之，纪南城的城市空间研究相对于荆州其他时间段的空间研究来说最为深入，但考古发掘并不完整，只能参照历史文献对城市空间的实际情况、营造过程和设计思想作出假设，等待更多考古发现提供佐证。前辈们对楚文化的深刻解析、对古文献的大量整理和细致研究为本书研究荆州早期城市空间营造特征提供了重要的基础和严谨的示范。

4）魏晋至晚清的荆州城市空间研究比较分散，主要通过荆州地方志、史学界的专题文章和中华人民共和国成立后三次荆州历史文化名城保护规划来了解。

地方志方面，孔自来编纂的《顺治江陵志余》⑱，希元的《荆州驻防志》⑲，乾隆版的《江

① 马世之．层台累榭 临高山些——读郭德维著《楚都纪南城复原研究》[J]．华夏考古，2001（1）．
② 董灏智．楚国郢都兴衰史考略 [D]．长春：东北师范大学，2008．
③ 窦建奇，王扬．楚“郢都（纪南城）”古城规划与宫殿布局研究 [J]．古建园林技术，2009（1）．
④ 黄渺森．纪南城的布局及其城建思想 [J]．兰台世界，2011（7）．
⑤ 江陵郢城考古队．江陵县郢城调查发掘简报 [J]．江汉考古，1991（4）．
⑥ 张正明．楚文化史 [M]．上海：上海人民出版社，1987．
⑦ 张正明．楚史 [M]．武汉：湖北教育出版社，1995．
⑧ 马世之．略论楚郢都城市人口问题 [J]．江汉考古，1988（1）．
⑨ 王勇．楚文化与秦汉社会 [M]．长沙：湖南大学出版社，2009．
⑩ 张良皋．论楚宫在中国建筑史上的地位 [J]．华中建筑，1984（1）．
⑪ 张良皋．秦都与楚都 [J]．新建筑，1985（3）．
⑫ 张良皋．匠学七说 [M]．北京：中国建筑工业出版社，2002．
⑬ 赵冰．4！——生活世界史论 [M]．长沙：湖南教育出版社，1989．
⑭ 高介华，刘玉堂．楚国的城市与建筑 [M]．武汉：湖北教育出版社，1996．
⑮ 高介华．“楚辞”中透射出的建筑艺术光辉——文学“幻想”，楚乡土建筑艺术的全息折射 [J]．华中建筑，1998（2）．
⑯ 刘玉堂．有无相生 道法自然——楚国的建筑艺术 [J]．政策，1998（12）．
⑰ 汪德华．中国城市规划史纲 [M]．南京：东南大学出版社，2005．
⑱ 孔自来．中国地方志集成・湖北府县志辑 30・顺治江陵志余 [M]．南京：江苏古籍出版社，2001．
⑲ 希元原著．荆州驻防志 [M]．林久贵点注．武汉：湖北教育出版社，2002．

陵县志》[①]，郭贸泰的《荆州府志》[②]（康熙版），乾隆版的《荆州府志》[③]，倪文蔚的《荆州府志》（光绪版）[④]，蒯正昌的《光绪续修江陵县志》[⑤⑥]，陈运溶、王仁俊编辑的《荆州记九种》[⑦]，都是研究晚清以前荆州城市发展的第一手资料。长江大学黄恭发撰写的《荆州历史上的战争》[⑧]为本书查询上述历史资料提供了线索。在地方志研究领域，宋至晚清荆州城市空间相关专题研究比较多。明代辽王朱植的第17世孙、荆州市已故地方志学家、湖北省荆州行署地方志办公室朱翰昆先生是荆州当代最早通过地方志研究荆州城市空间的学者，朱翰昆手绘的清代中晚期和民国时期的荆州古城地图包含了丰富的城市空间信息，是《荆州府志》地图的补充和参考，其著作《荆楚研究杂记》[⑨]对荆州城市空间展开了大量考证。

在史学专题研究方面，武汉大学陈曦的《以江陵县为例看宋元明清时期荆北平原的水系变迁——以方志为中心的考察》[⑩]和《从江陵"金堤"的变迁看宋代以降江汉平原人地关系的演变》[⑪]等两篇文章研究了宋元明清时期荆州水系变迁和堤防建造背后的意识形态。长江大学卢川的《袁宏道诗文与明代荆州城市》[⑫]《中晚明荆州城市新变与城市人文空间——以公安三袁诗文为考察对象》[⑬]和《略论中晚明荆州城市人文形态——以荆州地域文献为考察对象》[⑭]等文章论述了明代荆州城市空间的形态和人文环境。西北大学陈跃的《清代荆州满城初探》一文[⑮]详细考证了清代荆州满城的形制、内部设施和特点。另外，荆州市委政研室的陈家泽在《荆州纵横》杂志开辟"水文化专栏"，研究了春秋至晚清荆州水体变迁和城市水文化。荆州日报传媒集团主任编辑、文史专家陈礼荣的"荆州宰相文化专栏"，研究了生于荆州或曾在荆州任职的重要历史人物，揭示出影响荆州城市空间的人文因素。长江大学魏昌撰写的"楚学札记专栏"，论述荆州楚文化的发展历史，为研究荆州城市空间演变的人文背景提供了重要依据。荆州市社会科学联合会谢葵在个人博客[⑯]中发表的"孝子巷、白云桥与白云路""荆州的名人路（修订）""上过廿四史的沙市古巷""承天寺三题"等关于荆州

① 崔龙见.魏耀等.（乾隆）江陵县志[M].清乾隆五十九年（1794）刻本.

② 郭贸泰.中国地方志集成·湖北府县志辑35·康熙荆州府志[M].南京：江苏古籍出版社，2001.

③ 叶仰高修.施廷枢纂.荆州府志[M].政协荆州市委员会校勘.清乾隆二十二年（1757）刻本.武汉：湖北人民出版社，2013.

④ 倪文蔚.中国地方志集成·湖北府县志辑37·光绪荆州府志[M].南京：江苏古籍出版社，2001.

⑤ 蒯正昌，吴耀斗修.胡九皋，刘长谦纂.中国地方志集成·湖北府县志辑30·光绪续修江陵县志（一）[M].南京：江苏古籍出版社，2001.

⑥ 蒯正昌.中国地方志集成·湖北府县志辑31·光绪续修江陵县志（二）[M].南京：江苏古籍出版社，2001.

⑦ 陈运溶，王仁俊.荆州记九种·襄阳四略[M].武汉：湖北人民出版社，1999.

⑧ 黄恭发.荆州历史上的战争[M].武汉：湖北人民出版社，2006.

⑨ 朱翰昆.荆楚研究杂记[Z].荆州：湖北省荆州行署地方志办公室，1997.

⑩ 陈曦.以江陵县为例看宋元明清时期荆北平原的水系变迁——以方志为中心的考察[J].中国地方志，2006（9）.

⑪ 陈曦.从江陵"金堤"的变迁看宋代以降江汉平原人地关系的演变[J].江汉论坛，2009（8）.

⑫ 卢川，许宏雷.袁宏道诗文与明代荆州城市[J].沙洋师范高等专科学校学报，2010（6）.

⑬ 卢川.中晚明荆州城市新变与城市人文空间——以"公安三袁"诗文为考察对象[J].郧阳师范高等专科学校学报，2010（5）.

⑭ 卢川.略论中晚明荆州城市人文形态——以荆州地域文献为考察对象[J].孝感学院学报，2011（4）.

⑮ 陈跃.清代荆州满城初探[J].三门峡职业技术学院学报，2009（1）.

⑯ 谢葵的博客：http://blog.sina.com.cn/xiekui.

古街地名考证的文章，为魏晋至晚清时期沙市和荆州城市空间的实地调查提供了线索。荆州本地史学家热衷荆州城市历史文化研究的现象反映了当代荆州的人文精神。

城市规划学界，1981年江陵县城镇建设管理局编制的《江陵历史文化名城保护规划》研究了江陵城城墙范围内的建筑遗产和城市空间特色。1992年萧代贤主编的《江陵》[①]介绍了江陵的历史变迁、文化、名胜古迹和文物等。2000年荆州市城市规划设计研究院与同济大学阮仪三教授等合作的《荆州历史文化名城保护规划》[②]将荆州城市空间研究的对象由历史建筑扩展到晚清历史街区和古城整体格局层面。2009年荆州市城市规划设计研究院与同济大学继续合作完成《荆州历史文化名城保护规划》[③]整理了沙市晚清时期的城市空间地图，并增加了城市文化和城市形态扩展方面的专项研究。华南理工大学万谦的论文《晚清荆州满城家庭结构与居住模式推测》[④]《1788年洪水对荆州城市建设的影响》[⑤]《江陵城池与荆州城市御灾防卫体系研究》[⑥]分层解析了晚清荆州城市空间。西安建筑科技大学宁倩的硕士论文《荆州城墙古代城防设施研究及实例分析》[⑦]将荆州与西安城墙相对比，对城墙的建筑构造、建筑材料、规模形制进行研究，总结出城防设施在军事和防洪功能上的普遍形制。

5）近现代荆州城市空间相关的资料比较少，多散见于地方志类的文献中。

复旦大学收藏的中国大陆地区唯一一本1936年《沙市市政汇刊》[⑧]记录了1933年徐源泉驻军沙市时委任工程师王信伯主持完成的“沙市市政工程规划”全部图文资料，包括沙市20世纪30年代城市道路、城墙和重要历史建筑的现状调查和规划设计，是研究近现代荆州城市空间演变的重要资料。沙市市地名委员会1984年出版的《沙市市地名志》[⑨]、荆州档案馆保存的《沙市市建设志》[⑩]包含了大量沙市近现代城市地图、规划图和规划文本。1989年江陵地方志委员会编辑的《江陵县志》[⑪]记录了影响江陵近现代城市空间变化的重要历史事件。《荆州百年（上卷）1900—1949》[⑫]以中国历史为线索，系统记述了荆州在中华人民共和国成立前的50年来的经济、政治、文化教育和社会发展历程，重点地叙述了各个时期的历史事件和历史人物，是荆州断代通史的拓山之作[⑬]，为荆州近现代城市空间研究提供了丰富的背景资料。

城市规划领域，2000年版《荆州历史文化名城保护规划》对荆州部分历史街区和历史建筑的现状有所记录。2009年版补充了沙市近现代城市总体格局、历史街区和传统居住建筑的部分资料。荆州市城市建设局张俊长期收集荆州近现代城市老照片和文字资料，在《荆

---

① 萧代贤．江陵（中国历史文化名城丛书）[M]．北京：中国建筑工业出版社，1992.
② 荆州市城乡规划局．荆州历史文化名城保护规划（2000年版）[R]．2000.
③ 荆州市城乡规划局．荆州历史文化名城保护规划（2009年版）[R]．2009.
④ 万谦．晚清荆州满城家庭结构与居住模式推测 [J]．新建筑，2006（1）.
⑤ 万谦，王瑾．1788年洪水对荆州城市建设的影响 [J]．华中建筑，2006（3）.
⑥ 万谦．江陵城池与荆州城市御灾防卫体系研究 [J]．新建筑，2009（3）.
⑦ 宁倩．荆州城墙古代城防设施研究及实例分析 [D]．西安：西安建筑科技大学，2005.
⑧ 沙市市政管理委员会．沙市市政汇刊 [Z]．1936.
⑨ 沙市市地名委员会．沙市市地名志 [Z]．1984.
⑩ 沙市市建设志编纂委员会．沙市市建设志 [M]．北京：中国建筑工业出版社，1992.
⑪ 湖北省江陵县志编纂委员会．江陵县志 [M]．武汉：湖北人民出版社，1990.
⑫《荆州百年》编委会办公室．荆州百年（上卷）[M]．北京：红旗出版社，2004.
⑬ 魏昌．研究荆州地方史的开拓之作——读《荆州百年》（上卷）[J]．荆州纵横，2004（10）.

州纵横》中发表了荆州近代城市建设史的研究文章，并于2009年出版《荆州古城的背影》[①]一书，为研究荆州城市空间发展提供了珍贵资料。杨宏烈、魏炼久的《沙市近代建筑览要》[②]是较早从建筑学角度研究沙市近代城市空间的文章。

6）当代荆州城市空间的相关研究成果较多。

除1984年、1994年、2000年和2009年等4次历史文化名城保护规划外，荆州城市空间保护和发展的相关专题在1984年、1994年和2000年前后3次成为城市规划学界讨论的热点。主要研究角度有：历史文化名城保护、历史街区更新、水文化与滨水空间规划、城市可持续发展等。

1984年，为了编制《江陵历史文化名城保护规划》，江陵县邀请钱运铎、汤文选、高介华、张良皋、姚传安、汪良田、郭德维、张启新、别业操等九位专家实地考察，联名发表了"科学地规划建设古城江陵——四个问题，六点建议"[③]，从建筑学、城市规划、考古学、社会学等多种学科的角度提出了历史文化名城保护的方法，推动了江陵当代城市空间的研究。同年，陶肃平发表的《江陵古城保护规划设想初议》[④]、黄清农和盛松青发表的《江陵名城的保护与发展》[⑤]、肖旭发表的《对文化名城江陵保护与建设的探讨》[⑥]等，展开了荆州历史文化名城保护的研究。1993年，杨宏烈、刘辉杰主编的《名城美的创造》[⑦]总结了1984—1993年近十年间城市规划学和建筑学界对江陵城市空间研究的成果。1997年杨宏烈发表《江陵的古都建置及旅游开发构想》[⑧]一文，从旅游开发角度对江陵城市空间的发展提出了建议。

1994年，荆沙合并为荆州市，在第一次《荆州市城市总体规划（1995—2010）》中展开了历史文化名城保护的专题研究。随后，历史街区保护研究开始：1994年杨宏烈发表《荆州古城历史街区的保护与更新》[⑨]，1996年发表《沙市历史街区的保护与更新》[⑩]，1999年发表《历史街区保护更新的手法——以荆州沙市为例》[⑪]等，都是较早研究荆州和沙市历史街区的保护与更新的文章。

2000年，荆沙合并后第一次《荆州历史文化名城保护规划》完成，引起历史文化名城保护方法的研究热潮。2001年参加该次规划工作的张松、阮仪三、顿明明发表了《荆州历史文化名城保护规划挹略》[⑫]一文，介绍了古城的历史变迁、地方特色和文化内涵，提出了保护规划的整体目标和原则，并介绍了如何运用城市设计的方法控制古城空间形态、实现文物古迹和历史地段的环境整治。2003年，陈远柏、李小平和秦军发表的《荆州历史文化

---

① 张俊．荆州古城的背影 [M]．武汉：湖北人民出版社，2010.

② 杨宏烈，魏炼久．沙市近代建筑览要 [M]// 张复合．建筑史论文集（第12辑）．北京：清华大学出版社，2000.

③ 钱运铎，汤文选，高介华，等．科学地规划建设古城江陵——四个问题，六点建议 [J]．华中建筑，1984（1）.

④ 陶肃平．江陵古城保护规划设想初议 [J]．华中建筑，1984（3）.

⑤ 黄清农，盛松青．江陵名城的保护与发展 [J]．华中建筑，1988（2）.

⑥ 肖旭．对文化名城江陵保护与建设的探讨 [J]．长江大学学报（社会科学版），1989（3）.

⑦ 杨宏烈，刘辉杰．名城美的创造 [M]．武汉：武汉工业大学出版社，1993.

⑧ 杨宏烈．江陵的古都建置及旅游开发构想 [J]．城市研究，1997（4）.

⑨ 杨宏烈．荆州古城历史街区的保护与更新 [J]．华中建筑，1994（3）.

⑩ 杨宏烈．沙市历史街区的保护与更新 [J]．中州建筑，1996（1）.

⑪ 杨宏烈．历史街区保护更新的手法——以荆州沙市为例 [J]．北京规划建设，1999（4）.

⑫ 张松，阮仪三，顿明明．荆州历史文化名城保护规划挹略 [J]．华中建筑，2001（1）.

名城保护规划探析》[①] 分析了荆州第一次历史文化名城保护规划的思想、原则、成果。2007年肖融发表的《荆州古城风貌保护及文化传承》[②] 从美学意义和文化内涵角度说明了荆州古城的保护价值。同年，廖浩深发表的《荆州古城之历史文化名城保护研究》[③] 概述荆州古城空间保护的要素，提出“延年益寿”代替“返老还童”的思想。

2009 版荆州市城市总体规划和历史文化名城保护规划的展开，带动了水空间和水文化的研究。以 1990 年杨宏烈发表的《荆州古城水空间试析》[④] 为先导，2006 年武汉理工大学邓翔的硕士学位论文《荆州古城滨水空间文化内涵与景观规划研究》[⑤] 继续探索荆州滨水空间的规划方法，2006 年邓翔与荆州市城市规划设计研究院秦军合作发表的《荆州市水文化初探》[⑥]，与常健等合作发表的《平畴千里，碧水浮城——荆州市水文化与滨水景观构想》[⑦] 都为 2009 年荆州城市总体规划中的绿地系统规划提供了指引。

除了这 3 次比较集中的荆州城市空间专题研究外，荆州地区传统建筑空间和城墙周边空间保护利用也是两个备受关注的课题。1997 年张德魁发表的《荆州民居略窥》[⑧]、2005 年李敏发表的《荆楚地区传统民居的象征文化初探》[⑨]、2005 年华中科技大学彭蓉的硕士论文《蒙太奇手法于新旧建筑空间的重构》[⑩] 针对荆州传统民居和建筑空间的特征和重构展开了研究。1997 年杨宏烈发表的《论城墙公园》[⑪] 和《论城墙保护与园林化》[⑫]，2000 年发表的《自然美与人文美的交织——荆州环城公园水景美的探求》[⑬]、2006 年华中科技大学潘琴的硕士论文《荆州城墙及其周边环境的保护与更新》[⑭]、2006 年同济大学李文墨的硕士论文《城墙保存完整的历史名城保护之比较研究》[⑮]、2010 年华中农业大学肖文静的硕士论文《基于城墙遗址保护利用的荆州环城公园建设研究》[⑯] 都对荆州城墙周边空间保护利用展开研究。这些成果为本书研究荆州现状问题提供了角度参考，也为研究荆州未来空间营造模式提供了方法借鉴。

最后，在本书撰写之前仅有两篇与荆州城市空间研究相关的博士论文：2005 年北京中国地质大学彭贤则的博士论文《荆州优势资源利用与可持续发展》[⑰] 和华南理工大学万谦的

---

① 陈远柏，李小平，秦军．荆州历史文化名城保护规划探析 [J]．规划师，2003（7）.
② 肖融．荆州古城风貌保护及文化传承 [J]．小城镇建设，2007（2）.
③ 廖浩深．荆州古城之历史文化名城保护研究 [J]．科技咨询导报，2007（8）.
④ 杨宏烈．荆州古城水空间试析 [J]．华中建筑，1990（3）.
⑤ 邓翔．荆州古城滨水空间文化内涵与景观规划研究 [D]．武汉：武汉理工大学，2006.
⑥ 邓翔，秦军．荆州市水文化初探 [J]．规划师，2006（3）.
⑦ 常健，邓翔，秦军．平畴千里、碧水浮城——荆州市水文化与滨水景观构想 [J]．华中建筑，2006（9）.
⑧ 张德魁．荆州民居略窥 [J]．华中建筑，1997（4）.
⑨ 李敏．荆楚地区传统民居的象征文化初探 [J]．山西建筑，2005（9）.
⑩ 彭蓉．蒙太奇手法于新旧建筑空间的重构 [D]．武汉：华中科技大学，2005.
⑪ 杨宏烈．论城墙公园 [J]．中外建筑，1997（5）.
⑫ 杨宏烈．论城墙保护与园林化 [J]．中国园林，1998（6）.
⑬ 杨宏烈．自然美与人文美的交织——荆州环城公园水景美的探求 [J]．南方建筑，2000（4）.
⑭ 潘琴．荆州城墙及其周边环境的保护与更新 [D]．武汉：华中科技大学，2006.
⑮ 李文墨．城墙保存完整的历史名城保护之比较研究 [D]．上海：同济大学，2006.
⑯ 肖文静．基于城墙遗址保护利用的荆州环城公园建设研究 [D]．武汉：华中农业大学，2010.
⑰ 彭贤则．荆州优势资源利用与可持续发展 [D]．北京：中国地质大学，2005.

博士论文《江陵城池与荆州城市御灾防卫体系研究》[①]。彭贤则的文章从资源经济学角度分析了荆州的优势资源和劣势资源；以区域经济发展理论为指导，提出以生态建设带动城乡和谐发展的构想；从农业和旅游的可持续发展角度探讨了荆州优势资源产业化的发展战略和实施方案。文章认为荆州最终将凭借优势资源营造生态旅游城，尽管与本书研究角度不同，但其中对荆州自然人文资源的分析值得借鉴，成为本书对荆州城市文化形态和空间营造模式研究的重要依据。万谦的《江陵城池与荆州城市御灾防卫体系研究》从明清江陵城的历史变迁回溯至春秋战国时期江陵城的起源，通过"作为文物的江陵城墙与明清江陵城市的发展"和"历史上荆州古城的变迁及其原因的探讨"两部分内容，探讨了城市防御防灾体系的空间形态和其后的形成机制，这种从现象到本质，从文化到技术的研究路线，也是本书借鉴的方法。

5. 总结

通过中西方城市空间研究方法的对比可以看出，中国传统的空间理论擅长时空作用机制的归纳演绎[②],西方传统的空间理论擅长空间逻辑解析和文脉记录。近30年的中国城市空间研究受西方文化影响，放弃了中国传统空间理论的优势，以空间逻辑的实证研究为主[③]，侧重于研究逻辑空间和实用空间，较少研究时空作用机制。赵冰提出的中国城市空间营造理论结合了人的空间的解析与时空作用机制研究，体现了西方人本主义思想与东方象数思维的融合，走入国内乃至国际城市空间研究的前沿。

从国内荆州城市空间研究的现状看，考古学界运用人本主义理论对魏晋之前荆州城市空间的特征展开研究，史学界运用人本主义理论对明清之前的荆州城市形态和水体变迁展开研究，规划学界从功能主义角度对荆州古城历史遗产保护、滨水空间利用等现状问题展开研究。这些研究存在如下问题：

首先，考古学和史学界研究了荆州古代的城市空间形态特征，但历史空间的研究停留在逻辑空间层面，尚未建立历史空间尺度与人的感知之间的联系，因此难以将历史空间与现实生活联系在一起，难以将历史遗产的价值转化为城市更新的方法和动力。

其次，荆州族群更叠频繁、拥有2700年连续的空间营造历史，对中国南方文明产生过重大影响，每个时期的族群文化是渐变的，空间逻辑也具有连续性。然而现有的城市空间研究连续性不足，除魏晋和明清时期之外，明清之后荆州城市空间逻辑的研究较少[④]；已有

---

① 万谦．江陵城池与荆州城市御灾防卫体系研究 [M]．北京：中国建筑工业出版社，2010.

② 赵冰教授认为，中国传统的城市空间哲学和城市空间营造成就丝毫不逊色于西方，中华文化作为一种具有七千年历史的殊相文化，在人类多元文化中具有独特的地位和作用，其思想核心是中国生生不息的"易"的思想。参见：王明贤．三十年中国当代建筑文化思潮 [M]// 张颐武．中国改革开放三十年文化发展史．上海：上海大学出版社，2008.

③ 对于一个连续发展的城市而言，城市空间不仅仅具有局部的空间逻辑，还具有整体的时间规律。城市空间的本质固然体现在空间逻辑中，但是空间逻辑的转换则由时间序列中呈现的历史因素决定。因此，从城市问题出发的空间形态研究最大的局限性在于，城市空间逻辑本身的历史演变在逐个时间片段的分离中尚未得到整合.

④ 城墙保护的依据是什么，怎样才能让人们认识到其重要价值？既然作为历史遗产每一次修缮城墙都需要报批国家文物厅，为什么开辟城门却可以如此容易？古城的保护仅仅靠开辟城门、迁移居民就能解决么？如何保护历史遗产在经济发展的洪流中不被随意破坏？如何将历史遗产的完整性和原真性保护与居民生活品质的提高协调起来？这些问题是作者思考荆州城市空间营造问题的起点。

成果多关注自然环境和生产功能对荆州城市空间的影响，对人文环境与城市空间之间的相互作用研究不够，因此难以揭示荆州城市空间发展的整体逻辑，也难以找到荆州基本的文化特征和特有的空间模式。

最后，如何阐述荆州城市空间演变的发展机制，是一个值得探讨的问题。城市空间营造研究在其他城市中多运用西方的空间分析方法对城市空间演变的客观规律进行总结，但作者认为，城市空间演变固然具有客观性，但也有人为因素的影响，城市空间根本上是人适应环境时不断选择的结果。西方空间理论擅长分析城市空间的客观逻辑，但不能阐述其整体规律和人文逻辑。中国的空间理论，尤其是易学思维，将自然和人文因素放在同等重要的位置，蕴含时空逻辑的归纳方法，但其逻辑难以用现代语言表达。中国的城市恰恰产生于后者的土壤中。因此，如何运用西方的空间理论解译东方易学思维中蕴含的人文智慧和自然规律，是本书的一大挑战。

1.3.3 本书的理论创新点

根据荆州城市空间营造研究的现状问题，本书运用了“城市空间营造个案研究”的理论框架，在研究对象的主客结合、研究范围的时空连续性和研究成果的可操作性上体现空间营造理论的优势，在空间尺度的分析角度、空间营造特征的归纳方法和时空机制的建构思维等 3 个方面提出了创新点：

1. 从人的感知出发分析荆州城市空间尺度

从人的空间出发，寻找城市的整体时空逻辑是空间营造思想的核心观点，然而何为人的空间、如何找到每个历史时期的人的空间？西方文化擅长空间逻辑的建立，“空间的人性化”是西方人本主义城市空间研究的核心问题。1985 年赵冰在《人的空间》一文中阐述了“人的空间”与逻辑空间和实用空间的区别，提出“空间即图式”的观点，但中国城市空间的个案研究，包括荆州城市空间研究，多关注形态、功能、建筑等逻辑空间和实用空间，仍然是物质性和功能性的逻辑研究，较少关注“人的空间”即城市空间中人的体验的研究。对于荆州这样历史悠久、文化叠层复杂、现实问题繁多的城市，更不易找到人的空间的关键要素。本书希望通过历史文献中记录的族群记忆，找到可感知的历史空间意象，通过谷歌地图的分析还原到今天的城市空间中，整理出荆州城市空间尺度的关键要素，建立历史空间体验和现实空间尺度之间的关联，以解决从功能角度和空间形态角度分析城市空间所导致的人的感知与空间脱节的问题。因此，“从人感知的空间意象分析荆州城市空间尺度”构成本书的第一个创新点。

2. 以族群文化为脉络揭示荆州城市空间营造特征

荆州城市空间营造研究的第二个难点是如何实现时空逻辑研究的连贯性。国外城市空间研究的常规方法是选取不同的历史片段分段研究，或对某一功能或某种形态的空间分类研究，没有实现时间的连贯性。中国的城市空间研究则侧重城市史的时间脉络，把空间演变的规律归纳为某一类客观因素作用的结果，对人文因素的作用关注较少。本书认为，城市空间的演变是自然环境和人文环境相互作用的结果，主客两者同样重要。因此城市空间营造历史的研究不仅需要从自然环境的角度研究空间变化，更需要从族群变迁的角度，研究城市空间营造历史，了解文化反映出来的城市空间营造特征和城市空间意象，建立主客关联，同时将历史证明有效的空间尺度与族群文化展开对比，找到时空逻辑与族群文化更迭之间的关系，理解时空逻辑的演变过程。这种以文化为脉络分析城市空间营造特征、解读时空逻辑演变过程的方法，为荆州城市空间研究的时间和空间完整性提供了可能，构成本书的第 2 个创新点。

3. 运用象数思维建构荆州城市空间博弈法则

如何阐述城市空间演变的发展机制，是荆州城市空间营造研究的第 3 个难题。城市空间本质上是一个开放、动态的系统，其影响因素不断更新，空间机制不断变化。西方城市空间理论对局部空间逻辑的解读具有优势，但这种方法具有封闭性和静态性。因此对于城市空间机制的研究，不能仅仅依靠西方空间理论的逻辑思维，而要结合开放、动态的东方易学思维。易学思维运用象数来归纳和演绎空间关系，是面向整体的动态思维，它与面向片段和静态的逻辑思维互补，对于解决不断变化的城市空间营造问题具有现实意义。赵冰教授在论述空间营造思想时，运用象数思维对城市空间关系的演化进行整体概括，提出了空间博弈的假设，他认为，城市空间是自然、社会和个人 3 个层面不断博弈的结果，随着历史推进，每个城市会形成其独特的博弈法则，通过研究去发现规则，并以此指导未来的城市空间营造，才能使我们的规划有效而可行。如果这种假设成立，那么荆州 2700 年的历史中，经过空间博弈，被证明有效的空间关系有哪些？未来城市空间营造需要遵循的法则有哪些？如何进一步运用象数思维构建未来荆州的时空关系模型？这些内容将形成本书的第 3 个创新点。

4. 总结

综上所述，本书的理论创新点归纳为 3 个：

（1）从人的感知出发解读荆州城市空间尺度；

（2）以族群文化为脉络揭示荆州城市空间营造特征；

（3）运用象数思维建构荆州城市空间博弈法则。

1.4 相关概念的界定

1.4.1 族群、四维城市与空间营造

族群在民族学中指地理上靠近、语言上相近、血统同源、文化同源的民族的集合体。城市作为族群生活的场所，不仅具有三维空间属性，更重要的是它具有第四维的时间属性。从荆州和东亚各流域尤其是长江流域的城市变迁可以看出，一方面每个具体城市在自身时间维度上有一个变化周期；另一方面所有城市作为人类发展史中的一种空间现象，在世界文化的整体时间维度上有一个演变过程。这两个时间维度决定了城市的空间形态，也塑造着城市的精神境界。

根据空间营造理论，“人类族群的集体记忆中蕴含着族群的空间意象，在族群文化中体现为一定的技艺、礼仪和境界，这些主观意象通过设计、建造、呵护和保护等营造活动改造城市空间，形成可感知的集体意象中的形态点、形态线、形态面和形态体。最终，客观的空间形态通过族群的集体意象内化为族群文化中的技艺、礼仪和境界，成为决定下阶段

城市空间营造的背景因素"[①]。空间营造，简单地说，就是"族群在城市空间中通过自身空间理想的实现和重塑，达到生命境界历练和城市精神境界传承的过程"[②]。

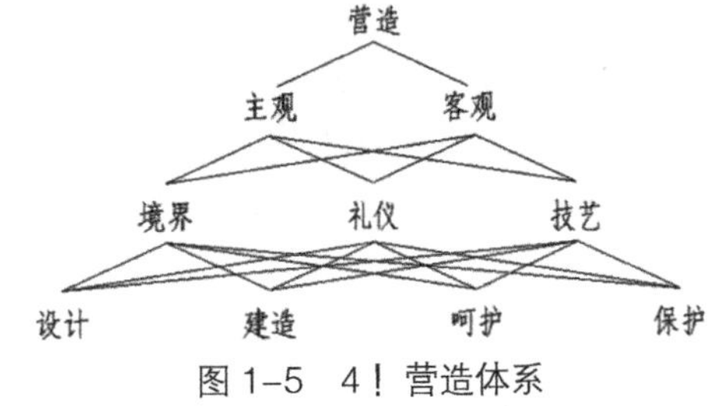

图 1–5 4！营造体系

来源：刘林 . 活的建筑：中华根基的建筑观和方法论——赵冰营造思想评述 [J]. 重庆建筑学报，2006（12）.

因此，营造涉及两方面的因素，即主观与客观，内在与外在，人与物。"营造"之所以不同于"建造""城市规划""城市设计"，最根本在于它既能涵盖"西方世界对现实世界侧重物的共相层面的理解，也能包容东方世界对现实世界侧重人的殊相层面的理解，这是营造思想体系的精髓所在"[③]（图 1-5）。

"营造的根本内涵，是族群通过空间理想的实现和重塑，达到生命境界历练的过程。城市空间营造研究与关注空间的城市形态研究的不同在于，关注城市空间背后的生命活体——族群，通过族群空间理想和营造过程的研究，展现城市作为生命载体的活的动力机制，从而激发城市中每一个生命体的营造意愿，在变动的时间背景中探讨人与城市空间相互协调的问题。"[④]

空间营造思想是建立在西方人本主义空间理论和中国营造思想之上的理论，具有系统性和整体性，然而以往的城市空间营造个案研究往往引用理论片段，没有对基础理论做系统整理和全面运用，因此理论与个案城市的结合并不紧密。实际上城市空间营造理论的内涵均从"人的空间"概念转化而来，人的空间是人的存在的外显，"在"包括"内在与外在"，"空间"包括"主观与客观"，根据空间关注角度的不同，"全球文化"可分为"东方文化和西方文化"（见图 1-1、图 1-3），每个族群的空间营造阶段不同，可分为设计、建造、呵护和保护 4 阶段，内容包括境界、礼仪、技艺 3 方面，营造成果体现为 4 要素：形态体、形态面、形态线和形态点，空间营造的过程就是族群文化的在地化和族群空间博弈的过程。

1.4.2 空间营造的四阶段：设计、建造、呵护和保护

空间营造活动包括 4 个阶段：设计、建造、呵护和保护[⑤]（见图 1-5）。根据刘林对"空间营造"思想的研究，这 4 个概念可表述为[⑥]：

设计是时空观念定向的过程，在太极理论中对应为"乾"。主要完成空间境界的定位，构思空间意境、情境和环境，构造人、天和地的整体关系。

---

① 原思想陈述源自：赵冰. 中国城市空间营造个案研究系列总序 [J]. 华中建筑，2010（12）.

② 原思想陈述和引用概念均源自：赵冰. 中国城市空间营造个案研究系列总序 [J]. 华中建筑，2010（12）.

③ 这也是"城市规划""城市设计"和"建筑设计"等西方建筑思想的核心。原思想陈述源自：赵冰. "营造体系"讲谈录，2004-12-18. 引自：刘林. 活的建筑：中华根基的建筑观和方法论——赵冰营造思想评述 [J]. 重庆建筑学报，2006（12）.

④ 原思想陈述源自：赵冰. 讲谈录. 2011 年 4 月 30 日.

⑤ 原思想陈述和引用概念源自：赵冰. 营造体系讲谈录. 2004-12-18. 见：刘林. 活的建筑：中华根基的建筑观和方法论——赵冰营造思想评述 [J]. 重庆建筑学报，2006（12）.

⑥ 原思想陈述和引用概念源自：刘林. 营造活动之研究 [D]. 武汉：武汉大学，2005.

建造是呈现时空的过程，在太极理论中对应为“坎”。它重在处理环境，根据境界定位构造容纳事件的场所，主要解决做法问题。

呵护是空间人化的过程，太极理论中对应为“离”。它重在情境的认同，赋予空间以适当的功能，以展现时空与人的关系，创造出独特的时空定式，它是二次设计，主要解决使用问题。

保护是我们对与自身相关并具有共同意义的时空认同的过程，在太极理论中对应为“坤”。这个过程重在意境的体验，即对时空定式的体验。它具有二次建构性，主要解决营造的境界定式问题。

设计、建造、呵护和保护不是单向的历程，而是相互交织的活动。在不同的时空背景下，每个营造活动的过程各不相同，往往在某个阶段被终止，营造的使命因而结束。然而正是这种过程的多样性，赋予营造以不同的意义，这种意义不仅体现在营造结果上，而且蕴含在营造过程中①。

1.4.3 空间营造的三层面：境界、礼仪和技艺

空间营造有 3 个层面：境界、礼仪和技艺②。

境界，指空间中蕴含的时空关系，包括人的感官感受到的氛围，和人的内心体验到的意境。

礼仪，就是人情和国法，包括民间约定的风俗习惯，和官方执行的典章制度。

技艺，即做法，包括人铸炼的技艺与发明的工艺。

族群依据自身的空间意象，通过这 3 个层面指导具体营造活动，使精神世界得到物质呈现。

1.4.4 城市空间的四要素：体、面、线和点

根据空间营造理论，“人的空间”由中心（即场所）、方向（即路径）和区域（即范域）等四个要素组成③。扩展至城市层面，人的空间包括 4 个要素④：

空间体，指人所能感知的城市空间整体，它由空间面构成。

空间面，指具有相对完整的空间肌理特征的城市片区，空间面由空间线来分割。

空间线，指人所能感知的线状空间，包括山脉、江河、道路、绿带和视线通廊等，空间线的转折由空间点强化。

空间点，指可穿越或不可穿越的节点，包括城市中的标志物、广场等，是最基本的空间形态要素。

---

① 原思想陈述源自：赵冰．营造体系讲谈录．2004-12-18．引自：刘林．活的建筑：中华根基的建筑观和方法论——赵冰营造思想评述 [J]．重庆建筑学报，2006（12）.

② 原思想陈述和引用概念均源自：赵冰．营造体系讲谈录．2004-12-18．引自：刘林．活的建筑：中华根基的建筑观和方法论——赵冰营造思想评述 [J]．重庆建筑学报，2006（12）.

③ 原思想表述源自：赵冰．人的空间 [J]．新建筑，1985（2）.

④ 原思想表述源自：赵冰．中国城市空间营造个案研究系列总序 [J]．华中建筑，2010（12）.

1.4.5　城市空间博弈的三方面：自然、社会和个人

城市空间的本质是人的空间，也就是人的意象（即图式），城市意象随时间不断变化，一方面塑造着环境，一方面又被环境所塑造。对于城市空间营造来说，族群空间意象与环境之间的互动博弈体现在3个方面：自然层面、社会层面和个人层面①。

自然层面的空间博弈，指族群自身空间理想和现实生活环境之间的互动过程，族群根据空间理想选择定居或选择迁徙，在定居过程中通过营造环境实现空间理想，又通过所营造的环境重塑空间理想，这种理想与现实的互动过程是城市空间营造中历时最长的一种博弈。

社会层面的空间博弈，是指族群内部人与人之间为了实现各自的理想空间，进行空间分割和空间协调的过程。这种博弈通常由民间或官方的机构组织参与制衡，形成一定的营造体制。

个人层面的空间博弈，指族群个体受自身生活状态的影响，在不同的生存意欲和生存空间之间选择的过程。人的生活意愿通常是相互矛盾的，这种矛盾带来自身生活空间的矛盾，意愿的选择就是解决矛盾的过程，也就是定位自身生活空间的过程。

城市规划的目的就是在一定时空范围内，对这3个方面的空间博弈提供一次或多次的营造选择，通过营造活动的介入，解决城市空间与人之间的矛盾，最终以自主协同的方式促使空间博弈达成和合各方情理的一种平衡②，从而减少城市问题的产生。

1.4.6　内聚式空间博弈与开放式空间博弈

“在古代学术思想史上，西方学者多立足空间视时间；中国学者多立足时间以视空间。所以西方较多地研究了整体的空间特性和空间性的整体，中国则较多地探寻了整体的时间特性和时间性的整体。”③ 易学思维“立足时间以视空间”的第一个体现是矛盾论：认为事物处于矛盾两极的转化过程中，在变化的时间中实现空间的变化，赵冰将其与现代计算机系统的基本元0和1相类比，作者认为它更接近于数理经济学中的混沌思想。易学思维“立足时间以视空间”的第2个体现是系统论，认为天、地、人形成一个开放的系统，天、地、人的和谐统一是最高境界，这种思想与今天的城市巨系统、可持续发展理念一致。根据易学思维的矛盾论和系统论，结合荆州城市空间营造的研究成果，作者提出了“内聚式空间博弈”和“开放式空间博弈”两个概念：

内聚式空间博弈，是指某一族群的文化内省时期，城市空间博弈表现为自然、社会和个人层面相对缓慢的自我调整过程，带来营造技艺的积淀、礼仪制度的完善和城市境界的形成。

开放式空间博弈，是指某一族群与其他族群的文化交融碰撞时期，城市空间博弈表现为自然、社会和个人层面的剧烈转变，带来营造技艺的更新、礼仪制度的变革和城市境界的转化。

---

① 原思想表述源自：赵冰．中国城市空间营造个案研究系列总序 [J]．华中建筑，2010（12）．

② 原思想表述源自：赵冰．中国城市空间营造个案研究系列总序 [J]．华中建筑，2010（12）．

③ 田盛颐．中国系统思维再版序 [M]// 刘长林．中国系统思维——文化基因探视．北京：社会科学文献出版社，2008．

荆州城市空间博弈的过程表明，内聚式空间博弈和开放式空间博弈是城市空间更叠的两个相互交织、相互转化的状态。开放式空间博弈出现在族群文化的新兴期和扩展期。新兴期的空间博弈主要解决族群的政治需求，主要矛盾为:资源分配方式转变，社会形态转变，经济形态定型和城市空间定向。拓展期的空间博弈主要解决族群的经济需求，主要矛盾为：物质交换方式转变，经济形态转变，社会形态稳定和城市空间定位。内聚式空间博弈出现在族群文化的更新期和成熟期。更新期的空间博弈主要解决族群的社会需求，主要矛盾为：人际交流方式转变，社会形态转变，经济形态稳定和城市空间定向。成熟期的空间博弈主要解决族群的文化需求，主要矛盾为：经济形态转变，思想观念融合统一，社会形态稳定和城市空间定位（图 1-6）。

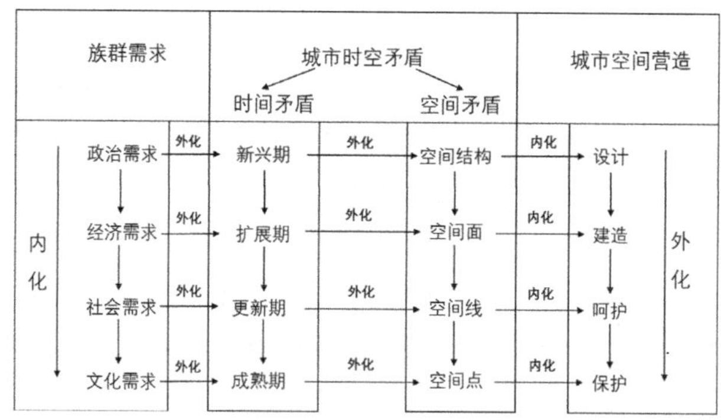

图 1–6　内聚式空间博弈和开放式空间博弈

城市空间营造是族群文化与空间博弈交织的结果。首先，不同的文化发展阶段，城市空间营造的重点不同。文化新兴期，城市空间营造的重点是城市空间设计。文化扩展期的重点是城市空间建造。文化更新期的重点是城市空间呵护。文化成熟期，城市空间营造的重点是城市空间保护。其次，族群文化的更叠带来城市空间的再生。族群经历了开放式空间博弈和内聚式空间博弈，走过文化的新兴、扩展、更新和成熟期后，城市空间的体、面、线、点等要素也发展成熟。当族群主体变迁，族群文化进入新一轮的演变周期，新文化的影响下，城市空间结构发生变化，族群在旧的城市空间基础上重新设计、建造、呵护和保护，建立新的空间结构，并内化、认可其为族群文化的一部分，这个过程就是城市空间再生。

族群文化和城市空间博弈的分析和界定，有利于我们理解城市空间发展的时间逻辑，预测未来城市的发展阶段，在内聚式和开放式空间博弈的交替中，找到城市空间结构的稳定性和可塑性，从而把握空间营造的主要矛盾和营造重点，有效地推动人与自然、人与社会的和谐发展。

1.5　研究对象、范围、内容

1.5.1　研究对象

本书将梳理春秋时期以来荆州城市空间营造的全过程，包括：考古发现的城市遗址和建筑遗产，历史文献记载的城市营造活动，以及当代的城市空间营造。

1.5.2 研究范围

本书研究的空间界定在：现荆州市中心城区范围，包括荆州区、沙市区以及建成区周边有过大型城市营造活动的纪南城、郢城等。时间界定为：荆州出现城市至今约 2700 年，即公元前 689—公元 2017 年。

1.5.3 研究内容

本书将围绕 5 个方面的问题展开荆州城市空间营造研究：

（1）荆州城市空间营造历史研究：根据历史文献和城市规划设计档案，整理出荆州族群变迁的历史脉络，找出对荆州城市空间形态演变产生重要影响的营造活动；

（2）荆州城市空间营造特征研究：通过族群文化内在折射的营造境界、营造制度和营造技艺总结不同时期荆州城市空间营造的思想特点；

（3）荆州城市空间营造尺度研究：结合现状踏勘和人物访谈，验证城市空间营造特征在城市空间尺度上的显现；

（4）荆州城市空间博弈研究：总结荆州每个时期的城市空间博弈过程，总结族群空间理想与城市尺度之间的作用关系；

（5）荆州城市空间营造动力机制研究：归纳城市族群变迁与城市空间演变的全过程，探讨荆州时空作用的动力机制和发展规律，对未来荆州的城市空间营造活动提出建议。

1.6 研究方法与框架

1.6.1 研究方法

文章的基础理论是人本主义的“人的空间”理论和城市空间营造理论。研究框架和整体结构采用建构主义方法[①]。其中荆州营造历史的研究采用实证主义的方法，营造特征和营造尺度的研究采用解构主义和人本主义方法。荆州空间博弈和空间营造动力机制的研究采用空间博弈和象数解析方法。具体到各个研究内容的研究方法如下：

荆州城市空间营造历史的研究中，族群变迁的空间分布参考分子人类学的族群个体遗传研究成果，并沿时间序列进行叠压分析，这种方法是赵冰首先提出的。城市空间营造活动的研究，主要采用历史地理学角度的历史典籍、考古档案和图形数据相互印证的实证分析法。

荆州城市空间营造特征的研究中，采用西方人本主义的研究方法，收集城市的经济基础、社会制度和哲学思想等相关资料，解析城市空间逻辑，同时在结论表述上参考赵冰的空间营造三层次理论，从技艺、制度到境界，心物结合，归纳空间营造特征。

荆州城市空间营造尺度的研究中，采用历史地理的研究方法，通过现场踏勘、考古档案、历史地图、历史典籍和文学作品收集古代城市空间资料，并尽可能还原于当代航测地

① 建构主义旨在整合各逻辑片段，与结构主义建立单一逻辑的方法不同。

图中；近代城市空间的资料通过文献档案分析、现场踏勘和历史图片分析来收集；现代城市空间的资料通过现场踏勘、相关人物访谈结合和航拍图分析来收集。资料分析运用赵冰的城市空间四要素理论，从形态体、形态面、形态线和形态点等四个方面探讨城市空间营造特征外化的空间形态。

荆州城市空间博弈和空间营造动力机制的研究中，主要运用主客结合、心物结合的分析方法。运用空间博弈理论解析各历史时期空间营造解决的核心问题，提炼空间博弈的主题。运用象数思维总结城市空间营造的动力机制，探讨贯穿荆州城市空间营造整体的空间关系模式。

1.6.2 研究框架

本书结构共分为六大部分，第一部分为研究背景介绍；第二部分至第五部分为正文；第六部分为总结和展望。正文部分按照“族群文化的主体研究——城市空间的客体验证——主客结合的互动机制研究”这一主线展开（图 1-7）。

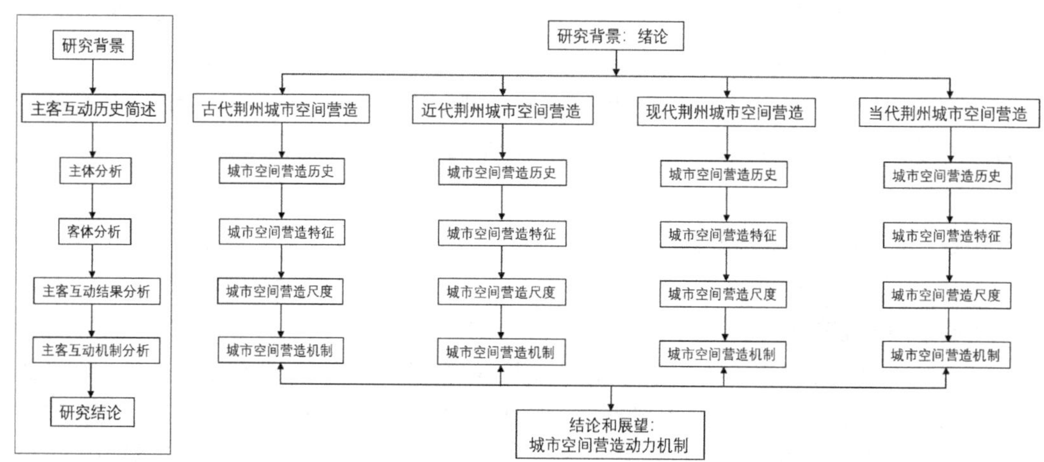

图 1–7 荆州城市空间营造研究框架

荆州城市空间营造研究的历史阶段划分，总体参照赵冰提出的中华文化在世界文明史主干结构中的定位（见图 1-3），分六章论述。其中：

第 2 章战国以前（一维神话阶段，楚文化）；第 3 章战国至五代十国时期（二维宗教阶段、汉文化）；第 4 章宋至晚清时期（三维科学阶段，中华文化萌芽时期）共同构成古代荆州城市空间营造研究部分。

第 5 章 1889—1919 年（四维后科学阶段，中华文化发展时期）构成近代荆州城市空间营造研究部分。

第 6 章 1919—1949 年（四维后科学阶段，中华文化转型时期）和第 7 章 1949—1979 年（四维后科学阶段，全球文化萌芽时期）构成现代荆州城市空间营造研究部分。

第 8 章 1979—2009 年（四维后科学阶段，全球文化发展时期）构成当代荆州城市空间营造研究部分。

在每一章中，依据荆州族群主体的变迁划分“城市空间营造历史”的小节，再根据族群文化的变化对“城市空间营造特征”划分小节。从 1919 年[①]开始，由于族群文化融合，族群主体变化减少，政治和经济因素对城市空间营造的影响明显，改为按 30 年[②]为时间单位进行论述。最后根据荆州城市空间营造互动机制的总结，按照 30 年的周期，预测 2009—2039 年[③]的城市空间营造活动。文章各章节的论述重点如下：

第 1 章为绪论，主要介绍荆州城市空间营造研究目的、研究意义、理论来源和基本概念。

第 2 章研究战国以前荆州城市空间营造，主要介绍荆州早期族群的变迁、城址的变迁和楚纪南城的形成，重点探讨楚文化主导的荆州城市空间营造法式。

第 3 章研究战国到五代十国时期的荆州城市空间营造，主要论述战国郢城的营造、汉代江陵城的兴起，晋代和唐代江陵的营造，重点探讨汉文化初步形成时期的荆州城市空间营造法式。

第 4 章研究宋代到 1889 年的荆州城市空间营造，主要论述元代沙市城建立、明末沙市的兴盛和明清荆州城空间营造，重点探讨汉文化受到佛教文化和伊斯兰教文化影响，中华文化初步形成时期的荆州城市空间营造法式。

第 5 章研究 1889—1919 年的荆州城市空间营造，主要介绍荆州满汉双城的变迁、沙市九十铺、洋码头的发展，重点探讨东方文化与西方文化并立的中华文化发展时期荆州城市空间营造法式。

第 6 章研究 1919—1949 年的荆州城市空间营造，主要介绍荆州城的变迁和国民党政府期间沙市市政工程整理，重点探讨东方文化与西方文化融合的中华文化转型时期荆州城市空间营造法式。

第 7 章是 1949—1979 年的荆州城市空间营造，主要介绍 1959 年和 1979 年两次沙市市总体规划编制等，重点探讨全球文化萌芽时期的荆州城市空间营造法式。

第 8 章是 1979—2009 年的荆州城市空间演变，主要论述 1996 年和 2009 年两次荆州城市总体规划编制实施和 1981 年、2001 年和 2009 年 3 次历史文化名城保护规划的编制和实施，尤其是城市人口增长对荆州古城的影响，以及荆沙合并后对沙市城市空间的影响，重点探讨全球文化发展时期荆州城市空间营造法式。

第 9 章是荆州城市空间营造的动力机制研究，主要论述荆州族群主体的变迁过程、族群文化的生成过程、城市空间形态的演变过程和城市空间营造法式的变化过程，重点探讨荆州独有的城市空间营造模式。

第 10 章是展望和建议，预测未来 30 年全球文化转型时期的荆州城市空间营造活动、特征和尺度，并提出可深入研究的议题。

---

① 即中国历史中的现代。

② 即重大历史事件的发生周期。

③ 即四维后科学阶段，全球文化发展时期。

1.7 研究背景

1.7.1 荆州自然地理概况

1. 荆州的地理位置、地形与地势

荆州市位于东经 111° 15’ ~ 114° 05’，北纬 29° 26’ ~ 31° 37’。其地质构造位于扬子准地台中部，地形构造属于新华夏系第二沉降带的晚近期构造带[①]，地势处于中国第三级阶梯的西部边缘。

江汉平原整体地势西高东低，荆州市位于其腹地，地形从西部低山丘陵向中部岗地、东部平原逐渐过渡。荆州市境内的主要丘陵有西部的八岭山和北部的纪山，均属于荆山山脉余脉[②]。八岭山南北长约 8km、东西宽 1.5km，海拔最高点 101.5m、最低点 42m，北部和纪山相连。纪山横卧在纪南城北部，海拔最高点为 102.9m、最低点为 46.5m，其中心部位在纪山寺一带。早更新世之后，荆州地区的山体格局基本稳定。

荆州东南部的平原地区为古云梦泽沉降形成的荆江三角洲西部边缘[③]。晚更新世 江汉平原抬升，冰川时期海平面下降，古云梦泽和古洞庭湖面积缩小。晚更新世末期出现的晚期智人开始由山地向平原活动[④]，可能已经具有比较复杂的语言和文化。5 万 ~ 4 万年前的荆州鸡公山遗址已有人类开始建造石圈，制作石器。至中全新世[⑤] 江汉平原沉降，

① “‘江汉—洞庭湖平原区’沉降是水患频发重要因素：中国工程院院士、华中科技大学教授刘广润日前在第三届湖北科技论坛上宣布：研究表明，‘江汉—洞庭湖平原区’目前正以每年 8 ~ 15mm 的速度沉降。这一现象直接导致该地区水患愈演愈烈。通过使用几何水准测量、GPS 监测、水尺点重复测量等方法，刘广润等科学家得出该区的沉降速率，且江汉平原与洞庭湖平原基本处于同一尺度上，江汉平原沉降速率相对略慢。研究显示，古云梦泽的消亡、荆江的南迁、洞庭湖的扩大，都是在该沉降作用控制下的结果。刘广润院士说：‘这种构造背景，控制了长江中游水系的空间展布和水灾的形成，是江汉—洞庭湖平原区沉降带水患频发的根本原因。’构造沉降越强烈的地区，水患越是严重。针对这一问题，刘广润等科学家提出建议对策：加强荆江洪水向江南和江北的横向分流，调整使用与新建分蓄洪区，退田还湖，平垸引洪，分洪放淤，建设人地分离的蓄洪垦殖区，进行河道综合整治。”以上解释引自：郭嘉轩.“江汉—洞庭湖平原区”沉降是水患频发重要因素 [EB/OL]. 2005-10-24. http://news.xinhuanet.com/society/2005-10/24/content_3677754.htm.

② 决定荆州地质构造和山体分布的是 230 百万年前发生的华里西运动和 195 百万年发生的印支运动，这时地台升起，海水全部退出大陆，扬子准地台和东部的中朝准地台、北部的西伯利亚地台联成一个整体，形成了范围广大的‘欧亚板块’。在中生代侏罗纪和白垩纪发生的燕山运动中，由古生代形成的大巴山褶皱带在中生代构成荆山山脉。参见：刘德银. 纪南城周围的楚墓 [EB/OL]. http://www.jzbwg.com/type.asp?typeid=74&id=22&page=1&listname=%D1%A7%CA%F5%D1%D0%BE%BF.

③ 中生代的燕山运动中在荆山和大洪山以南，自西而东分别形成了上扬子台褶带和下扬子台褶带。前者是鄂西的武陵山、巫山形成的地质基础；后者是鄂东南幕阜山脉形成的基础，与赣北、皖南山地连成一体，连绵横亘于长江南岸。江汉断拗镶嵌于上、下扬子二台地褶带之间，是白垩纪以来的陆相断陷盆地，这个断陷盆地就是江汉平原的前身。晚第三纪，地壳抬升，原有的古洞庭湖盆地分解，形成江汉盆地。早更新世时期，江汉盆地进一步凹陷形成古洞庭湖。中更新世冰川时期，海平面下降，古洞庭湖抬升形成江汉平原，水体分解为古云梦泽和南部的古洞庭湖。

④ 2 万年前的现代人类已经通过白令海峡进入美洲。

⑤ 地质时代的最新阶段，开始于 1.2 万 ~ 1 万年前延续至今。这一时期形成的地层称为全新统，它覆盖于所有地层之上。全新世与更新世的界限，以第四纪冰期最近一次亚冰期结束、气候转暖为标志，因此又称为冰后期。中、高纬度的冰川大量消融，海平面迅速上升，到 11000 年前上升到 −60m 位置。6000 年前海面已接近现今位置，其后仅有轻微的变化。全球全新世时人类已进入现代人阶段，喜暖动植物逐渐向较高纬度和较高山迁移，自然地理环境完全演进到现代面貌。农业的出现以及生产工具的不断进步，促进了社会发展，人类与自然环境的关系日益密切。

冰川溶解，古云梦泽和古洞庭湖面积扩大，1 万年前形成云梦泽。5000 年前，长江水面升高，荆江水道[①]变为漫流洪道[②]，人类新石器文化遗址集中到荆州中部的平原地区，出现了早期聚落遗址和城垣。荆州东南部接近古云梦泽西岸，是荆江三角洲最早成型的陆地，沙市东南盐卡一带的肖家渊夏水入口处出土的新石器遗址，是人类早期开发荆江三角洲的驻点。

2. 荆州的两条自然水体命脉：长江和沮漳河

长江源于唐古拉山脉主峰各拉丹冬西南侧，晚更新时期原始长江形成[③]。5 万 ~ 4 万年前的鸡公山遗址的石器和荆江平原全新世早期岩相古地理图[④]（图 1-8）表明，晚更新世荆江河床的北缘曾经到达荆州古城以北、纪南城以南的地区。1 万年前的冰后期，云梦泽形成。5000 年前，长江水面升高，荆江水道成为漫流洪道，其北岸紧邻纪南城位置（图 1-9）。春秋时期，楚人在纪南城南营造行宫，因宫殿位于江中小洲，故名“渚宫”[⑤]，就是江陵的前身。春秋时期今沙市同样位于荆江漫流洪道之中，荆江漫流的北岸应到达今沙市旧城北[⑥]。战国时期，长江泥沙冲填式堆积，长江岸线南移，杨水（阳水）、夏水、涌水等分流河道的上游形成。战国末期至秦汉时期，长江北岸已退至江陵南缘，江陵县邑形成，由于城墙

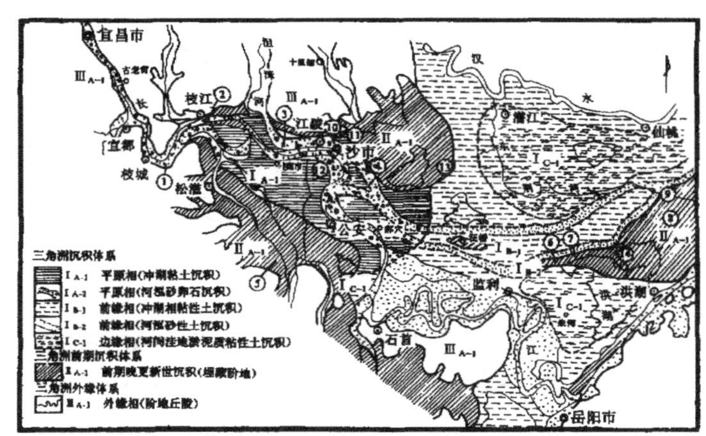

图 1-8　荆江平原全新世早期岩相古地理图

来源：周凤琴 . 云梦泽与荆江三角洲的历史变迁 [J]．湖泊科学，1994（3）：23.

① 位于今荆州古城和沙市旧城位置。

② 参见：陈家泽.《杨水》之一：水域与水系 [J]．荆州纵横，2007（2-3）.

③ 长江源自沱沱河，自当曲河口到青海玉树一段称通天河，自玉树到宜宾称为金沙江，到云南石鼓附近折向东北入四川盆地，在宜宾与岷江汇合，自宜宾以下才称长江。湖北宜昌以上为长江上游；宜昌至江西湖口为长江中游；从湖口至入海口（崇明岛）为下游。晚更新世之后气候变暖，姜跟迪如冰川的冰雪融水形成长江的源头。约 1.4 亿年前的白垩纪初期燕山运动中形成的巫山山脉的东西两坡发育的河流，产生溯源侵蚀，到约 6000 万 ~ 7000 万年前的白垩纪末或第三纪初，东翼水系切穿巫山分水岭，掠夺了西翼水系，原始长江始告形成。

④ 周凤琴．云梦泽与荆江三角洲的历史变迁 [J]．湖泊科学，1994（3）.

⑤ 渚，即江中陆地。

⑥ 由新时期时代屈家岭文化和其后龙山、二里头文化遗存的发现地点，均在豉湖渠附近以及以北地区，说明此时长江北岸应在豉湖渠与沙市旧城之间，今天此地的水体就是长江岸线南移后荆江漫流水体的遗存。

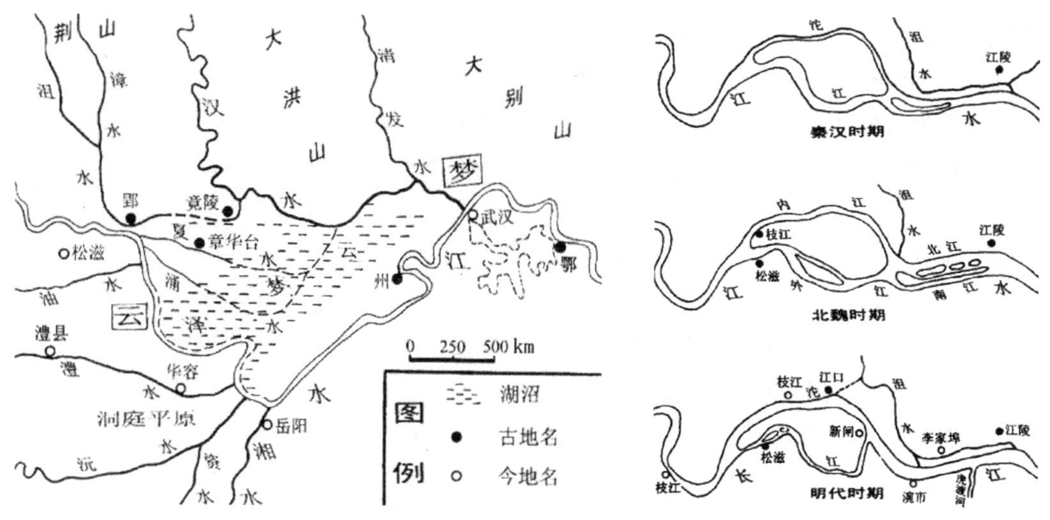

图 1-9　先秦时期云梦泽范围图（左）和古荆江河段变迁图（右）
来源：邹逸麟.中国历史地理概述[M]. 上海：上海教育出版社，2007：42.

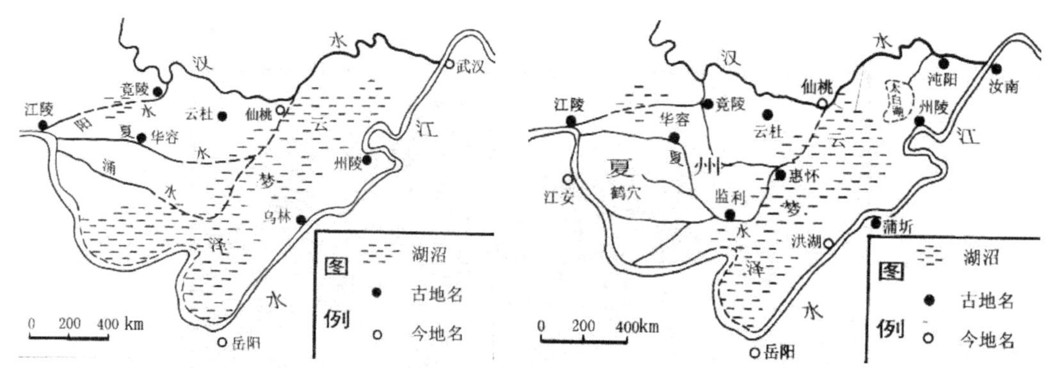

图 1-10　秦汉时期（左）和魏晋南北朝时期（右）云梦泽范围图
来源：邹逸麟.中国历史地理概述[M]. 上海：上海教育出版社，2007：42.

濒临长江，所以有“关公在江陵城墙上洗脚”一说①。魏晋南北朝时期，荆江江岸继续南移，明清至今基本稳定（图 1-10）。长江河道非常曲折，荆州境内的长江段古称荆江，素有“九曲回肠”之称，由于流速缓慢，泥沙淤积，每当汛期来临，极易溃堤，造成河水泛滥，自古有“万里长江，险在荆江”的说法。长江岸线变化和防洪设施布局是决定荆州城市形态的主要因素。

沮漳河位于荆州市西北，是荆江北岸的重要河流，它发源于荆山以南，上游分为东西两支：西支沮河（亦名雎河）为干流，流经南漳，远安等县，以“暴戾恣睢”而得名；东支漳河（亦名漳水）流经南漳和当阳等县。沮、漳二河在当阳县河溶镇汇成一流，曰“沮漳河”，又经枝江从荆州李埠镇临江寺入长江。《山海经》载：“荆山之首曰景山，其上多金玉，

① 原思想表述源自：张良皋 [R]. 讲谈录. 2009.

沮水出焉，东南流于江。”又云：“东北百里，曰荆山，漳水出焉，而东南流于沮”（见图1-9），楚国以开发荆山和沮漳流域为基础立国[①]，因此楚昭王云：“江、汉、雎（沮）、漳，楚之望也”，这既是楚都荆州山川地理的形象概括，又是楚人崇江尚水的祭祀信仰。沮漳河构成了荆州的西北边界，同时决定了荆州北部的水位和安全。

图 1–11 古云梦泽位置图

来源：谭其骧．云梦与云梦泽 [J]. 复旦学报（社会科学版），1980（S1）：8.

3. 中国历史上最早的运河：杨水运河

杨水位于荆州古城西北至东北，是贯连沮漳河、长江与汉江的一条古水系。自然的杨水形成于5000年前，发源于今天八岭山以东和纪山之南，汇集于云梦泽西缘，流淌于江汉之间[②]（图1-11）。春秋时期，楚国定都纪南城，利用荆江三角洲的水系发展水运，由于杨水上游水量少，出郢都之后，下游线路冬竭夏盈，动荡不定，滞阻了水运的发展，也妨碍了楚国霸业向北扩张，为弥补杨水天然航道的不足，楚庄王（公元前613—前591年）在杨水河道上开凿了我国历史上第一条运河，史称“云梦通渠”。纪南城以南长江和沮漳河的漫流滩，因此在江中小洲（江陵）建立渚宫，在长江江岸（沙市）建立江津渡口，拦截沮漳河之水汇集于太湖港，在郢都和渚宫之间开凿杨水运河：一支向北绕郢都向东到达长湖，另一支向南通过渚宫和江津口（今沙市沙隆达广场）与夏水贯通，向北由关沮口注入长湖；再通过长湖与汉江连通，构成中国最早的运河网。战国时期，杨水运河对楚国的商业经济起到重要作用，《鄂君启节》中“逾夏入汜，庚郢”的水路，就是杨水运河。

战国末期至汉代，云梦泽退缩，长江岸线南移，杨水与长江的联系减弱，但上游仍通过赤湖（今秘师湖，魏晋之前为通江湖泊）和太湖港与沮漳河、长江相连。下游从板桥河起，

---

① 楚国与沮漳河的关系，有如下历史记载：“匡王六年，楚令尹越椒以若敖氏族将攻王，师于漳沮。”“敬王十四年，吴入郢，楚子涉沮，伍员筑驴、磨二城，以攻麦城，引沮漳以灌纪南。”从而导致楚昭王“至云梦”“走郧”“奔随”而外逃，伍子胥掘墓鞭尸。因此，童曹先生认为，沮漳流域对楚文化的形成起到了孕育和“摇篮”作用。《左传》中有“江汉沮漳，楚之望也”的记载。《汉书·地理志》上阐述了楚富强兴旺的地理条件：“楚有江汉川泽山林之饶，江南地广，或人耕水耨，民食鱼稻，以渔猎伐山为业。”以上解释源自：童曹．2600多年前，我家乡的那场战争，推动了“春秋五霸”的形成 [EB/OL]. http://blog.china.com.cn/caochenbo/art/3629396.html.

② “《史记·楚世家》记载：‘周夷王之时，王室微，诸侯或不朝、相伐。熊渠甚得江汉间民和，乃兴兵伐庸（今竹山）、杨粤（越），至于鄂。……皆在江上楚蛮之地。’张正明先生撰写《楚史》认为，‘杨粤’即杨越，得名自杨水，即杨水以东和以南的越人。杨水在江汉平原中部，连接长江、沮漳和汉水。楚人最早接触的越人是在杨水流域，因而称之为‘杨越’，后来把长江中游的其他越人也称为杨越。越人经过这次打击后，由杨水流域迁徙于今长江下游、钱塘江一带。楚人于是由杨水开始，纵横江汉，开疆辟土，称霸南方。公元前632年前，已经在杨水（北）和长江（南）之间，建有渚宫，杨水自渚宫西北绕过，长江环绕渚宫，在渚宫西北与杨水相通，杨水继续北上自郢都东南到达今天海子湖，连接郢都东城门，并东行进入长湖，通往汉江。此时，渚宫南为楚国官船码头，因此杨水上游起到联系长江和郢都的作用”。以上解释引自：陈家泽．《杨水》之一：水域与水系 [J]. 荆州纵横，2007（2-3）.

串联江汉之间的大小陂池及路白湖、中湖、船官湖（“三湖”）等，通往北部的汉江[①]。三国时期，驻守荆州的吴军通过杨水引沮漳水入“三海”[②]，阻隔魏军自北来犯。西晋统一后，三海的军事功能消失，云梦泽萎缩，杨水北无通路，为实现江汉间南北水路直达，镇守荆州的大将军杜预连通三海，又将大小湖泊串接起来，开凿为“杨夏水道”，成为中国历史上第二次治理杨水、疏通江汉的运河开凿工程[③]。

东晋晋元帝时（公元 317—323 年），荆州刺史王敦利用荆江北岸古穴口江津口（今沙隆达广场）开挖龙门河（俗称便河，今荆襄河）[④]，连通长江和杨水。永和元年（公元 345 年）桓温在荆州西北赤湖以东（秘师湖）修筑金堤防洪，切断了杨水上游（来源于赤湖）与长江的联系，但杨水仍上抵沮漳、南达江堤、北接荆门、东至监利和潜江西部。南北朝时期，刘宋元嘉年间（公元 424—453 年）杨夏水道还有修凿[⑤]。北魏时期，《水经注》把杨水纳入汉江的支流[⑥]，此时杨水经三湖向东穿过荒谷（大约在今观音垱一带）[⑦]，可分长江水入汉江[⑧]（见图 1-10）。隋唐时期，杨夏水道的漕运便捷，促进荆州成为重要的交通枢纽和商业都会。

杨水运河的第三次系统开凿在北宋时期。北宋建都汴京（开封）后，形成了以汴河为主体的运河网，但川蜀、两湖、岭南等地的大量财富、土特产到达荆州后，绕行江淮至京杭大运河转运，迂回遥远，劳费甚重。为沟通长江中上游地区与京师的漕路，北宋朝廷曾两次组织开凿江汉之间的南北大运河，分别为“襄汉漕渠”和“荆襄漕河”[⑨]。长湖以北的老关嘴至今仍称大漕河，是宋代荆襄漕河的遗迹。经过修治，荆州水上运输进入最为辉煌的时期。然至北宋“靖康之乱”，荆州由都会沦为战场，经济社会发展由极盛陷入顿衰。南宋时期，朝廷决沮漳之水以拒金、蒙，江汉间三百里尽成泽国。杨水两岸的河流、农田、村镇尽数湮没，人工运河渐与天然水系相混。

明代开始，江汉间开展了大规模的垸田开发，长江、汉江洪水位抬升，杨水水道发

---

① 《汉书·地理志》记载：“漳水所出，东至江陵入杨水，杨水入沔（汉江），行六百里。”

② 三海，位于荆州以北，今西干渠和豉湖渠一带低洼地。

③ 据《晋书·杜预传》载：“旧水道唯沔汉达江陵千数百里，北无通路……预乃开杨口，起夏水达巴陵千余里。”杜预所开“杨口”，应为今沙洋一带，成为晋时南北运输的咽喉要道。

④ 《舆地纪胜》：“王处仲（王敦）为荆州刺史，凿漕河通江汉南北埭”。

⑤ 《水经注》记载：“宋元嘉中，通路白湖，下注杨水，以广运漕。”表明杨夏水道直至南北朝时期仍是荆州重要的水上通道。

⑥ 其源委上承距荆州城西北十五里的西赤湖（今秘师桥以西），下止杨口（应为今荆门沙洋一带）入汉江。

⑦ 《续汉志》注引《荆州记》说，“江陵县东三里余有三湖，湖东有水，名荒谷。”

⑧ “《水经注》记载：‘春夏水盛则南通大江，否则南迄江堤’，说明东晋桓温修筑金堤至沙市便河入江口，杨水与长江的关系是纳而不吐”。以上解释引自：陈家泽，《杨水》之一：水域与水系 [J]. 荆州纵横，2007（2-3）.

⑨ “襄汉漕渠”修建于公元 978 年（太平兴国三年），计划在漕河和白河流域的基础上，从荆州开辟运道直抵汉江，并利用南阳方城隘口开凿新运渠，从荆州经襄阳沿唐白河转蔡河运物资入京师，以减少绕道江淮的航运路程。公元 978 年春开凿了河南南阳至叶县百余里长的襄汉漕渠，不久山洪暴发，工程半途而废。“荆襄漕河”始于端拱元年（公元 988 年），由阎文逊、苗忠建议开荆南城东的漕河，至狮子口入汉江，通荆峡漕路至襄州；又开古白河，通襄汉漕路至京。即一方面在“襄汉漕渠”的基础上沟通汉水与汝水，另一方面开凿自荆州入汉水的江汉漕河。宋代修筑荆南漕河至汉江后，可供载重约 20 吨的船只行驶，江陵城下的物资可顺流从江汉直达襄阳，十分便利。以上解释参考宋人王象之《舆地纪胜》，另参见：陈家泽．《杨水》之二：水道与水运（上）[J]. 荆州纵横，2007（4）.

生剧烈变化，航运时兴时落，经荆州转运的物资由向北转变为向北和向东分流，交通枢纽由南北向的荆襄线转为东西向的荆汉线。在长江中游东西向为主导的水运布局中，明清时期开凿的“两沙便河”和“江汉运河”作用十分重要。“两沙便河”起于沙市，终于沙洋。《明史》记载：明英宗正统十二年（公元1447年），疏荆州城公安门外河（今荆沙河），以便公安、石首诸县输纳，明万历年间（公元1573—1620年），朝廷再次疏浚沙市至草市河道12km，时称两沙便河[①]。沙市通江的便河口虽受堤防阻隔，但货运可通过提驳换船，过船处形成“拖船埠”（今沙隆达广场世纪门一带）。明嘉靖二十六年（公元1547年），汉江沙洋堤破，沙市、沙洋间捷径水道均可通舟。隆庆元年（公元1567年）秋实施堵口，沙市、沙洋间航运衰落。清乾隆年间（公元1736—1759年），沙市沙洋间漕运绕行潜江。咸丰、同治年间，两沙便河成为内河航道，川盐、陕西和豫南货物运输到鄂西北以及本地各县运粮均走此河，又名“运粮河”。宣统三年（公元1911年），汉江沙洋李公堤溃口，内河4km水道淤成平地，两沙便河中断。明代以后，荆州、潜江之间的杨水运河称“江汉运河”。明弘治五年（公元1429年），汉江潜江夜汊堤溃口，形成东荆河分流河道，汉江口下移到潜江泽口[②]，于是在荆州长湖至潜江田关河（古西荆河）间开凿江汉运河，延至东荆河和泽口，进入汉江。明清时期，江汉运河既是漕运水驿又是民间通商捷道。后东荆河口摆动，田关河口淤塞，咸丰初年（1851年）江汉运河航线逐渐淤废，杨水已不能实现江河直达。

1935年，民国政府提出《沙市潜江间新运渠初步计划》，计划整治沙市至泽口航道76km，修建船闸2座，后因日军逼近武汉，工程中断。抗战胜利后，筹措复工，又因工款不决而罢。1936年地方商会、财团曾倡议修复“两沙便河”，又因经费问题和战事逼近而搁置；1947年，民国政府成立两沙运河工务所，但因时局动荡未能动工[③]。

1949年10月，湖北省人民政府向中央提出《开辟沙市沙洋间新运河工程意见》。1956年，荆州专署提出“两沙运河”查勘报告。1960年，两沙运河作为京广运河西线组成部分列入全国水运网规划。1963年秋，著名水利专家、副省长陶述曾实地考察四湖地区，拟定了两沙运河规划。此后，两沙运河工程项目一直处于论证、规划、申报阶段。两沙运河未能实施的原因，一方面是规模浩大，资金有限；另一方面是水利工程化建设全面改造了自然水系，大量的堤、桥、闸、站阻断了航道；更重要的是公路运输迅速发展，取代水运成为更普遍更快捷的客货运方式。

4. 杨水流域最大的湖泊：长湖

长湖位于荆州市东北，属于宋代末年由古云梦泽退缩而成的长条状河间洼地大湖泊。长湖是杨水“四源”[④]的蓄纳之所，也是杨水流域唯一留存至今的大型湖泊。长湖旧名瓦子湖，

① 陈家泽.《杨水》之三：水道与水运（下）[J]. 荆州纵横，2007（5）.

② 陈家泽.《杨水》之三：水道与水运（下）[J]. 荆州纵横，2007（5）.

③ 陈家泽.《杨水》之三：水道与水运（下）[J]. 荆州纵横，2007（5）.

④ 陈家泽先生认为，“杨水的来源有四：其一纪山龙会河桥，其二纪西太湖港，其三沙市荆沙河，其四荆门拾回桥河（古建阳河、大漕河）”。引自：陈家泽.《杨水》之一：水域与水系[J]. 荆州纵横，2007（2-3）.

汇集三湖[①]之水，上通大漕河，西有太白湖，湖口有吴王坝，湖心有擂鼓台，是吴人入郢时的遗迹。"瓦子"可能得名于楚平王时楚国令尹囊瓦[②]。三国时期，长湖水面仅限于天星观以北、观音垱以东。晋武帝泰始八年（公元272年），镇守荆州的大将军陆抗令守将张咸"作大堰遏水积平中"，陆抗筑堰积水之处，时称三海[③]。西晋统一后，三海军事作用消失，大将军杜预开凿杨夏运河，连通三海。隋唐时期，北海的一部分被开垦为肥沃良田[④]。五代兵起，南平国高保融于后周显德二年（公元955年）"自西山分江流五六里，筑大堰"，再开北海[⑤]。北宋时期三海之水被决，金兵长驱直入，荆州遭受了自唐末以来最惨重的兵祸。南宋时期，三海发挥了显著的军事作用，修筑时间长达110年。淳祐四年（公元1244年），孟珙以京湖安抚、制置使知荆州，再次大规模施工，扩展"三海"，将沮漳、杨水和汉水连成一片辽阔水域，围绕在江陵四周，成为历史上规模最大的一次"三海"修筑工程[⑥]。元至元十二年（公元1275年）大旱，"三海"干涸，恃水为防的荆州失去屏障，元军攻占荆州。忽必烈派廉希宪以中书右丞的身份赴任荆南行省，决"三海"之水，后改称河南江北行省，又改属湖广行省。至此荆州不再是地方一级行政区划名称，荆州城也不再作为省会。"荆州三海"起自三国，终于元初[⑦]，前后近千年，历经沧桑变迁，时至今日，大部分化为村落田园，唯有长湖残存，"三海"已成为历史名词（图1-12）。

图1–12　长湖
来源：2017年自摄。

---

① 即路白湖、中湖和船官湖。

② 《荆州府志·山川》记载："长湖，旧名瓦子湖，在城东五十里。上通大漕河，汇三湖之水以达于沔，其西有龙口水（今太白湖，龙口即今观音垱）入焉。"《江陵志余》说："长湖水面空阔，无风亦澜。湖口有吴王坝，湖心有擂鼓台，皆（吴）入郢时迹。瓦子云者或因楚囊瓦而名。"囊瓦，楚平王时令尹，筑有郢城。

③ 三海，位于荆州以北，今西干渠和豉湖渠一带低洼地。

④ 隋唐时期，"三海"地势低洼，经常受涝。《新唐书》载：贞观八年（公元634年），荆南节度使、嗣曹王皋组织人力将古堤决坏处修缮一番，将原来北海储水的低洼地筑堤围挽，以防涝浸，得良田五千顷。参见：陈家泽．杨水之五：水攻与水防（下）[J]．荆楚纵横，2007（7）.

⑤ 参见：保康王．沧海桑田话"荆州三海"[EB/OL]．2007-10-25．http://culture.cnhubei.com/2007-10/25/cms480795article.shtml.

⑥ 参见：陈家泽．杨水之五：水攻与水防（下）[J]．荆州纵横，2007（7）.

⑦ "《元史》载：'十二年，帝急召希宪还，使行省荆南。先时，江陵城外蓄水捍御，希宪命决之，得良田数万亩，以为贫民之业'，'贫民趋之。未曾期年，已成沃壤'。可见，'三海'已成为良田。"以上解释引自：陈家泽．杨水之五：水攻与水防（下）[J]．荆州纵横，2007（7）.

长湖之名最早出现于袁中道(公元1570—1623年)“长湖百里水，中有楚王坟”的诗句，因湖面东西长、南北窄而得名。其水域自西向东分别称为庙湖（龙会桥至和尚桥）、海子湖（凤凰山一带）、太白（泊）湖（关沮口一带，传唐李白在此泛舟得名）、长湖（习家口上下）。“长湖”为整个湖面的统称。海子湖之名始见清代史志，因北方人称大的湖泊为海子。历史上1900—1901年、1928—1929年的枯水时期，长湖大部干涸，行人可涉足而过[①]。今天的长湖位于荆州、荆门、潜江三市交界处，地处荆州城区北部和四湖流域上游，东西长30km，南北最宽处18km，沿湖东、西、北面为起伏之区，无堤防之设，南面长湖库堤长24km，系由南宋时的“三海”隔堤、明清“大小百数十垸”的垸堤、至清乾隆后的襄河堤、民国时的中襄河堤演变而成。因此在自然情况下，有滞洪作用，但无拦蓄能力，被称为“荆州头顶上的一盆水”，是荆州城区防汛的重要威胁[②]。中华人民共和国成立后长湖被作为平原水库进行治理建设，并将中襄河堤多次改线，至1981年库堤的堤线才最后定型。现长湖正常水面面积157km^2（1950年为205km^2），除防洪之外，兼有灌溉、养殖、航运和旅游功能[③]。

5. 杨水上游最大的湖泊：太湖港

太湖港，又称梅槐港、太晖港，俗称观桥河，位于荆州古城西25km处，是古杨水上游最大的人工湖，连通沮漳河和渚宫。三国时期，太湖港是引沮漳水入三海的故道[④]。明代之前，一直上接沮漳河，下通长湖。明崇祯年间，截堵刘家堤头，太湖港与沮漳河被堤防阻隔，下游仍与长湖连通[⑤]。中华人民共和国成立后，太湖港是江汉平原最早治理的水体，1958年在其上游兴建了丁家嘴大型水库及一批小水库，1962年荆江大堤万城闸建成，太湖港与沮漳河分离，导致江陵护城河脱离大水系，失去自引自排能力，同时改下游的关沮口入长湖为经朱家冲至凤凰山入海子湖[⑥]。今天太湖港水库自北向南由4个水库串联，分别是八岭山以北的丁家嘴水库、八岭山以西的金家湖水库、八岭山以南的后湖水库和赤湖水库，共同形成全国唯一的“四库连江”大型活水库[⑦]，具有重要的防洪、灌溉、发电、养殖和旅游功能（图1-13）。

---

① 以上介绍源自：陈家泽.《杨水》之一：水域与水系[J]. 荆州纵横，2007（2-3）.

② 以上介绍源自：陈家泽.《杨水》之一：水域与水系[J]. 荆州纵横，2007（2-3）.

③ 荆州将昔日繁华的江汉黄金水道视作风光宜人的风景区，开发有潘家台、王家台、月台、柳岗牧笛、长湖远帆、渔歌早唱、仙桥夜月、夕阳返照、书亭坠雨、凤山晓钟、白羽破金等“三台八景”。

④ 沮漳河下游原分为两支，一支出枝江的江口；一支向东北流，经现在的保障垸、清滩河绕刘家堤头入太湖港。

⑤ 清光绪《荆州府志》、宣统《江陵乡土志》记载：“此支杨水源于纪山西北川店，合马山逍遥湖（今万城西）以东与八岭山以西之水，会同杨秀桥，十五里至秘师桥，又东北行十五里为太晖港，历兆人桥达护城河，又东行七八里达草市。又渐转而东北行十五里，出关沮口入长湖。此水虽发源纪山，然尾闾实通襄水（汉江），故襄水聚发时，逆流至此，颇觉涨溢，余时甚平。”以上解释引自：陈家泽.《杨水》之一：水域与水系[J]. 荆州纵横，2007（2-3）.

⑥ 以上解释引自：陈家泽.《杨水》之一：水域与水系[J]. 荆州纵横，2007（2-3）.

⑦ 参见：荆州市荆州区人民政府. 太湖港水库[EB/OL]. 2008-8-21. http://www.jingzhouqu.gov.cn；荆州区水利局. 太湖港水库风景区简介[EB/OL]. 2006-3-13. http://www.jzslw.gov.cn.

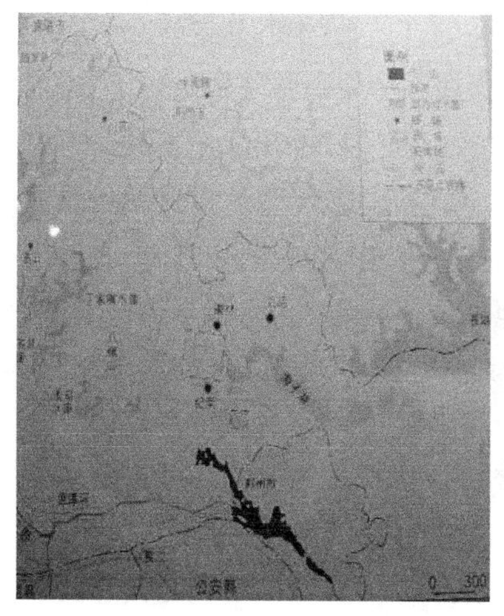

图 1-13　荆州境内水体分布图（左）和丁家嘴水库现状（右）
左图来源：荆州熊家冢考古队《楚郢都纪南城位置图》（左），2005 年自摄（右）。

6. 杨水流域的其他遗存

荆襄河：位于荆州古城东部和沙市旧城之间，是古杨水的南部支流。春秋时期，杨水的北支自太湖港绕渚宫（今江陵）北行，经过草市连接海子湖（纪南城东门），向东北贯通长湖；其南支自渚宫北到达南部江津（今沙市）渡口，联系江津、渚宫和纪南城，并通过长湖连通长江（即荆江）和汉江（即襄江），故称荆襄河。宋端拱元年（公元 988 年），内使阎文逊等请开荆南漕渠[①]，因此荆襄河又称东漕渠。荆襄河是贯通杨水和长江的重要通道，也是长江货运转运至汉江的必经之路。

荆沙河：位于荆州和沙市之间，旧称龙门河、便河、内荆襄河和沙市河。晋建武元年（公元 317 年），王敦主持开掘了龙门河（俗称便河），联系长江和荆襄河。明代，在古荆襄河以南，增开内荆襄河，联系荆州和沙市。内荆襄河自便河垴北行，绕中山公园，西行穿塔儿桥，再北行至金龙寺，分为两支：东支沙市河（即草市河），自金龙寺至雷家垱；西支荆沙河，上迄金龙寺，经古白云桥、太岳路桥、安心桥与护城河九龙渊相通。清末民初，沙市河与荆沙河均畅通。20 世纪 70 年代沙市河淤废。中华人民共和国成立初期，荆沙河仍是荆州通向沙市长江码头的主要通道。20 世纪五六十年代，荆沙河两岸修建了公路，随着围湖造田和城市建设展开，荆沙河逐渐失去航运功能，只有排涝调蓄作用[②]。1986 年，荆沙河修建驳岸，沿线建有安心桥、武德路桥、九曲桥、太岳路桥和白云桥。由于连接荆沙河的出水口夹杂着大量的泥沙、生活垃圾，抬高河床，淤积较为严重。1996 年荆沙河进行过小型疏浚，未得到彻底根治。今天的荆沙河是荆州古城护城河和荆襄河的连通渠，也是城区中部的雨水汇集通道，是城市中心区仅存的几条水道之一[③]。

① 《宋史·河渠志》载：“开荆南城东东漕渠，至狮子口入汉江。”参见：兴建荆襄生态公园 古城荆州将新添绿意 [N]. 江汉商报，2011-03-19（5）.

② 原陈述源自：陈家泽.《杨水》之一：水域与水系 [J]. 荆州纵横，2007（2-3）.

③ 原陈述源自：陈家泽.《杨水》之一：水域与水系 [J]. 荆州纵横，2007（2-3）.

西干渠荆州市段：位于沙市区北部，是古三海的遗存。由雷家垱至象鼻嘴，长22.35km，流经沙市城区、荆州开发区、沙市农场和岑河镇，是四湖流域[①]主要排水干渠之一。

豉湖渠：位于沙市北部的锣场镇境内，是古三海的遗存。渠道上起娘娘堤，下抵观音垱镇何家桥，入中干渠，呈L形穿越沙市北部，是荆州经济开发区，青岗岭原种场、水稻原种场的主要排水通道。屈家岭文化和龙山、二里头文化遗存均发现于豉湖渠附近以北地区，说明新时期的长江岸线可能在豉湖渠以南区域，今天的河道可能是荆江漫流水体的遗存。

1.7.2 荆州社会人文环境

5万到4万年前，晚更新世冰川期的末期，气温回升，冰川开始融解，古云梦泽和古洞庭湖面积扩展，长江在荆江段形成漫流，晚期智人从山林走向平原，河流边缘是他们活动的首选场所，河流提供了饮用水，还带来制作渔猎石器的原料石块，如：荆州鸡公山遗址发掘的晚期智人建造的石圈、石器和砾石岩层说明遗址位于当时的河流边缘，砾石可能就是荆江漫流的沉积物。然而此时荆州没有成为人类活动的中心，4万年前到8000年前，古云梦泽水体扩展，中全新世[②]之后江汉平原沉降，冰川溶解，古云梦泽和古洞庭湖面积进一步扩大1万年前形成云梦泽。

8000 ~ 7000年前，江汉平原的河流漫滩面积减少，陆地增多，更多人类步入平原，进入新石器时代。江汉地区的新石器时代主要经历了3个大的发展阶段，即大溪文化、屈家岭文化和石家河文化。大溪文化的中心在荆州以西的湖南澧县城头山遗址，城头山文化是大溪文化最为先进的地区，影响范围覆盖荆州[③]。6000 ~ 5000年前，荆州阴湘城遗址下建立有大溪文化的双子聚落。5000 ~ 4000年前，屈家岭文化出现，它在长江流域势力强大，影响深远，此时不仅出现了大型分间房屋，还有一系列以古城为中心的大型聚落。荆州阴湘城遗址的主要建于屈家岭时期，它将大溪文化时期的东西聚落合二为一，在城垣之内形成一个大型的聚落中心城市。4000年前左右，荆州以西的湖北京山形成了石家河文化中心，荆州的石家河文化遗存积压在屈家岭文化之上。其后，阴湘城受到二里头文化、巴文化等多种文化的影响，都不甚繁荣。公元前1000年前后，阴湘城成为春秋楚邑的泽陂。

荆州之名源于《尚书·禹贡》："荆及衡阳惟荆州"，可见荆州的地域文化特征在夏代已经形成，并影响至湘江流域。《史记·楚世家》记载："当周夷王时，王室微……熊渠甚得江汉间民和，乃兴兵伐庸、杨粤，至于鄂。"说明楚人在荆州深得民心，军事力量强大，控

---

① 指洪湖、长湖、三湖、白鹭湖。1949年，四湖流域面积在千亩以上的湖泊有195个，总面积2726km^2；2015年，流域内千亩以上的湖泊只有38个，面积733km^2，减少了73%；四湖流域的四大湖泊原有面积1158.8km^2，现在不足500km^2。参见：荆州百湖调查：四湖流域 湖到哪儿去了？[N]. 江汉商报，2015-03-23.

② 地质时代的最新阶段，开始于1.2万 ~ 1万年前延续至今。这一时期形成的地层称为全新统，它覆盖于所有地层之上。全新世与更新世的界限，以第四纪冰期最近一次亚冰期结束、气候转暖为标志，因此又称为冰后期。中、高纬度的冰川大量消融，海平面迅速上升，到11000年前上升到 −60m 位置。6000年前海面已接近现今位置，其后仅有轻微的变化。全球全新世时人类已进入现代人阶段，喜暖动植物逐渐向较高纬度和较高山迁移，自然地理环境完全演进到现代面貌。农业的出现以及生产工具的不断进步，促进了社会发展，人类与自然环境的关系日益密切。

③ 原思想陈述源自：赵冰. 长江流域：荆州城市空间营造 [J]. 华中建筑，2011（5）.

制了长江中游的广泛地区。周夷王七年（公元前901年），楚王熊渠封长子熊康为句亶王，居江陵，西周厉王时期建造了最初的江陵城郭。春秋中期，楚人建都于荆州北部的纪南城，至秦将“白起拔郢”、楚顷襄王迁都陈，共历20个王朝，历时411年。此间楚国兼并了50多个诸侯国，疆域北至黄河，南至两广、云南，东到海滨，西达巴蜀，统领中国南部，成为“春秋五霸”和“战国七雄”之一。纪南城是楚国的政治、经济和文化中心，春秋战国时期中国南部最大的城市[①]。春秋时期，楚成王在纪南城南4.5km的江陵修建渚宫，战国时期楚国设江陵邑，建官船码头，江陵成为楚都在长江的门户[②]。

秦人统一中国后，“分郡县置江陵县”[③]。公元前237年（秦王政十年，楚幽王元年），江陵又建城郭。公元前206年，项羽封楚将共敖为临江王，都江陵。西汉时期，江陵发展成为全国十大商业都会之一[④]，改为郡治。三国刘备借荆州，派大将关羽镇守江陵。关羽失荆州后，江陵改属吴国南郡，郡治转至江南的公安。公元280年（西晋太康元年），江陵又为郡治；东晋安帝在江陵恢复帝位。南北朝时期，江陵复为郡治。公元522年（梁承圣元年），梁元帝萧绎定都江陵，江陵成为长江流域三大政治、经济和文化中心[⑤]。公元583年（隋开皇十三年），萧铣占据南郡，成立梁国，建都江陵[⑥]。

公元621年（武德四年）唐朝平定萧铣，改南郡为荆州，治江陵。中唐时期，江陵被定为“陪都”。五代十国时期，高季兴父子据荆州，称南平国，都江陵。北宋初年，全国分为十五路，设荆湖南、北两路。雍熙年间，两路合并，置荆湖路，治所设于江陵府。至道三年，复分为南北两路，荆湖北路治所在江陵。元代，因元文宗图贴睦尔发迹于江陵，入主大统，江陵路遂改名为中兴路。自此荆州成为地方二级行政区。明、清之际，荆州沿元朝体制，隶属湖广布政行司。康熙时期，荆州设将军府，驻八旗官兵3543人，携眷属万余人，在江陵形成满汉双城。

沙市有约4000年的可考历史，新石器时代人类就在此开拓生息。春秋战国时期沙市名江津，是水陆交通汇集之地。秦代改名津乡，沿用至三国时期。晋代复名江津，沿用至隋代。晋室南渡之后，北方豪族南迁，沙市人口剧增，规模扩展至10倍。唐代，沙市发展成为市镇，始称沙头、沙市市，属荆州江陵郡江陵县。随着经济发展和长江河道变迁，沙市成为江汉平原的经济中心。明末清初，沙市开始具备商贸和手工业生产的双重功能。1895年5月沙市被辟为通商口岸。1949年7月沙市解放，沙市市正式成立，为省辖市。

1949年荆州行政区督察专员公署成立，辖江陵、公安、松滋、京山、钟祥、荆门、天

---

① 据汉代桓潭的《新论》记载：“楚之郢都，车毂击，民摩肩，市路相排突，是为朝衣鲜而暮衣弊”，可见其繁华。

② 见《后汉书·地理志》。

③《水经注·江水》。

④ “江左大镇，莫过荆扬”《史记》。

⑤ 长江流域三大政治、经济和文化中心指长江上游的益州（成都）、长江中游的荆州、长江下游的扬州。长江上游以四川盆地为中心，秦汉时期文明的发展程度可能要高于中下游地区；唐宋时代，中下游逐步崛起，已与上游地区并驾齐驱，下游地区文明程度可能还要超过上游地区；两宋时期，今江西省区人才辈出，文明程度位于长江流域之首。而到了明清时期，长江流域文明程度普遍提升，长江三角洲狭义的“江南”即今江浙地区已成为长江文明发展的先锋和重镇。

⑥ 魏徵. 隋书 [M]. 北京：中华书局，1997.

门和潜江8县。1951年7月，沔阳、监利、石首、洪湖4县并入荆州。1953年4月，设荆江县，后并入公安县。1955年，沙市市恢复省辖市。同年11月，设荆门市，与荆门县并置。1983年8月，荆门县并入荆门市，划为省辖。1986年5月，撤销石首、沔阳县，设石首市、仙桃市。1987年7月，撤销洪湖县，设洪湖市，8月撤销天门县，设天门市。1988年5月，撤销潜江县，设潜江市。1992年5月，撤销钟祥县，设钟祥市。1994年10月，撤销荆州地区、沙市市和江陵县，设立荆沙市，实行市领导县体制，辖沙市、荆州、江陵3区和松滋、公安、监利、京山4县，代管石首、洪湖、钟祥3市，仙桃、潜江和天门3市由省直管。1996年12月，荆沙市更名为荆州市，同时撤销松滋县设松滋市，钟祥、京山划入荆门市。1998年7月，撤销江陵区，设立江陵县。2006年，荆州市辖荆州、沙市两区，公安、监利、江陵3县，代管松滋、石首、洪湖3个县级市。至2009年底，荆州市城市人口68.8万人，城市建成区面积64.9km^2，呈带状分布。城市居民以汉族为主，另有满、回、蒙古、藏、土家等31个少数民族。城市主要产业为纺织、化工、家电、汽车零部件和食品等①。

1.7.3 荆州城市营造简史

荆州的城市空间营造经历了多个历史时期（表1-5），大体可划分为古代、近代、现代和当代4个阶段：

（1）古代荆州：公元前2550—前2200年的屈家岭文化时期，荆州阴湘城遗址成为江汉平原的大型聚落中心城之一，面积0.2km^2，呈不规则多边形。公元前519年春秋末期，楚都纪南城建于荆州，面积16km^2，人口鼎盛时期达30万，是当时中国南方最大的城市。约公元前237年，纪南城南部的渚宫周围形成约2km^{2}的小型县邑江陵城，其东部建造了约2km^{2}的小型卫城——郢城。秦代攻破纪南城后，修筑郢城，设置为南郡首府。西汉扩建江陵城，东汉时期江陵成为中国南方重要的商业城市。三国时期，关羽在汉江陵之东南建立土城。公元345年东晋时期，桓温将汉江陵和关羽城合并，并修筑内城，建成周长20里、人口4万的双重城江陵。唐代，江陵作为中国南方唯一的陪都，城市人口增长到30万户，城墙按原址修护，居住范围已扩展至城外。公元549年，梁代建都于江陵，建成70里周长、人口近10万的三重城。宋元至公元1788年，江陵经过两次战乱和一次洪水毁坏，宋、明、清三次重建、一次修缮，城址保存，至今为周长16里、人口约8万的不规则城市。

（2）近代荆州：从元代开始，由集镇发展而来的沙市建成，与江陵城形成两个并列的中心。明末至近代，沙市对内和对外贸易发展，替代江陵，成为江汉平原的经济中心、长江中游重要的港口城市和对外贸易中心。

（3）现代荆州：1919年后，沙市的现代城市建设起步，荆沙联系加强，双子城结构初现。中华人民共和国成立后，沙市成为全国明星城市，江陵成为国家历史文化名城。

（4）当代荆州：1996年后，荆沙合并，形成以沙市为中心、荆州古城为副中心的带状城市。根据《2009年荆州市城市总体规划》，荆州未来将建立以沙市为主中心，包括荆州古城、城南片区、武德片区和工业开发区，结合周边卫星城镇的大型城市。

① 本段信息整理自：荆州市历史沿革[EB/OL]. 2011-12-7. http://www.xzqh.org.

荆州的城市空间演变是荆州族群与环境互动的结果，呈现出由聚落到集镇、由县邑到城市以及城镇群的整体形态变化，是中国众多大中型城市空间演变历史的缩影。

荆州城市空间营造历史一览表 **表1–5**

战国以前荆州城市空间营造

	5-6 万年前	3500 ~ 4000 年前	公元前 1000—前 493 年
鸡公山遗址	设计建造：500m² 生活面，砾石制品，直径 1.5 ~ 2.5m 石圈		
阴湘城遗址		设计建造：平面呈圆角长方形，东西最大长 580m，南北长 500m，城内面积 17 万 m²。城垣高 4 ~ 6.5m，最宽处 46m，外有护城河	呵护、保护
纪南城			设计建造：面积 16km²，东西长 4.5km，南北宽 3.5km。城墙周长 15.5km，高约 6.7m，夯土筑成，外有城壕环绕
郢城			
江陵			设计建造：渚宫
沙市			设计建造：江津离宫、木关

战国至五代十国时期荆州城市空间营造

	战国时期（公元前 493—前 237 年）	秦（公元前 237—前 205 年）	汉（公元前 205—210 年）	三国时期(公元 210—280 年)	晋代（公元 280—420 年）	南北朝（公元 420—549 年—587 年）	隋唐（公元 581—618 年—906 年）	五代十国（公元 906—960 年）
纪南城	呵护、保护：增修城防，加固城垣							
郢城	设计建造：呈正方形，边长约 1.5km，总面积约 2.3km²，夯实城墙，高 3 ~ 6m，基宽 15 ~ 20m，面宽 7 ~ 10m。四面城门，外有护城河，宽 30 ~ 40m，深 10m	呵护、保护 用于南郡治所						
江陵	呵护保护：设置江陵县	设计建造：江陵县治所，建城垣	西汉设计建造：共敖临江国，刘荣兴建宫殿和祖先庙堂。东汉呵护保护：南郡治所	设计建造：关羽建城偏在西南	西晋呵护保护：整治江汉河道。东晋设计建造：桓温镇守江陵，筑重城，金城。20 里，4 万人	宋齐呵护保护：公元 420—549 年西齐建都，宫苑建筑，市井繁荣。梁代（公元 549—587 年）设计建造：70 里，三重城，人口大于 10 万	隋代（公元 618—626 年）呵护保护：人口 4 万。唐代（公元 626—761 年）设计建造：周长 20 里，两重城。人口 15 万。号称 30 万户，突破外城居住。人口 90 万人	南平国设计建造江陵城：西筑之城自固，50 里，7 万人，增筑子城，建楼于子城东门

续表

	战国时期（公元前493—前237年）	秦（公元前237—前205年）	汉（公元前205—210年）	三国时期(公元210—280年)	晋代（公元280—420年）	南北朝（公元420—549年—587年）	隋唐（公元581—618年—906年）	五代十国（公元906—960年）
沙市	呵护、保护：江防和交通要冲	设计建造：设津乡，水陆交通交会之地	呵护保护：津乡，荆州要会		西晋呵护保护：流民涌入，复名“江津”。东晋设计建造，建奉城，317年王敦开挖龙门河	梁代（公元549—587年）设计建造：青杨巷、白杨巷	隋代（公元618—626年）江津呵护保护，“胡商往来留止之所”。唐代（公元626—761年）沙头市设计建造，城区范围扩展，西至菩提寺（今荆沙村），东至龙堂寺（今喜雨巷），北抵塔儿桥一带，南滨长江	

宋代至晚清时期荆州城市空间营造

	宋元（公元960年—1127年—1279年—1424年）	明代（公元1364—1636年）	清代（公元1636—1911年）
江陵	北宋城毁，6万户，19万户，南宋（公元1185年）设计建造：砖城21里，敌楼战屋1000间	明代设计、建造、呵护和保护（公元1374—1643年），重建江陵：城周长，周长19里21步（11.28km），高2丈6尺5寸，城垛5100个，设城门6座，其上各建城楼1座	清代设计建造，1646年依明代旧基重建，水闸两处处，城垣、城门、城楼，基本上保持明代江陵城的规模与风格。城墙周长10.5km。 康熙二十二年（1683年）江陵城内新筑间墙，旗兵驻东城，官署民舍皆迁西城。人口6.5万
沙市	北宋沙市呵护保护：设“镇”。“沙头巷陌三千家”“贾客云集，蜀舟吴船必经此”。 元代沙市设计建造：设沙市站，1329年，县治设沙市。筑城自固，辟城门有四：东曰塔儿，西曰新开，南曰大寨，北曰美化。 人口1万人	明末设计、建造、呵护和保护：“列巷九十九条，每行占一巷，舟车辐辏，繁盛甲宇内”	清代设计、建造：沙市镇，已成为长江沿岸著名的商业和手工业城市。“列肆则百货充牣，津头则万舫鳞集。”“士有社、商有廛，工有肆，止有居，客有邮。” 1683年，设沙市厅。1794年，面积1.9km^2。1797年，荆南道崔龙见在沙市滨江树木栅、培筑土城。六门：西阜康门，西北迎禧门，西南宝塔门、东北石闸门，东章台门、东南柳林门。同治年间，沙市人口已突破8万

1889—1919年荆州城市空间营造

	1889—1899 年	1899—1909 年	1909—1919 年
江陵	呵护：教育设施更新	呵护：手工业更新	呵护：工业更新
沙市	设计、建造：租界区（运输、贸易区）	设计、建造：金融贸易区	设计、建造：工业区

1919—1949年荆州城市空间营造

	1919—1929 年	1929—1939 年	1939—1949 年
江陵	呵护：交通、现代教育、慈善、医疗更新	呵护：行政、宗教、现代教育	呵护：教育、行政回迁
沙市	设计、建造：工商业区、现代教育、行政、现代医疗	设计、建造：现代工业、市政设施、现代金融、教育文化、医疗、通信、对外交通	设计：现代市政设施

1949—1979年荆州城市空间营造

	1949—1959 年	1959—1969 年	1969—1979 年
江陵	呵护、设计、建造：工业、文化、教育、医疗，人口5万～8万人	呵护、保护：市政设施改造、文物保护	建造、设计：重型机械制造业迁入，纺织化工业发展。高等教育迁入。总体规划设计。人口近期控制在25万人以下，总面积：20.6km^2
沙市	呵护、设计、建造：居住区更新、总体规划和居住区建设，规划人口25～30万	建造、呵护：工业发展、市政设施建造、河渠居住区改造	建造、设计：棉纺、建筑制造业、机械制造业。北部的工业区和生活区扩展。 园林扩建，城市内部道路建设。荆沙地区城市总体规划编制开始。 人口近期控制在25万人以下，总面积：20.6km^2

1979—2009年荆州城市空间营造

	1979—1989 年	1989—1999 年	1999—2009 年
江陵	建造和保护：地方工业发展，市政设施建设。江陵保护规划开始	建造、呵护：工业发展，公共交通完善、教育发展。1994年人口53.7万人，面积46.84km^2	建造、呵护：居住区发展、大学区发展、旧城整治开始。2009年底，人口68.8万人，面积，64.9km^2
沙市	设计、建造和呵护：城市专项规划实施	设计、建造：沙市总体规划编修、工业发展、居住区建设、房地产开发开始。1994年人口53.7万人，面积46.84km^2	建造、呵护：工业区发展，旧城改造，公共空间整治、公共交通发展。2009年底，人口68.8万人，面积，64.9km^2

2009—2039年荆州城市空间营造（预测）

	2009—2019 年	2019—2029 年	2029—2039 年
荆州区	建造、呵护：大学产业区发展，周边交通发展。 规划：近期（2015年）：建成区常住人口85万；远期2020年建成区常住人口100万人，用地面积102.5km^2	保护、设计：建筑保护、总体设计	建造、呵护：自主建设、交通更新
沙市区	保护和设计：水体保护、街区保护、总体设计	建造、呵护： 新中心形成，交通重组	保护、设计：街区保护、新荆州设计

第2部分

古代荆州城市空间营造研究

第 2 章　战国以前荆州城市空间营造研究

2.1　战国以前荆州城市空间营造历史

2.1.1　4 万 ~ 2 万年前：古人类和鸡公山遗址建造

约 200 万年前，我国长江三峡一带出现了活动的古人类，称为“巫山人”。约 100 万年至 200 万年前，长江中下游出现了人类直系祖先的“南方古猿”。旧石器时代中期（约 10 多万年前）长江中游的湖北长阳出现人类化石，称为“长阳人”。旧石器晚期（4 万至 5 万年前），人类走入平原地区，荆州的“鸡公山遗址”是我国平原地区首次发现的旧石器时期人类居住遗址。可见，长江流域是早期人类生存和演化的重要地区，长江中游的荆州是人类从高山走入平原的过渡点（图 2-1）。

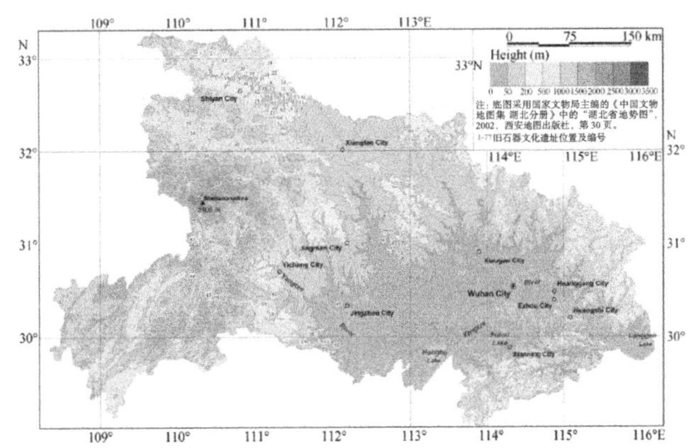

图 2–1 旧石器时期[①] 湖北考古遗址地点及海拔高程

来源：LI Lan, WU Li, ZHU Cheng, LI Feng, MA Chunmei. Relationship between archaeological sites distribu–tion and environment from 1.15 Ma BP to 278 BC in Hubei Province[J]. Journal of Geographical Sciences，2011, 21(5): 911.

1992 年，由荆州博物馆、北京大学考古系发掘的荆州鸡公山遗址是古人类从山林向平原地区迁徙的例证。鸡公山遗址位于荆州市区郢城镇郢北村，原有面积约 1000m^2，发掘面积共计 400m^2，其中最重要的发现是两个叠加的早期人类活动面（图 2-2）。

第一期下文化层是 5 万年前（中晚更新世之交）的砾石石器。下文化层活动面包括两处“石堆”，是加工石器的产物。除此之外，还有一些“石圈”，围成空白区，同时在周边保留了大量修理完成的石器，说明当时可能还有加工石器以外的活动在此进行[②]。

① 公元前 11500—10000 年前。

② 其他区域，包括“石圈”上，都有大量的石核、石片与碎屑等加工石器的副产品。也都说明加工石器是非常重要的活动。以上关于鸡公山遗址的信息引自：刘德银，王幼平．鸡公山遗址发掘初步报告 [J]．人类学学报，2001（5）．

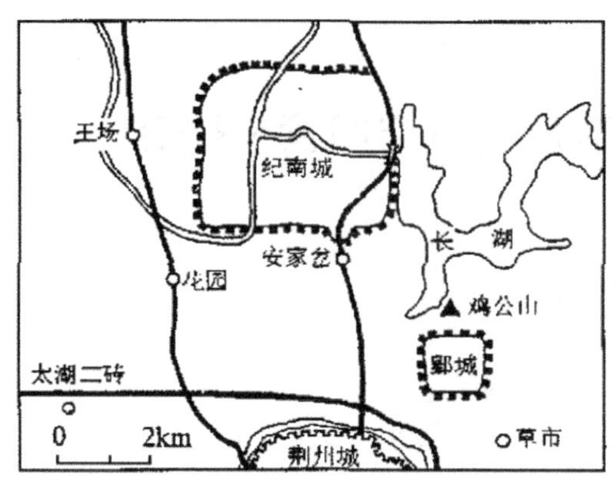

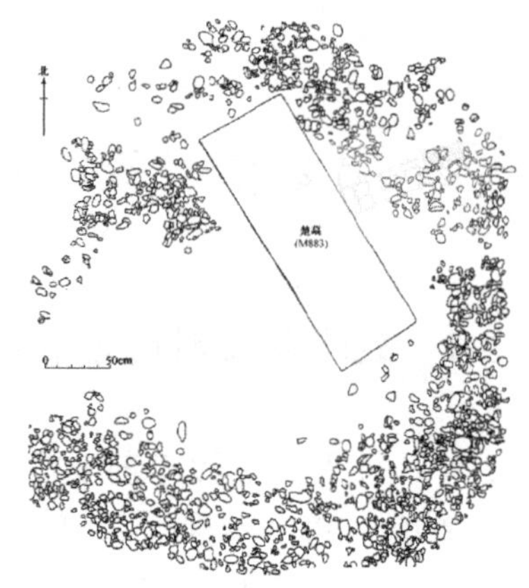

图 2-2　鸡公山遗址的地理位置进（左）和下文化层石圈图（右）
来源：刘德银，王幼平 . 鸡公山遗址发掘初步报告 [J]. 人类学学报，2001（5）：103，106.

第二期上文化层属于约 2 万年（晚更新世晚期）的小型石片石器。上文化层的石器工业不直接使用砾石，而用石片或断块等[①]。但成品石器数量有限，更难见到加工精致的产品，文化层的堆积也很薄，说明当时人类在此活动的时间不太长，从事的活动应主要与加工石器有关。

鸡公山遗址的遗存说明荆州古人类的居住点间距离较为分散，生产方式以砾石制造为主，居住规模较小，还没有形成大型聚落[②]。

2.1.2　6000 ~ 5000 年前：大溪文化时期阴湘城设计

约 1 万年前，随着第四期冰期最后一次亚冰期结束，气候转暖，全新世开始，全球各地先后进入新石器时代，人口迅速增长。8000 年前，全新世温暖湿润的气候被全球冷干事件[③]打断，采集、狩猎不能满足人类生活需要，人口压力导致农牧业发展。6000 ~ 5000 年前，稻作农业在峡江地区和两湖平原的发展催生了大溪文化。6500 年前，大溪文化在湖南澧县城头山遗址形成了一个大型单聚落中心城，流行红烧土房屋，并较多使用竹材建房。6000 年前，全新世的第二次全球冷干事件导致人类族群由长江上游的山林地区向中游的平原地区迁徙，大溪文化影响到江汉平原边缘地带。6000 ~ 5000 年前，荆州境内出现了一定量的大溪文化遗址（图 2-3）。荆州阴湘城位于众多大溪文化遗址的最西侧，保留了丰富的大溪文化遗存。

---

① “此时的石器形体细小，长度很少达到 50mm 以上。石器的修理痕迹相对细致规整。石器组合也完全不同于早期。大型的砍砸器、大尖状器等已基本不见。4A 层下的近 500m^2 的活动面，石制品种类虽很庞杂，数量也较多，但多是加工石器的副产品。”以上解释引自：刘德银，王幼平．鸡公山遗址发掘初步报告 [J]．人类学学报，2001（5）.

② 同时，鸡公山遗址所提供的两种不同石器工业的地层关系，清楚地反映了中国南方从砾石石器工业向石片石器工业的过渡历程。该解释引自：刘德银，王幼平 . 鸡公山遗址发掘初步报告 [J]．人类学学报，2001（5）：113.

③ 人类社会的发展与全新世大约出现于公元前 8000 年、公元前 6000 年和公元前 4000 年的三次气候突变有密切的联系。

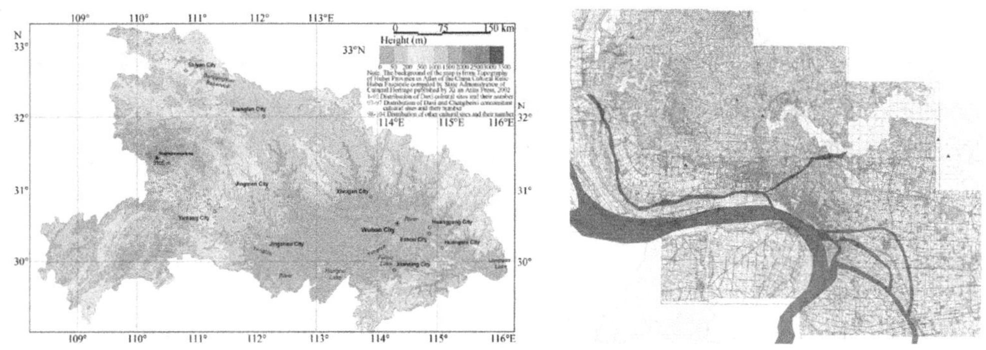

图 2–3　湖北大溪文化（公元前 6900—前 5100 年）考古遗址具体地点及海拔高程（左）和荆州大溪文化遗址位置图（右）

左图来源：LI Lan, WU Li, ZHU Cheng, LI Feng, MA Chunmei. Relationship between archaeological sites distribution and environment from 1.15 Ma BP to 278 BC in Hubei Province[J]. Journal of Geographical Sciences，2011, 21(5): 913.

右图来源：荆州市城乡规划局 . 荆州历史文化名城保护规划（2009 年版）[R]. 2009. 根据相关资料绘制。

阴湘城遗址位于今天荆州市荆州区西北约 34km 处，地处长江支流沮漳河下游地区，东望荆山余脉八岭山，西部紧邻菱角湖的一角——余家湖（图 2-4），遗址以西 4km 为沮漳河，以南 200m 处为荆江大堤。阴湘城遗址残存约 20 万 m^2，城内面积约 17 万 m^2，呈圆角方形。城垣全长约 900m，城外相应有城壕，宽约 30 ~ 40m。城址内部大溪文化的文化层厚度在

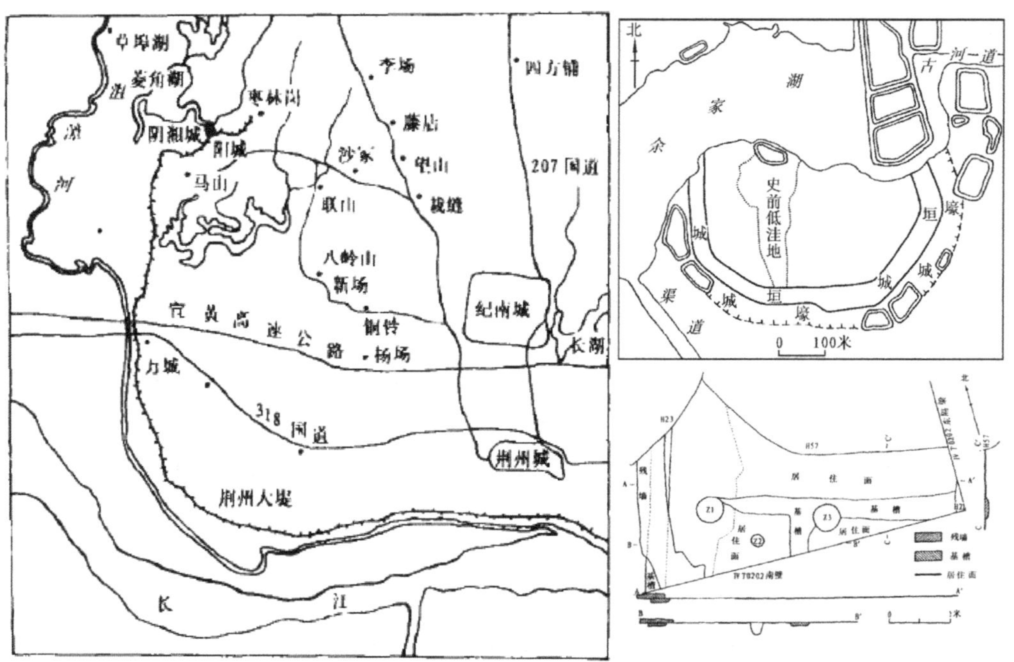

图 2–4　阴湘城遗址地理环境示意图（左）、荆州阴湘城遗址平面图（右上）和阴湘城房屋遗址 F6 平剖面图（右下）

左图来源：荆州博物馆、福冈教育委员会. 湖北荆州市阴湘城遗址东城墙发掘简报 [J]. 考古，1997（5）：289.

右上图来源：裴安平. 聚落群聚形态视野下的长江中游史前城址分类研究 [J]. 考古，2011（4）：55.

右下图来源：荆州博物馆. 湖北荆州市阴湘城遗址 1995 年发掘简报 [J]. 考古，1998（1）：19.

2m 以上①，说明大溪文化在此延续了相当长的时间。城内还发现大溪文化早期的 6 座房址和 11 座灰坑②，其中房址残存有柱洞、基槽和居住面，基槽形态属于长方形分间房屋，居住面多用火烤，打磨光滑，说明阴湘城在大溪文化时期已经是一处大型聚落③。由于阴湘城城墙的第一期上限暂时无法确定，只能初步推测为使用挖掘壕沟的堆土建造而成。如果阴湘城的壕沟和城墙均初建于大溪文化早期，则很可能与城头山遗址同属于大溪文化的单核心聚落，但面积大于城头山遗址④。

2.1.3　5000 ~ 4000 年前：屈家岭文化时期阴湘城整体设计、建造

5000 ~ 4000 年前，江汉平原的主导文化为屈家岭文化。屈家岭文化强盛时期，稻作农业发达，在江汉平原的周边地区出现了一系列以古城为中心的聚落群⑤（图 2-5），在建筑上出现了大型分间房屋。荆州阴湘城就是其中一个聚落群的中心城。

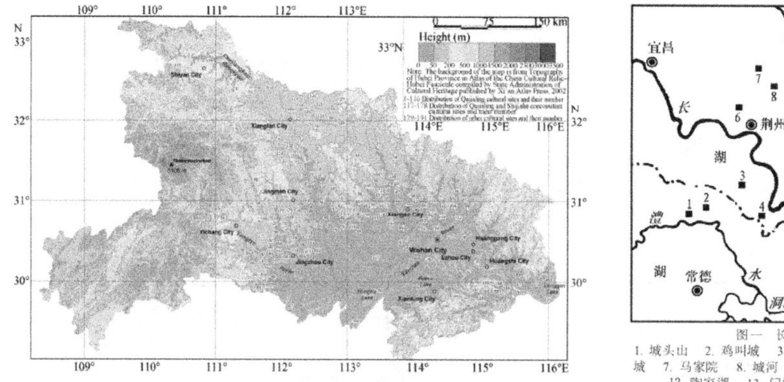

图 2-5　湖北屈家岭文化考古遗址地点及海拔高程（左）长江中游史前城址位置图（右）（公元前 5100—前 4500 年）

左图来源：LI Lan, WU Li, ZHU Cheng, LI Feng, MA Chunmei. Relationship between archaeological sites distribution and environment from 1.15 Ma BP to 278 BC in Hubei Province[J]. Journal of Geographical Sciences，2011, 21(5): 914.

右图来源：裴安平 . 聚落群聚形态视野下的长江中游史前城址分类研究 [J]. 考古，2011（4）：51.

如前文所述，阴湘城第一期城墙的下限确定为屈家岭文化时期，现存城址东西长约 580m、南北残宽约 350m，总残存面积约 20 万 m^2，推测总面积为 35 万 m^2（图 2-6）。阴湘城遗址的面积大于大溪文化时期的城头山遗址，小于石家河文化中心聚落石家河城，属于屈家岭文化时期的中型聚落⑥。

① 荆州博物馆、福冈教育委员会．湖北荆州市阴湘城遗址东城墙发掘简报 [J]．考古，1997（5）：19.

② 荆州博物馆．湖北荆州市阴湘城遗址 1995 年发掘简报 [J]．考古，1998（1）：3.

③ 荆州博物馆、福冈教育委员会．湖北荆州市阴湘城遗址东城墙发掘简报 [J]．考古，1997（5）：24.

④ 城头山遗址城内面积为 76550m^2。海石．大溪文化的代表——城头山遗址考古 [J]．集邮博览，2005（11）：70.

⑤ 经过发掘的屈家岭文化的城址有：京山屈家岭遗址、荆州阴湘城遗址、石首走马岭遗址、钟祥六合遗址、天门邓家湾、谭家岭和肖家屋脊遗址。

⑥ 屈家岭时期其他双聚落城址面积：门板湾 20 万 m^2，马家院 24 万 m^2，应城陶家湖 67 万 m^2。以上数据引自：裴安平．聚落群聚形态视野下的长江中游史前城址分类研究 [J]．考古，2011（4）.

阴湘城城垣整体呈圆角方形（图2-6），高出城内地面约1 ~ 2m，高出城外城壕约5 ~ 6m，城垣顶宽约10 ~ 25m，东城垣基脚最宽处为46m。城东部和西部地势较高，中间一条南北向低洼带将城址分为东西两个部分，该低洼带宽约50m，是稻作农业区。在城址东部和西部高地上发现大量的红烧土堆积，遗存十分丰富[①]，应当为房屋遗迹较为集中处，分别是东西两聚落的生活中心。

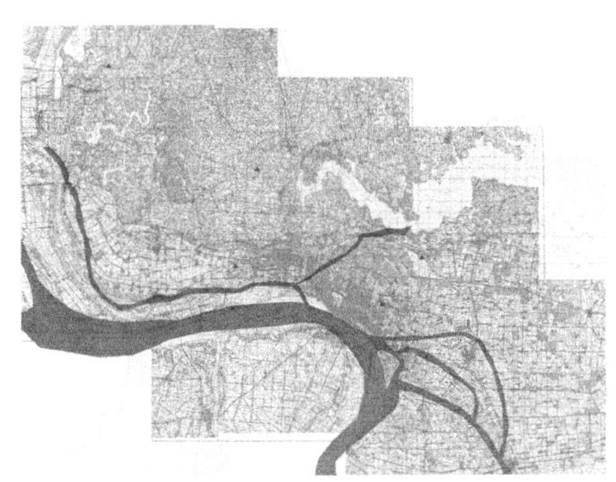

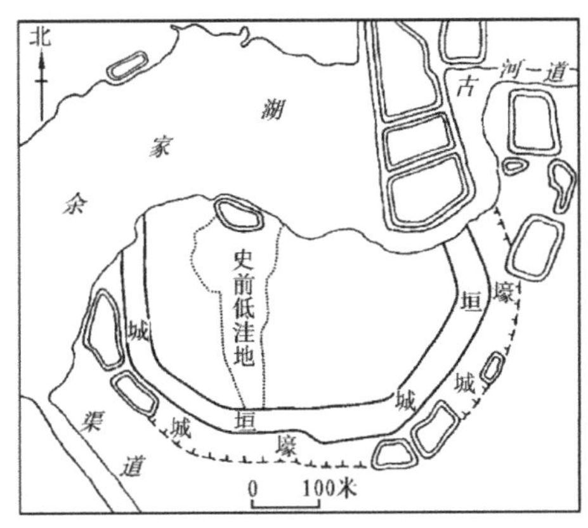

图2–6 荆州屈家岭文化遗址分布图（左）和阴湘城遗址平面示意图（右）

左图来源：荆州市城乡规划局．荆州历史文化名城保护规划（2009年版）[R]．2009．相关资料绘制。

右图来源：裴安平．聚落群聚形态视野下的长江中游史前城址分类研究[J]．考古，2011（4）：55.

同时，阴湘城整体具有长江中游史前双聚落城址的特征[②]。据研究，阴湘城城址东部约1km处的张家板桥遗址与阴湘城内的两个聚落同属一个聚落群，他们南部的孙家塝遗址与相距仅2.5km的瓦子山遗址构成第二个聚落群，他们西南部的许家台遗址属于第三个聚落群。阴湘城是三个聚落群中唯一的城址，应当是整个聚落群团的核心[③]（图2-7）。

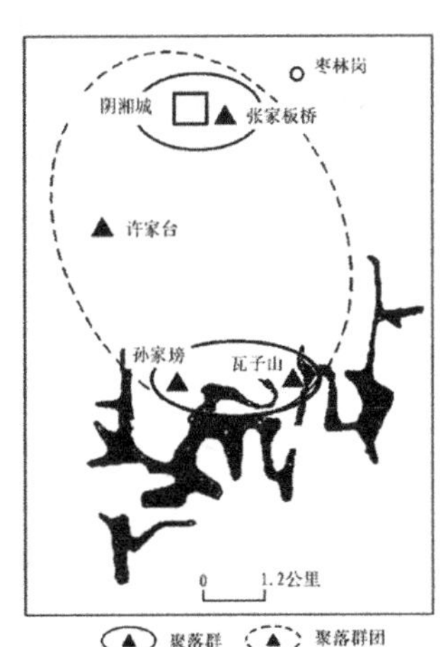

图2–7 阴湘城周边同期聚落分布图

来源：裴安平．聚落群聚形态视野下的长江中游史前城址分类研究[J]．考古，2011（4）：56.

2.1.4 4000年前：石家河文化时期阴湘城呵护、保护

5000 ~ 4000年前，受到全新世第三次全球冷干事件影响，长江流域的族群又出现一次迁徙浪潮，长江中游的文化中心东移至天门石家河一带（图2-8），4600年前出现面积约120万m^2的石家河城，堪称当时亚洲最大的城市。石家河文化的主体族群是龙山文化族群的南下支系，今天苗瑶族群的祖先，

① 冈村秀典等．湖北阴湘城遗址研究（Ⅰ）——1995年日中联合考古发掘报告[J]．东方学报（京都），1997（69）.

② 裴安平．聚落群聚形态视野下的长江中游史前城址分类研究[J]．考古，2011（4）：55.

③ 裴安平．聚落群聚形态视野下的长江中游史前城址分类研究[J]．考古，2011（4）：55.

也是汉族的主体。石家河文化以玉器为典型特征，早中期强盛，晚期受到中原族群的强烈冲击而衰落[①]。

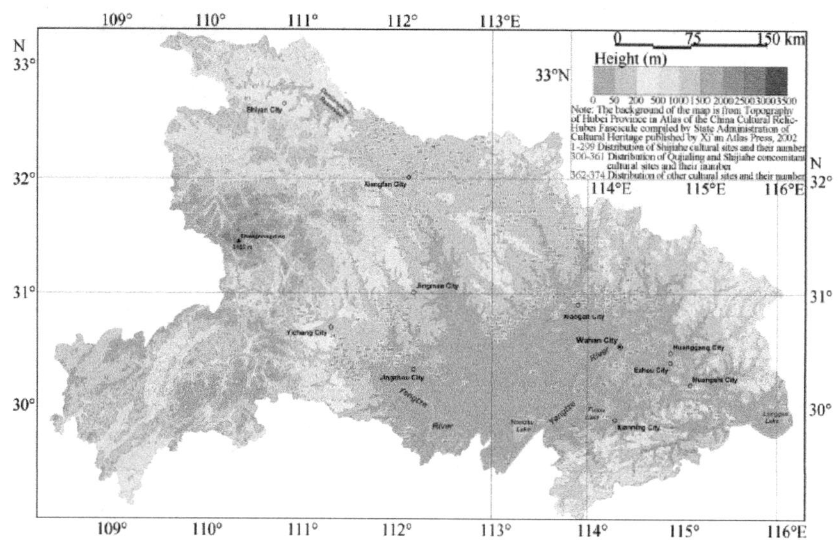

图 2-8　湖北石家河文化（公元前 4500—前 4900 年）考古遗址地点及海拔高程

来源：LI Lan, WU Li, ZHU Cheng, LI Feng, MA Chunmei. Relationship between archaeological sites distribution and environment from 1.15 Ma BP to 278 BC in Hubei Province[J]. Journal of Geographical Sciences，2011, 21(5): 916.

阴湘城的第二期城墙主要修筑于屈家岭文化晚期至石家河文化时期，在第一期城墙的两侧加宽加高而成（图 2-9）。二期城墙内侧的修整部分中含有大溪文化、屈家岭文化和石家河文化的遗存，外侧的修整部分中含有夏商周时期的文化堆积，极少见到新石器时代遗物。考古研究表明，二期城墙修筑的下限为西周时期，春秋时期成为楚邑泽陂[②]。

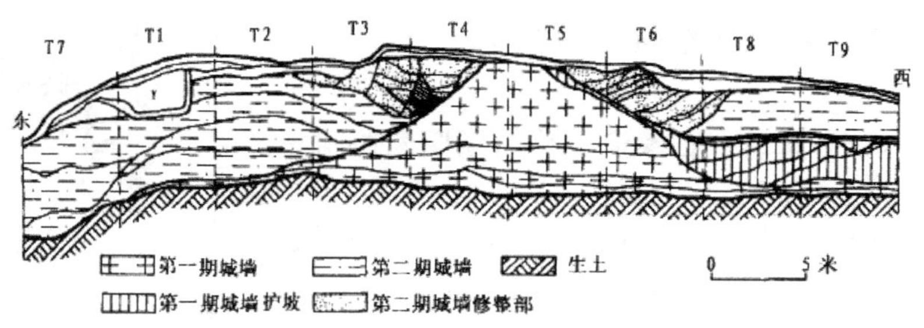

图 2-9　荆州阴湘城东城墙解剖图

来源：荆州博物馆，福冈教育委员会 . 湖北荆州市阴湘城遗址东城墙发掘简报 [J]. 考古，1997（5）: 293.

① 关于荆州新石器石器族群更叠和城市空间营造的解释引自：赵冰．长江流域——成都城市空间营造 [J]. 华中建筑，2011（3）: 1.

② 曲英杰．说郢 [J]．湖南考古辑刊，1994（6）: 204.

裴安平认为，“屈家岭文化时期是列强并起的时代，但石家河时期石家河城址及其所在聚落集团实力强劲，它向西发展有可能直接导致了屈家岭聚落群团的灭亡，并可能催生出了一个以石家河城址为中心的地缘化文明古国”①（图 2-10）。

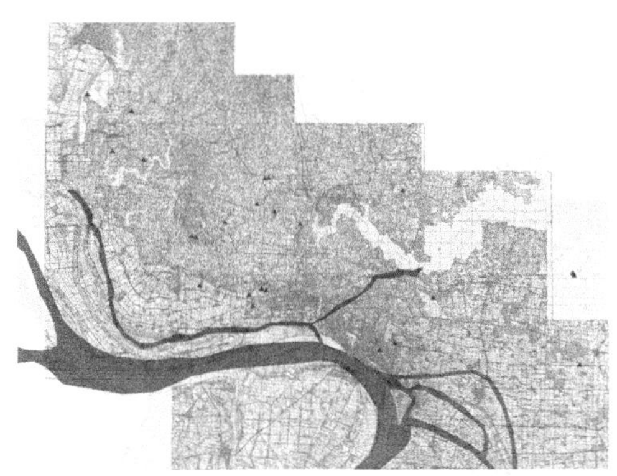
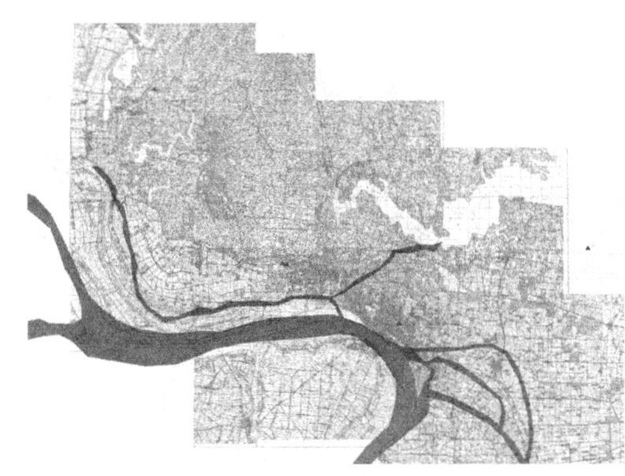

图 2-10　荆州石家河文化早中期遗址分布图（左）和石家河文化晚期的夏商文化典型遗址分布图（右）
来源：荆州市城乡规划局荆州历史文化名城规划（2009 版）[R].2009. 根据相关资料绘制。

2.1.5　春秋时期：楚郢都的设计和建造

石家河文化晚期，长江中游的主体族群苗人和瑶人受到华夏族群的驱逐，至荆人统领江汉平原之前，再没有出现文化繁荣。历史记载的尧舜禹征讨三苗，就是华夏族群驱逐苗瑶族群的历史。阴湘城在石家河文化后期的衰落，以及城墙外侧用于修补城墙的夏商文化遗存，说明华夏族文化与苗瑶文化之间是互相对立而非融合关系。被驱逐的苗人和瑶人可能部分北移归化蚩尤的荆蛮部落，致使荆蛮族群逐渐成为江汉平原的统领。

周人整理的《尚书·禹贡》记录了夏代至周朝时期江汉平原的地域特点，虽然云梦泽周边的区域已被华夏族征服和统治，但以荆蛮族为名，称为“荆州”，说明荆蛮族作为江汉平原的主体族群，其地位已经确立。当时江汉平原尚未形成大陆，而是大面积的沼泽地，“州”的意思是水中的陆地，因此“九州”就是 9 个大型沼泽。九州定名的过程，就是开发 9 片沼泽的过程②。4000 年前的夏代，荆州虽然地势低洼、土地贫瘠，资源禀赋只及“下中”等，但物产丰富、手工艺品独具特色，田赋达到“上下”等③。

商代初期，荆蛮被商人降伏，在诸侯弃夏投商之际，荆伯也归顺商汤④，阴湘城外的

---

① “但是石家河城址对东面的陶家湖遗址并没有产生任何影响，也没有任何证据可以说明它们有从属关系。这说明石家河城址的势力范围是有限的，当时在长江中游或汉水中下游也并不存在一个大一统的古国。”以上解释引自：裴安平. 聚落群聚形态视野下的长江中游史前城址分类研究 [J]. 考古，2011（4）：56.

② 关于上古时期“九州”的开发历程，参见：张良皋. 巴史别观 [M]. 北京：中国建筑工业出版社，2006.

③ 《尚书·禹贡》中描述：“荆及衡阳维荆州：江、汉朝宗于海。九江甚中，沱、涔已道，云土、梦为治。其土涂泥。田下中，赋上下。贡羽、旄、齿、革，金三品，杶、榦、栝、柏，砺、砥、砮、丹，维箘簬、楛，三国致贡其名，包匭菁茅，其篚玄纁玑组，九江人赐大龟。浮于江、沱、灿、汉，逾于雒，至于南河。”

④ “伯”，古通“霸”，荆伯当为江汉地区荆人部落联盟的首领。据《越绝书·吴内传》“之伯者，荆州之君也。汤行仁义，敬鬼神，天下皆一心归之。当是时，荆伯未从也。汤于是乃饰牺牛以事。荆伯乃愧然曰：‘失事圣人礼。’乃委其诚心。”《今本竹书纪年》记载：夏帝癸（桀）时“二十一年，商师征有洛，克之。遂征荆，荆降”。参见：黄恭发. 荆州历史上的战争 [M]. 武汉：湖北人民出版社，2006.

商文化遗存就是商文化影响荆州的证明。荆州以土著荆蛮文化为主导，吸收了蜀文化和后来的商文化，形成更发达的荆蜀文化。由于荆蜀文化发展稳定，荆蛮部落实力不断壮大，商代末期，荆蛮与商君之间的斗争又开始加剧①。

公元前1046年，西周建立，周王封邦建国，楚人熊绎被周成王封以子男之田，成为楚国诸侯②，西迁至丹江流域。楚人一方面继承荆州本土苗瑶文化、先祖荆蜀文化的优点，一方面吸收中原商周文化、汉水流域巴蜀文化（与荆蜀同源）的先进成分（图2-11），由“东来的客族”③发展成为文化领先的民族，直至统领江汉，“荆”“楚”相通，楚人将夏商时期的荆州④变为西周楚国领土，周、楚长期对立，并多次发生大规模战争⑤。

图2–11　荆州西周（左）、东周（右）时期文化遗址分布图

来源：荆州市城乡规划局．荆州历史文化名城保护规划（2009年版）[R]．2009．根据相关资料绘制。

公元前10世纪末至前9世纪中期，西周国势衰弱，周夷王（约公元前868～公元前857年）时期，熊绎的五传后人熊渠带领荆楚族群由其发源地（即丹淅交汇、流向汉水的盆地）向东南部的云梦大泽周边扩张⑥（图2-12）。熊渠不满足子男之国的地位，宣称“我蛮夷也，不与中国之号谥”，于是自行封邦建国：立长子康为句亶王，中子红为鄂王，少

① 《易经·既济·九三爻辞》载：“高宗伐鬼方，三年克之。”东汉郑玄笺：“殷道衰而楚人叛，高宗挞然奋扬威武，出兵伐之，罙（深）入其险阻。谓逾方城之隘，克其军率而俘虏其士众。”与此相印证的还有《诗经》中的《商颂·殷武》：“挞彼殷武，奋伐荆楚。罙（深）入其阻，裒荆之旅。有截其所，汤孙之绪。维女荆楚，居国南乡。昔有成汤，自彼氐羌，莫敢不来享，莫敢不来王，曰商是常。”参见：黄恭发．荆州历史上的战争[M]．武汉：湖北人民出版社，2006．

② 历史记载：“当周成王之时，举文、武勤劳之后嗣，而封熊绎于楚蛮，封以子男之田，姓芈氏，居丹阳（今秭归，一说枝江）。”

③ 此处引用高介华先生2012年5月1日观点。

④ 《史记·孔子世家》记楚昭王时令尹子西语：“楚之祖封于周，号为子男五十里。”周初所封诸侯的爵位有五等之分，第一级别是“公”爵，如齐、鲁、宋等国；第二级是“侯”爵，如晋国；第三级是“伯”爵，如申、郑等国；第四级是“子”爵，如楚、黄、祝、温、罗等国；第五级是“男”爵，如许国等。

⑤ 《国语·周语》：“宣王既丧南国之师。”韦昭注：“南国，江汉之间也。”

⑥ 《史记·楚世家》记载：“当周夷王之时，王室微，诸侯或不朝，相伐。熊渠甚得江汉间民和，乃兴兵伐庸、杨粤，至于鄂。”

子执疵为越章王。其中句亶王封地为庸[①]，都城在荆州[②]；鄂王封地为鄂，都城在今鄂州；越章王封地为杨粤，都城在今随州[③]。楚人通过分封割据占据云梦大泽的西、东、南三处要害，全盘控制了云梦泽地区（即今江汉平原）[④]。楚王长子熊康封于荆州，使荆州较早得到开发，为楚国迁都于纪南城打下基础。

春秋时期（公元前770—前476年）周王室衰微，强大的诸侯国统一局部地区，齐桓公、晋文公、楚庄王、吴王阖闾和越王勾践相继称霸，史称“春秋五霸”。公元前689年楚文王将楚国都城迁徙至郢，江汉平原结束了血缘维系氏族社会，转变为阶级维系的奴隶社会。奴隶制国家的建立，使得政治、经济和文化中心叠合，推动了都城营造。楚人在都城选址规划上采用其先祖开明帝创造的双都系统，以宜城楚皇城为楚宗都或郫都[⑤]（图2-12），以荆州纪南城为郢都。

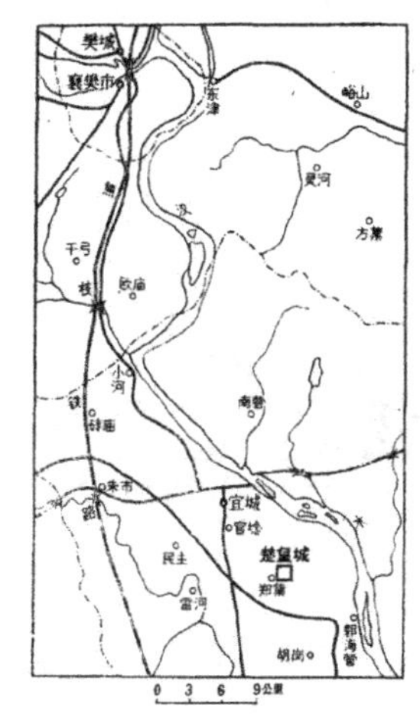

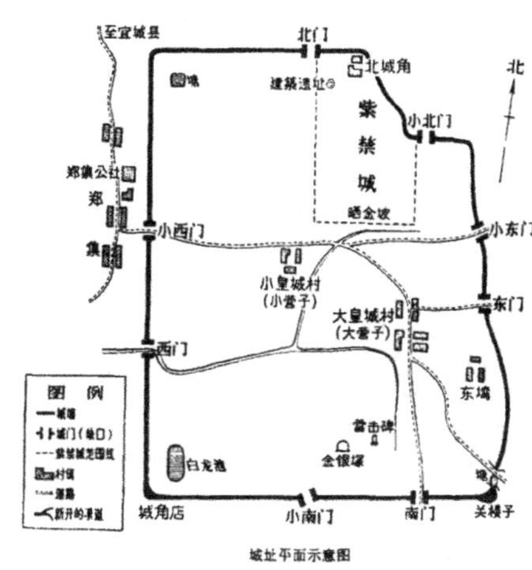

图2-12 湖北宜城楚皇城位置示意图和平面图

左图来源：王仁湘，郭德维，程欣人．湖北宜城楚皇城勘查简报[J]. 考古，1980（2）：108.

右图来源：王善才．湖北宜城“楚皇城”遗址调查[J]. 考古，1965（8）：378.

---

① “庸”应是早于楚国来到云梦泽西岸的族群或国家，在今天荆州西部荆南寺商代遗址中发现的巴、蜀、商文化遗存或可以说明发源于巴蜀的“庸”国对荆州文化的影响。参见：陈铁梅，G．拉普，荆志淳，等．荆南寺遗址陶瓷片的中子活化分析法溯源研究[M]//北京大学考古学系编．“迎接二十一世纪的中国考古学”国际学术研讨会论文集（1993）．北京：科学出版社，1998.

② 据《史记集解》引张莹注释：“今江陵也”，即今荆州市．

③ 张良皋先生《巴史别观》考证认为应是“以大洪山为中心的古烈山氏地区”，见：张良皋．巴史别观[M]．北京：中国建筑工业出版社，2006：217.

④ 引自：张良皋．巴史别观[M]．北京：中国建筑工业出版社，2006：217.

⑤ 该论述引自：赵冰．长江流域：荆州城市空间营造[J]．华中建筑，2011（5）．“楚宗都位于宜城市区南约8km处的郑集镇皇城村境内，呈不规则长方形，大小城套筑。城址面积约$2.2km^2$。四周现存土筑夯实城墙，东南转角突起烽火台。城墙周长1500m，北城墙1080m，东城区2000m，城墙底宽24～30m。城墙四周现存缺口6处，4处为城门，即东门、大小南门和北门，其余2处各位于东城区南北端，北端为‘漕运河口’。由此进城后，沿金城东、南、西三边有一宽近百米的内城河，亦可用于漕运。金城位于大城的东北隅，面积有$38m^2$，其地形高出大城3m左右。为楚王的宫殿所在地。”以上关于楚皇城的记述引自：王仁湘，郭德维，程欣人．湖北宜城楚皇城勘查简报[J]．考古，1980（2）：108.

楚郢都位于荆州市古城城北约 5km 处（图 2-13），西靠荆山余脉纪山，东面云梦大泽，又称纪南城，东西长约 4.5km，南北宽约 3.5km，总面积约 16km^2。城市整体格局明晰，分区明确[①]（图 2-14）。虽然其建造年代晚于东周丰镐王城，鲁国都城曲阜，但规模更大[②]，“是春秋时代列国都城中首先突破《周礼》城制的城市，也是春秋时代最大的都城”[③]。纪南城城墙周长 15.5km，高约 6.7m，由夯土筑成。春秋时期，楚郢都的城墙营造活动主要有三次（表 2-1），除最初选址设计外，多为加固和增扩工程。

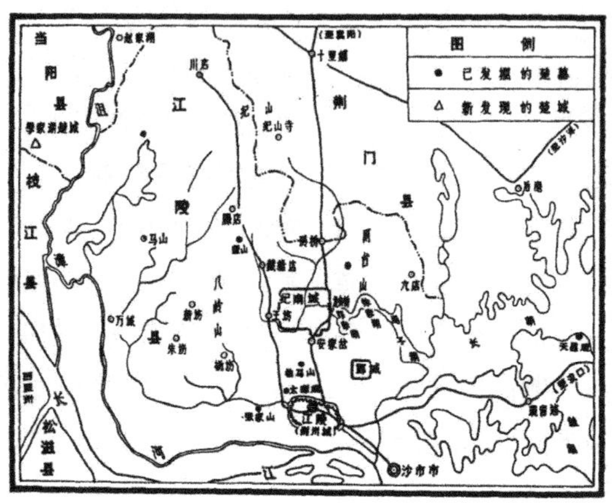

图 2–13 楚都纪南城遗址位置图
来源：湖北省博物馆 . 楚都纪南城的勘查与发掘（上）[J]. 考古学报，1982（3）：326.

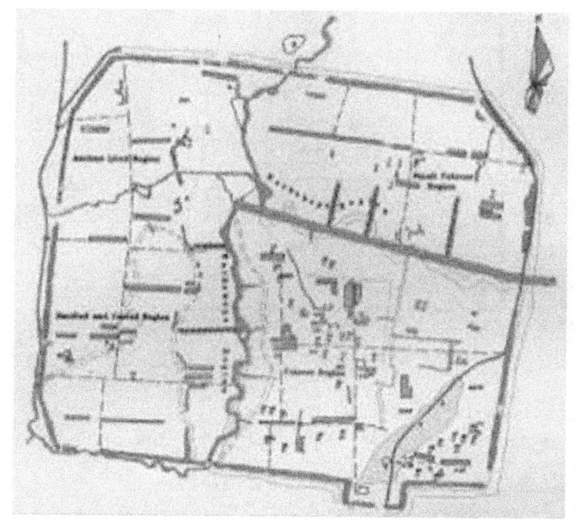

图 2–14 江陵楚都纪南城遗迹分布图（公元前 613—前 278）（左）南垣水门木构建筑（右）
左图来源：孙家柄，马吉苹，廖志东，等 . 楚古都——纪南城的遥感调查和分析 [J]. 遥感信息，1993（1）：插页 4.
右图来源：湖北省博物馆 . 楚都纪南城的勘查与发掘（上）[J]. 考古学报，1982（3）：图版拾肆 .

① “纪南城外有护城壕（分为两段）环绕，设有城门 10 个，其中水门 3 个，分别位于东南北 3 面。水门设有 3 个并行的门道，可容三条 3 米宽的船并行通过。7 座陆门也均设有 3 门道，中间驰道宽 8 米，供楚王进出，两个旁道各宽 4 米，供百姓进出。纪南城内由 T 字形河道划分为三片，东南片为宫殿区，东北片为贵族区，西区为平民区和手工业作坊区。宫殿区现存大型宫殿遗址，中有一组台基，与纪南城南门和宫城北门形成南北主轴。宫殿区以西附近分布冶炼作坊遗址，以北为纺织作坊遗址。”以上解释引自：赵冰．长江流域：荆州城市空间营造[J]．华中建筑，2011（5）.

② “鲁故城的城垣，四周不成直线，除南垣较直外，东、西、北三面向外突出，但没有急转弯，城垣四角成圆角。据钻探实测，城垣总周长 11771 米，其中东垣长 2531 米，南垣 3250，西垣 2430，北垣 3560 米。”以上解释引自：山东省文物考古研究所等．曲阜鲁国故城 [M]．济南：齐鲁书社，1982.

③ 高介华，刘玉堂．楚国的城市与建筑 [M]．武汉：湖北教育出版社，1996.

楚郢都城墙修筑活动年表（春秋时期） **表2-1**

距成王都郢时间	楚国纪年	营造内容	历史文献记载
	楚武王时期	迁徙	《世本》："楚鬻熊居丹阳，武王徙郢，昭王徙都，襄王居陈，考烈王徙寿春"①
	楚文王元年（公元前689年）	建都	《汉书·地理志》："江陵，故楚郢都，楚文王自丹阳徙此……"《史记》："楚文王元年（～689）徙郢"。
76年	楚庄王元年（公元前613年）	加固，增扩，未竣工	《左传·文公十四年》②"子孔、潘崇将袭群舒，使公子燮、子仪守……城郢使贼杀子孔，不克而还。"
130年	楚康王元年（公元前559年）	计划加固，增扩，是否实施不可知	《左传·襄公十四年》③："楚子囊还自伐吴，卒。将死，遗言谓子庚：'必城郢！'。"
171年	楚平王十年（公元前519年）	加固，增扩，修筑郢城	《左传·昭公二十三年》④："楚瓦囊为令尹，城郢。"
185年	楚昭王十年（公元前505年）	吴人入郢，受重创	盛弘之《荆州记》："楚昭王十年（公元前505年），吴通漳水灌纪南城，入赤湖进灌郢城，遂破楚。"

与修筑城墙相比，楚人更重视都城周边的水系治理（表2-2），春秋时期郢都周边的水系治理活动有五次，不仅开启了中国的运河建造史⑤，而且带动了楚国上下的共同繁荣。其营造成果主要有三个方面：

（1）以纪南城为核心，通过杨水运河和章华台建筑群，营造了纪南城（国都）、渚宫（官船码头）和江津（章华台）三城一体的都城体系；并将都城、长江、汉江和沮漳河连通，两江流域的物资可直达纪南城，带动了楚国水运的发展和国家经济文化的繁荣。这种宏伟的城市格局和便捷的水系网络对荆州城市的发展产生了深远影响。

楚郢都水系营造活动年表（春秋时期） **表2-2**

距成王都郢时间	楚国纪年	营造内容	历史文献记载
	楚武王时期	迁徙	《世本》："楚鬻熊居丹阳，武王徙郢，昭王徙都，襄工居陈，考烈工徙寿春。"⑥
	楚文王元年（公元前689年）	建都	《汉书·地理志》："江陵，故楚郢都，楚文王自丹阳徙此……"

① 宋衷注．秦嘉谟等辑．世本八种[M]．上海：商务印书馆，1957：350-351．

② 宋衷注．秦嘉谟等辑．世本八种[M]．上海：商务印书馆，1957：350-351．

③ 宋衷注．秦嘉谟等辑．世本八种[M]．上海：商务印书馆，1957：350-351．

④ 宋衷注．秦嘉谟等辑．世本八种[M]．上海：商务印书馆，1957：350-351．

⑤ 楚人共有4次运河建造活动：1．巢肥运河：楚庄王因问鼎中原而命孙叔敖开凿，和荆汉运河一起是史载记录最早的中国运河。2．荆汉运河：又称扬水和子胥渎，楚庄王时激沮水作渠沟通江汉，后楚灵王时自章华台开渎北通扬水以利漕运，后伍子胥率吴师疏浚此运道以入。3．期思雩娄灌区：后称百里不求天灌区，是楚庄王命孙叔敖主持兴建在史河开凿引清河和堪河形成干支式的灌溉体系，是我国最早的大型引水灌溉工程。4．芍陂：后称安丰塘，由孙叔敖或子思所建，引淠入白芍亭东成湖，与都江堰漳河渠郑国渠并称为中国古代四大水利工程，现代经整治灌溉面积4万多公顷，是我国最早的大型蓄水灌溉工程"。参见：itoko．春秋战国与古希腊的同期文明成就比较[EB/OL]．2011-05-10．http://www.haodaxue.net/html/86/n-3886.html．

⑥ 引自：宋衷注．秦嘉谟等辑．世本八种[M]．上海：商务印书馆，1957：350-351．

续表

距成王都郢时间	楚国纪年	营造内容	历史文献记载
13 年	楚文王十四年（公元前676 年）	建立军事渡口	《左传・庄公十九年》"楚子御巴师,大败于津。"[①]说明长江军港"江津"已投入使用
44 年	楚成王四十年（公元前632 年）	建设渚宫	《左传・文公十年》[②]:子西在晋楚城濮战败后"沿汉泝江，将入郢，王在渚宫下见之"，说明渚宫是楚人配合郢都在长江边建造的行宫
76 年	楚庄王元年（公元前 613 年）	修筑云梦通渠	《史记・河渠书》记载:"于楚，西方则通渠汉水、云梦之野，东方则通邗沟江淮之间，……此渠皆可行舟，有余则用溉浸，百姓飨其利。"云梦通渠西段为杨水运河，可连通沮漳河、云梦泽和汉江。东段通长江和淮河，渠道内可以行船，多余的水量用以灌溉，让百姓受益
	楚庄王时期	疏通杨水运河和修筑高台	连通都城、长江和汉水，同时在运河岸边大兴土木，广筑高台,《说苑・正谏》记载:"延石千里，延壤百里"，说明了这次土木工程的盛大规模。今天的荆州长湖[③]就是古杨水下游遗存的大型湖泊
149 年	楚灵王时期（公元前 540—前 529 年）	发展杨水漕运，修筑章华台	《水经注・沔水注》记载:"楚灵王阙为石郭陂汉以象帝舜……湖侧有章华台……灵王立台之日，漕运所由也。"即进一步发展漕运，对杨水河道进行整治，在杨水之滨建造章华台系列宫殿群。杨水流域的漕运河道与关卡建筑章华台相互结合，使得都城水道、公共空间[④]与国家的水运枢纽紧密相连
167 年	楚昭王二年（公元前 515 年）	伍子胥入郢，开子胥渎	《水经注・沔水注》:"杨水上承纪南城西南西赤湖，又有子胥渎，盖入郢所开也。"杨水上游来源于纪南城西南的西赤湖，后来又有子胥渎，伍子胥攻占郢都时开凿，用来引沮漳河水淹没郢都

（2）长江与郢都的节点——渚宫不断发展，成为楚国重要的漕运码头[⑤]。渚宫[⑥]本是楚成王时期在楚郢都南部修建的离宫，杨水漕运的发展使其成为重要的码头，推动了江陵城的形成。

（3）军事渡口、国家航运节点和国家公园入口——江津形成。楚文王时期，定都于郢，

① 引自：阮元校．春秋左传正义・十三经注疏本 [M]．北京：中华书局，1980.

② 引自：阮元校．春秋左传正义・十三经注疏本 [M]．北京：中华书局，1980.

③《荆州府志・山川》记载："长湖，旧名瓦子湖，在城东五十里。上通大漕河，汇三湖之水以达于沔，其西有龙口水（今太白湖，龙口即今观音垱）入焉。"《江陵志余》说："长湖水面空阔，无风亦澜。湖口有吴王坝，湖心有擂鼓台，皆（吴）入郢时迹。瓦子云者或因楚囊瓦而名。"襄瓦，楚平王时令尹。

④ 即今龙桥河，参见：明末王启茂《江陵竹枝词》："通济桥边新水流，三汊河中柳色稠。引得游人萧鼓闹，板桥堤下看龙舟"，描绘了河水经龙陂桥入庙湖的情景和楚都纪南城当年车水马龙的景象。

⑤《水经注》云："今城，楚船官地也，春秋之渚宫矣。"

⑥《左传》文公十年追述楚成王四十年（前 632 年）旧事称：楚将子西"沿汉溯江，将入郢。王在渚宫，下见之"。《尔雅》云："小洲曰渚。"《元和郡县志》云："渚宫，楚别宫。"以上记述源自：黄恭发．荆州历史上的战争 [M]．武汉：湖北人民出版社，2006.

并设立了军事码头“江津”。杨水运河修通之后，江津成为运河与长江的转运码头。楚人在两岸修筑章华宫建筑群，其最西端就是古江津，江津有可能在渚宫演变为漕运码头后，承接休闲功能，成为章华台宫殿群的入口①。今天沙市章华寺尚有楚梅一株，相传为楚灵王建章华台时种植。

春秋中期，各国征战疲惫，进入休整状态②，长江流域的吴、楚和越三国之间却多次爆发霸权之争。公元前505年，吴人攻陷楚国国都郢城，迫使战国时期楚国城市营造活动的重点发生转移。

2.2　战国以前荆州城市空间营造特征分析

2.2.1　南方旧石器文化与原始人类据点

荆州位于中国西部陆地向东部平原的转折地带，长江之滨，地理位置优越性，自古以来就具备文化的先进性和典型性，代表着中国南方文化的特点。这种地理环境与文化形态的互动关系在荆州聚落和城市发展早期表现得尤为突出。

例如：荆州鸡公山遗址的旧石器时期下文化层中，有形制规范的大尖状器和加工仔细的轻型刮削器，比同时期中国南方东部河谷平原地区的数百处加工简单、形体硕大粗犷的重型工具相比都更先进。下文化层活动面两处石堆和大量的石核、石片与碎屑等副产品说明了该活动的重要性，一些石圈及其围成的空白区说明此地可能还展开过其他重要活动。

2万年后，鸡公山遗址再次被人类选择为石器加工场所，旧石器时期上文化层的工艺出现了石片或断块等，石器形体细小，石器的修理痕迹相对细致规整，多是加工石器的副产品，文化层的堆积也很薄，说明当时人类活动的时间不长（图2-15）。

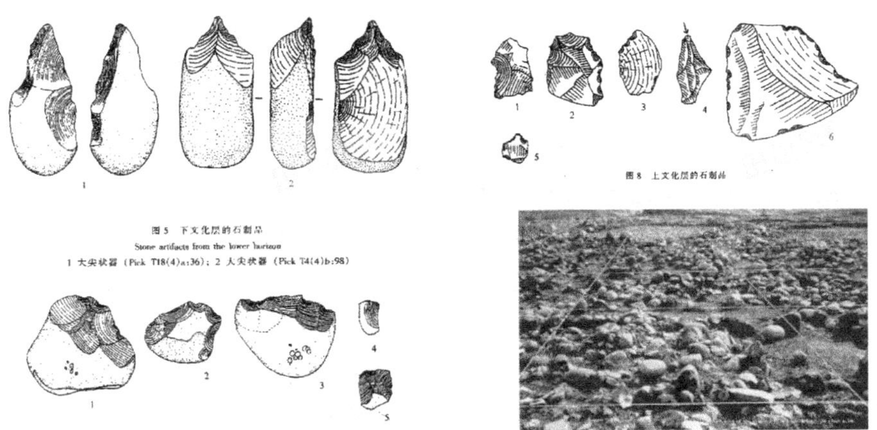

图2-15　鸡公山遗址下文化层的砾石石器（左图）、上文化层的石片石器（右上）和鸡公山遗址现状（右下）

左图来源：刘德银，等．鸡公山遗址发掘初步报告[J]．人类学学报，2001（5）：108，111.

① 原思想陈述源自：张良皋．讲谈录[R]．2009.

② 公元前546年由14国参加的第二次“弭兵之会”达成协议，战火暂时得以平息。

中、晚更新世之交到晚更新世是现代智人迅速发展的时期，更新世晚期现代人类已通过白令海峡进入美洲，此时留下的鸡公山遗址说明，曾有两次早期人类的迁徙活动路过荆州，且驻点重合。从周凤琴的“荆江平原全新世早期岩相古地理图”中“河泓沙卵石沉积带”的分布情况得出：古长江河道北岸曾到达长湖以南的区域，也就是鸡公山遗址的南面，说明此地曾是长江北岸的滩涂地区，早期智人在此活动的原因，主要是取水方便且易获得制作石器的原料（图 2-16）。

无论是从荆山余脉山林中走出的晚更新世智人，还是沿长江迁徙而下的远古人类，都选择了鸡公山河漫滩作为据点，显示出旧石器时代长江滨水空间与人类生活空间的关联。

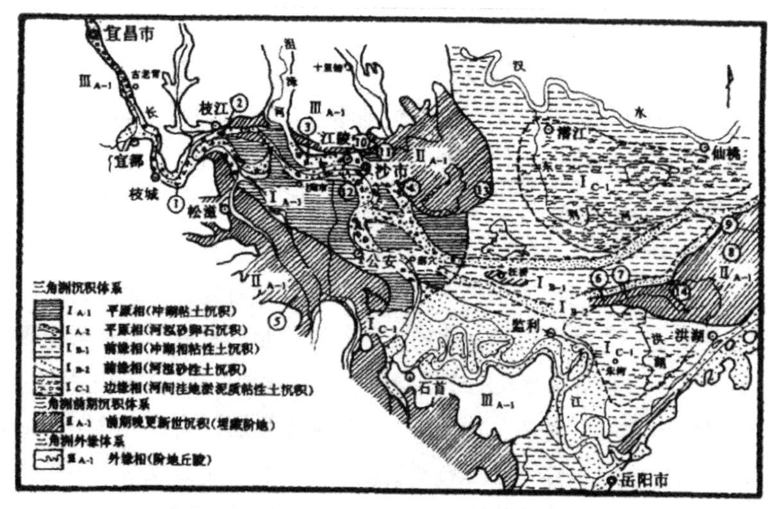

新石器时期：① 关洲遗址，② 蟒家洼遗址，③ 太湖遗址，④ 军刘台遗址，⑤ 桂花树遗址，⑥ 福田寺遗址，⑦ 柳关遗址，⑧ 高潭口遗址，⑨ 越舟湖遗址；
春秋战国时期：⑩ 周良玉桥遗址，⑪ 关咀口古墓群，⑫岐湖路古墓群，⑬ 章华台遗址，⑭ 瞿家湾出土文物

图 2-16　荆江平原全新世早期岩相古地理图
来源：周凤琴 . 云梦泽与荆江三角洲的历史变迁 [J]. 湖泊科学，1994（3）：23.

2.2.2　新石器时期文化与氏族聚落中心城

长江流域的新石器文化主要经历了大溪文化、屈家岭文化和石家河文化等三个阶段，三类文化的影响范围由西到东扩展，具有传承关系。荆州作为新时期人类族群从山林走向平原的重要节点，其空间营造体现了三种文化的特征。

1. 大溪文化与母系氏族的圆形单核聚落

荆州阴湘城的最底层覆盖为 6000 ~ 5000 年前的大溪文化遗存。大溪文化遗存广泛分布于长江中游，其生产方式以稻作农业为主，兼有渔猎，其手工制品以红陶和黑陶为主，有少量彩陶，陶器上盛行索纹、横人字形纹、条带纹、漩涡纹和变体卷云纹（图 2-18）。

大溪文化时期的建筑分半地穴式和地面建筑两类。前者常呈圆形，后者多属方形。地面起建的房子，往往先挖墙基槽，再用黏土掺和烧土碎块填实居住硬面的下部，用大量红烧土块铺筑起厚实的垫层。房屋室内分布柱洞，墙内夹柱之间编扎竹片或小型树干，里外抹泥，即木骨泥墙，地面挖有灶坑或用土埂围筑起方形火塘。部分房子有撑檐柱洞，形成

图 2-17 大溪文化典型彩陶圈底足碗

檐廊，或在墙外铺垫红烧土渣地面，形成原始的散水。为了适应南方气候，住房已采用了多种防潮、避雨和避热的技术措施①。

大溪文化的社会形态表现出母系氏族社会的特征。从葬制看，墓主头向普遍朝南，大多数实行单人葬，大多数墓有随葬品，女性墓一般较男性墓富。同时有以鱼随葬的现象，这在中国其他地区的新石器文化遗址中较少见。其中儿童与成人的葬制基本相同，部分遗址中是瓮棺葬。

大溪文化的早期中心为6500年前的城头山遗址（图2-19）。曹卫平认为，城头山遗址的建筑特征相对于南方其他母系氏族遗址而言，房屋的面积、形状、墙面、地面、基槽、柱洞、建筑构件以及灰沟等都明显不同，出现了平地起建、长方形平面、木骨泥墙和多间式排房，房屋面积随时间推后不断缩小。由此可以推测，城头山一期处于大溪文化，即母系氏族公社繁荣末期，二期向父系氏族公社过渡，三期开始进入父系氏族公社。城头山地区，早于我国史前任何文化遗址率先进入父系氏族公社②。

荆州阴湘城遗址的大溪文化遗存晚于城头山遗址，可能属于城头山濮人向外迁徙分散的影响范围，在空间营造模式上，阴湘城出现了与城头山遗址类似的城壕和土垣，可能属于母系氏族社会建造的圆形单核心聚落遗址。

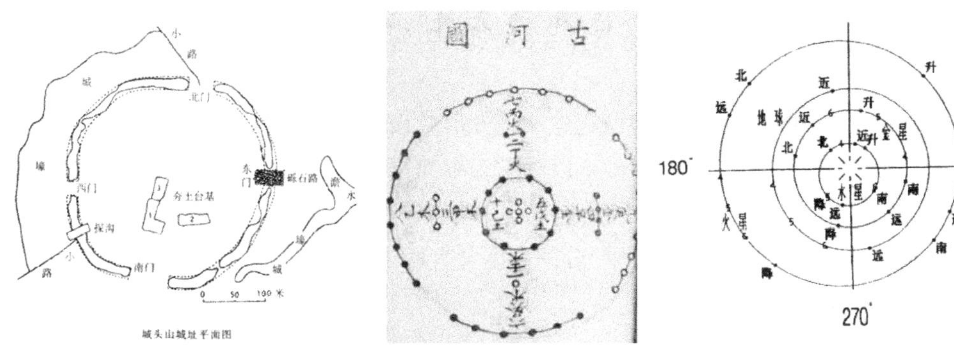

图 2-18 城头山城址平面图（左）、古河图（中）与天象（右）

左图来源：单先进，曹传松．洞庭湖区史前考古又获重大成果澧县城头山屈家岭文化城址被确认 [N]．中国文物报，1993-03-15.

中图来源：古河图洛书解 [M].（清）松云书屋刻本．

右图来源：孙士辉．《天官书》导引，结合天体图，破解"河图""洛书"[DB/OL]．洛阳理工学院．河洛文化数字资源库，2010-06-04.http://www1.lit.edu.cn.

① 季富政．三峡房屋及聚落初始研究——三峡地区乡土建筑及城镇历史之一 [J]．重庆建筑，2010（12）.

② 曹卫平．再论大溪文化时期城头山住民所处之社会形态 [J]．湖南文理学院学报，2008（11）：76.

2. 屈家岭文化与“胞族”分裂的双核聚落

5000 ~ 4000 年前，江汉平原的主导文化——屈家岭文化传播到荆州。阴湘城的屈家岭文化遗存和上层的大溪文化遗存均保存完好，说明两种文化之间是和平过渡的关系。屈家岭文化的影响范围主要在湖北省，北抵河南省西南部。农作物以水稻为主，家畜以猪和狗为主。早期的劳动工具比较粗糙，陶器多素面磨光，以黑陶最多。晚期手工制品中磨光石器增加，出现了大量的彩陶纺轮（图 2-19）。

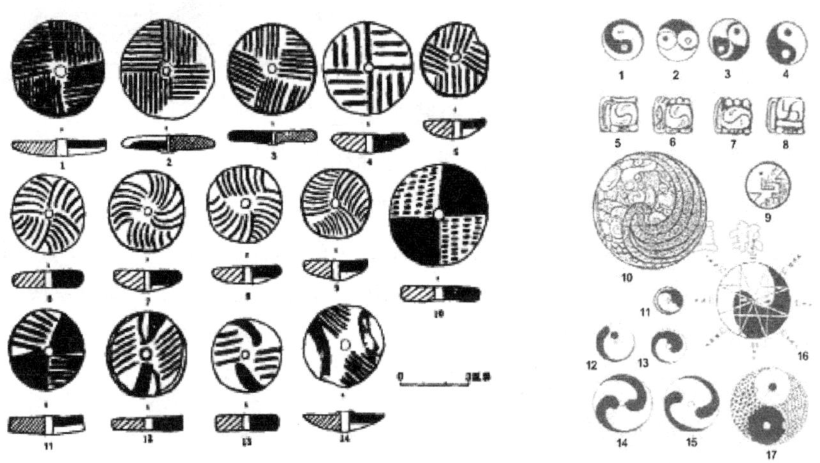

图 2-19　屈家岭文化彩陶纺轮（左）和太极图对比（右）

左图来源：蔡运章 . 屈家岭文化的天体崇拜——兼谈纺轮向玉璧的演变 [J]. 中原文物，1996（2）：47.

右图 1 至 4 为中美洲科潘圣塔罗萨附近废墟的城市纪念物上的太极图；5 至 8 是玛雅文字中的太极图；9 为阿斯特克太极图；10 为玛雅科潘太极图；16 为中国伏羲太极八卦图；11 至 15 为湖北屈家岭文化太极图；17 为河南开封延庆观双鱼太极图。

屈家岭文化时期的房屋多从地面起建，呈方形或长方形（图 2-20）。基础部分先挖大浅坑，然后铺垫干燥的红烧土或黄砂土以隔潮，表面再涂白灰面或细泥，用火烘烤坚硬；之后挖墙基槽，立木柱建造墙体；最后造房架，墙体采用夹板堆筑或土坯垒砌，屋顶为侧面起脊。室内布局有单间和分间两种，分间房屋含有两个或两个以上房间，有的里外相套，有的分别开门通向户外。

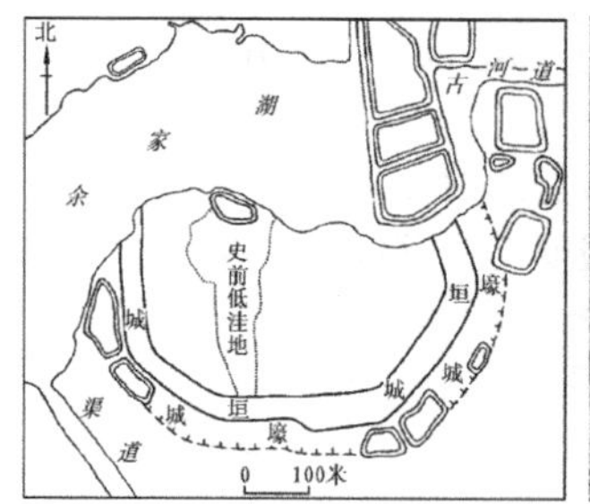

图 2-20　江陵阴湘城平面图（左）和屈家岭文化分间房屋图（右）

左图来源：裴安平 . 聚落群聚形态视野下的长江中游史前城址分类研究 [J]. 考古，2011（4）：55.

屈家岭文化的风俗礼仪与大溪文化很不相同。成人墓多集中于氏族公共墓地，以竖穴土坑墓为主，单人仰身直肢葬，有拔掉上侧门齿的现象。儿童墓多为圆形土坑瓮棺葬。墓葬中出现了大量形式独特的彩陶纺轮，远远多于生活和生产需求，蔡运章认为，这是屈家岭文化中祭祀天神的法器，代表了原始先民对天体运转的认识水平①。后续的石家河文化中，纺轮的形态进一步抽象为类似太极的图案（见图 2-20）。

由于屈家岭文化时期稻作农业更为发达，人口密度更大，出现了双聚落联盟和大型聚落中心城，荆州阴湘城就是一例（见图 2-7）。屈家岭文化早中期，聚落尚未发展到“永久联盟”的阶段，各聚点位置比较分散，屈家岭文化后期，母系氏族解体，因此往往从一个大型氏族分离出的一对相互通婚的“胞族”，结成双聚落联盟，也构成规模最小的部落②。反映在城址形态上，就出现了双聚落遗址。屈家岭文化后期，阴湘城就是一座聚落联盟的中心城，内部由一对相互通婚的“胞族”居住，因此由水体划分东西分区，出现了分间房屋等特点。屈家岭文化时期的纺轮和石家河文化时期的太极图可能正反映了阴阳合一的社会结构。

3. *石家河文化与父系氏族的方形城市*

4000 年前，石家河文化影响至荆州，早期较为强盛，晚期受到中原族群的强烈冲击而渐趋衰落。石家河文化的经济形态以稻作农业为主，铜石并用。在邓家湾遗址中发现的铜块和炼铜原料孔雀石，标志着冶铜业的出现。其手工制品以玉器为典型特征，琢玉工艺崛起，特色鲜明，有人面雕像、兽面雕像、玉蝉、玉鸟、玦、璜形器等，都属于小型玉器。在铜块、玉器和祭祀遗迹中发现类似于文字的刻画符号，表明它已进入文明时代。石家河文化晚期原始社会濒临瓦解，墓地大小悬殊，玉器的数量分布不均，阶级差别逐渐明显③，氏族间矛盾斗争加剧。同时由于中原族群入侵，石家河晚期文化传播被打断，荆州阴湘城从此没有再出现繁荣。

石家河文化时期出现了多个聚落组成的聚落群和多个聚落结合的中心城市。以湖北天门石家河遗址群为例，它由邓家湾、土城、肖家屋脊等数十处遗址组成，其中心城市 4600 年前形成的天门石家河城，面积约 120 万 m^2。父系氏族社会形成，多聚落合一的城市出现，空间形态转变为大型方城，一方面便于城内耕地的划分，一方面转化为相天法地的宇宙观，对更多城市营造产生影响。荆州阴湘城空间形态由圆形向近方形的转变可能就发生在此时（图 2-21）。

在石家河文化之后，源于西北的崇尚治水和筑城的荆蜀文化给荆州带来了父系氏族社会的影响。但由于受到大溪文化和屈家岭文化的长期影响，荆州的地域文化整体仍以母系氏族社会文化为主要特征，如：关注人地关系、倾向浪漫主义和崇尚阴柔之美，它们为浪漫绮丽的荆楚文化奠定了基础。

---

① 蔡运章．屈家岭文化的天体崇拜——兼谈纺轮向玉璧的演变 [J]．中原文物，1996（4）：49.

② 裴安平．聚落群聚形态视野下的长江中游史前城址分类研究 [J]．考古，2011（4）：57.

③ 肖家屋脊一座大型土坑墓长 3m 多，随葬品百余件；另一座成人瓮棺中有小型玉器 56 件，居该文化已发现的玉器墓之首。钟祥六合大多数瓮棺内随葬玉石器及玉石料。

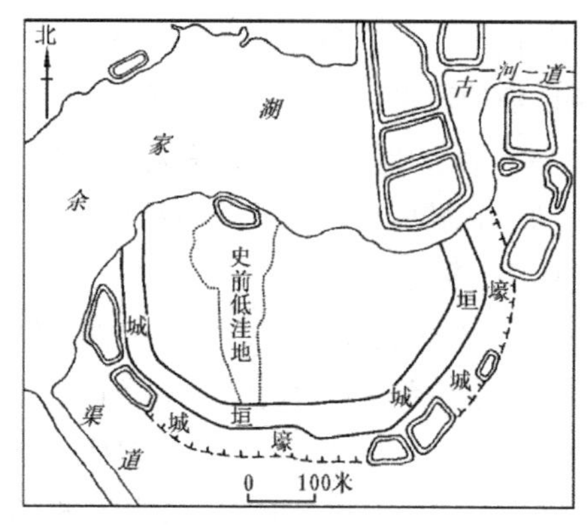

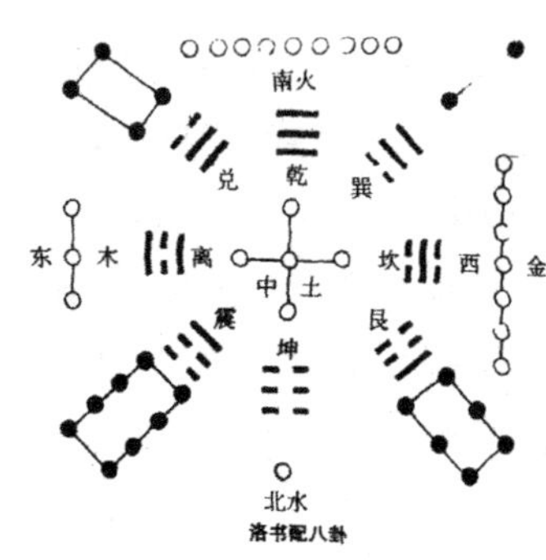

图 2-21　江陵阴湘城平面图（左）和古洛书（右）

左图来源：裴安平．聚落群聚形态视野下的长江中游史前城址分类研究 [J]. 考古，2011（4）：55.

右图来源：孙士辉．《天官书》导引，结合天体图，破解“河图”“洛书”[DB/OL]. 2010-6-4. 河洛文化数字资源库，http://www1.lit.edu.cn.

2.2.3　楚文化与相天法地的大型都城

楚文化的复杂来源已超出本书研究的范畴，简而言之，它是楚先民文化、江汉平原土著文化和中原华夏文化等多种地域文化相互作用的结果，具有兼容并蓄的特征，使得楚都成为春秋时期中国都城营造技艺、礼仪和境界的集大成者。

（1）楚文化发展了华夏文化中分封建国的思想，根据资源禀赋确定区域中心，建立句亶国、鄂国和越章国，实现对江汉平原三个重要地点的控制。其中“句亶”为江汉平原腹地，楚国的南部边陲，是物产丰富的农业生产中心。“鄂”属楚国的东部边陲，蕴含大冶铜绿山等丰富的铜矿资源，商周时期一直就是著名的冶铜基地。“越章”，是扬越的东部边疆，熊渠攻打扬越，主要原因也可能是夺取丰富的青铜原料，并试图把扬越至鄂一带，纳入楚国管辖范围之内。随后楚人定都纪南城，也就是“句亶国”的中心，在上述战略的基础上进一步加强对江汉平原的控制，为扩张至中原打下基础。

（2）楚人将国土规划和城市选址纳入一个系统工程，运用相天法地[①]的思想，将自然格局、宗法体系、神权制度和空间规划结合，构建了宏伟的国土空间和都城境界。楚国采用双都系统，以宜城楚皇城为楚宗都或鄀都[②]，在其正南面的纪山之南建立郢都（图 2-22）[③]。楚人运用宗都楚皇城和纪山（玄武）作为纪南城的北极，象征上天和祖先的庇佑。运用西部八岭山（白虎）和沮漳河水作为屏障阻挡敌军，运用东部龙陂（青龙）和长湖相通，象征君权。在都城南部建造渚宫，必供奉玄鸟，以象征平定南方（图 2-23）。从楚都延伸出东西轴线（杨水）和南北轴线（楚驰道，通楚皇城）（图 2-24），在宏大的国土格局中设立县邑，实现了对江汉平原的整体控制。

① 城市空间的相天法地模式，是楚人对先祖祝融文化继承发扬的最重要部分，由观象授时发展而来形成四灵、五行和八卦思想。八卦称：无极生太极，太极生两仪，两仪生四象，四象生八方。八方实际上主要是东西南北四方。

② 参见：赵冰．长江流域：荆州城市空间营造 [J]．华中建筑，2011（5）.

③ “纪”“极”相通，纪山很可能是楚国“极庙”的位置，具有祭祀坛的作用。原思想陈述源自：张良皋．秦都与楚都 [J]．新建筑，1985（3）：62.

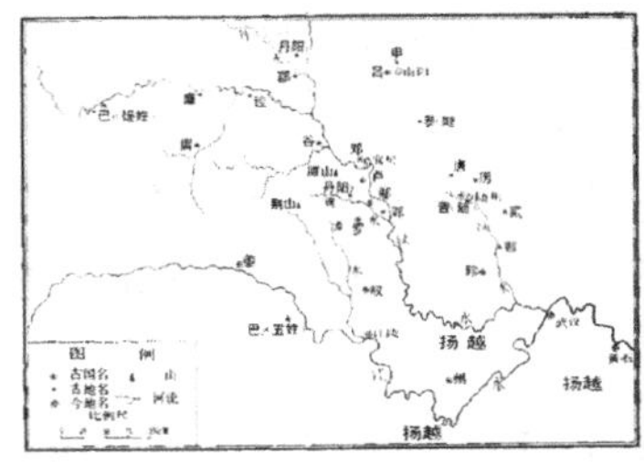

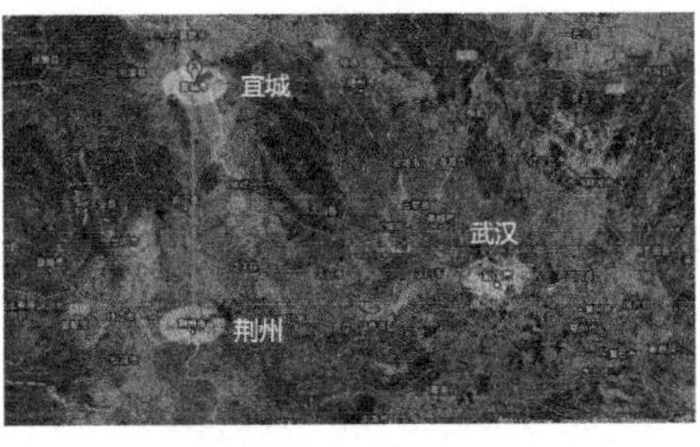

图 2-22 纪南城在江汉平原的地理位置（左）和荆州与宜城之间的南北轴线（右）

左图来源：张正明 . 楚史 [M]. 武汉：湖北教育出版社，1995.

右图来源：根据谷歌地图航测图改绘。

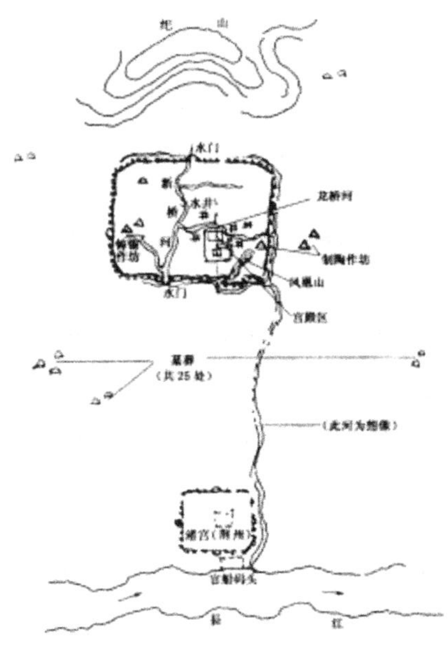

图 2-23 纪南城与渚宫的南北轴线关系

来源：汪德华 . 中国城市规划史纲 [M]. 南京：东南大学出版社，2005：51

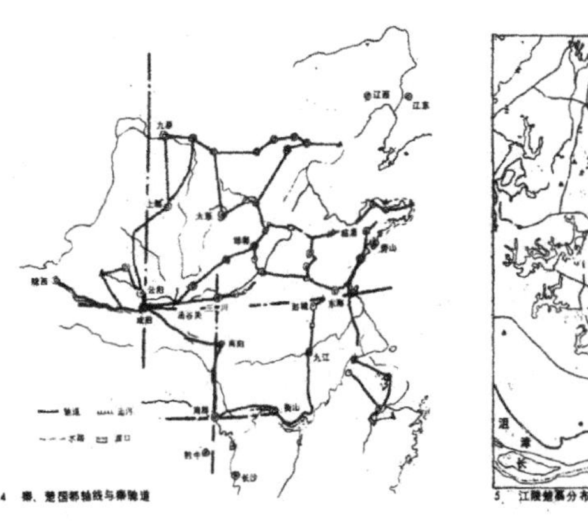

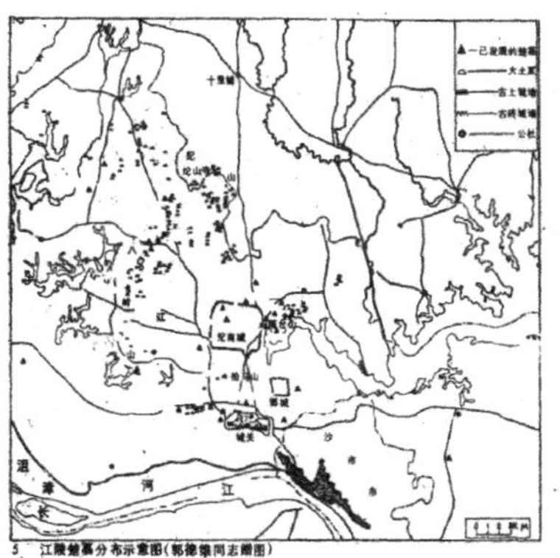

图 2-24 秦、楚国都轴线与秦驰道（左）和江陵楚墓分布示意图（右）

来源：张良皋 . 秦都与楚都 [J]. 新建筑，1985（3）：62-63.

（3）楚人入主江汉平原后，融合吸收蜀地文化[①]，获得治水经验，运用于楚都的营造和水系治理中。不仅对都城周边的所有水体都展开了全面调查，建立了“江汉沮漳，楚之望也”的空间认知；而且不拘泥于现状，大胆改造利用，开展了大规模的水系改造工程，包括：成王时期修筑渚宫，庄王时期拦截沮漳河水连通长江和汉江，灵王时期大规模治理杨水漕河、兴修章华台工程等。

（4）楚人融合荆楚文化和中原文化，保持楚风楚俗，同时吸收华夏文化的礼仪制度，因地制宜，灵活变通，塑造了有序多样的城市空间。楚人继承先祖祝融部落的文化传统，纪南城内部的空间格局遵循“尚东”原则。都城位于墓葬区东面，宫城、贵族区位于都城东部，宫城内重要建筑分布于东面，楚人墓葬中的墓主棺椁也位于东部，芈姓族人死后头必向东。同时，灵活运用《周礼·考工记》中“九经九纬，经涂九轨”的格局，将都城内部的道路（包括水路和陆路）规划为井字格局。同时考古研究表明，纪南城在营造时序上以东部的宫殿区为先，符合《家礼》“君子将营宫室，先立祠堂于正寝之东”和《礼记·曲礼》“君子将营宫室，宗庙为先，厮库为次，居室为后”的原则。宫殿与其他空间的关系符合《周礼》“前朝后寝”“面朝后市”的原则。

（5）楚人吸收荆州土著文化的精髓，一方面将沼泽地区的干阑建筑与平原地区的台式建筑结合，创造了台榭结合的滨水高台建筑（图 2-25），增强竖向空间的延展性和横向视野的通透性，塑造了雄伟绮丽的艺术风格，形成楚国建筑的主要特色；同时有可能受本土阴湘城方圆城形态的启发，将楚国城垣“削折城隅”，将转折处的直角切为抹角（图 2-25），避免盲点，并将南部城垣向外凸起，拓宽防御视野，其内建造“斗城”，城内藏兵，增强防御能力[②]。

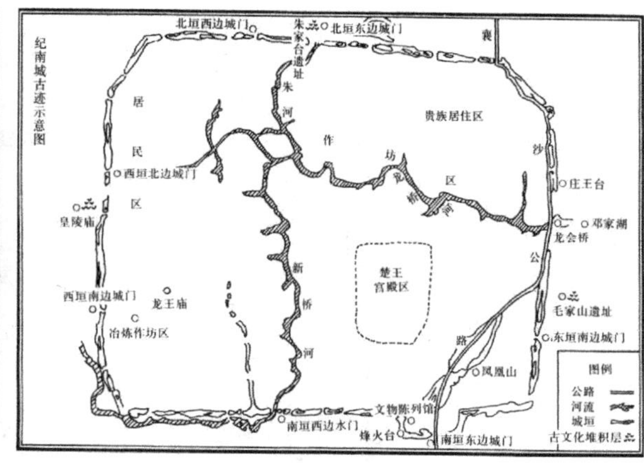

图 2-25　纪南城南垣水门木构建筑发掘现场（右）和“削折城隅”的纪南城

左图来源：叶骁军．中国都城历史图录（第一集）[M]．兰州：兰州大学出版社，1986：152.

右图来源：荆州市城乡规划局．荆州历史文化名城保护规划（2009 年版）[R]．2009.

① 公元前 750 年，开明帝建立蜀国政权，完成了蜀地的治水工程。

② 参见：高介华，刘玉堂．楚国的城市与建筑 [M]．武汉：湖北教育出版社，1996.

2.3　战国以前荆州城市空间尺度研究

2.3.1　体：圆城与方城

战国以前，荆州的城市规模不断扩大，整体形态从圆城转变为方城。阴湘城 35 万 m^2，纪南城扩展至 1600 万 m^2，显示了生产力发展、社会制度进步和文化融合的巨大创造力。方城与奴隶社会开始实施的井田制密不可分，城市处于广阔的农田之中，为丈量土地和与城外路径衔接，城市形态与井田形态均质统一。封建社会又将这种城市形态与相天法地的思想结合，赋予空间以礼仪内涵和神学境界。楚国的都城选址和城市设计将这种结合发挥到极致，在景域和城市层面营造了宏大的空间体系。

楚人采用双都系统，以宜城为楚宗都，以同一经度的纪南城为郢都，都城选址在经度上体现文化传承和时间序列，实现了“相天”的理想。纪南城北靠纪山，南临长江，东有长湖和雨台山，西有八岭山，长湖可通汉水，既有三山之屏障，又有江汉之水利，可见城市选址在维度上考虑了自然环境和山水格局，体现了“法地”的思想。同时纪南城的规划设计利用西部山脉和东面水系，避开沮漳河泛滥，兴建墓葬区和发展航运，进一步拓展了国家的东西交通和南北联系①。事实上楚国凭借纪南城掌控江汉平原，历时 411 年，鼎盛时期都城人口达到 30 万，证明纪南城的城市选址和整体规划具有较强的合理性和有效性。

2.3.2　面：东西并立与尚东布局

战国之前荆州的城市布局由双核心聚落发展为尚东布局的大型城市，体现了人类社会由氏族社会转变为奴隶社会的过程。阴湘城东西并立的布局代表了母系氏族社会向父系氏族社会过渡时期双族群并立的城市布局特点，春秋时期纪南城的尚东布局体现了楚族统治下奴隶社会的贵族特权。同时，尚东布局打破了中原文化中轴对称的理想空间布局，创造了因地制宜的功能分区思想，这些思想在春秋时期的周王城和其他都城中均未出现，处于领先地位。

纪南城的宫殿区位于东南部，符合楚人“尚东”的习俗。宫城南北长东西窄，东侧有天然河流，西侧有较窄的护城河。宫城内布局运用了《周礼》中“前朝后市”的原则：南部为宫殿，北部有繁华的集市（图 2-26）。除宫城外，纪南城其他部分采用了因地制宜的布局原则。首先结合地形，以龙桥河、朱河、新桥河为骨架，将城市划分为四区：东南宫殿区，东北作坊区和贵族区，西北居民区，西南冶炼区。龙桥河通往汉水和楚宗都，是城市重要的门户空间和生活空间。宫城位于龙桥河南部，贵族区位于其北部，宫城集市和作坊区分别位于龙桥河南岸和北岸，隔河相望，方便交通。其次，考虑风向布局生产和生活区。荆州的主导风向为东北风，因此具有污染的铸铁作坊区位于城市西南部（即下风向），同时靠近新桥河，通往长江渡口，便于原料进出。平民区位于西北，靠近朱河和龙桥河，方便生

---

①　杜预《春秋》注解释：“楚辟陋在夷，于此始通上国。”陈家泽分析认为：“纪南城傍江河湖泊，又‘择丘陵而处之’，躲避洪水灾害，进而修筑堤埂，积极抵御洪水，是一块立都四百年的风水宝地。”陈家泽.《杨水》之一：水域与水系 [J]. 荆州纵横，2007（2-3）.

活和交通。可见，纪南城的功能布局没有遵循《周礼》规定的等级制度和对称布局，而采用了因地制宜地的原则。

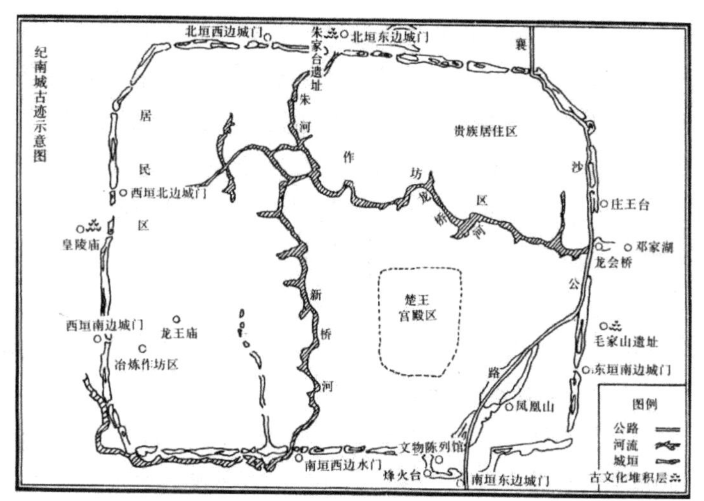

图 2-26　纪南城内功能分区推测

来源：荆州市城乡规划局 . 荆州历史文化名城保护规划（2009 年版）[R]. 2009.

2.3.3　线：一字分隔与经纬格局

战国之前荆州城市空间的轴线由阴湘城东西聚落间的一字形水体分隔转变为纪南城中水陆交错的经纬格局。

如前文所述，纪南城与杨水和楚皇城之间构成了宏大的经纬格局（见图 2-23 和图 2-24）。同时在城市内部，也结合地形、运用建筑构成了若干小尺度的经纬格局。其主要轴线位于宫城东部，由一组高台宫殿建筑构成，用于举行重要仪式和接见重要使节。宫城的东北门、东南门分别连通外城的东北门和东南门，构成楚王出征重大战役时进出郢城的通道，又是联系宫城和北部市场的生活干道。但考虑防御和防洪，宫城轴线与外城门之间并没有南北对齐，且南部有凤凰山相隔（图 2-27）。

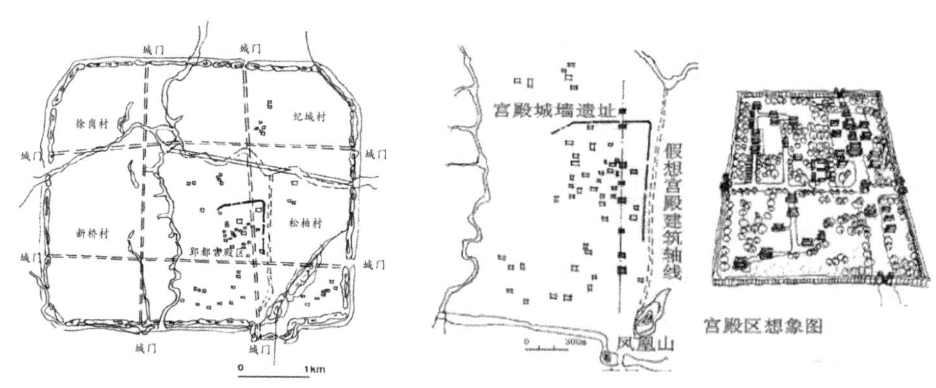

图 2-27　纪南城道路结构（左）和宫殿区空间轴线（右）

来源：窦建奇，王扬 . 楚“郢都（纪南城）”古城规划与宫殿布局研究 [J]. 古建园林技术，2009（1）.

除了宫城内象征宗法礼制的南北轴线外，纪南城还运用水体塑造了多功能的生活轴线。最重要的生活轴线为龙桥河，它位于纪南城东北部，《水经注》解释龙陂水，“水至渊深，有龙见于其中，故曰龙陂”。明末王启茂曾用《江陵竹枝词》怀古诗想象河水经龙陂桥入庙湖的情景，描述纪南城当年车水马龙的景象：“通济桥边新水流，三汊河中柳色稠。引得游人萧鼓闹，板桥堤下看龙舟。”[①] 龙桥河不仅是郢城的公共生活中心，还是其交通枢纽和雨水、污水外排的渠道。其北支朱河经纪南城北垣可达东城门和长湖。其南支新桥河旧名板桥河，水道出南垣水门（图 2-28），可达子胥渎。东南松柏区的凤凰山西坡还有一条被湮没的古河道，曾是宫城的护城河，也可连入龙桥河[②]。

图 2–28 南垣西水门现状
来源：2017 年自摄。

纪南城的城市交通由快速陆路网和慢速水路网组成。据推测，陆路网由两条南北向和两条东西向干道构成，间距约 1km，形成“陆上快速干道”，往北出城有楚驰道通往楚皇城（见图 2-28）。城内外道路由城门相连。城垣的四个方向各有三个门，基本符合《周礼・考工记》中“旁三门，九经九纬，经涂九轨”的规制。水路网由十字形的内河网络构成，水陆交会处建有跨河大桥，河道分隔各区功能，又联系各区活动，兼具交通、贸易和蓄洪等多种作用。水道出城后联通护城河、运河及自然水体，南通长江，北达汉水。虽然纪南城的道路设计没有严格遵循《周礼》规定，但结合地形、水陆交织、功能灵活，更有实用价值。

2.3.4 点：分间房屋与台榭建筑

战国以前荆州城市的重要节点包括新石器时代的分间房屋和春秋时期的宫殿和水门。新石器时期的分间房屋体现了家庭构成的复杂化。宫殿建筑体现了奴隶制国家的权力。水门是城市公共活动中心。

纪南城的宫殿区位于城市东部，其轴线北对楚皇城和纪山，南达渚宫和长江，又与西部八岭山和东部云梦泽章华台形成东西轴线，体现宏大气势。宫殿建于高台之上，《楚辞・惜誓》中描写：“登苍天而高举兮，历众山而日远。观江河之迂曲兮，离四海之霑濡。”可见宫殿必然高耸，视点高，体验才如此宏大。《韩诗外传》记载，楚成王登台进入后宫，“宫人皆仰视”，后宫尚且如此高大，正殿和其他观景台的高度应更加雄伟。

---

① 陈家泽.《杨水》之一：水域与水系 [J]. 荆州纵横，2007（2-3）.
② 陈家泽.《杨水》之一：水域与水系 [J]. 荆州纵横，2007（2-3）.

水门自古以来就是江汉平原古城的共同元素，是利用水体拓展与分隔城市空间的必然结果，兼具防洪和交通功能，同时还有礼仪和城市象征的作用。阴湘城中已设有水门。春秋晚期，楚平王修筑纪南城外城郭（公元前519年）时已筑水门：南郢、新桥河从南垣入，朱河从北垣入，龙桥河从东垣入，至少有三座水门。从南垣水门遗址的考古成果看，纪南城水门是一种台榭结合的建筑（图2-29、图2-30）。“台”通过堆土累叠高耸形成基础，“榭”通过木构在水中支撑形成干阑建筑，台提供了纵向的空间延伸，榭带来了横向的空间扩展。纪南城的水门空间形态突出，令人印象深刻。如：东水门因内通龙陂而称龙门，外通长湖，是诸侯国船只通商进贡的必经之门，是郢都的门户，后成为楚国的象征①。纪南城每个方向设置两陆门和一水门，水门在陆门之间，且出于防洪南北城门方向不相对，刻意错开。

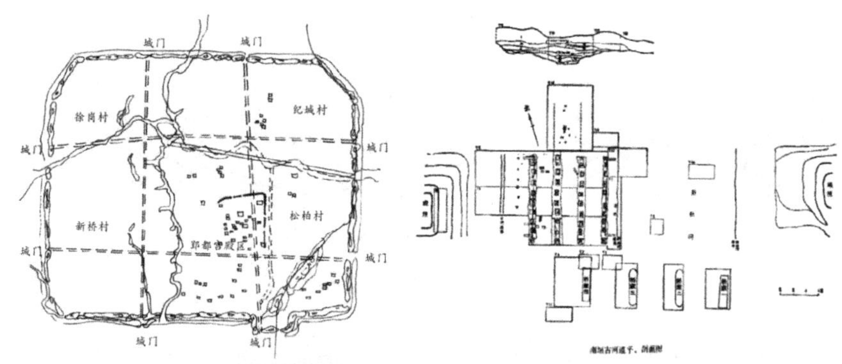

图2-29　纪南城平面图（左）和南垣古河道平、剖面图（右）

左图来源：窦建奇、王扬．楚“郢都（纪南城）”古城规划与宫殿布局研究[J]. 古建园林技术，2009（1）

右图来源：湖北省博物馆．楚都纪南城的勘查与发掘（上）[J]. 考古学报，1982（3）：342.

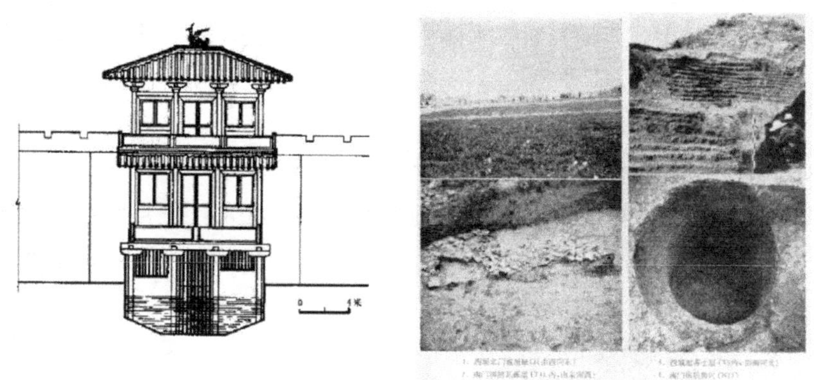

图2-30　南垣水门正面复原图（左）和西垣和南垣水门遗迹图（右）

左图来源：郭德维，李德喜．楚纪南城西垣北门和南垣水门的复原研究（下）[J]. 华中建筑，1994（1）：66.

右图来源：湖北省博物馆．楚都纪南城的勘查与发掘（上）[J]. 考古学报，1982（3）：图版拾叁．

① 郭德维先生在《楚都纪南城复原研究》一书中对纪南城水门进行详细研究，认为城门的功能至少有三个：其一是为了保障城内安全，防止敌人从水道入城；其二是为了征收关税；其三是为了控制和管理好水上交通运输。根据功能需要，郭德维先生认为：纪南城的水门应是三层式建筑，有水门就应该有水关：“水门和水关的设置，可以说是我国最早的海关。”郭德维．楚都纪南城复原研究[M]．北京：文物出版社，1999.

同时，纪南城城门的尺度体现了社会等级和礼仪制度，并体现人车（船）分流思想。城门分为单门道和三门道两种形制，门的宽度有5轨[①]（约9m）、12轨（约21.6m）和15轨（约27m）之分。东垣南门为单门道陆门，是贵族专用城门，宽5轨。东垣中部有三门道水门，宽15轨，与市场和作坊区联系，是主要的商品集散点。西垣南部设带门垛的单门道陆门，宽15轨，通往铸铁区，运输冶铁原料和兵器，是防御性城门。西垣北门是居民区规模最大的陆门，三门道，宽12轨，通往西部的墓葬区，是举行祭祀、葬礼等重大仪式的城门。南垣东部为单门道陆门，宽5轨，是皇室和贵族出行的专用门，城门突出于城墙，形成"斗城"，有防御功能。南垣中部为三门道15轨的水门（图2-31）。北垣西部为单门道5轨陆门，为百姓北行的主要通道。北垣中部为水门，是居民区水上交通的节点。纪南城实行"人车（船）分流"的管理模式，中门宽，边门窄，是中国"三门道"形制的发源地[②]（见图2-29）。

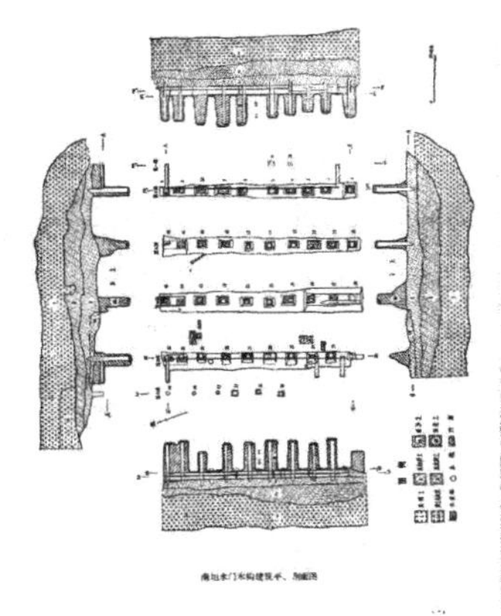

图2-31 南垣水门木构建筑发掘现场和平、剖图

来源：湖北省博物馆．楚都纪南城的勘查与发掘（上）[J]．考古学报，1982（3）：343，图版拾肆．

2.4 总结：楚文化主导的开放式城市空间博弈

公元前689年楚迁都至郢到公元前475年（战国时期之前）的214年间，荆州以楚族为主体族群，在楚文化的主导下展开了城市空间博弈，主要表现在自然层面和社会层面。

2.4.1 自然层面：国土规划与航运开发

夏代之前的荆州古城形态主要由江汉平原的地理环境决定。新石器时期，氏族社会生产力低下，部落间财富差别不大，聚落间关系不密切，因此古城的主要功能是居住，自然环境与人的关系直接反映在城的形态中。人类生存离不开水源，因此城的选址多靠近河流。江汉平原湖泊、河泽遍布，水患频繁，因此古人择高而居又筑壕沟以防洪，出现圆形城垣。

自夏分天下为九州，江汉平原的族群开始利用自然水系进行交通运输。由《禹贡》中"浮

① 1轨，车子两轮之间的举例，其宽度为古制八尺（西汉0.231m），相当于今天1.8m左右。

② 高介华，刘玉堂．楚国的城市与建筑[M]．武汉：湖北教育出版社，1996：128．

于沱、潜、汉、逾于洛”的描述可知，荆州向夏王朝进贡的货物走水路到中原，船只浮江而行，自江入沱、自沱入潜，自潜入汉水，自汉水溯丹而上，至河南、陕西，向北到达洛水。江汉平原的水上交通线如蛛网般密布，从此织出了一部丰富多彩的航运史。

楚人为了入主江汉平原，首先根据资源禀赋和水运条件，建立句亶国、鄂国和越章国三个据点，控制区域中心城，随后定都纪南城，统治江汉平原。当楚人走出幽闭的山林，顺沮漳河而下到达长江之滨时，如何治理水体为人所用应当是他们思考的第一个问题。河流予以楚族生存发展的优越条件和对外联系的开放环境，也容易带来自然灾害。因此纪南城的空间营造在外部利用长江、沮漳河和杨水（当时的杨水包括长湖和云梦泽西部边缘）与其他族群相连，在内部利用水道构成城市交通网，同时依靠八岭山避开沮漳河泛滥。其后又修建杨水运河，连通长江和汉江，发展漕运和航运，为楚国的扩张奠定物质基础。

楚人通过国土规划征服自然，又通过水系治理合理利用自然，从而获得了自然层面的空间博弈平衡。

2.4.2 社会层面：功能分区与闾里制度

战国之前荆州的族群变迁纷繁复杂，呈现出文化多样性。在苗瑶文化、荆蜀文化、荆楚文化、巴文化和中原文化的作用下，城市布局从单聚落城和双聚落城，向多民族融合的都城演变。面对苗瑶、巴蜀、荆楚等多个族群聚居的城市，楚人运用城市布局的分区和管理，实现了社会层面的空间博弈平衡。

一方面，纪南城整体布局采用功能分区思想，以水体隔离冶铁工业、手工作坊和居住区，又用水体联系城市的生产和生活空间，以合理灵活的空间布局打破了基于农业生产和等级制度的《周礼》规范，与春秋时代强调宗法制度的中原城市相比是一种超前的创造。

另一方面，楚人创造了闾里制度来划分街区和管理居住空间。居民无论平民贵族①，均按民族和职业分类居住在一个个封闭的里巷中，外设门槛，内设管理机构。这种大杂居、小聚居的空间布局便于相同族群的聚集和不同族群的交流。同时便于管理，如《史记·循吏列传》记载："王必欲高车，臣请教闾里使高其梱"，指的是楚庄王想统一抬高车马座的高度，令尹孙叔敖便建议提高里巷门槛来方便大家出行。出土的楚国官玺中有许多"……里之玺"，可见里巷当时已纳入南郢的行政建制。这种结合城市功能分区，用闾里制度管理贵族和平民居住区的方法，体现了楚国重视商业和手工业生产的文化传统，适应了多种民族杂糅并存的文化形态，影响深远。本书认为，春秋时期楚纪南城的闾里制度可能是秦汉时期闾里制度的起源。

楚人通过生产性的功能分区和生活性的闾里制度实现了城市空间在社会层面的博弈平衡。

① 如《渚宫旧事》提到吴人入郢后，"以班处宫时"，昭王母伯嬴为避免吴王阖闾窥伺，自己"与其保阿闭永巷，不释兵三旬"，可见宫城之中的后寝也有里巷布局。高介华，刘玉堂. 楚国的城市与建筑 [M]. 武汉：湖北教育出版社，1996：128.

2.4.3 个人层面：水门建筑与漕运公园

旧石器时期，荆州先民通过圆形的石堆和城壕建立有安全感的家园，新石器时期，早期族群通过营造城墙加强古城领域感。春秋时期，楚国纪南城通过高台型的水门建筑体现城市精神，增强居民的归属感。

纪南城的水门是都城的标志，使用台榭结合的造型，将实用功能和文化内涵结合。纪南城四面环水，南滨长江、北负汉江，西有沮漳河，东有杨夏二水及云梦广泽，城市以水路联系四方，每一面城垣都有水门。水门门楼建于高台之上，与城垣衔接，高大威严，底部通过木结构的支撑，形成三个可开合的水道（图 2-32），形成水榭，以通船只。纪南城的水门设计在春秋时期的大型都城中属于首创，成为楚都的标志和楚国的象征。尤其是东垣水门，又称龙门，内通纪南城中心水体龙河，外达楚国漕运命脉杨水，是重要的水运枢纽和景观节点。

图 2-32 纪南城南垣预留水道
来源：2017 年自摄。

楚人在个人层面的另一个空间创造，是结合杨水运河的漕运发展，建造大型“国家地理公园”。由于纪南城地处云梦泽边缘，运往周王室的贡品通过杨水运河输出，各地的贡赋也从运河输入，并再次输出运达楚国各地的官仓屯储起来，因此国家拥有了“粟支十年”的储备。楚灵王对杨水河道进行整治，并在河畔修筑章华台建筑群，不仅是云梦泽的观景台，更是纳贡的关卡。台成之日，各地运送“漕粮”到郢都庆贺。同时加强了云梦泽的开发，使其成为楚王游猎的“国家地理公园”。这种河道开发和滨水景观治理相结合的营造模式，协调了民间贸易和贵族生活空间，使楚国在物质空间和精神空间的营造上实现了双赢（图 2-33）。

楚人通过台榭建筑满足市民生活空间的物质需求和精神需求，通过漕运公园满足贵族生活空间的物质需求和精神需求，最后以水系沟通市民空间与贵族空间，实现了城市空间博弈在个人层面的平衡。

楚国在春秋时期创造的自然、社会和个人层面的博弈平衡（表 2-3）不仅推动了战国时期楚国的强盛和郢都的繁荣，更为荆州 2500 年城市文明的延续和积淀奠定了坚实的基础。

图 2–33　纪南城复原模型图（左）和纪南城复护城河现状（右）
来源：荆州市城乡规划局 . 荆州历史文化名城保护规划（2009 年版）[R]．2009.

战国以前（一维神话阶段）荆州城市空间营造的动力机制分析　　表2–3

<table>
<tr><th colspan="2">时间</th><th colspan="2">主体</th><th colspan="2">客体</th><th colspan="2">主客互动机制</th></tr>
<tr><th>全球时间</th><th>荆州时间</th><th>荆州族群主体</th><th>族群主导文化</th><th>聚落、城市</th><th>城市空间</th><th>主体对于客体的影响</th><th>客体对主体的影响</th></tr>
<tr><td rowspan="6">战国之前（一维神话阶段）</td><td>4 万年前</td><td></td><td></td><td>荆江三角洲，长江</td><td></td><td rowspan="6">楚人为主体的族群改变了南方城市的空间结构：
体："圆城"与"方城"。
面："东西并立"与"尚东布局"。
线："一字分隔"与"经纬格局"。
点："分间房屋"到"高台建筑"</td><td rowspan="6">楚国都的建立促使荆蜀文化、巴庸文化和苗瑶文化融合为楚文化。形成楚文化开放时期的筑城传统：
国土规划与航运开发（荆蜀文化）；
闾里制度与功能布局（苗瑶文化）；
景域规划与漕运公园（巴庸文化）。
楚文化开放时期的特色：
重商传统；
巫文化；
昭穆制度；
老庄学说</td></tr>
<tr><td>4 万 ~ 2 万年前</td><td>古人类</td><td>南方旧石器文化</td><td>鸡公山遗址</td><td>石圈（制作场）</td></tr>
<tr><td>6000 ~ 5000 年前</td><td>—*</td><td>大溪文化</td><td>阴湘城</td><td>圆形单核心聚落</td></tr>
<tr><td>5000 ~ 4000 年前</td><td>—*</td><td>屈家岭文化</td><td>阴湘城</td><td>圆形双核心聚落</td></tr>
<tr><td>4000 年前 ~ 3000 年前</td><td>—*</td><td>石家河文化</td><td>阴湘城</td><td>方形城市</td></tr>
<tr><td>公元前 1046—前 475 年</td><td>楚人</td><td>楚文化</td><td>纪南城</td><td>双都系统
水系治理
尚东布局
高台建筑</td></tr>
</table>

*　该阶段的族群主体尚待进一步研究，因此不作标注。

第 3 章 战国到五代十国时期荆州城市空间营造研究

3.1 战国到五代十国时期荆州城市空间营造历史

3.1.1 战国时期吴起呵护保护纪南城，楚人设计建造郢城和江陵行邑

春秋中后期，各诸侯国通过兴修水利、使用铁器和推广牛耕发展经济。公元前 475 年后，七雄争霸的战国时代到来。战国中期，楚悼王（公元前 401—前 381 年在位）任命吴起[①]为令尹，主持变法。吴起“禁游客之民，精耕战之士”，鼓励国民积极投入农业生产，采取“均爵平禄”等举措促进楚国贵族政治向官僚政治的转化，在军事上北胜魏国，南收扬越，取得苍梧（今广西西北角），开拓楚国疆土[②]，楚悼王晚期加固郢都城垣，巩固城防，展开了郢都历史上最重要的一次呵护和保护工作（表 3-1）。同时，杨水运河带动了江汉间航运发展，《鄂君启舟节》中记载的“逾夏内邔……庯爰陵，过江……过江，庯木关，庯郢”[③]等记录了楚怀王时期杨水运河沿岸各关卡名称，说明杨水运河在楚国航运和郢都交通中起到了关键作用。航运的发展推动了国家和都城的持续繁荣。《战国策・楚策一》[④]记载，楚威王（？—公元前 329 年）时“地方五千里，带甲百万，车千乘，骑万匹，粟支十年”，楚国疆域和国力达到鼎盛，其政治、经济、文化、军事中心——郢都的繁荣也达到高峰。

根据马世之先生对郢城人口的估算[⑤]，战国中期郢都当有 5.97 万户，按平均每户 5 口计算，总人口在 30 万人左右，其构成包括：楚贵族、士兵、商贾、工匠、农民、奴隶，含华夏族、荆蛮族、越族、巴族和其他少数民族，因此继续实施闾里制度，以 1 华里为单位划分居住区，内部设置闾门管理[⑥]。如：屈原的官职名称“三闾大夫”就是指管理三个“闾门”里昭、景、屈三大家族的人。又如纪南城中巴人聚居的里巷叫“下里”，因此《宋玉对楚王问》中记载：“有客歌与郢中者，其始曰‘下里巴人’。”且一里之中，宅地相连，中间有隔墙，各自有其一片天地[⑦]，如：宋玉在《登徒子好色赋》中提到他居住的里巷叫“臣里”，“天下之佳人莫若楚国，楚国之丽者莫若臣里，臣里之美者莫若臣东家之子……然此女登墙窥臣三年，至今未许也”。

---

① 吴起，卫国左氏，今山东省定陶人，一说曹县东北人。

② 《战国策・楚策》记载：“吴起为楚悼王罢无能，废无用……南攻杨越，北并陈蔡。”刘向编订．明洁辑评．战国策 [M]．上海：上海古籍出版社，2008.

③ 李敦彦．2015《鄂君启舟节》研究五大新突破 [EB/OL]．http://blog.sina.com.cn/s/blog_4d792a2a0102vjb5.html.

④ 刘向编订．明洁辑评．战国策 [M]．上海：上海古籍出版社，2008.

⑤ 马世之．略论楚郢都城市人口问题 [J]．江汉考古，1988（1）.

⑥ 古代的里和现在的里长度有不同．周制以八尺为一步，秦制以六尺为一步，300 步为一里。古代的一步相当于现代的 0.231m，周秦时期的一里也就相当于现代的 415m 左右。清光绪年间再次制定度量衡，以五尺为一步，两步为一丈，180 丈为一里，一尺相当于现代的 0.32m，一里就等于 576m。

⑦ 原思想陈述源自：高介华，刘玉堂．楚国的城市与建筑 [M]．武汉：湖北教育出版社，1996.

楚郢都营造活动年表（战国时期）　表3-1

距成王都郢时间	楚国纪年	营造内容	历史文献记载
公元 211 年	楚惠王十年 （公元前 479 年）	增修城防	《渚宫旧事》[①]："惠王因乱迁鄢，既立复归，而旧史缺见"
公元 306—309 年	楚悼王晚期 （公元前 385—382 年）	改进技术，加固城垣	《渚宫旧事》载："郢以两版为垣，始变之用四"
公元 411 年	楚顷襄王二十年 （公元前 278 年）	毁灭	《渚宫旧事》载："（郢都）'宫室相望，城郭阔达一，宫垣衣绣，人民无褐二，……奢侈揄制，王室空虚五。不亟返，祸及矣！'"《战国策·中山策》[②]载："城池不修，……又无守备，故起得所以引兵深入，多倍城邑"

图 3-1　上海博物馆收藏的"江陵行邑大夫楚鉩"印
来源：2010年自摄。

由于纪南城航运兴盛，周边的滨河城镇开始发展。春秋时期的渚宫和官船码头在战国时期扩展为江陵县，由于地处交通要道，故称"行邑"。今天上海博物馆收藏的"江陵行邑大夫玺"（图 3-1）[③]说明战国时期楚国在江陵设立县邑，建造城池，由行邑大夫管理，这是巨亶王封于江陵之后，楚国第二次在江陵修筑城池。纪南城东南十余公里处的大江津渡，春秋时期建有章华台和离宫，战国时期设立木关[④]，有从事手工纺织和冶陶活动的居民定居在此[⑤]，战国中晚期成为江防重地和交通要冲。《孔子家语》[⑥]记载了"江水至江津，非方舟避风，不可涉也"，说明江津水流湍急，容易导致停舟不便，《水经注》[⑦]中"夏水出江津于江陵县东南"和"江津豫章口东有中夏口，是夏水之首，江之汜也"说明江津是杨夏运河与长江的交汇，屈原《哀郢》中的夏首、夏浦均指江津。此时的江津已广为人知，成为楚国的门户之地。

战国后期，秦并巴蜀，韩魏进逼南土，楚国不得不加强国防。公元前 292 年，楚方城建成（图 3-2）[⑧]，捍卫南阳盆地的半弧形边塞，对于控制南土、进逼中原具有双重战略意义，

① 余知古著．袁华忠注译．渚宫旧事译注 [M]．武汉：湖北人民出版社，1999.

② 刘向编订．明洁辑评．战国策 [M]．上海：上海古籍出版社，2008.

③ 黄盛璋先生通过对上海博物馆所藏一方战国时期古楚印实物的长期研究，考定其为"江陵行邑大夫玺"，"江陵行邑"为楚印，所以，可以认定江陵在战国晚期已成为地名，其范围即郢都周围所指。

④ 木关，是水上关卡名。郭沫若．关于《鄂君启节》的研究 [J]．文物参考资料，1958（4）.

⑤ 沙市市地方志编纂委员会．沙市市志·第一卷 [M]．北京：中国经济出版社，1992.

⑥ 杨朝阳，宋立林．孔子家语通解 [M]．济南：齐鲁书社，2009.

⑦ 郦道元．水经注校证 [M]．北京：中华书局，2007.

⑧ 楚方城垒石以固，向北连绵构成三面，形成复杂完整的综合性防御工程。张维华先生考察认为：根据春秋时代楚人争盟中原的情势，判断楚人"不应于宛北筑城自限"。而此时的楚方城当以关塞形态为主。楚方城向长城形态的转换应在春秋末世至顷襄七年之间，结合战国时楚国的国防形势的变化判断，长城形态的楚长城最有可能是在怀襄之际建设的。参见：张维华．中国长城建置考（上编）[M]．北京：中华书局，1979.

张良皋先生认为，《左传·僖公四年》记载的楚屈完所说"楚国方城以为城，汉水以为池"中的"方城"应当指庸方城。参见：张良皋．巴史别观 [M]．北京：中国建筑工业出版社，2006：48.

对齐、魏、韩、赵、燕、秦诸长城的建筑起到示范作用，形成了影响深远的一条文化边界。同时楚国在郢都东侧修建了军事卫城郢城，增加都城防御系统。郢城位于纪南城东南约2.5km处，城垣近似正方形，边长约1.5km，总面积约$2.3km^2$，四周现存土筑夯实城墙，高3～6m，基地宽15～20m，面宽7～10m。城垣四周各有一座城门，城外环绕有宽30～40m，深10m的护城河。城垣西北角有土台，俗称“庄王望妃台”[①]。郢城城垣造型严谨规整，城门内考古发现多为秦汉时期遗存，说明郢城在秦汉时期进行过修缮和维护。

可见战国时期荆州的城市形态结构已由单核心的大型都城郢都扩展为由郢都、江陵、江津和郢城四城互联的城镇群。

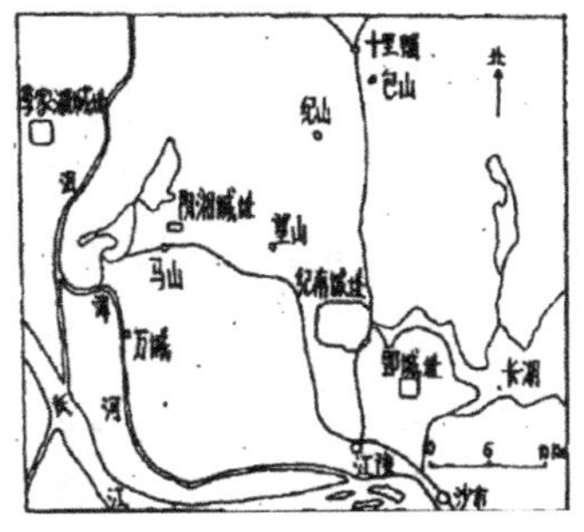

图3–2　江陵楚城址分布示意图（右）

来源：曲英杰．说郢[J]. 湖南考古辑刊，1994（6）：200.

3.1.2　秦代秦人呵护保护郢城，秦末共敖呵护保护江陵

战国末期秦人统一中国，打破了楚人在江汉平原长达411年的统治。公元前278年，秦将白起焚毁纪南城，楚王东迁至河南淮阳（即陈郢），聚居在纪南城的楚族被挤压迁徙，呈斑块状分布于黄河流域、长江中下游和长江以南的广大区域。如：一部分楚人向北占领徐州，移民淮北，形成西楚。又如《史记·秦始皇本纪》[②]记载：公元前221年（秦始皇二十六年）（秦人）“徙天下豪富于咸阳十二万户”，此后屡有迫迁行动，导致荆州境内的楚人大量减少。

公元前237年（始皇十年），秦人分郢置南郡、江陵县，战国时期的郢城成为南郡治所和秦军驻地，原江陵行邑内设江陵县治所。公元前221年，秦人将江陵通往咸阳的故道改成“驰道”，江陵成为驰道南线端点和南方水陆交通枢纽，取代郢城成为秦南郡治所，从此成为封王置府和兵家必争之地。秦末楚汉相争，公元前206年项羽（秦代下相人，今江苏省宿迁市宿城区人）置临江国，封共敖为临江王，建都江陵。共敖是楚国贵族的后代，楚怀王熊心的柱国，他对江陵城进行了大规模的经营，临江国范围扩大，不仅管辖秦代南郡，还统治长沙和黔中两郡。

3.1.3　西汉刘荣设计建造江陵，东汉汉人呵护保护江陵

楚人为主体的汉人推翻秦人政权，建立了中国历史上第一个民族融合的国家，汉高祖刘邦至汉景帝刘启时期，西汉与西罗马齐名，成为东方第一帝国。东汉武帝时期，大汉帝国已成为世界上最强大的国家之一。匈奴战败西逃，张骞出西域开辟“丝绸之路”，开通东西方贸易的通道，中国成为世界贸易体系的中心[③]，荆州成为中国南方重要的商业

① 以上陈述引自：赵冰．长江流域：荆州城市空间营造[J]．华中建筑，2011（5）.

② 司马迁．史记[M]．北京：中华书局，1959.

③ 直到1000多年后蒙古人的崛起。

中心城市。

西汉初立，由于刘姓朝廷与异姓诸侯的矛盾尖锐，诸侯中第一个背叛并被朝廷消灭的正是临江王共尉（共敖之子）。当时的临江国，统治范围不仅有秦代南郡，还包括长沙、黔中两郡。公元前202年刘邦即位数月后，共尉起兵“为项羽叛汉”，刘邦派建武侯靳歙攻江陵，临江国被废，承秦制，设江陵县。西汉初立的50年中，诸侯征战，城市人口减缩[①]，临江国三立三废，意在削弱南方诸侯势力。其间，江陵城进行了多次改造。汉景帝刘启时期，太子刘荣（今江苏丰县人）被改封为临江王，全面修整了城垣，并在城中建造宫殿和祖先庙堂，因此被征入京问罪。公元前160年，刘荣在江陵北门外行祖礼，江陵父老含泪送行，刘荣到京后自辩不准，自杀，据说江陵城“从此不开北门”[②]。刘荣死后，临江国废，重设南郡。西汉中期鼓励农耕，农业生产逐渐恢复，荆州畜牧业和水产的人工养殖已经普及，采矿业、手工业和纺织业仍有优势。

公元78年（东汉建初三年）汉章帝封其弟巨鹿王刘恭（今江苏丰县人）为江陵王，后又撤销封王，转移至六安[③]。公元85年（元和二年），江陵恢复为南郡。公元前106年（汉武帝元封五年）武帝划全国为十三州，州为监察区，没有固定治所，实际上仍是郡、县两级行政区划体制。荆州为十三州之一，设荆州刺史部，辖今两湖全部和豫、黔、两广各一部分，包括南郡、南阳郡、江夏郡、武陵郡、零陵郡、桂阳郡、章陵郡和长沙国等七郡一国[④]，共115县。南郡辖18个县，南郡和江陵县治所都位于江陵城。由于刺史为朝廷派遣，直到“州”改为一级行政区才设治所[⑤]，因此直到公元188年前后[⑥]荆州刺史王睿[⑦]（山东临沂人）才将治所设置于江陵，从此江陵城又称“荆州城”[⑧]。

---

① “从仅有的人口统计数据看，西汉早期荆州南郡的人口密度比北方小。从秦代楚人大量迁徙后，汉高祖九年（公元前198年），又曾把楚国贵族昭、屈、景、怀四大族迁入关中。另从凤凰山168号墓主肝脏中有很多血吸虫卵来推论，《史记》中说的“江南卑湿，丈夫早夭”，可能也影响了人口的增长”。黄恭发. 荆州历史上的战争[M]. 武汉：湖北人民出版社，2006.

② 《史记·五宗世家》记述：“临江闵王荣，以孝景前四年为皇太子，四岁废，用故太子为临江王。四年，坐侵庙壖垣为宫，上徵荣。荣行，祖于江陵北门。既已上车，轴折车废。江陵父老流涕窃言曰：‘吾王不反矣！’荣至，诣中尉府簿。中尉郅都责讯王，王恐，自杀。葬蓝田。燕数万衔土置冢上，百姓怜之。”唐代余知古的《渚宫旧事》也有补充：“至今江陵北门塞而不开，盖伤王不令也。”黄恭发. 荆州历史上的战争[M]. 武汉：湖北人民出版社，2006.

③ 唐代杜佑纂写的《通典》卷183载：“（江陵）地居洛阳正南，章帝徙巨鹿王恭为江陵王，三公上言，江陵在京师正南，不可以封，乃徙为六安王。”参见：杜佑纂. 通典：二百卷（影印本）[M]. 北京：北京图书馆出版社，2006.

④ 靳进. 东汉末年荆州八郡考[J]. 襄樊学院学报，2009（1）.

⑤ 《汉官典职仪》称“传车周流，匪有定所”。见：蔡质撰. 孙星衍校集. 汉官典职仪式选用·汉官[M]. 北京：中华书局，1985.

⑥ 《南齐书·州郡志》记载：“汉灵帝中平（公元184—189年）末，刺史王睿始治江陵。”“中平”是东汉皇帝汉灵帝刘宏的第四个年号。

⑦ 王睿，字通曜，晋太保王祥之伯父也，受任为荆州刺史。王祥，西晋琅琊（今山东临沂）人，“书圣”王羲之五世祖王览的同父异母兄，东汉末年隐士，仕晋官至太尉、太保，以孝著称，为二十四孝之一，“卧冰求鲤”的主人翁。

⑧ 关于两汉时期荆州治所不设于江陵的原因，方珂认为：“两汉作为一个大一统的中国，荆州没有受到来自北方的威胁，所以治汉寿；汉末和三国时的群雄纷争，压力主要来自北方，襄阳和江陵的重要性凸显无疑，荆州治所就偏北，治襄阳。大概南方情急，荆州治所就偏南；北方势危，治所就北移，与现实的军政形势密切相关。”方珂. 两汉时期的荆州刺史为何不治江陵[J]. 中南大学学报，2007（12）：726.

东汉时期，荆州位于国都洛阳的正南方，交通便利，航运发达。尽管战国末期至东汉云梦泽已经退缩，长江岸线南移，杨水与长江联系减弱，但杨水北部仍通往汉江，江陵仍是长江流域和诸多流域间的交通枢纽。从江陵溯江西上，可达巴蜀；顺江东下，可达吴越；向南经湘江过灵渠，可通南海；向北经运河溯汉江而上，可至中原。江陵凤凰山 10 号汉墓中出土的木犊显示了一份水上运输的契约[①]，其时已经出现了水上航运联合组织，可见舟船贾贩业的活跃。

同时荆州手工业和商业繁荣，是全国十大商业都会之一，人口数名列南方城市之首[②]。公元 126—144 年（顺帝刘保年间），南郡 16 个县有户 162570，人口 747604，户均 46 人，县均 43977 人。据记载，汉献帝初平元年（公元 190 年）江陵县有位徐母，素以卖豉为业，积累资产数万，刘表（今山东微山人）为荆州刺史时，徐母将全部家财献刘表，可见手工业、商业发展之盛。

东汉时期的江陵还是全国重要的文化中心。公元 151 年（汉桓帝元嘉元年）东汉著名经学家、文学家和南郡太守马融（今陕西兴平东北人）在荆州城西南（今荆州中学西）设帐讲学，后人称之为“绛帐台”。绛帐指男女之间用绛色丝帐相隔，绛帐台实为学宫，上绕古书，“台下野水浮清漪”，“绿窗朱户”歌台舞榭，一派水景园林风光，“文化大革命”之前尚有亭台水池[③]。马融在高台上讲授的知识甚广，学生甚多，男女兼有，因此《后汉书·马融传》记：马融讲学重技术与艺术，“前授生徒，后列女乐”（女生的贬称）。绛帐台显示的主流文化和生活习俗反映出东汉中期荆州城的主体族群为南方汉人。

东汉晚期公元 190 年（东汉初平元年），刘表任荆州刺史，治所移驻襄阳，江陵城中仍保留有刺史厅堂等官署，居民不下万户。由于荆州政局安定，北方百姓和士人为躲避战乱，大量涌入荆州[④]，促进了荒地的开发，推动了文化学术的发展[⑤]。《后汉书·袁绍刘表列传》记载：刘表在荆州赈济北方来避居的士人[⑥]，博求儒术，兴办教育，抢救图书，“爱民养士，从容自保”，以至“关西、兖、豫学士归者盖有千数”。由于荆州人才荟萃，形成了历史上著名的“荆州学派”。曹操平定荆州后，避难的北方名士和部分荆州本土学者随其北归，把荆

---

① 姚桂芳．江陵凤凰山 10 号汉墓“中服共侍约”牍文新解 [J]．考古，1989（3）．

② 东汉时期中国十大城市（按人口排序）：洛阳、长安（今西安）、宛城（南阳）、成都、彭城（徐州），许昌、荆州、长沙、襄阳、建业（今南京）．黄恭发．荆州历史上的战争 [M]．武汉：湖北人民出版社，2006．

③ 清代盛弘之的《荆州记》载：“府城西南有马融绛帐台，东汉学者马融讲学之所。”转引自：荆楚园林史稿略 [M]// 杨宏烈，刘辉杰．名城美的创造．武汉：武汉工业大学出版社，1992：259．

④ 单从关中地区迁徙到荆州的就达十余万家。参见：唐春生．刘表时期避难荆州的北方名士 [J]．湖南大学学报（社会科学版），2001（2）．

⑤ “灵帝以来，初是黄巾起义，继之以董卓之乱，形成军阀大混战的局面，使得户口转徙尤甚。其大抵可分四个区域：自三辅入汉中巴蜀；青徐之人或北走幽冀或远渡辽东；或入扬外，或南渡江左；兖豫士庶或入荆州，甚或南转交趾。”此为范晔在《后汉书》卷八十二上《方术传》对东汉名士所作的概括，引自：唐春生．刘表时期避难荆州的北方名士 [J]．湖南大学学报（社会科学版），2001（2）．

⑥ 刘表“在荆州二十年，家无遗积”，均用于接济北来人士。参见：范晔．后汉书 [M]．北京：中华书局，2007．

州学派的思想带到北方，其中最重要的宋忠学风[①]影响到王肃[②]，又传脉于王弼[③]，推动了魏晋玄学的发展[④]。

战国时期至东汉时期（公元前25—220年），江津被称为津乡，属南郡江陵县。《后汉书·郡国志》记载："南郡江陵有津乡"。东汉荆州航运复兴[⑤]，津乡成为城市的交通枢纽和屯兵重地。《东观记》中"津乡，当荆扬之咽喉……"记录了其重要地位。《后汉书·岑彭传》中记载的"（彭岑）自引兵还屯津乡，当荆州要会"和南朝宋时期盛弘之的《荆州记》[⑥]中记录"……津乡，盖沿江津得名也，汉时于此置戍，有江津长司之戍"，都说明津乡是重要的军事基地。

3.1.4 三国时期关羽设计建造江陵，朱然呵护保护江陵

三国时期，江陵是魏、蜀、吴三方争夺的军事要地（图3-3）。赤壁之战以前，魏将曹仁（今安徽亳州人）、吴将周瑜（今安徽省庐江县西南人）和蜀将关羽（今山西运城人）都先后屯守江陵，以关羽守城时间最长。公元210年，刘备从东吴借到荆州（即南郡，首府在江陵），任命关羽为襄阳太守和荡寇将军[⑦]，总督荆州军政事务近十年，其间在秦汉江陵古城的西南营建土城，形成东西两城[⑧]。《元和郡县志》[⑨]记载："江陵城本有中隔，以北旧城，以南关羽筑。"从考古发掘的结果看，江陵城池经历代重修，层层叠压，最下面一层夯土城墙建于东汉中后期，荆州古城南垣之下地下3m多深处，土垣厚1.25m、宽10.05m，墙体中心向内（北）移动，宽度超出其上的东晋南朝城垣，且上方叠压的历代城垣位置一直未变迁，这不仅与历史文献记载的关羽筑城时间吻合，也说明江陵城南垣的位置没有变化。

公元208年赤壁之战以后，魏、蜀、吴三分荆州，各占三郡，又各自增设郡县。公元219年，关羽失掉荆州，南郡南部全为东吴所有。公元220年吕蒙[⑩]（今安徽阜南吕家岗人）死后，朱然（今浙江安吉人）继续镇守江陵。三国时期，长湖水面仅限于今天

---

① 宋忠，一名衷，字仲子，南阳章陵人（今湖北枣阳），东汉末年大儒。学者尹默（字思潜）、王肃（字子雍）、李撰（字钦仲）、潘濬（字承明）都曾师从于他。他曾为荆州刺史刘表的手下，受命与綦毋闿（字广明）共同编撰《五经章句》，为汉末魏晋时期律学的发展作出贡献。宋忠重视《易》学和扬雄的《太玄》。王肃18岁曾向宋忠学《太玄》，后来以儒道兼来的思想注经，成为魏晋玄学的先导。而王弼的祖父王凯和叔祖王粲也到了荆州，刘表还是王弼的外曾祖父。王弼祖述王肃之说，所以，王弼后来研究《周易》《老子》，无疑也受到了宋忠、王肃思想的影响。该解释引自：杨超．少年奇才王弼[M]// 舒大刚．中国历代大儒．长春：吉林教育出版社，1997.

② 王肃（195—256年），字子雍，东海郡郯（今山东郯城西南）人。三国魏儒家学者，著名经学家。曾遍注群经，对今、古文经意加以综合；以其深厚的文化底蕴，借鉴《礼记》《左传》《国语》等名著，编撰《孔子家语》等书以宣扬道德价值，并以身为司马昭岳父之尊，将其精神理念纳入官学，其所注经学在魏晋时期被称作"王学".

③ 王弼（226—249年），魏晋玄学理论的奠基人。字辅嗣，山阳郡（今河南省焦作市山阳区）人。

④ 唐春生．刘表时期避难荆州的北方名士[J]．湖南大学学报（社会科学版），2001（2）.

⑤ 春秋时期和战国时期，纪南城、江陵和江津曾作为一个整体，成为楚国航运的重要节点。纪南城为漕运终端和关卡所在，江陵为官船码头，江津为章华宫西端，是漕运入口。

⑥ 陈运溶，王仁俊辑．石洪运点校．荆州记九种[M]．武汉：湖北人民出版社，1999.

⑦ 参见：《蜀志·关羽传》。见：陈寿撰．栗平夫，武彰译．三国志[M]．北京：中华书局，2007.

⑧《通典》卷183载："汉故城即旧城，偏在西北，迤逦向东南，关羽筑城偏在西南，桓温筑城包括为一".杜佑纂．通典：二百卷（影印本）[M]．北京：北京图书馆出版社，2006.

⑨ 李吉甫撰．元和郡县图志[M]．北京：中华书局，1983.

⑩ 吕蒙（178—220年，一说为180—220年，另有180—221年的说法），汝南富陂（今安徽阜南吕家岗）人。历任官职：别部司马、平北都尉（广德长）、横野中郎将、偏将军（寻阳令）、庐江太守、汉昌太守、南郡太守（孱陵侯）。

天星观以北、观音垱以东。朱然下令把沮、漳水引入荆州以北的低洼地，阻隔魏军自北来犯，成为荆州“三海”（南海、中海、北海）的肇始，时称“北海”[①]。公元250年，魏将王昶（今山西太原人）攻荆州，曾在北海作浮桥渡水，朱绩（朱然之子）因此退守荆州城。公元272年，镇守荆州的吴国大将军陆抗[②]（今江苏苏州人）令江陵都督张咸作大堰蓄水以御晋军[③]。吴国治理荆州61年，比曹魏和蜀汉的治理时间更长，一些地名如陆逊湖、黄盖湖等还沿用至今。公元280年（西晋太康元年），晋将杜预（今陕西西安东南杜陵人）败吴军，江陵改属晋。

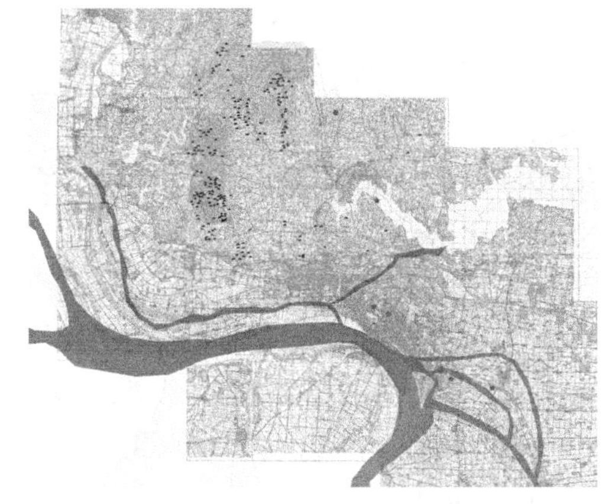

图3–3 荆州秦汉时期生活空间分布图

来源：荆州市城乡规划局．荆州历史文化名城保护规划（2009年版）[R]. 2009.依据说明书附表资料绘制。

3.1.5 西晋杜预疏通杨水，东晋桓温修筑金堤、设计建造江陵，王敦开挖漕河、设计建造奉城

魏晋南北朝是民族矛盾冲突的时期，又是民族文化融合的时代。晋平吴，重置南郡和江陵县，辖属荆州刺史。公元278年（西晋咸宁四年）晋武帝任杜预为镇南大将军，平定乐乡和江陵。荆州既定，杜预“以天下虽安，忘战必危，勤于讲武”[④]，将分裂时期南北对峙的荆州合而为一，并调整部分郡县，重新建立地方行政体系。荆楚地区少数民族较多，他动用武力巩固西晋统治，“攻破山夷，错置屯营，分据要害之地，以固维持之势”。杜预还在荆州疏通河道，在旧杨水“北无通路”的情况下，“开扬口，起夏水，达巴陵千余里，内泄长江之险，外通零桂之漕。”开凿从扬口到巴陵的运河一万余里，使夏水和沅、湘两水连通，解决了长江的排洪问题，又改善了荆州南北间的漕运。公元291年，“八王

---

① 历史上荆州城防的威胁基本来自北方，因此城墙的北面往往更为坚固，护城河也浚筑的更宽更深。而在三国至南宋长达1000年的时间里，每至战事兴起，荆州守城者引沮漳之水灌入杨水河道所形成的“三海”军事水利工程，更是我国历史上著名的水防战例。陈家泽．杨水之四：水攻与水防（上）[J]．荆楚纵横，2007（6）.

② 陆抗（226—274年），字幼节，吴郡吴县（今江苏苏州）人。三国时期吴国名将，陆逊次子，孙策外孙。年二十为建武校尉，领其父众五千人。后迁立节中郎将、镇军将军等。孙皓为帝，任镇军大将军、都督西陵、信陵、夷道、乐乡、公安诸军事，驻乐乡（今湖北江陵西南）。凤凰元年（公元272年），击退晋将羊祜进攻，并攻杀叛将西陵督步阐。后拜大司马、荆州牧，卒于官，终年49岁。

③ 晋武帝泰始八年（公元272年），吴宜昌守将步阐兵叛降晋，镇守荆州的大将军陆抗遣大军讨伐，晋车骑将军羊祜自襄阳率师袭荆州。荆州诸守将认为陆抗不应分散兵力西讨步阐，应当全力应付羊祜来犯。但陆抗认为荆州兵精粮足，守卫坚固，可以从容拒敌，即使荆州陷落，羊祜亦不能长久占领，于是亲率大军赶赴宜昌讨伐步阐。临行时，陆抗令守将张咸“作大堰遏水渐积平中，以绝寇叛”，应当是阻遏沮漳水入杨水河道灌注荆州以北的平原洼地。羊祜想利用大堰所遏的水通舟运粮，便扬言要破堰以通步军，企图迷惑吴军，以促使吴军坚守大堰。此时陆抗已还军荆州，识破羊祜的用意，便命守军将大堰挖开，堰水放干后，羊祜到了当阳，军粮无法从水路运输，只好仍用陆运，既缓慢又费人力，大大延误了军机，这时吴军守将才明白陆抗放水的用意。陆抗筑堰积水之处，即为“北海”。陈家泽．杨水之四：水攻与水防（上）[J]．荆楚纵横，2007（6）.

④ 房玄龄等撰．晋书·杜预传[M]．北京：中华书局，1996.

之乱”爆发，长期分裂的局面再次出现，关东地区又爆发了罕见的蝗灾和瘟疫，北方流民大规模南下，荆州出现历史上第二次移民高潮。晋惠帝太安二年（公元291年），荆州都督刘弘[①]（今安徽濉溪人）持中立态度，保境安民，“劝课农桑，宽刑省赋，岁用有余，百姓爱悦”。

东晋时期，国家政治中心长期偏安南方，辖地主要为荆、扬二州（图3-9）。北方豪族南移之后致力于南方庄园的经营，中国经济重心由黄河流域向长江流域转移。东晋时期，征西、镇西、安西、平西等将军府及西中郎将府、南蛮校尉府常设于江陵城，统治者的经营使江陵城更加繁荣，造船、制瓷、造纸和兵器制造业等十分发达，号称“割天下之半”，以致扬州所需生活物资相当部分也靠荆州供给[②]。公元317年（建武元年），荆州刺史王敦（今山东临沂人）[③]在江陵和江津之间主持开挖龙门河（今沙市便河），历时五年，再次沟通长江与杨水，北通汉江，疏通漕道。公元345年（永和元年）桓温[④]（今徽省怀远县人）出任荆州刺史，坐镇江陵，举兵溯大江直上讨伐蜀地的成汉政权。公元363年（建熙四年），桓温被任命为大司马（宰相），尽揽东晋大权，又兼荆扬二州刺史，于是将东西错落的关羽之城与汉代旧城合为一体，部分地段修砌砖城，形成面积更大的新城。两城连接后，其间城垣并未拆除，因而在城中形成隔墙，又在城中营造内城，称“金城”[⑤]。同时为抵御成汉政权，桓温在荆州西南修筑万城，令陈遵自万城监造“金堤”，成为荆江筑堤之始。并延长金堤至沙市便河入江口，切断杨水上游（来源于赤湖）与长江的联系，使杨水“纳而不吐”，具备蓄水和防洪的目的。如《水经注》记载：“春夏水盛则南通大江，否则南迄江堤”。

公元389年，荆州刺史王忱[⑥]（今太原晋阳人）在江陵营造府城，定治江陵。公元410年（义熙六年）刘毅为后将军，公元411年又为荆州刺史。太尉刘裕召庐山佛教高僧慧远“白莲社”的十八高贤之一宗炳（今河南镇平人）任荆州主簿。公元412年，宗炳拒绝征召，回到江陵隐居，并经营私家园林。宗炳欣赏庐山东林禅寺，又曾在衡山自建

① 刘弘（236—306年）字和季，沛国相（今安徽濉溪）人。有干略政治之才。少年家居洛阳，与额定同居永安里，又同年共研习，以旧恩起家，累官侍中、荆州都督、镇南大将军、开府仪同三司、车骑大将军。时天下大乱，弘专督江、汉，威行南服。每有兴废，手书守相，丁宁款密。人皆感悦争赴之，皆曰：“得刘公一纸书，贤于十部从事。”后以老病卒于襄阳，士女嗟痛，如丧父母。谥曰元。作有文集三卷，《唐书经籍志》传于世．

② 牟发松．湖北通史（魏晋南北朝卷）[M]．武汉：华中师范大学出版社，1999.

③ 王敦（266—324年）字处仲，东晋初权臣。琅琊临沂（今山东临沂北）人，士族出身，王导从兄，娶晋武帝司马炎女襄城公主为妻．

④ 桓温，东晋谯国龙亢（今安徽省怀远县西龙亢镇）人。先祖曹魏忠臣桓范，父桓彝晋元帝“百六掾”之一后死节于苏峻之乱，桓温枕戈泣血十八岁那年手刃父仇，步入仕途。后任荆州刺史，曾经溯大江（长江）之上剿灭盘踞在蜀地的“成汉”政权，又三次出兵北伐（伐前秦、姚襄、前燕），都取得了一定的成果。晚年欲废帝自立，未果而死．

⑤ 五代时期成为高季兴子城，明代改建为湘王府，地址在今天荆州拥军路、会通桥路之间，荆中路和荆北路北之间的区域．

⑥ 王忱，（生卒年不详，约晋孝武帝太元元年前后在世）字符达，太原晋阳人，北平将军王坦之第四子。弱冠知名，与王恭、王珣俱流誉一时。自恃才气，历位骠骑长史。太元中，出为荆州刺史，都督荆、益、宁三州军事。《读史方舆纪要》中“荆州府”下记：“晋初荆州或治襄阳，或治江陵，渡江以后不常阙理。太元十四年王忱始于江陵营城府，此后遂以江陵为州治。”顾祖禹撰．贺次君，施和金点校．读史方舆纪要[M]．北京：中华书局，2005.

别墅[①]，杨宏烈先生认为他的私家园林可能为后世文人园的滥觞[②]。公元412年（义熙八年）刘裕在江陵消灭刘毅，下书整顿荆州户籍，削弱强藩，裁并荆州府辖区，限制文武将士额员，降低农民租税，废除苛繁法令，于公元420年建立刘宋朝，定都南京。

东晋末年，北方战乱，流民大量涌入荆州，甚至超过本地人口，形成荆州历史上第三次北方移民高潮。长期战乱对荆州的经济造成沉重打击，人口锐减。据《宋书・州郡志》记载，公元464年（刘宋大明八年），荆州南郡六县有14544户，人口75087人，平均每县2424户，12514人[③]，仅为东汉顺帝时期（公元126—144年）县均人户数的¼。

沙市在晋代（公元266—420年）复名江津[④]，设江津长，仍属南郡江陵县。公元317年，征南大将军王敦（今山东临沂人）任荆州刺史，开挖龙门河，沟通江汉，江津漕运复兴，开始筑有城池，因"主度州郡贡（奉）于洛阳"，故名"奉城"，有驻军把守，又称江津戍[⑤]。

3.1.6 齐梁汉人呵护保护江陵；梁朝萧绎设计建造江陵，多民族呵护保护江津

南北朝（公元420—589年）中后期，江陵"当雍、岷、交、梁之会"，商业发达，与建康、三吴（吴郡、吴兴和会稽）同为长江流域三大政治经济中心[⑥]，齐梁两代都曾在江陵修造了大量宫苑建筑。公元479年，萧道成灭刘宋，建南齐。公元499年，萧宝融[⑦]（南兰陵人，今江苏丹阳人）被封为南康王，并任荆州刺史，驻守江陵。公元501年（齐中兴元年），萧宝融自立西齐，建都江陵。公元502年，萧衍称帝，建梁朝，定都建康（今南京）。

公元526年（梁武帝普通七年）萧绎（南兰陵[⑧]人）出任荆州刺史，都督荆、湘、郢、益、

---

① 《莲社高贤传》记载：宗炳"雅好山水，往必忘归。西陟荆巫，南登衡岳。因结宇山中，怀尚平之态".

② 引自：荆楚园林史稿略[M]// 杨宏烈、刘辉杰主编. 名城美的创造. 武汉：武汉工业大学出版社，1992.

③ 关于东晋末年至六朝时期荆州人口变迁的数据，引自：黎虎. 六朝地区荆州地区的人口[J]. 北京师范大学学报（社会科学版）. 1991（4）：10.

④ 《晋书・安帝纪》："义熙元年（即公元405年）……桓振挟帝出屯江津。"房玄龄等撰. 晋书[M]. 北京：中华书局，1996.

⑤ 《水经注・江水》记载："江陵县北有洲，号曰枚回洲……此洲始自枚回，下迄于此，长七十余里。洲上有奉城，故江津长所治，旧主度洲郡贡于洛阳，因谓之奉城，亦曰江津戍也."

⑥ 《通典》曰："江陵当雍、岷、交、梁之会，东晋、宋、齐 以为重镇。"东晋、南朝时期，南方的农业普遍有所发展，比较突出的地区是长江中、下游的荆、扬二州。扬州是东晋、南朝经济最发达的地区。三吴是东晋政府重要的基地，经济发达。南方的重要城市有建康、江陵、成都、番禺（广州）等地。杜佑纂. 通典：二百卷（影印本）[M]. 北京：北京图书馆出版社，2006.

⑦ 萧宝融（488—502年），字智昭，南齐的末代皇帝，今江苏丹阳人，齐明帝萧鸾第八子。公元494年被封为隋郡王，499年改封为南康王并任荆州刺史，驻守江陵。公元501年3月，萧衍发兵攻打萧宝卷，并且立萧宝融为皇帝；萧衍进入建康后，便将萧宝融于502年接入建康。同年，萧宝融封萧衍为梁王，不久萧衍以萧宝融名义杀害湘东王萧宝晊兄弟和齐明帝其他的儿子。不久萧宝融便被迫禅位给萧衍，南齐到此灭亡。萧衍即位后封萧宝融为巴陵王，在姑孰建立宫室供其居住；而不久萧宝融也被萧衍所杀.

⑧ 兰陵，位于鲁南的今苍山县兰陵镇，是中国古代名邑。据传由楚大夫屈原命名。"兰"为圣王之香，陵为高地，有"圣地"寓意。春秋时，鲁国在此设次室邑，战国时，楚国始设立县邑，荀子两任兰陵令。东汉、西晋末年，为避战乱，北方士族大举南迁。山东兰陵萧氏也渡江徙居江南。淮阴令萧整带着兰陵县的族人，避难至武进县的东城里一带，后在此及附近世代定居。317年，东晋元帝宣布可在江南地区建立侨郡、县，保持北方原郡、县名。318年，侨置兰陵郡、兰陵县于今江苏武进县境，兰陵郡领兰陵县（郡、县皆无实土）。在此生活了100多年后，萧家成为武进的望族，并诞生了齐朝和梁朝的开国皇帝齐高帝萧道成与梁武帝萧衍。梁武帝登基的502年，将武进县改名兰陵县，以示不忘祖籍地。后为区分，改名南兰陵郡、南兰陵县。

宁、南梁六州诸军事，控制长江中上游（图3-5），同时被封为湘东王，江陵是其领地首邑。公元549年萧绎效仿建康城扩建江陵城，设内城和外城，外城设城门十二座，均沿用建康城门名，城垣上建有战楼二十五座，气势宏大，城外用树木设周长七十里的栅栏，挖掘三重沟堑①。内城中建有"湘东苑"，是南朝著名的王家园林。《渚宫旧事》记载："湘东王于子城中造湘东苑，穿池构山，长数百丈，植莲蒲缘岸，杂以奇木。其上有通波阁，跨水为之。南有芙蓉堂，东有禊饮唐，堂后有隐士亭，亭北有正武堂，堂前有射堋，马埒。其西有乡射堂，堂安行堋，可得移动。东南有连理堂，堂前捺生连理……北有印月亭，修竹堂，临水斋。（斋）前有高山，山有石洞，潜行苑委二百余步。山上有阳云楼，极高峻，远近皆见。北有临风亭、明月楼。"萧绎在《咏阳云楼檐柳诗》中描写南梁宫女游园情景："杨柳非花树，依楼自觉春。枝边通粉色，叶里映红巾。带日交帘影，因吹扫席尘。指檐应有虑，偏宜桃李人。"据考证，湘东苑遗址在荆州城花台一带。杨宏烈认为，南北朝私家园林从汉代的宏大向中小型精致过渡，体现了老庄哲理、佛道经义、六朝风流和诗文趣味的影响。②

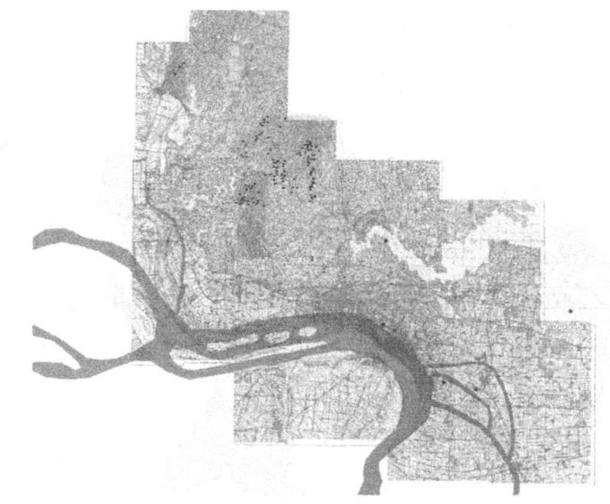

图3-4　魏晋南北朝时期荆州生活空间

来源：荆州市城乡规划局.荆州历史文化名城保护规划（2009年版）[R].根据附表资料绘制。

天正元年（公元552年），萧绎定都江陵，在内城东部建造宫城，包括皇宫和林苑（位于今玄妙观至小北门地带），其中大殿为龙光殿，藏书楼为阁竹殿，宫城东门为津阳门。居民区位于西部，城内实施里坊制度③，居民十余万人。萧绎熟读《老子》，在军事上实施无为政策，定都江陵仅三年国家灭亡，江陵城被攻陷时，皇帝将东阁竹殿所藏的十四万卷图书焚毁，与"焚书坑儒"并列为中国历史上两大文化浩劫。梁元帝府库收藏的珍宝还包括宋浑天仪，梁铜晷表，都被魏兵洗劫一空，公卿以下男女数万人被俘虏至长安为奴，老弱被杀害，江陵几乎成为废墟。

沙市在南北朝时期仍称江津，属南郡，梁代开始出现街巷，不仅有南方汉人聚居，还有北方少数民族迁来。李剑农《魏晋南北朝隋唐经济史话》载，江津是"胡商往来留止之所"，"蜀舟吴船欲上下者必于此停泊"。《北史·卷八十二·列传第七十》记载沙市青杨巷和白杨

---

① 《续修江陵县志·城池》载："梁武帝太清三年（公元549年）萧绎为荆州刺史，令于江陵城四旁七十余里树木为栅，掘堑三重而守之，设十二门，皆名以建康旧名。"

② "此园的建筑形象相当多元化，或倚山、或临水、或映衬于花木、或观赏园外借景，均具有一定的主题性，发挥点景和观景的作用。假山的石洞长达200余步，足见叠山技术已达到相当水平。看来湘东苑在山池、花木、建筑综合创造园林景观的总体规划方面是经过一番精心构思的。"引自：荆楚园林史略稿[M]//杨宏烈，刘辉杰主编. 名城美的创造[M]. 武汉：武汉工业大学出版社，1992.

③ 城内的居住区，在东魏、北齐以前称"里"，从东魏、北齐邺南城起主要称"坊"。

巷的故事[①]，称“世有两俊，白杨何妥，青杨萧翙”，何妥是胡人（西域人）后代，其祖父是南北朝时期经商入蜀地，后迁徙至荆州的胡人，萧翙（南兰陵人，今江苏武进人）是南方汉人，他们的家族都长期定居于江津，今天沙市仍留有青杨巷和白杨巷。

后梁宣帝大定元年 / 西魏恭帝二年（公元 555 年），萧詧[②]（南兰陵人，今江苏武进人）配合西魏攻占江陵，在江陵称帝，史称后梁。西魏封给萧詧荆州界内一块缘江的狭长土地，宽度不超过 300 里（魏晋一），萧詧驻守江陵东城，西魏主将带兵驻守江陵西城，以防萧詧势力发展。可见南北朝时期江陵东西城之间仍有分隔。后梁附属于西魏和北周，历时 33 年，公元 587 年被隋朝废除[③]。

3.1.7　隋唐汉人呵护保护江陵；唐代段文昌修筑段氏堤，多民族设计建造沙头市

隋代以前，华中地区的粮食和给养物资北运，多由荆州经杨夏水道入汉江，至洛阳和长安等地。隋代之后，京杭大运河全线贯通，国家政治中心东移，两湖地区漕粮多顺江东下，经京杭大运河运往京师。隋初至唐末的近 180 年间，中国政治中心西移，社会平稳过渡，荆州维持了长期和平，江陵城垣范围没有变化。开元年间（公元 713 年），江陵升为南都。唐天宝年间（公元 742—756 年）城市人口增长迅速，居住区的范围突破城垣，扩展至城外。天宝之后，荆州设节度使，称荆南镇，城内设有驻军。其中成汭驻守荆州十年（公元 888—898 年），通商务农，人口稳定增长。唐末军阀混战中，江陵城被损坏，人口锐减，城市凋敝。

隋朝初立，惧怕敌对势力再起，将众多城池平毁。公元 581 年江陵城城墙被毁。隋初取消郡治，地方行政区划的州、郡、县三级制被改为州、县二级制度，后改为郡、县二级制度，荆州被分为 22 个郡。隋代中期，国家漕运交通改善，手工业和商业发展，仓廪充实，社会安定，公元 615 年（隋大业十一年）炀帝颁诏：“今天下平一，海内晏如，宜令人悉城居，郡县骚亭村坞皆筑城”，江陵也在这次筑城大潮中得以修复。隋大业年间，陈惠[④]（今河南偃师市缑

---

① 《北史・卷八十二・列传第七十》记载：“何妥，字栖凤，西城人也。父细脚胡，通商入蜀，遂家郫县。事梁武陵王纪，主知金帛，因致巨富，号为西州大贾。妥少机警，八岁游国子学，助教顾良戏之曰：‘汝姓何，是荷叶之荷？为河水之河？’妥应声答曰：‘先生姓顾，是眷顾之顾？为新故之故？’众咸异之。十七，以伎巧事湘东王。后知其聪明，召为诵书左右。时兰陵萧翙，亦有俊才，住青杨巷，妥住白杨头。……西魏灭梁，何妥入后周，仕为太学博士，封为襄城县男。至隋统一中国，文帝受禅，升国子博士，加通直散骑常侍，进爵为公”。谢葵．上過廿四史的沙市古巷 [EB/OL]．2010-9-17．http://blog.sina.com.cn/xiekui．

② 萧詧（519—562 年）字理孙，南朝梁皇帝，公元 555—562 年在位。中大通三年（公元 531 年）封岳阳王，中大同元年（546 年）为雍州刺史。太清三年（公元 549 年），兄湘州刺史（河东王）萧誉为荆州刺史（湘东王）萧绎所攻，因率众伐江陵，败归，遂称藩于西魏。承圣三年（公元 554 年），西魏伐江陵，以师会之，江陵平，次年被立为梁主。西魏资之以江陵一州之地，上疏称臣，奉西魏正朔，是为后梁。永定二年（公元 558）遣王操掠取湘州长沙、武陵、南平等郡。卒谥曰宣皇帝，庙号中宗，有集十卷。

③ 由于萧氏历代奉北周、隋朝甚为恭谨，梁明帝萧岿（萧詧之子）之女为隋炀帝杨广的皇后，因此在后梁国废除后，萧氏在隋朝与江陵仍保有一定的政治影响力。黄恭发．荆州历史上的战争 [M]．武汉：湖北人民出版社，2006．

④ 陈惠，河南洛州缑氏县（今河南偃师市缑氏镇陈河村）人，儒学世家，东汉名臣陈寔（104—187 年）后代，祖父陈钦曾任东魏上党（今山西长治）太守，父亲陈康为北齐国子博士。陈惠在隋初曾任江陵县令，大业末年辞官隐居，此后潜心儒学修养。生有四子，二子陈素，早年于洛阳净土寺出家，以讲经说法闻名于世，号长捷法师。幼子陈祎，即玄奘法师，中国佛教法相唯识宗创始人，汉传佛教史上最伟大的译经师之一．

氏镇陈河村人）曾任江陵县令，大业末年辞官隐居。公元 618 年，后梁明帝萧督的曾孙萧铣[①]（南兰陵人，今江苏武进人）复辟隋后梁，自巴陵（今岳阳）徙都江陵，年号鸣凤。

公元 621 年（唐高祖武德四年）李渊命李孝忠、李靖攻打萧梁，围攻江陵，萧铣降唐，被斩于长安。公元 624 年（武德七年），玄奘法师在荆州天皇寺讲《摄论》《杂心》，淮海一带名僧闻风来听。

唐代初期实行州（府）、县二级行政区划，在重要地区置都督府，兼理军民。公元 627 年（贞观元年），唐太宗依山川形势划全国为十道[②]，实行道、州（府）、县三级行政管理制度。唐贞观六年（632 年），太宗下令裁并都督府，仅保留并州、荆州、扬州和益州四大都督府，全国共设 360 州，下辖 1557 县。江陵属山南道江陵县，如：《新唐书・地理志》记载："山南道，盖古荆、梁二州之城"，同时荆州都督府治所设于江陵城。都督府裁并后，原利州府都督武士彟[③]（并州人，今山西省文水县人）被调往荆州府任大都督，武士彟在荆州"宽力役之事，急农桑之业"，"奸吏豪右，畏威怀惠"，唐太宗李世民为其题辞"善政"。隋唐时期，杨水两岸因地势低洼，经常受涝。公元 634 年（贞观八年），荆南节度使、曹王李皋[④]（陇西成纪人，今甘肃省静宁县人）组织人力修缮古堤决坏处，将北海储水的低洼地筑堤围垸，以防涝浸，得良田五千顷，"亩收一钟，地在江陵东北七十里处，盖即北海故址"（《新唐书》）。"亩收一钟"约为 250 公斤，在唐代是一个相当高的单位产量[⑤]。贞观九年（公元 635 年），武士彟病逝，杨氏夫人带着三个女儿扶武士彟灵柩北上山西文水，其后寄居在沮漳河入口筲箕洼（现荆州区李埠镇筲箕洼村）。

唐贞观十年（公元 636 年），唐太宗改封赵王李元景为荆王和荆州都督，治江陵，稳固军事，发展农业。公元 637 年（贞观十一年），武则天被唐太宗李世民选入宫中为"才人"，从荆州城老南门外御路口启程进京。唐代荆州建造铁女寺，纪念并演绎武则天在荆州百炼成钢的故事。武则天称帝时，任用了两位与荆州有关的人才为相，一位是张柬之，一位是

① 萧铣（583—621 年）：隋末唐初地方割据势力首领，南朝梁宗室，为西梁宣帝曾孙，祖父萧岩为西梁明帝萧岿之弟。隋朝仁寿五年（605 年），萧铣之叔伯姑母被隋炀帝册立为皇后，即萧皇后。萧铣遂被任为罗县县令。大业十三年（617 年），萧铣在罗县起兵，自称梁公。十月，称梁王，年号鸣凤。唐朝武德元年（618 年）四月，在岳阳称帝，国号梁，建元鸣凤，置百官，均循梁故制。其势力范围东至九江，西至三峡，南至交趾（越南河内），北至汉水，拥有精兵 40 万，雄踞南方。唐朝武德四年（621 年）兵败降唐，押往长安被斩，时年 39 岁。

② 其余五道为：关内道、河南道、河东道、河北道、山南道、陇右道、淮南道、江南道、剑南道和岭南道。

③ 武士彟（577—635 年），并州（今山西省）文水县人。曾在晋阳城（今山西太原市）做木材生意，隋末与晋阳城最高行政长官李渊结识，李渊任命他为"鹰扬府队正"（即府兵制军队里下等军官职务）。公元 617 年，李渊在晋阳起兵，武士彟以他的财力鼎力支持，被委任为大将军府司铠参军。次年，李渊建立唐朝，武士彟因功劳被拜为光禄大夫，封为太原郡公，跻身于唐朝 14 名开国元勋之列，后官至工部尚书，封为应国公。武德三年（公元 620 年），武士彟原配夫人相里氏（育四子）在文水去世，唐高祖李渊以隋朝宗室贵族遂宁公杨达之女为其续弦，封杨氏为应国夫人。婚后杨氏夫人为武士彟生下三个女儿，武则天为老二。唐贞观六年（公元 632 年），唐太宗李世民下令裁并都督府，武士彟任职的利州府也在被撤之列，被调往唐朝四大都督府之一的荆州府任大都督。贞观九年（公元 635 年），太上皇李渊驾崩，武士彟闻讯哮喘痼病恶化，吐血而死，武则天约十一二岁。

④ 李皋（733 ~ 792 年）唐宗室，字子兰。天宝十一载（公元 752 年）嗣封曹王，由都水使者迁左领军将军。曾任衡州、潮州刺史，所至有善政。建中三年（公元 782 年），为江南西道节度使，拔擢牙将伊慎等为大将。会李希烈叛，他率军进讨，收复黄、蕲等州，屡战有功。转任江陵尹、荆南节度使，在江陵（今属湖北）修复古堤，开辟良田王千顷。曾设计制造战舰，用肢踏木桦为推进机，航行速度加快，宋代称为"车船"。

⑤ 该观点引自：陈家泽．杨水之四：水攻与水防（上）[J]．荆楚纵横，2007（6）.

岑长倩。张柬之（襄阳人）曾任荆州长史、洛阳司马、侍郎等职，后经狄仁杰推荐入相。岑长倩（江陵人）是宰相岑文本的侄儿，由叔父养大，任相时权力仅次于武则天的侄儿武承嗣。

公元713年（唐玄宗开元元年），全国在道、州（府）、县的基础上，增设五都十府。五都包括：上都（西都）长安，东都洛阳，北都晋阳（今山西太原），中都河中（今山西永济）和南都江陵（今荆州古城），江陵是中国南方唯一的陪都。为区别于一般的州，诸京都（包括新建的陪都）和皇帝驻跸之地改置为府，如：长安所在的雍州改称京兆府，洛阳所在的洛州改称河南府，晋阳所在的并州改称太原府，河中所在的蒲州改称河中府，江陵所在的荆州改称江陵府。

天宝十五年（公元756年），为平定"安史之乱"，唐玄宗命诸子分领天下节制，以永王李璘（陇西成纪，今甘肃省静宁县人）为山南东路、岭南、黔中和江南西路等四道节度采访使，镇江陵，此时"江、淮租、赋山积于江陵"[①]，江陵成为江淮流域的贡赋囤积地。公元756年（唐肃宗至德）年间，荆州设置节镇，称荆南镇，成为道一级行政区，江陵府尹兼任节度使。荆南镇领沣、朗、峡、夔、忠、归、万等八州，大体包括今荆州以南、宜昌以西到重庆以东、湖南常德以北的地区，还曾一度扩大到湖南的岳、潭、衡、郴、邵、永、道、连等八州，高峰时驻军3万余人。公元760年（唐肃宗上元元年），诏令江陵为南都，荆州为江陵府，行政建制比照长安和洛阳，驻永平军，以遏制吴、蜀。公元803—850年，荆南镇共有16个节度使，其中有7人在出任前曾做过宰相。

公元626年（武德末年）至761年（天宝末年）共135年中，荆楚地区没有战争，社会没有动乱，人民生活和平安定，"累世不识兵革"[②]。荆州农业发展，城防增强，人口大幅增长。公元639年（贞观十三年），荆州有10260户，人口40958人。公元742年（天宝元年），荆州有30192户，人口达148149人。103年中，人口增长2.5倍[③]。唐天宝（公元742—756年）之后，江陵"井邑十倍于初"，与长安、洛阳、扬州和成都并称全国五大都市，城市人口号称"三十万户"。

唐代江陵城比现存城垣略大，分为内城和外城。内城建有王宫、尹府等政治机构的大型建筑，以及达官贵人的宅院园林。外城东、南、西、北四面皆有城门，城门上均建有城楼。城外南北两郭也十分繁华，向南为长江岸埠，向北有通往京、洛的大道，不少民间交易场所辟于郊外，形成了以旧城为中心，辐射郭外新城区的格局[④]。公元763年（唐代宗广德元年），55岁的颜真卿被拜江陵尹兼御史大夫，上《谢荆南节度使表》致谢请辞，称："荆南巨镇，江汉上游，右控巴蜀，左联吴越，南通五岭，北走上都。"

隋代以后江道南摆，江津接替江陵成为港区和交通枢纽（图3-5）。唐代设有水陆相兼

---

① 刘昫等. 旧唐书·列传第五十七·玄宗诸子[M]. 北京：中华书局，2000.

② 参考：马雅莉. 唐代荆州政治经济变迁探析[D]. 南京：南京师范大学，2012.

③ 李文澜. 湖北通史·隋唐五代卷[M]. 武汉：华中师范大学出版社，1999.

④ 关于中国唐代城市与商业的关系，参见克雷蒙·皮埃尔与艾曼纽·派赫纳特与克雷蒙-夏普特·苏菲合作完成的《模糊的依赖：中国城市与商业》：CLEMENT P，PECHENART E，CLEMENT-CHARPENTIER S. L'Ambiguïté d'une Dépendance，la Ville Chinoise et le Commerce[R]. 1984.

的驿站，江津是南丝绸之路上重要的驿站和繁盛的鱼米市场，杜甫称其“结缆排鱼网，连樯并米船”。由于航运发达，商贾云集，“海客”胡商来江津聚居，形成集镇，又增设市令，因此改名沙头市。元稹[①]诗形容：“江馆连沙市，泷船泊水滨”。

图 3–5　唐宋时期荆州与长江的关系
来源：荆州市规划设计院相关资料绘制。

沙头市范围在江津基础上有所扩展，西至菩提寺（今荆沙村），东至龙堂寺（今喜雨巷），北抵塔儿桥一带，南滨长江，市中心位于今天便河的通江穴口[②]，元稹的诗《送友封二首》记载“惠和坊里当时别，岂料江陵送上船”描述的就是长江船只从沙市便河口连通至江陵城下的情景[③]。公元 773—836 年之间，荆南节度使段文昌[④]（齐州临淄人，今山东临淄人）在沙市修筑大堤，后人称为段公堤，堤旁建有菩提寺，又称段堤寺（今荆沙村处）。市人依堤列肆，形成“堤下连樯堤上楼”“十里津楼压大堤”的盛况。

唐末军阀混乱，江陵城遭破坏。兵荒马乱之中，各路军阀纷纷抢占这块战略要地。公元 888 年（文德元年），戍荆南的蔡州军校成汭[⑤]（原名郭禹，山东青州人）被唐昭宗任命为荆南留后，初到时居民“止有十七家”，经他“励精图治，抚集凋残，通商务农”，十多年后，到公元 903 年（唐昭宗天复三年）“殆及万户”。武安节度使马殷（许州鄢陵人，今河南鄢陵人）和武贞节度使雷彦威（武陵人，今湖南常德人）掠得江陵，“狡狯成性”，“常泛舟焚掠邻境”，以致“荆鄂之间，殆至无人”[⑥]。

3.1.8　南平国高季兴设计建造江陵，倪可福修筑寸金堤、呵护保护沙头镇

五代十国时期，高季兴（今河南三门峡东南人）向后唐称臣，初到荆州时，“城邑残毁，户口凋耗”，《资治通鉴》卷二百六十五记载：他“安集流散，又收用一些文武官员作辅佐，

① 元稹元和四年（公元 809 年）为监察御史。因触犯宦官权贵，次年贬江陵府士曹参军。

② “沙市便河的通江穴口堵塞年代虽然史无记载，但从北宋的史料和诗文分析，官员经长江往来荆州必先至沙市中转，蜀船物资至沙市后需换船北上，说明便河与长江已为堤防隔开。而唐代的史料和诗文则多是明确地指向江陵”。以上解释引自：陈家泽.《杨水》之一：水域与水系 [J]. 荆州纵横，2007（2-3）.

③ 本诗词记载转引自：陈家泽.《杨水》之一：水域与水系 [J]. 荆州纵横，2007（2-3）.

④ 段文昌（773—836 年）字墨卿，一字景初，籍贯齐州临淄，世居荆州，唐穆宗时著名宰相，武则天曾侄孙，晚唐著名诗人武元衡的女婿。他出身官宦世家：高祖段志玄隋末从李渊起兵，授右领大都督府军头，陪葬昭陵；祖父段德皎，赠给事中；父亲段锷，是支江县宰，后任江陵县令。段文昌著有文集 30 卷，诏诰 20 卷，食经 50 卷，均收入《新唐书艺文志》，并传于世。

⑤ 成汭（？—903 年），原名郭禹，山东青州人，唐末五代时任荆南节度使。早年浪荡，因醉酒杀人，遂落发为僧，亡命天涯，改名“郭禹”。当时荆南遭兵祸，人口顿减。唐僖宗朝，担任蔡州军校，领本郡兵戍荆南，主帅以其凶暴，欲加害之，成汭逃奔至秭归。成汭割据归州，重用贤士贺隐，勤政爱民，招集流亡人士，减免赋税，养兵五万人，称雄一方。彦若有诗：“南海黄茅瘴，不死成和尚”。后朝廷任成汭为荆南节度使，后又封检校太尉、中书令、上谷郡王。

⑥ 该段历史记述引自：黄恭发. 荆州历史上的战争 [M]. 武汉：湖北人民出版社，2006.

暗中准备割据，民皆复业"。公元906年（唐天祐三年），高季兴派驾前指挥使倪可福在江陵城西门外筑"寸金堤"，是荆州历史上第三次加固荆江堤防[①]。公元907年（后梁太祖开平元年）朱温拜高季兴为荆南节度使，拥有仅江陵一城之地。此时沙市属于南平国沙头镇。

公元914年（后梁乾化四年），蜀水军攻荆南，荆南大将军倪可福在江陵城南淤滩上筑堤，东延沙头堤，以阻挡蜀战舰巨筏的攻击。公元917年，高季兴组织民众修筑从禄麻山经江陵至潜江境内的堤防，以障襄汉之水，当时人称之为"高氏堤"（今长湖库堤前身）。公元924年（同光二年）高季兴受后唐封为南平王，又受东吴封为秦王，以江陵为国都，数月间砌成一座完整的砖城。砌墙所用的砖均为东汉至隋唐时期的墓砖，为荆州城用砖之始，城垣构筑方式发生质变。公元926年后（后唐天成元年），又在城内西面增筑子城以自固，内造王宫，建楼于子城东门上，名曰江汉楼。

公元928年（后唐天成三年），高季兴长子高从诲继位，被东吴封为荆南节度使。公元930年（后唐长兴元年），后唐封高从诲为节度使，追封高季兴为楚王；后两年，又封高从诲为渤海王、南平王。公元943年，高从海在江陵城西南角凿池建亭，沿用城东南有渚宫之名，是南平国的御花园；此外还建有寺庙园林，如：僧伽妙应塔、梓杞堂。

高氏先后两次开凿护城河，多次疏浚水系，使江陵水城风光更为突出，古仲宣楼就是当时城墙公园的园林建筑。高从诲生日时（公元891—948年），"大陈战舰于楼（荆州城仲宣楼）下"，说明当时江津口可通船只于江陵城东门下。945年，高保融复修江陵以北的高氏堤，长7里，改名北海。至此荆江大堤历经六次修筑，南平国时期就有四次。

南北朝时期，东吴及南唐与中原对立，封锁江淮漕路，南北通商多路过江陵（图3-13），因此江陵商税颇丰，成为当时中国最大的茶市。南汉、闽、楚归附中原，各国进贡都通过荆南到达中原，高季兴、高从诲常掠取过路使者财物，《新五代史·南平世家》记载："俚俗语谓夺攘苟得无愧耻者为赖子，犹言无赖也，故诸国皆目为'高赖子'"。南平（荆南）国从五代时期维持到北宋，从公元907年高氏占据荆州到公元963年，传四世五主、历五十七年而亡。

3.2 战国到五代十国时期荆州城市空间营造特征分析

战国到五代十国时期，荆州的城市营造先后集中在三个区域：秦汉郢城，汉魏至五代十国江陵和唐代沙头市。郢城是秦汉时期的南郡治所，江陵是东汉和东晋时期中国南部重要的州府治所和商业都会，南北朝时期成为梁朝国都，唐代定为南都，五代十国时期又为南平国都。沙市自东晋开始，由于漕运发展首次建城，南北朝时期出现街巷；唐代长江岸线南摆，江陵港口下移，沙市依堤列肆，形成繁华的码头集镇。三个城市（镇）的规模和职能不同，营造特征各不相同。

① 荆州第一次的堤防工程始于东晋桓温修筑的金堤，唐代段文昌又在沙市筑段公堤。

3.2.1 秦文化影响下的郢城

1. 秦文化的特征

战国初年，最有实力的“战国七雄”——齐、楚、燕、韩、赵、魏、秦和强大的越国致力于国家内部治理，招纳贤能。战国中期，各国一方面巩固中央集权，加强军备，改革图强；一方面在外交上争取“合纵”“连横”，形成“邦无定交，土无定主”的混战局面。战国后期，秦昭王用范雎为相，采用“远交近攻”之计，破坏“合纵”。公元前 221 年（秦始皇二十六年），秦国完成“秦王扫六合”的统一大业，形成“海内为郡县，法令由一统”的国家。

战国时期，文化和思想学术百家争鸣，创造了辉煌的先秦文化。其中两大文化主体——楚文化与秦文化在战国和秦汉时期交替发展，可以与古希腊和古罗马文化的演化过程相类比。楚文化的基础是关注天人关系的浪漫主义和人本主义：体现为以德行仁的王道，贵族世袭的分封制度和民间的重商传统；注重相天法地的景域规划，偏重营造灵动轻盈的干阑建筑。秦文化的基础是注重人地关系的理性主义和实用主义：依靠富国强兵的霸道①和普施明法、重农抑商的政策制度立国；注重经天纬地的国土规划，偏重营造气势宏伟的高台建筑。秦国从春秋时期的小国发展成为战国末期的强国，征服了中原和楚地，楚文化则依靠强大的渗透力在秦代之后绵延流长，成为汉文化的重要组成部分，影响了中国都城尤其是南方城市的营造。荆州作为楚文化的发祥地和极盛时期的中心城市，如同古希腊的城邦遗址一样，见证了秦楚政权的更替历史和楚文化的浴火重生。

2. 郢城的营造特征

公元前 278 年，秦将白起拔郢，从地面建筑到地下墓葬都毁灭殆尽，纪南城从此荒芜。秦代分郢置江陵县，属南郡，在纪南城东南约 2.5km 处筑郢城，为南郡治所。今荆州城东北 3km 处的郢城城垣呈正方形，边长约 1.4km，黄土夯筑，面积约 $2km^2$。城垣四周各有城门一座，城外有护城河环绕。城内有 16 座夯土台基，有的呈正方形，有的呈长方形（图 3-7）。从郢城内现有的考古发现看，其最底层遗存为战国末期，最上层遗存为东汉时期。关于郢城的性质，有三种观点，第一种认为是楚平王时修筑的郢都之郊卫城，第二种认为是楚别邑，第三种认为是秦汉郡县。本书认为，郢城应当是战国后期楚人修筑的军事卫城，后由秦人改建为南郡治所，并保存至东汉。

楚人的国土规划和都城规划集中于春秋时期，在相天法地的原则下，有其严格的南北和东西景域轴线，但开始并不重视防御建筑和防御城市的修建，纪南城城墙的维护尚且需要令尹的临终叮嘱②，在郢都之郊主动营造军事卫城的可能性更小。因此，笔者若认为《左传·昭公二十三年》中记载“楚囊瓦为令尹，城郢”中的“城”是修缮城池，而非另建城池。

战国后期，政治局势变化，楚国不得不加强国防，不仅在郢都北部修筑了楚方城，而且可能在东部增修了防御性城池“郢城”，因此形态较为规整。战国末期秦人入侵，郢城遭

① 关于楚文化与秦文化的差异，详见：王勇．楚文化与秦汉社会 [M]．长沙：湖南大学出版社，2009.

②《左传·襄公十四年》：“楚子囊还自伐吴，卒。将死，遗言谓子庚：‘必城郢！’”

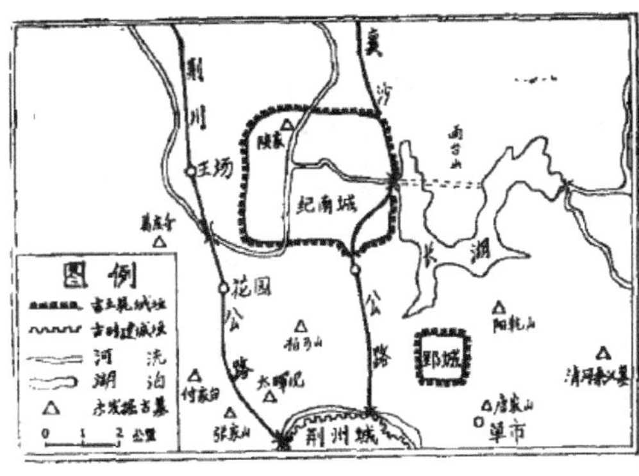

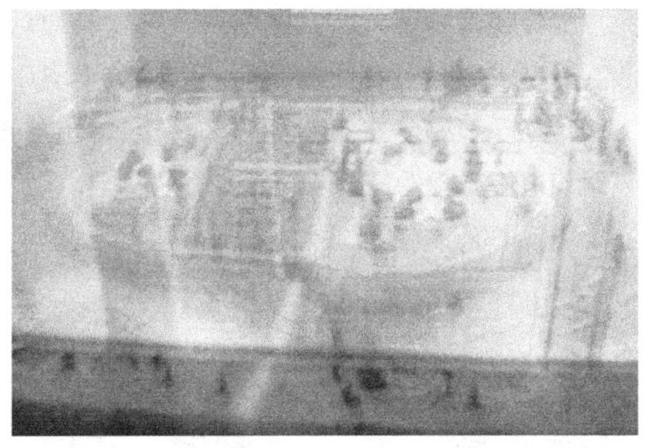

图 3-6 秦汉郢城位置（左）、秦郢城复原模型（右）

左图来源：江陵文物局．江陵阴湘城的调查与探索 [J]. 江汉考古，1986（1）.

右图来源：荆州市博物馆，2005.

到破坏，因此考古发掘到的战国时期生活遗存较少[①]。我们之所以认为秦人不可能修筑郢城，而是沿用郢城为南郡治所，一方面由于秦国的城市营造技术并不成熟，也没有营造城池的传统[②]；同时秦国一统天下之初，为了实现政治和军事上的霸权，毁坏城池居多，不主张修筑地方城池[③]，更不会在攻陷楚都后又修筑一座郡县级城市。

从荆州博物馆的考古研究成果看，郢城内由一条河道分隔为南北两部分，北区中心与南区南部的夯土台比较集中。河道与南部夯土台基之间分布有密集的居住区。城市路网以一条南北向主干道为轴线，两条支路对称分布，通往东西居住区。城内河道属于楚文化的特点，夯土台上可能是郡县治所，道路沿南北轴线对称分布，体现秦汉时期的格局。

郢城中的居住区由主干道分隔为东西两区，对称分布，每区面积等于一个“里”，规整修直的里巷直接到达住宅院落，建筑排列整齐，闾门可能已消失，反映了楚国闾里制度的结束和汉代里坊制度的开始[④]。

3.2.2 楚文化延续下的江陵城

1. 楚文化延续时期的特征

汉朝末年，楚文化中的巫文化和老庄学说结合，形成道家思想。东汉时期佛教传入江

① 正如刘彬徽先生提出郢城“乃指秦汉时之郢县，王莽时改曰郢亭、东汉并入江陵，此后荒废，留下了至今仍存的郢城遗址。后人看到有此郢城遗址，便误以平王城郢指的是这个郢城，岂不是出于对这个郢城的‘郢’字的误解吗？”刘彬徽．试论丹阳和郢都的地望与年代 [J]. 江汉考古，1980（1）: 54.

② 如张良皋先生在《秦都与楚都》一文中分析，秦都的营造大量参考了楚都以及中原各国的营造思想，包括国土规划的思想，秦咸阳尚且没有形成规整的形态，可见秦文化在城市营造的思想上并不成熟，也没有营造城池的传统积累。参见：张良皋．秦都与楚都 [J]. 新建筑，1985（3）: 62-64.

③ 据《史记·楚秦之际月表之四》记载：“秦既称帝，患兵革不休，以有诸侯也。于是无尺土之封，堕坏名城，销锋镝，锄豪杰，维万世之安。”可见当时的始皇帝主张毁坏列国城墙，因此秦人新建郢城，既没有建造依据也没有营造理由。原思想陈述源自：贺杰．古荆州城内部空间结构演变研究 [D]. 武汉：华中师范大学，2009: 16. 引文引自：司马迁．史记·楚秦之际月表之四 [M]. 北京：中华书局，1959.

④ 里是封闭的居住单位，闾是里的门，因此春秋战国时期称为闾里制度。汉长安城中有闾里，里内是一些排列得很整齐的住宅院落，书上记载为“门巷修直”。汉魏洛阳城内有 320 个里，每里为一华里见方，以围墙形成封闭性，因此汉代称为里坊制度。

陵，中外高僧来此传教，译经者云集，成为长江中游最早的译经地。东汉初期经学家、文学家南郡太守马融在江陵城南设帐讲学（图 3-7），传播儒家思想。东汉末年刘表任荆州刺史，开办学校，学生 300 多人，形成著名的荆州学派，发展谶纬神学和玄学，推动了魏晋时期儒道佛思想的结合[①]。魏晋时期私学因袭，官学时兴时废。公元 480 年（建元二年），南齐萧嶷（豫章王）在江陵城开馆立学。梁代萧秀（安城王）在荆州设立私学。公元 547 年（太清元年）江陵设立州学。

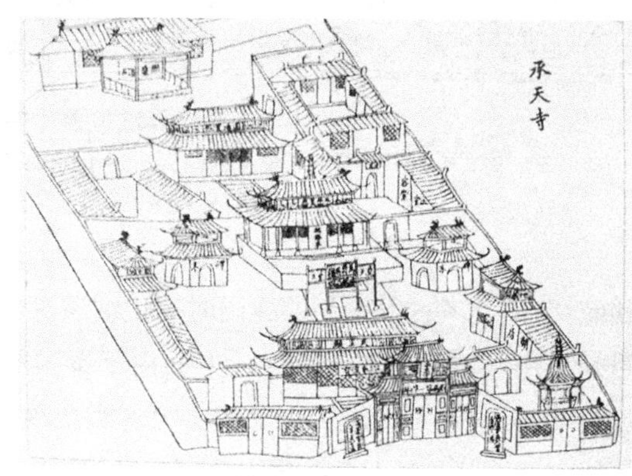

图 3-7　荆州绛帐台遗址（左）、承天寺图（右）

来源：张俊编著 .《荆州古城的背影》[M]. 武汉：湖北人民出版社，2009.

魏晋时期，江陵是佛教传播中心，寺庙修建频繁。东晋永和年间（公元 345 ~ 357 年），名士罗含以自己的住宅为基础修建承天寺，据历史记载，承天寺庭园兰竹茂盛，建筑宏伟，号称“荆南第一禅林”[②]，自东晋至清代一直是荆州城内最大的佛寺，日军侵华时被炸毁，遗址在钟鼓楼一带。公元 377 年（太元二年），桓温之弟桓冲（樵国龙亢人，今安徽怀远人）任荆州刺史，建荆州玉泉寺。根据《法苑珠林》记载，玉泉寺面阔十三间，只用二行柱，通梁五十五尺，柱顶承梁之木重叠，一直到唐代没有损毁，可见江陵佛寺采用当时先进的全木构架技术，规模甚大[③]。南朝梁元帝喜好佛教，亲建天宫、天居二寺，供养千僧。梁代还建有：天皇、瓦寺、大明、开圣、抵垣、宝光六寺。魏晋南北时期荆州寺观众多（表 3-2），

① 高介华先生在《楚国的城市和建筑》中总结，“在中国历史上，南方都市在中国传统文化的自我保持与自我更新方面的特殊地位是不可替代的。中国南方都市中所蕴含的融合于汉文化之中的楚文化因子，对后世南方文化格局的形成产生了积极的效应。”“透过中国历史文化的演进轨迹，人们惊奇地发现，秦汉以降的中国南方都市不只派演出巫觋文化、傩文化、道教文化、南方佛教文化和江南士族文化，还包孕了近代湖湘文化、海派文化、岭南文化、闽台文化及西南高原文化。尤其不可忽略的是，南方都市在江南商品经济发展与资本主义萌芽、近代戊戌维新、辛亥革命、现代新民主主义革命乃至当代社会主义经济文化建设等重大历史变革中，都发挥了极其重要的作用。然而，这种作用的文化渊薮，则不能不追溯到楚国历史文化与中国南方都市的浸染、渗透与泽被；同样，也不能不追溯到上古中国南方都市对楚文化以及其他诸文化的集结、化合与辐射。”引自：高介华，刘玉堂. 楚国的城市和建筑 [M]. 武汉：湖北教育出版社，1996：466.

② 此段关于荆州园林发展的分析源自：荆楚园林史略稿 [M]// 杨宏烈，刘辉杰主编. 名城美的创造. 武汉：武汉工业大学出版社，1992.

③ 据《法苑珠林 · 伽蓝篇 · 感应部 · 卷五十二》记载，东晋时，桓冲为荆州牧，建荆州玉泉寺，其“大殿一十三间，惟两行柱，通梁长五十五尺，栾栌重叠，国中京冠……自晋到唐曾无亏损”。

如唐代诗人杜牧在《江南春》中描述的“南朝四百八十寺，多少楼台烟雨中”。公元561—578年北周武帝灭佛，江陵境内佛寺基本被毁，仅天皇寺等少数寺庙幸免。隋唐时期，江陵城又大兴土木，道观寺庙林立，延续了楚文化象天法地的营造境界和天人合一的营造思想。

2. 江陵城的营造特征

东汉至南北朝时，荆州的城市营造活动集中于江陵，体现了楚文化向汉文化转化的过程。

（1）江陵的选址延续了楚人象天法地的营造境界。从航拍图可见，今天荆州古城大北门和胜利街位于楚郢都宫殿区的正南面，是郢都南北轴线的南端点，因此我们推测江陵城西北部是楚渚宫和汉江陵城所在。楚郢都的宏大轴线北起宜都楚皇城，穿过纪山、纪南城（郢都）直到南端的渚宫，渚宫位于南方朱雀位，具有护卫皇城的意象。同时轴线向北延伸，有驰道通往周王城洛阳（又称成周，东周称雒邑，汉代称雒阳，曹魏称洛阳）。唐代杜佑的《通典》[①]卷183载：“（江陵）地居洛阳正南，章帝徙巨鹿王恭为江陵王，三公上言，江陵在京师正南，不可以封，乃徙为六安王。”可见东汉时期江陵城的重要地位。而西晋、隋唐时期的历史表明，正因为江陵城的选址特殊，又有便捷的交通通往中原，所以国都的东移和南移直接带来它的繁荣。在郢城衰落后的1200年间，江陵仍体现着楚人的营造境界和城市选址的价值。

（2）汉至魏晋时期江陵城的大量宗教建筑和学院建筑（表3-2）体现了楚文化的生命力和学术价值。江陵北部的纪山寺自春秋时期开始就是楚祖庙所在。战国时期江陵与楚纪南城为一体，属于楚文化中心，巫文化和老庄学说盛行，沙市江渎宫为三闾大夫屈原祭祀江神之处。东汉至南北朝时期，荆州学派发展，延续楚文化的传统，成为中国南方的宗教中心（图3-8）和学术中心。

图3–8　1933年承天寺大门和天王殿

来源：张俊．荆州古城的背影[M]．武汉：湖北人民出版社，2009.

① 杜佑．通典：二百卷（影印本）[M]．北京：北京图书馆出版社，2006.

魏晋南北朝荆州寺观一览表 **表3-2**

名称	地点	备注
金枝寺	在郝穴下20里	三国时建，是江陵县内第一座佛寺，乾隆时期重修，现存有唐岑文本碑记
承天寺	在清时荆州驻防界城内	晋永和（344—361）中建。其基址为罗含故宫
长沙寺	在城北	晋永和（345年），郡人腾畯捨宅建。畯，长沙太守，因名长沙寺
牛牧寺	在城东20里	晋建，久废。《宋书·王镇恶传》：义熙八年，镇恶袭刘毅。毅投牛牧寺，谥而死
河东寺	不详	晋建。陈末隋初，有名者2500人，自晋至唐，从无亏损。殿前塔，宋衡阳王义季所造
白马寺	在城东80里	晋沙门安世高建。久废
增口寺	在城西南增口	齐建。《江陵志余》：唐段文昌，少贫穷，寓江陵，每听曾口寺齐钟，就想进餐
竹林寺	不详	《南齐书·和帝纪》：中兴元年（501年）五月乙卯驾车幸竹林寺，禅房宴群臣
天皇寺	在城东草市	梁天监（502—549年）中建。明洪武修复。元赵孟頫金书孔雀经
瓦工寺	不详	《梁书·后妃记》：世祖徐妃葬江陵瓦工寺
祇洹寺	不详	通鉴：梁元帝曾宿此
陟屺寺	在城东北30里	晋建
天居寺	不详	梁承圣（552—555年）中建。久废。《宋书·王僧辩传》：武陵王拥众上流。僧辩北诏西讨。应驾出天居寺，践行
天宫寺	不详	梁承圣（552—555年）中建。久废。《法苑珠林》：梁元帝造天宫、天居二寺，共有千僧，自讲法毕
大明寺	在城北	后梁大明八年（464年）建，久废。大明仍古佛住处
开圣寺	在纪山	梁建，久废。《江陵志余》：梁宣明帝八百寺之一也
四曾寺	不详	《法苑珠林》：宋沙门竺慧炽住在江陵四曾寺。永初二年（421年），卒

来源：贺杰．古荆州城内部空间结构演变研究[D]．武汉：华中师范大学，2009：16.

（3）江陵城的规模体现了楚人“制城邑若体性”思想。楚国是春秋时期实施郡县制度最早的国家，战国时期随着国力增强，郡县制趋向完善，城邑营造的规范开始实施①。楚国境内的城邑采用“体性论”的思想控制规模和功能。据《国语·楚语》记载，楚大夫范无宇向楚灵王提出“体性论”，他认为：“且夫制城邑若体性焉，有首领、肱股至于手、姆、手脉。大能掉小，故变而不勤”，即以人体大脑和四肢的关系类比都城和城邑的关系，认为“国有大城，未有利者”，地方城市规模过大，据城者的实力可能过大，一旦“大能掉小”，可能据一城而发难。因此楚国一方面大量扩张领土和建设城邑，一方面严格限制城邑等级规模。楚国的地方城市根据功能不同可分为：县邑、封君邑和一般城邑。根据高介华先生对楚国33座地方城邑的统计分析，楚国地方城邑的面积多在10hm^{2}到50hm^{2}之间，主要用于争城略地和商贸往来，规模远远小于都城和别都，形制基本为方形，因此建设耗资少，周期短，易于管理。依据“制城邑若体性”的思想，战国江陵城邑应当在两个“闾里”范围之内，

① 参见：高介华，刘玉堂．楚国的城市和建筑[M]．武汉：湖北教育出版社，1996.

面积不超过 34.6hm^2。① 根据楚郢都皇城的位置，可推测其南部相连的江陵城邑位置应在今通会桥路以西至三义街，荆州北路以南至荆州中路（一个里）或便河路南端（两个里）的范围内。初期面积应在一个里（约 17.3hm^2），后期可能扩展至两个里的面积（约 34.6hm^2），其护城河可能为今天通会桥以西和三国公园以东的水面。

（4）汉代至魏晋时期江陵城的居住空间布局延续了楚国的闾里制度。根据历史地图和卫星航片判读，汉代江陵城相对于战国江陵城邑有所扩展，扩展后的范围可能位于今天荆州古城荆州市实验中学东北至荆州区林业和草原局西南。当时长江码头位于今天荆州古城南门，码头的聚集作用将城市向东南侧牵引，扩张至四个“闾里”，也就是 1.664km 长，1.664km 宽。其后江道南摆，江陵城继续向南和向西扩展，其东西长 4 里（0.416km × 4），南北宽 2 里（0.416km × 2），基本符合 8 个“里”的大小。荆州周围出土的汉代文物 ② 说明，城内已出现十人以上联合经营和聚居的商业街巷，称为“市阳里”，证明汉代江陵城仍以“里”为单位管理街巷。魏晋时期江陵居民区位于西部，居民区内建坊 ③，闾里制度转化为里坊制度，得以延续。

三国时期，关羽在汉江陵东南增修城池，仍以“里”为模数营造，但由于防御需要，关羽城采用了正方形的外形和十字路网结构，因此形成边长 0.832km、由 4 个“里”构成的田字形卫城，大致相当于清代江陵满城西部的位置和范围。晋代桓温将西部的汉江陵和东部的关羽城合二为一，保留隔墙，扩建外墙，因此在南北深度和东西长度上均有所扩展，可能等于 1788 年清江陵城缩减之前的面积，约 24 个里的范围，与今天荆州古城的面积相比，多出约 4 个里的范围，主要位于古城东北角地质不稳定的区域。其中桓温在汉江陵和关羽城之间修筑的金城，即今天由荆州盆景园东南至三峡宾馆水面西北的范围，俗称“城中城”，也是南朝梁元帝的宫殿所在，由卫星航片判读，规模相当于 1 个里的范围，后期可能向东南拓展至 4 个里。

（5）汉江陵城的城垣营造体现了楚文化中率性自为、私好乡里的特点。从江陵城的城垣变迁看，关羽城在江陵旧城东南，桓温合并汉江陵和关羽城为一城，梁代萧绎加筑外城，南平国高季兴用墓砖修城，都展现了楚人不拘一格、因地制宜的筑城方法：一方面疏于城防，易于失守；一方面布局灵活，文化多元。东汉末年刘表在荆州接纳北方流士，西晋初年刘弘在此安抚流民，东晋末年北方移民再次迁入，城市人口得到补给，但没有形成对立，反而带来文化繁荣 ④。

---

① 根据《春秋・谷梁传》宣公十五年（前 594 年）载：“古者，三百步一里，名曰井。”《汉书・食货志上》说：“六尺为步，步百为亩，亩百为夫……” 可知：一步六尺，则一里三百步为 1800 尺。由于秦周时期，一尺的长度相等，均为 0.231 米，由此可算出一里等于 1800 尺为 415.8 米，约 0.416km。一个里的面积约为 17.3hm^2。

② 详见：贺杰．古荆州城内部空间结构演变研究 [D]．武汉：华中师范大学，2009：16.

③ 城内的居住区，在东魏、北齐以前居住区称里，从东魏、北齐邺南城起，主要称坊。

④ 王勇博士在《楚文化与秦汉社会》一书中提到：“至汉代，楚文化中的任侠之风，‘弃官宠交’的风气依然盛行，南郡楚人无视严酷的秦法，一如既往地坚持其‘私好乡俗’的文化特色。秦国在统一之初，却出于统一文化、整饬异俗，而没有客观审视其他文化，只看到法律与暴力在加强统治上的积极作用。对于统一与多元的分歧，秦文化有强烈的专一性，欲以天下为一家，除求江山统一外还要求制度、思想、风俗的统一。相反，楚文化更注重融合，对境内多民族、多地域文化的适应和尊重，楚人一直采用的是多元并存的统治方式，只要附庸国君从楚不二，其内政大体可以自行其是”。王勇．楚文化与秦汉社会 [M]．长沙：湖南大学出版社，2009.

（6）汉代之后江陵城的宫苑选址格局延续了楚城中宫殿尚东的特点，梁代之后衍生出独特的T字形道路。从卫星航片我们可以推测，渚宫位于楚江陵城以东，西汉王府在汉江陵以东，东晋桓温的金城和梁代宫城也在外城东。梁代都城江陵参考建康城，由栅栏围成外城，宫城位于内城东部，宫城大门靠东，南侧不设十字形街道，由宫城延伸至内城的道路多呈T字形（见图3-20）。贺杰认为，江陵城内大量出现的这种街道是唐宋“牙城”和城市中心T字形街道框架的原型[①]。

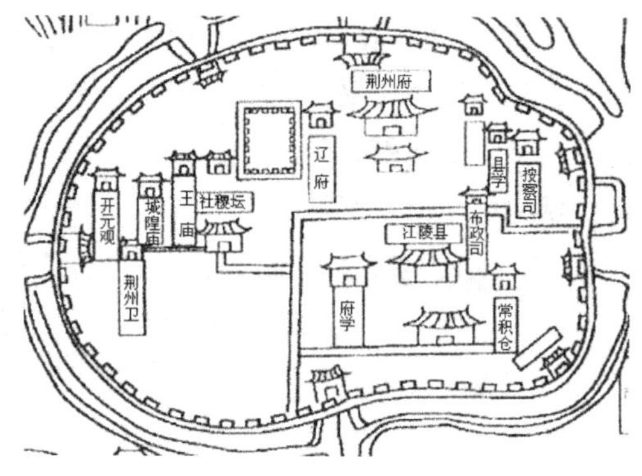

图3-9 明代江陵城图

来源：一丁．荆州“城中城”有座“大观园”：有识之士呼吁“手下留城”[N]．江汉商报，2010-07-04（5）.

同时隋唐五代时期江陵城的皇家园林延续了楚城中滨水造园的特色，体现了汉文化形成时期建筑和园林并重的营造思想。开元观西北有大量水体，应当为渚宫的园林遗址。梁代宫城后改为明辽王府和清荆州府，位于今天玄妙观和小北门一带（图3-9），其东门为津阳门，大殿为龙光殿（后改为玄妙观大殿）；藏书楼为阁竹殿，其中东阁竹殿藏有14万卷图书；并设有府库，收藏有浑天仪、梁铜晷表等；宫内园林为湘东苑，其遗址至今有大量水面（图3-10）。五代时期，高从诲在江陵城西南隅凿池建亭，沿用城西北渚宫之名，后演变为清代汉城的县学泮池。

图3-10 湘东苑现状

来源：2017年自摄。

（7）汉江陵城的历次复兴体现了楚国依水建城、水运兴城的城市营造传统。春秋时期楚人利用长江河漫滩营造郢都，推动漕运发展。战国时期治理杨水，修建江陵城，保持航

① 该结论引自：贺杰．古荆州城内部空间结构演变研究[D]．武汉：华中师范大学，2009：16.

运繁荣。西晋时期杜预疏通杨水，保证了东晋时期江陵漕运繁荣和隋唐时期江陵航运发展。五代十国时期，高氏建立的南平国更是利用长江水运便利，在南北对立时期传四世五主。可见，江陵城依靠杨水运河连通长江和汉江，通过水运在战乱重创之后恢复活力，传承了楚人的重商传统和文化基因。

3.2.3　汉文化形成时期的江陵城和沙市城

1. 汉文化形成时期的特征

南北朝宋文帝期间，重视农业生产，整顿吏治，清理户籍，提倡文化，立儒、玄、史、文四学为官学，打破了玄学的主导地位，标志着儒学的复兴。隋唐时期，理性主义的儒家思想（人人关系）与浪漫主义的道家（天地人神关系）结合，标志着汉文化的形成，中国哲学走入天地、人神合一的境界。在城市空间中体现为稳定的重城模式、成熟的市坊制度和庙学结合的城市中心。隋唐五代时期长江江道南摆，江陵城的航运枢纽功能转移至沙市。沙市城的空间营造特征不同于江陵，它代表了汉文化形成时期理性和感性融合的特征。

2. 隋唐江陵城的营造特征

（1）唐代至五代时期江陵城的形态和格局体现了楚文化顺应地形的特点。宿白先生在《隋唐城址类型初探（提纲）》一文中提出：隋唐州府一级的地方城内部布局有一个固定的模式：在基本作方形的城的每面正中开城门，内设十字街，把城分成四大区，根据州府的大小确定每大区的坊数，如大州每大区四个坊，中州每大区一个坊。县城是最小的城，面积约等于一个坊[①]。但江陵与唐代中原城市不同的,它并不存在“四门直通式的棋盘式街道格局，以及四条主要街道通向四大城门”[②]，而是延续汉江陵的格局，顺应地形由一条东西向的主干道贯通，呈带状分布。梁代江陵城规模最大，唐代江陵城相当于梁代内城的面积，罗城和子城[③]分别与梁代江陵内城与宫城的位置一致：子城位于今玄妙观与小北门之间由荆中路和荆北路围合的区域，包含府署、军资仓储及主要官员的住宅；罗城约相当于今天荆州古城范围，包含府署、县署、居民和市场。子城与罗城之间由T字形干道相连，保留了江陵城的特点。《江陵志余》记载明代张居正曾有意将江陵城改为方形，即“意取方幅”，但是由于地形所限，皆为泥涂，只能作罢。可见江陵城的带状布局是适应地形、利用水系的结果，并不适合套用《周礼》模式。

（2）唐代江陵城居住区的尺度体现了坊市制度与楚闾里制度的关联。唐代城市以“坊”为单位划分居住区，面积相当于两个“里”，也就是由两个共用闾门的“里”构成一个坊。坊的四周建有坊墙，开设坊门，依时启闭，以限制出入，坊内居民的户门除特殊情况外，一律不许开向大街，可见坊门其实就是闾门，坊市制度是闾里制度的发展。唐代江陵符合

---

① 引自：贺杰．古荆州城内部空间结构演变研究 [D]．武汉：华中师范大学，2009：16.

② 贺杰认为，“江陵与中原城市一样，存在有北门大街，南门大街以及东西门大街等”。而本书认为江陵恰恰没有这种严整的格局，而是延续了楚汉的闾里制度，因地形发展而来的带状格局．参见：贺杰．古荆州城内部空间结构演变研究 [D]．武汉：华中师范大学，2009.

③ 唐代子城与罗城的重城制度来源于梁代都城江陵，也间接来源于楚纪南城，此时子城至罗城的制度已由都城普及至一般城市。

坊市尺度，又符合闾里制度的模数，这两种尺度在江陵的统一说明唐坊市制度、汉里坊制度和楚闾里制度在空间上使用了同一模数。唐代江陵城周回大约 20 里，其“南都”的地位，应算作大府，根据宿白先生的理论推算，江陵城应该有 16 坊。这种推算与本书根据楚闾里制度分析得出的江陵城包含有 24 里，即 12 坊的结论接近，产生差异的原因主要是由江陵城的地理条件决定了城市形态只能呈带状分布，不可能形成规整的 16 坊布局。因此无论从闾里制度还是坊市制度看，江陵城的尺度都符合要求。

（3）江陵城“市”的形态受楚文化影响，分布在城外道路和河流沿岸，不遵循坊市制度。唐代《唐会要》载：“景龙元年（707 年）十一月敕：非州县不得设市。”江陵城当时属于府级城市，也有设市的权利，但其整体格局不遵循市坊制度，市的位置也不设置于城内的方格网道路中，而是基于江陵的重商传统，在津要渡口、陆路驿站、道路沿线和城门附近等位置设立大量草市：史籍所见的市如后湖草市、曾口草市、马头等市场；还有一些专业草市，如药市、蚕市、鱼市、橘市等。由于江陵的“市”多位于城外，属于“非官方之所”，因此与当地百姓的生活联系密切，空间形式较为自由，草市周边建有居民点和商肆，沙头市就是从草市发展而来的集镇。

（4）唐代江陵大量府学、县学、寺庙和道观的营造活动体现了唐代儒、佛、道并重的文化氛围。公元 630 年（唐太宗贞观四年），州县皆立孔子庙，庙学相结合成为定制。唐大业年间（605—618 年）复立府学和县学，延续至清代。可见唐代的城市营造规范中，学校规模有所扩大，儒学的重要度提升，因此唐代江陵城内开始设置孔庙，与官学相结合，至今仍留有遗址。同时江陵城属于荆州府治和南都所在，设有府学和县学，参考明代江陵城府学和县学的位置，可推测唐代江陵府学位于城南，县学位于城东北。唐代江陵的寺庙多建于城西北，其中玄妙观是在梁代宫城基础上建成，开元观是在楚渚宫基础上建成。城外还建有资圣寺、二圣寺、头陀寺、菩提寺、普陀寺、资福寺和普护寺等（表 3-3）。

隋唐时期荆州寺观一览表 **表3-3**

名称	位置	备注
纪山寺	在纪山之巅	隋开皇年间（公元 581—600 年）修建，寺后有白龙潭。潭石黯黑，相传有伏龙，祈雨辄应
静腾寺	在江陵城西	唐咸亨年间（公元 670—674 年）
玉壶寺	在城西 40 里	唐开元年间（公元 713—731 年）修建
龙兴寺		唐时建，《唐诗纪事》：唐寇乱，惯休辟地诸宫。荆师高氏优带之馆于龙兴寺
天王寺	在城东南三里	唐元和年间（公元 806—820 年）道悟禅师建
庄严寺	城东南	贞元年间（公元 785—805 年）建，寺内有息石。《路史》：高子勉息石，诗序在江陵庄严寺，或云玉
佑圣观	在虎渡口	唐开成间（公元 836—840 年）建
景明观	在东门外	唐建
祈真观	在城西石码头	唐建，明修
大崇佛观		唐圣历二年（公元 699 年）建

续表

名称	位置	备注
玄妙观	府治东北	唐开元间（公元 713—731 年）建。元至正五年（公元 1339 年），赐额："九老仙都宫"。明时的主题建筑有四圣殿、三清殿、左廊庑、玉皇阁及建在高台上的玄武阁；台下东西分别建有圣母、梓潼二殿。清代避康熙皇帝讳，改称元妙观。民国时建筑已毁，现存玉皇阁、三天门、玄武阁。1983—1984 年曾全面维修，重建仿古山门
开元观	在府治西	唐开元间（公元 713—731 年）建。《名胜至》：宋查藻诗断碑最古。开元时，上有模糊字五千

资料来源：（清）倪文蔚《荆州府治・祠祀志》卷 28，《寺观》。

引自：贺杰 . 古荆州城内部空间结构演变研究 [D]. 武汉：华中师范大学，2009.

铁女寺位于大北门附近，唐贞观年间建造，传说为纪念武则天在荆州百炼成钢的经历而建。

开元观位于西门附近，始建于唐朝开元年间，后重修于明朝万历年间，现为荆州市博物馆的一部分。观内有"雷祖殿""三清殿""天门"等主要建筑，其中雷祖殿保存尚好，三清殿面阔五间，进深三间，顶为单檐歇山式重脊叠拱，祖师殿耸立于崇台之上。还有蜀汉名将关羽的喂马槽和张飞行军时的大铁锅。开元观是荆州城内保存最完整的一组历史建筑，是重要的道教文化纪念地。

玄妙观位于荆州城北，始建于唐朝开元年间，清代陈梦雷编纂的《古今图书集成・荆州府部汇考八》记载：元（玄）妙观创自东晋永和二年，始于县学前（位于明代江陵城东北），（明代）重迁于湘城北。原占地 24 亩，以玉皇阁、三天门、紫皇殿、玄武阁等形成中轴线（图 3-11），两侧水体风光广阔，北以城墙为抵景。玉皇阁为明万历十二年（公元 1584 年）重建，四角攒尖顶的三层楼阁，面阔与进深均为三间。紫皇殿耸立于高大崇台之上，内有元至正三年（公元 1343 年）树立的《中兴路则建九老仙宫记》石碑，记载了"九老仙都宫"的营建始末。

图 3-11　荆州玄妙观的玉皇阁（左）和玄武殿（右）

来源：2005 年自摄。

3. 隋唐沙市城的营造特征

隋唐时期沙市的城市形态体现了长江沿岸集镇的特征：一方面漕运发展，形成了规整的驻防城镇，另一方面民间贸易增多，城外商业街巷自由发展。

（1）沙市奉城体现了理性主义的驻防城镇特点。东晋时期荆州刺史王敦主持开挖龙门河（俗称便河），在便河西部修筑奉城，从此沙市成为江陵城的通江口岸和漕运入口，驻防军营和府库位于奉城内，城外居民开始在便河两岸聚居。隋初奉城可能有所损毁，但格局保留。唐代设有沙头市，城内应遵循市坊制度，含 2 个里，也就是 1 个坊，成为宋代沙市城的基础；其行政中心应当在晋代府库基础上修建，元代以后改建为江陵县署。

（2）奉城外的街巷体现了依水列市的浪漫主义特征。便河东部长江沿岸的民间贸易发展，自发形成的街巷保留至今，今天中山路的青杨巷和白杨巷（又名芦席巷）在梁湘王（公元 552—554 年）时已有名[①]。唐代江道南摆，江陵港区完全移至江津（沙市），便河的漕运和航运更为繁荣，沙市在奉城周边扩展，并沿便河向西延伸，城市范围南至长江，北抵塔儿桥一带，东至龙堂寺（今喜雨巷），西至菩提寺（今荆沙村）。唐代元稹记载："江馆连沙市，泷船泊水滨"。唐末段文昌修筑段氏堤，市人依堤列肆，形成"堤下连樯堤上楼""十里津楼压大堤"的空间格局，成为今天沙市城市形态的基础。十里津楼，包括便河北岸 4 里、便河西岸 4 里和便河以东 2 里（即今天胜利街，全长 1km），总计 5 个坊的规模，沿便河河岸至长江江岸呈"一"字形分布，奉城的驻防城市形态迥然不同，已初步打破市坊制度，形成依水列市的带状格局。

隋唐时期沙市理性主义的驻防城市和浪漫主义的商业街巷各自独立发展，体现了汉文化形成时期的特点。宋代市坊制度解体后，这两类空间开始相互融合。

3.3 战国到五代十国时期荆州城市空间尺度研究

3.3.1 体：南北相应的都城与东西并立的港城

战国到五代十国时期，荆州城市空间形态包括两个类型：一是纪南城和江陵城南北相应，构成不规则的团状城市，先后成为中国南方的行政中心和文化中心。二是江陵城和沙市东西并立，依水扩展，产生带状城镇，成为长江流域的漕运中心和贸易中心（图 3-12）。

春秋时期，楚国依据星宿定位展开大尺度的国土规划，在"星分翼轸"的格局中，纪南城和渚宫南北呼应，整体坐落于楚国南北和东西轴线的交点处。战国中期，纪南城繁荣至顶峰，成为面积 15.6km^2、30 万人聚居的大型国都。秦汉时期，杨水航运发展，北部通往洛阳的故道成为全国重要驰道，江陵城形成。东汉时期，在杨水漕运和长江航运的推动下，江陵成为全国十大商业都会，面积 2.1km^2，居民达万户（约 5 万人）。

西晋到南北朝的 685 年间，长江航运发展，江陵的居民点突破城垣向南发展，沙市居民点沿便河和江滩发展，城市整体呈现依水扩展的带状形态。西晋杜预开挖扬夏运河，通零桂之漕，东晋漕运发展，带动江陵的造船、制瓷、造纸和兵器制造业发展，号称"割天

① 《梁书》曰："世有两隽，青杨萧翙，白杨何妥。"韩翃诗《池北偶谈》吟"青衣晚入青杨巷，细马初过皂荚桥"。

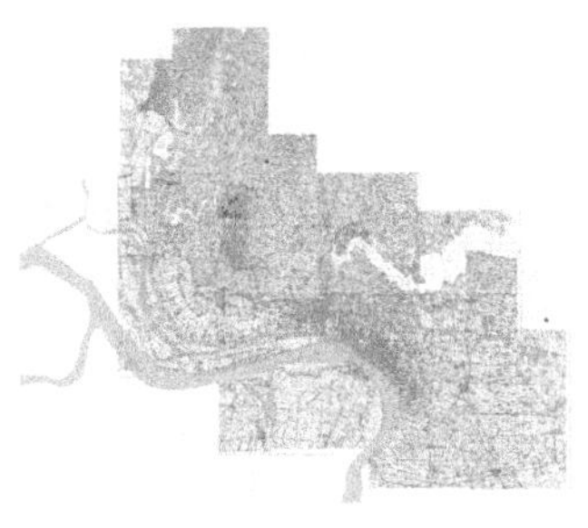

图 3-12　秦汉时期（左）、魏晋时期（中）和唐宋时期（右）荆州与长江的关系
来源：根据邹逸麟编著的《中国历史地理概述》（福建人民出版社 1990 年版）和荆州市城市规划设计研究院提供底图绘制。

下之半”。沙市“主度州郡贡于洛阳”，成为重要的贡赋仓储码头，设江津戍，筑奉城，置江津长。南北朝时期，江陵“当雍、岷、交、梁之会”，商业发达，与建康、三吴同为长江流域三大政治经济中心，城市扩展至极，是继春秋纪南城和东汉江陵之后荆州城市的第三个繁荣时期。

南朝刘宋之后，中央实行分荆弱荆的政策，江道南摆，江陵港区东移至沙市，江津港出现市井繁荣，“吴樯蜀船，衔尾相接……巨商大贾，扬帆江上”，“江左大镇莫过荆、扬”。唐代货运航线贯通全国，京杭大运河开通，江淮漕道形成，江汉漕道作用减弱，但中原多故，江淮漕道阻绝，江汉漕道又被启用。安史之乱时，江陵是江淮贡赋主要的存储和转运中心。五代十国时期，吴和南唐与中原对立，封锁江淮漕路，高氏荆南国利用江陵这一南北贸易中转地，以商立国、置仓浚河、方便商旅，使荆南国都城江陵成为当时中国最大的茶市。

3.3.2　面：闾里制度下的“单城”“双城”“重城”“三重城”

战国到五代十国时期，荆州的城市布局延续闾里尺度，形成四类空间面。一类是单城，城垣内没有分隔，空间形态较为单一，存在于城市行政等级较低、规模较小的阶段，如：战国江陵行邑、秦汉郢城、汉代江陵城和东晋奉城都属于单城形态。二是双城，城市分为东西并立、等级相同的两部分，功能各有侧重，如：三国至东晋的江陵西部旧城为居住区，东部关羽城为驻防区；东晋至隋唐的沙市东部奉城为驻防区，西部街巷部分为居住区。多由于军事防御或发展漕运，城内驻防军队人数较多，形成驻防城，构成双城形态。三是重城，城中有城，内城多为等级较高的行政中心，外城为居民区和商业区，内外城之间由城垣分隔，如：楚郢都纪南城、东晋江陵城、隋唐南都和南平国都城属于此类。四是三重城，也就是在重城基础上加筑外城，构成外城、内城和宫城三个等级的空间面，梁元帝的江陵都城属于此类，这种布局在隋唐之后成为国都的标准模式。

荆州在单城阶段的规模有 2 个里、4 个里、8 个里、12 个里和 16 个里四个尺度类型。从卫星图初步估算，战国江陵行邑可能约 2 个里规模，属于小型县城（见图 3-13）。东晋奉城约 2 个里，属于小型驻防城市。秦汉郢城是南郡治所，面积约 9 个里，从遗址的形态看，北部可能为南郡治所，南部可能为江陵县治所，中部可能为居住区。汉江陵在江陵行邑的基础上向东西各扩展 1 里，整体再向南和向西扩展，形成面积约 8 个里的城市，渚宫和战国县城可能分别用作南郡治所和荆州刺史治所。三国时期，关羽驻防荆州，在汉代江陵以东筑方城，面积约 4 个里（见图 3-14）。

荆州在双城阶段有 5 个里和 12 个里两个尺度类型。三国至东晋的江陵城约 12 个里，其中汉江陵主要为居住区，约 8 个里，关羽城主要为军事驻防区，约 4 个里。东晋至隋唐的沙头市也是双城，面积约 5 个里，其中便河以西的驻防区约 2 个里，便河以东的居住区和商业区约 3 个里（图 3-15）。

图 3-13　战国江陵行邑推测范围（左）和秦汉郢城范围（右）
引自：百度地图 2019 年版荆州

图 3-14　汉江陵城推测范围（左）和三国关羽城推测范围（右）
引自：百度地图 2019 年版荆州

图 3-15　晋代奉城推测范围（左）和唐代沙头市推测范围（右）
引自：百度地图 2019 年版荆州

图 3-16 战国纪南城图（左）、东晋江陵城（右上）、梁代江陵城（右下）对比
均根据百度地图 2019 年版荆州绘制

荆州在重城阶段有 92 个里[①]和 24 个里两种尺度类型。战国纪南城面积约 92 个里，其中宫殿区约 9 个里，宫殿区外围约 13 个里，平民居住区和墓葬区约 21 个里，贵族居住区约 6 个里，作坊集市区约 9 个里，冶铁区约 12 个里，水体约 22 个里。东晋江陵城合并汉代江陵和三国关羽城，扩展至 24 个里的大型行政中心城市，其中内城（桓温称之为金城）约 1 个里，外城约 23 个里。隋唐南都和南平国都城与东晋江陵城面积相仿（见图 3-16）。

荆州在三重城的阶段规模约 48 个里，即梁代都城范围，包括宫城、内城和外城三个面：其中宫城可能在金城基础上扩展至 4 个里，位于今天玄妙观东南至荆州市委东南的区域；内城约 23 个里，相当于东晋江陵城范围；外城约 24 里，从内城南垣向南扩展 2 里，至当时的长江江岸（今学苑路）附近，由栅栏围合形成（见图 3-17）。

3.3.3 线："T 字交叉""一字主街""之字主街""垂直街巷"

战国至五代十国时期，荆州的城市空间轴线有四种形态：一是"T 字交叉"的街道和水体，二是"一字主街"，三是"之字主街"，四是垂直于主街的巷道。

"T 字交叉"的街道和水体是纪南城和江陵城的共同特征。纪南城的主干水体龙陂和朱家河就是一个大型的 T 字水网（图 3-17），主干道和次干道多为 T 字形交叉，少有十字交叉。汉代江陵城内东西主干道和南北主干道之间多为倒 T 字形交叉，街巷与主干道之间为 T 字交叉。今天荆州大北门内外的三义街和得胜街就是倒 T 字街道的北轴（图 3-18），三义街位于城内，得名自刘、关、张桃园三结义的故事，得胜街位于城外，与纪南城宫城轴线对齐，直通荆襄古道，关羽镇守荆州时曾由此进军北攻，大胜曹军，凯旋时百姓在此欢迎得胜将士，取名得胜街。三义街和得胜街曾是城北重要的商品集散地，具有相当长的繁荣期。东晋江陵金城和梁代江陵宫城的轴线与外城主干道之间是 T 字交叉（图 3-19）。

---

① 若根据考古测量数据纪南城面积为 16km^2 计算，应为 91 个里，但实际上城墙围合范围并非正方形，东西长略大于 4km，南北长为 4km，面积略大于 16km^2，因此应略大于 91 个里。本文从"里"的模数出发，由内而外测量统计，约为 92 个里。马世之先生参考齐临淄户平面积指标估算，假设纪南城每户面积约 268.0m^2，户平五口人，则人口约 30 万人，5.97 万户，由此可推算每个里约 645.5 户。参见：马世之 . 略论楚郢都城市人口问题 [J]. 江汉考古，1988（1）.

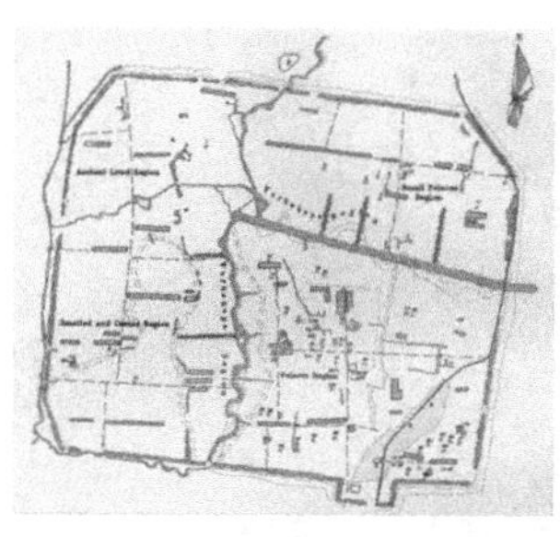

图 3-17　纪南城水体和道路
来源：孙家柄，马吉苹，廖志东，等.楚古都——纪南城的遥感调查和分析 [J]. 遥感信息，1993（1）：插图 2.

图 3-18　三义街（左）和得胜街（右）
来源：荆州市城乡规划局.荆州历史文化名城保护规划（2009 年版）[R]. 2009.

图 3-19　梁代江陵城的 T 字形和倒 T 字形道路格局
来源：百度地图 2019 年版荆州

笔者认为，倒 T 字路网的形成与地形特点和文化传统有关。江陵南部滨江，为避免水患和抵御兵患，少开城门和主干道。同时江陵延续了楚郢都的尚东传统，行政中心偏离几何中心，南北轴线和南北不正对，故形成大量 T 字形道路。最后，倒 T 字形的路网形态可能与南朱雀的离卦符号对应，因此广泛使用。

“一字主街”是由港口发展而来的城市轴线形态，街道与江岸平行，街区呈一字形排列，是汉江陵城和南北朝沙市城的共同特征。沙市城“一字主街”的形态较为典型，街巷平行于江岸排列，随岸线摆动，形成了“十里津楼压大堤”的城市意象（图 3-20）。这段十里长街北起今天金龙路和白云路交叉口，南至胜利街和沿江大道交叉口，包括：迎禧街、解放路、崇文街和胜利街四段，长约 4km，后称“正街”或“大街”。

图 3-20 唐代沙市十里长街的推测范围（左）、沙市杜工部巷（右）
来源：百度地图 2019 年版荆州（左图），2010 年自摄影（右图）。

“之字主街”是由驻防城市与港口城市相连形成的轴线形态，在东晋至五代十国的江陵城中有所体现。东晋江陵城由汉江陵和关羽城合二为一，汉江陵偏西北，关羽城偏东南，两城轴线不在同一直线上，合并后出现“之”字形轴线，两轴的连接地带在东晋时期建有隔墙，梁代至明清时期拆除，清代又建起满汉隔墙，因此城市肌理较易断裂。

“垂直街巷”指江陵和沙市城中垂直于一字主街的街道和巷弄。江陵城受闾里制度影响，垂直于主街的街道尺度较大，交通和经济功能为主，社会功能不强。沙市垂直于主街的巷弄尺度较小，生活气息浓厚。最早见于史载的街巷有青杨巷和白杨巷，在南北朝时期已闻名天下。《梁书》记载：“世有两隽，白杨何妥[①]，青杨萧翙……”白杨巷可能因巷内植有白杨树而得名，青杨巷可能因植有青青杨柳而得名，街巷名称反映了绿树成荫、生机勃勃的生活图景。何妥和萧翙都是南北朝至隋代的著名才俊，曾居住巷中。今天的青杨巷位于中山路中段以南，南起荆江大堤，北至中山路，呈南北走向，长约 160m，宽 3 ~ 4m。唐代沙市的两条著名街巷是杜工部巷和青莲巷。杜工部巷呈南北走向，现南起中山路，北接胜利街，全长 11m，宽 4m，条石路面。原名“杜甫巷”，俗称“杜公巷”，清代定为今名。杜甫被尊称为杜工部，曾任荆南节度使严武的幕府，寓居此巷，故有此巷名，后讹称“都府巷、豆腐巷”。《沙市志略》称：“杜工部巷在三府街。旧名杜甫巷，今更正”。《杜甫年谱》载：“大历三年（公元 768 年）戊申正月去夔出峡，三月至江陵，秋移居公安，冬晚之岳州。流寓旧迹门巷以名，俗讹称都府巷”。青莲巷又名青莲阁，呈东西走向，东起忠诚街，西接解放路，全长 195m，宽 3-5m，条石路面宽约 3m。相传李白曾旅居于此，因其号“青莲居士”而命名街巷，后因巷口石板上刻有铜钱图案，又称金钱巷。

① 与白杨巷有关的何妥，“字栖风，祖籍在西域，父亲是胡人，因为经商来到蜀地，在郫县安家，后来追随梁武陵王萧纪，由于负责采办金帛而成为大富人家，号称‘西州大贾’。何妥少年机警，八岁时到国子学中游玩，助教顾良逗他说：‘你姓何，是荷叶之荷？还是河水之河？’何妥马上回答说：‘先生姓顾，是眷顾之顾？还是新故之故？’众人惊讶不已。十七岁时就被湘东王萧绎选中做官，后萧绎听说他十分聪明，升他为‘诵书左右’。当时兰陵人萧翙，也有俊才，住青杨巷，何妥住白杨巷口，因此人们都说：‘世有两俊，白杨何妥，青杨萧翙。’”同样吟诵青杨巷的还有唐朝韩翃的《送丹阳刘太真》一诗：‘长干道上落花朝，羡尔当年赏事饶。下箸已怜鹅炙美，开笼不奈鸭媒娇。青衣晚入青杨巷，细马初过皂荚桥。相访不辞千里远，西风好借木兰桡。’皂荚桥在古扬州，而当何妥生活的时代，正是古荆州和古扬州的比肩并立，撑起了南朝的半壁河山。”以上记述源自：谢葵．上过廿四史的沙市古巷 [EB/OL]．2010-9-17．http://blog.sina.com.cn/xiekui.

3.3.4 点：河流转折处和城门处的城市中心

战国至五代十国时期，荆州的空间节点有两种形态，一是河流转弯处的桥梁，二是城门及其附近的庙宇。

河流转折处的空间节点存在于战国纪南城、汉代至隋唐时期江陵城、东晋至隋唐时期的沙市城中。纪南城的空间节点——板桥就在龙陂水的转折点，“通济桥边新水流，三汊河中柳色稠。引得游人萧鼓闹，板桥堤下看龙舟”描绘了春天纪南城居民在板桥堤下游览的胜景。战国时期，江陵县邑的中心应当是楚官船地，即今天荆州老南门处，由于当时的长江主航道在此有转折，适于停泊船只，所以成为漕运港口。三国时期，关羽在汉江陵城的东南筑城，沿江岸选址，城市位置反映了长江岸线形态。东晋时期，桓温将汉江陵和关羽城合并，楚官船地演变为南门，仍然是江陵与长江联系的交通要道。南北朝时期，梁朝建都于江陵，长江河道南摆，港口转移至下游沙市，南门作为内城南垣的中点，是江陵通往长江的重要节点和经济中心。魏晋时期，沙市成为新的漕运码头，其中心在长江航道的转折处，一方面江水在此流速减缓，便于船只停泊，另一方面王敦在此疏通便河，连通长江和汉江，强化了漕运职能，推动民间航运的发展，隋唐时期形成“十里津楼”的繁荣景象，河口便成为贸易中心。

城门处的空间节点主要存在于战国纪南城和汉代之后的江陵城中。战国时期，楚国在诸侯国中地位的提高，城门有交通、关卡和贸易等复合功能，还是国家和都城的象征，屈原在流放途中作《哀郢》写道：“过夏首而西浮兮，顾龙门而不见。……曾不知夏之为丘兮，孰两东门之可芜！”看不到城门意味着远离故土走向漂泊之路，城门的意象已内化为故土的象征，对故土和故都的怀念都寄托在城门中。汉代之后的江陵城，城门兼具经济和社会功能，如：北门内外是北方土特产与手工艺品交易的集市，主要经营粮食、木器家具、陶瓷、饭庄和茶馆等；西门和南门内外是江南和蜀地土特产的交易场所。魏晋之后，江陵城东扩，隋唐时期，江陵东门外出现草市。同时，城门附近还建有寺庙和道观，如：铁女寺、开元观和玄妙观等，都是城市重要的节点空间（图 3-21）。

图 3-21 荆州开元观清末正门
来源：张俊编著 . 荆州古城的背影 [M]. 武汉：湖北人民出版社，2010.

3.4 总结：汉文化主导的内聚式城市空间博弈

公元前 475—960 年的 1435 年间，荆州经历了汉文化主导下的内聚式城市空间博弈。战国时期，荆州是楚族融合多民族的聚居地，是楚文化的发源地和中心城市。东汉末年，北方民族迁入，荆州学派形成，推动了魏晋时期中国玄学的发展和汉文化的形成。西晋末年和东晋末年，北方民族再次迁入，进一步改变了荆州的族群构成，因此城市空间营造的主体由楚人变为北方汉人。南北朝时期，中国政治经济中心南移，江陵一度成为南朝萧梁的国都，南方汉人主导城市空间营造。隋唐至五代十国时期，南北融合的汉族形成，江陵成为中国南方唯一的陪都，南北方民族融合的汉人主导城市空间营造。战国至五代十国时期，荆州城市空间博弈的平衡主要体现在社会层面（表3-4）。

战国至五代十国（二维宗教阶段）荆州城市空间营造的动力机制分析　　表3-4

<table>
<tr><th colspan="2">时间</th><th colspan="2">主体</th><th colspan="2">客体</th><th colspan="2">主客互动机制</th></tr>
<tr><th>全球时间</th><th>荆州时间</th><th>荆州族群主体</th><th>族群主导文化</th><th>聚落、城市</th><th>城市空间</th><th>主体对于客体的影响</th><th>客体对主体的影响</th></tr>
<tr><td rowspan="8">战国至五代十国时期（二维宗教阶段）</td><td>战国时期（公元前475—前237年）</td><td>楚人</td><td>楚文化</td><td>纪南城
江陵行邑
江津渡
郢城</td><td>城镇体系
闾里制度
引水入城
军事卫城</td><td rowspan="8">汉文化的形成使得荆州城市空间形态发生变化：

体："星分翼轸"的方城变为"依水扩展"的带形城市。
面：闾里制度下的"单城""双城"发展成为"重城"和"三重城"。
线："T字交叉"发展为"一字主街""之字主街"和"垂直街巷"。
点：以位于城东的高台建筑发展为"河流转折处和城门处"的城市中心</td><td rowspan="8">江陵城的兴盛促进了楚文化与中原文化的交流，促使道教形成、玄学思想成熟。带动南北漕运的贯通，促进都城营造方法的成熟，与宗教、园林建筑的发展。在城市营造方法上，建立汉文化传统：
近江拓展与堤防修筑；
市坊制度与重城布局；
宫苑建筑与寺庙建筑。

汉文化内聚时期的特点：
1. 巫觋文化；
2. 傩文化；
3. 道教文化；
4. 南方佛教文化；
5. 江南士族文化</td></tr>
<tr><td>秦代（公元前237—前202年）</td><td>秦人</td><td>秦文化</td><td>郢城
江陵城
津乡</td><td>相天法地
国土规划
南北轴线
闾里制度</td></tr>
<tr><td>汉代（公元前202—210年）</td><td>西汉：汉人
东汉：汉人</td><td rowspan="4">楚文化</td><td rowspan="2">江陵
津乡</td><td>巫文化
老庄学说
儒家思想
单城
T字交叉</td></tr>
<tr><td>三国时期（公元210—280年）</td><td>—*</td><td>道教盛行
学术中心
双城
"一字主街"、</td></tr>
<tr><td>晋代（公元280—420年）</td><td>西晋：—*
东晋：—*</td><td>江陵
奉城</td><td>道教中心
玄学中心
重城
"之字主街"</td></tr>
<tr><td>南北朝时期（公元420—587年）</td><td>—*</td><td>江陵
江津</td><td>皇家园林
南方都城
三重城
垂直街巷</td></tr>
<tr><td>隋唐时期（公元58—906年）</td><td>汉人</td><td rowspan="2">汉文化</td><td>江陵
沙头市</td><td>佛教中心
南方都城
河流转折处和城门处的城市中心</td></tr>
<tr><td>五代十国时期（公元907—963年）</td><td>汉人</td><td>江陵
沙头镇</td><td>通商立国
南方都城</td></tr>
</table>

* 该阶段的族群主体尚待进一步研究，因此不作标注。

3.4.1 自然层面：近江拓展与堤防修筑

战国至五代十国时期，荆州族群与自然之间的空间博弈体现在两个方面：一是长江岸线南摆，城市空间南拓，获得航运便利；二是江水泛滥和军事侵略，江岸堤防修筑活动频繁。

城市空间的近江拓展体现在战国江陵、汉代江陵城、魏晋江陵和沙市城中。战国时期，受楚国漕运推动，江陵行邑在渚宫以南扩展。东汉时期，江陵城继续南扩。魏晋时期，汉江陵与关羽城合并，城市沿江岸向东南扩展。南北朝时期，长江航道南摆，漕运码头转至沙市，街巷沿江岸和便河铺展，形成十里长街格局。

堤防修筑共 9 次，分别发生在三国时期、东晋、唐代和五代十国时期。三国时期，吴将朱然为阻隔魏军自北来犯，把沮、漳水引入荆州以北的低洼地带，成为荆州“三海”肇始。其后，吴将陆抗在北海作大堰蓄水抵御晋军。东晋时期，桓温为防洪水入侵，在江陵城西修筑金堤，切断了杨水上游与长江的联系，并延长堤防至沙市便河口。唐代，段文昌在沙市西部修筑段氏堤，防止江水入侵沙市。公元 906 年，南平国高季兴在江陵西南修筑寸金堤，抵御江水入侵。公元 914 年，荆南大将军倪可福为抵御蜀战舰攻击，在江陵城南的淤滩上修筑堤防。公元 917 年，高季兴为防止汉水泛滥，在中海（即今江陵北部长湖）以南修筑高氏堤。公元 945 年，高保融修复江陵大堤，长 7 里，从此沙市便河口与长江断开，船只入便河需通过拖船埠。

战国至五代十国荆州的楚人、吴人和汉人通过城市拓展和堤防修筑保持了族群与自然之间的空间博弈平衡。

3.4.2 社会层面：重城布局与市坊制度

战国至五代十国时期荆州通过重城布局和市坊制度实现了社会层面的空间博弈平衡。

重城布局实现了封建统治的特权和社会等级化。东晋之前，郢城和江陵城等级较低，城市内没有分隔，只有居住区和行政区的片区划分，城市肌理比较均匀。东晋开始，江陵出现内城，统治者居住区与平民居住区由隔墙分开，采用不同的尺度和格局。南朝梁国定都江陵，在宫城、内城之外又修筑栅栏，形成三重城。五代十国时期，南平国定都江陵，同样修筑宫城。东晋内城、梁都和南平国宫城均位于江陵城东部，以“居东”体现特权，说明楚文化中的“尚东”观念已嵌入汉文化的城市空间营造思想。

闾里制度和市坊制度是居民生活空间相互协调的结果。战国时期，楚郢都实施闾里制度，里是封闭的居住单位。汉代至南北朝时期，在闾里制度基础上建立了里坊制度，如：汉长安城中有闾里，里内是一些排列得很整齐的住宅院落，“门巷修直”。隋唐时期，改革里坊制度，建立市坊制度，将两个里合并为一个坊，设立封闭的“市”。北方都城严格实施市坊制度，南方城市较为灵活，尤其是城外居住区和集市不受限制，如：江陵城内的居住区和商业区遵循市坊制度，沙市则不受市坊制度制约，街巷沿江岸和便河口呈带状分布，但“里”仍是基本模数。

重城布局和市坊制度是战国至五代十国时期荆州城市空间在社会层面实现博弈平衡的基本模式（表 3-4），沙市街巷则展示了更为自由的城市空间模式。

3.4.3 个人层面：道佛思想与宫苑寺庙

战国至五代十国时期，荆州个人层面的城市空间主要通过宫苑建筑和寺庙建筑实现博弈平衡。

宫苑建筑体现了贵族阶层的理想空间。战国江陵行邑由春秋楚国渚宫发展而来。西汉时期，临江王刘荣在城中大造宫殿和祖先庙堂。东晋桓温在江陵建造金城，内有宫殿。南北朝时期萧绎扩展城池，效仿建康，建造宫室和林苑。可见，宫苑建筑是这一时期荆州城市空间营造的一个重点（图 3-22）。

市民阶层的精神空间由寺庙来实现。战国至五代十国时期，荆州寺庙主要包括佛寺和道观。其中佛寺的兴建始于晋代，南北朝时期最盛，广泛分布于江陵城内和周边地区，数量较多，规模较大。道观的兴建始于唐代，主要位于江陵城内，数量较少，规模较小。

图 3-22　在梁代宫苑基础上建造的玄妙观全景（左）战国至五代十国江陵沙市城市空间叠痕（右）

左图来源：张俊．荆州古城的背影 [M]．武汉：湖北人民出版社，2010.

右图来源：根据谷歌地图荆州资料改绘。

第 4 章　宋代到晚清时期荆州城市空间营造研究

4.1　宋代到晚清时期荆州城市空间营造历史

4.1.1　北宋呵护保护江陵、沙市；南宋设计建造江陵城

宋元以后，长江荆江河段岸线变化减少，江陵、沙市与江岸的位置关系趋向稳定。北宋时期（公元 960—1173 年），国家政治和经济中心东移，荆州在南平国基础上发展为长江中游地区的政治、经济和文化中心，被誉为“五达之衢”和“天子之南邦”。北宋成为继春秋战国、东晋南朝和中唐时期之后，荆州历史上第四个发展黄金期。

北宋建立之初，荆南不断遣使贡献，拥裁新政权。高季兴已死，其孙高保融当政。高保融死，赵匡胤授其弟高保勖节度使。高保勖淫逸无度，大兴土木，将荆南政权推向绝境，其弟高保寅秉承赵匡胤意旨，将高保融在纪南城北所开掘的北海废除，导致荆南无险可守。赵宋王朝借助荆州打通南下通道，利用荆南水军充实了统一大军，且荆南三州是物产丰富的鱼米之乡，为新建王朝增加了经济实力，保证了统一战争的顺利进行。公元 963 年（宋太祖乾德元年），宋军出征湖南，密遣轻骑袭占江陵，荆南王高继冲归顺宋朝，荆南都城江陵被保留。

宋代在行政管理上改唐代的“道”为“路”，实行路、州（府）、县三级行政制度[①]。荆南国灭亡后，洞庭湖向北至荆山，向西包括沅澧二水的“湖北”区域连为一个整体，统一划归“荆湖北路”，治所在江陵城。荆湖北路沿长江中下游呈东西向分布[②]，位于北宋王朝的南北连接带位置，江陵又位于荆湖北路中心，是长江水道和南北漕道的交汇点（图 4-1）。江陵府下辖江陵、公安、潜江、监利、松滋、石首、枝江和建宁等八县。公元 1102 年（宋徽宗崇宁元年），江陵城内的了荆湖北路治所开始设置禁军，名靖安军。

北宋定都汴梁，漕运多走江淮道[③]，程远弊多，故轻、贵物品仍走江汉漕道，川、益诸州金帛之类也在江陵中转换舟北运，因此北宋两度整治江汉运河，分别称为“襄汉漕渠”[④]和“荆襄漕河”。其中“荆襄漕渠”开挖于公元 988 年（宋太宗端拱元年），疏浚了江陵城

---

① “路”的性质是介于行政区和监察区之间的一种区划。

② “荆湖北路”下辖江陵府、鄂州（今武昌）、安州（安陆）、复州、朗州、澧州、峡州、岳州、归州（秭归）、辰州、荆门军、汉阳军等十二州，整体沿长江中游呈东西走向分布。

③ 京杭大运河始于春秋时期，形成于隋代，发展于唐宋，最终在元代成为沟通海河、黄河、淮河、长江、钱塘江五大水系、纵贯南北的水上交通要道。

④ “襄汉漕渠”修建始于公元 978 年（太平兴国三年）正月，位于河南南阳至叶县境内。后因“地势高，水不能至”以及山洪暴发，工程半途而废。公元 978 年（太平兴国三年）正月，京西转运使程能建议：在前代开以漕河和白河流域的基础上，从荆州开辟运道直抵汉江，并利用南阳方城隘口开凿新运渠，使聚集于荆州的南方物资，可以从荆州经襄阳沿唐白河转蔡河运入京师，以减少绕道江淮的航运路程。朝廷匆忙急迫中组织数万丁夫施工，赶在汛前开凿了一条河南南阳至叶县百余里长的襄汉漕渠。但因“地势高，水不能至”，不久山洪暴发，将石堰及部分渠道冲毁，工程半途而废。陈家泽.《杨水》之三：水道与水运（上）[J]. 荆州纵横，2007（4）.

东北的龙门河，直至潜江狮子口的汉江漕河，缩短了川湘诸州入汉江的航线，可通200斛（约合15t以上）重载船只。苏东坡说：“江陵之地，实楚之故国，巴蜀、瓯越、三吴之出入者，皆取道于是，为一都会。”他曾用“北客随南贾，吴樯间蜀船”的诗句来描绘荆州航运的盛况[①]。

此时荆襄漕河以西的江陵是北宋时期的政治和文化中心城市，北宋历史文献中没有江陵营造活动的记载，也没有毁城记录，南平国都的格局可能保留。理学家胡寅（1098—1156年）曾在荆州写下《登南纪楼》[②]，描绘当时的江陵：“南望大江横，北望楚王墟。平时十万户，鸳瓦百贾区。夜半车击毂，差鳞衔舳舻。麦麻漫沃衍，家家足粳鱼。深山鸡犬接，谁复识於菟[③]。古来上流地，最重荆州府。形势在东南，横跨此其枢。”可见江陵商业兴达、农业兴旺，一派富庶祥和的景象。

同时，北宋荆州的城外堤防修筑频繁。公元1075年（宋神宗熙宁八年），荆州太守郑獬守江陵，在晋堤以南筑新堤（即沙市堤），南至大湾，北沿今胜利街、豫章台，直达杨林堤，是荆州历史上第七次修筑堤防。公元1157年（宋高宗绍兴二十七年）靖安军堵塞江陵城东30里的黄潭堤决口，使江陵城免受长江漫溢之害。公元1168年（宋孝宗乾道四年）江陵知府、荆南湖北路安抚使张孝祥组织民力修筑江陵城西南的寸金堤，“凡役五千人，四十日而毕”[④]将南平国时期修筑的寸金堤延长20余里，自江陵西门外石斗门起，经荆南寺和龙山寺，向东至双凤桥、赶马台、青石板、江渎观和红门路，与沙市堤相接。公元1171年（乾道七年），又修筑虎渡堤、潜江里社堤[⑤]。后石首县令谢期在江陵城西五里处筑堤，称“谢公堤”[⑥]，成为荆州第十次修筑堤防[⑦]。

北宋时期，荆襄漕河以东的沙市成为港口和贸易中心城镇。公元963年（北宋乾德元年）沙市设镇，《宋史》记载“沙市（镇）距（江陵）城才十五里，南阻蜀江，北倚江陵，地势险固，为舟车之会，恃水为防”[⑧]。公元988年荆襄漕河疏通后，沙市是蜀船的终点和漕运的起点，《宋会要稿·食货·漕运》记载：“川、益诸州租市之布，自嘉州（今乐山）水运至荆南，由荆南改装舟船遣纲送京师，岁六十六万，分十纲”。[⑨]由于从益州、嘉州运抵荆州

---

① “北宋哲宗时期宰相刘挚（1030—1097年）年轻时入仕，于1059年冬徙任江陵观察推官（助理观察使），在其《荆南府图序》中称：‘凡浮江下于黔蜀，与夫陆驿自二广、湖湘以往来京师者，此为咽喉。’”本书记述的襄汉漕渠和汉江漕河的开掘历史，引自：陈家泽.《杨水》之三：水道与水运（下）[J]. 荆州纵横，2007（5）.

② 从城门位置推测，可能为今荆州古城老南门处城楼，从唐宋江陵不拆城和不筑城的记载推测，可能为南朝梁代建造。

③ 古时楚人称虎为於菟。

④ 脱脱等撰. 宋史[M]. 北京：中华书局，1977.

⑤ 顾祖禹撰．贺次君，施和金点校. 读史方舆纪要[M]. 北京：中华书局，2005.

⑥ 脱脱等撰. 宋史[M]. 北京：中华书局，1977.

⑦ 其余六次分别为在东晋、唐代和五代十国的南平国时期。其中东晋一次，桓温自万城修筑金堤至江陵西南，阻隔沮漳之水入江陵。唐代一次：段文昌自沙市西南修筑段氏堤至便河口，阻隔长江之水入沙市。南平国时期四次：一为公元906年驾前指挥使倪可福在江陵西门外修筑寸金堤；二为公元914年荆南大将军倪可福在江陵城南淤滩上筑堤，东延沙头堤，阻挡蜀战舰巨筏的攻击；三是917年高季兴组织民众从禄麻山经江陵至潜江境内修筑“高氏堤”，以障襄汉之水；四是945年高保融复修江陵以北的高氏堤，长7余里，改名北海。

⑧ 脱脱等撰. 宋史[M]. 北京：中华书局，1977.

⑨ 该引文转引自：陈家泽.《杨水》之三：水道与水运（上）[J]. 荆州纵横，2007（4）.

的布匹量太大，沙市兴建布库，缓解转运压力。1077 年（北宋熙宁十年），沙市税务的商税额为九千八百一贯又十五文[①]，为江陵府 22 个税务之冠，已成“三楚名镇”，“万舫栉比，百货蚁聚”，当时沙市的杨水运河沿岸舟楫络绎、商贾辐辏的繁华[②]。北宋“靖康之乱”，荆州由都会沦为战场，经济社会发展由极盛陷入顿衰，城市大量损毁。

南宋为抵抗金人和蒙古人入侵，决沮漳河之水，江汉间三百里尽成泽国，杨水两岸的河流、农田和村镇大量湮没，人工运河与天然水系相混，江陵城垣也在战乱中被摧毁，城池多淤塞。南宋经历“寇乱”之后，户口数十万的江陵“几无人迹”。据史料统计，江陵府在公元 980 年（北宋太宗太平兴国五年）时有 63447 户，二十年后的公元 1079 年（宋神宗元丰二年）有 189922 户，增长两倍，又二十三年后公元 1102 年（宋徽宗崇宁元年），户数降至 85801 户，减少 55%[③]。由于人口缩减、土地荒芜，城市萧条。宋高宗绍兴四年（1134 年）岳飞任荆南、鄂、岳州制置使，驻守江陵，令军民营田，每年收割粮食可供荆州军食一半，城市经济缓慢恢复。

南宋偏安江左，荆襄为抗金前线，大军云集，湖北的粮食都运往荆州，以充军饷。公元 1185 年（南宋淳熙十二年），湖北安抚使、江陵知府赵雄为防金人入侵，奏请修筑江陵城垣，九月开始，次年七月修成，《荆州府志》[④]记述：宋代经过靖康之乱，荆州城雉堞圮毁，池隍亦多淤塞，修筑了砖城二十一里和敌楼战屋一千余间。公元 1242 年（淳祐二年），元军攻淮东，江陵知府孟珙认为荆州为“国之藩表”，且吴猎抗金时期所筑的堤防年久失修，多已变为桑田，于是他倾其全力经营荆州，增兵防守，并将堤防改建利用，1250 年（淳祐十年）在江陵城周边掘城壕加强防护。

南宋初年，江陵城由于战乱后人口缩减、经济萧条，赵雄重建城市时，面积缩小，但由于荆襄为抗金前线，城墙的防御功能加强，修建有战屋千间。南宋末年，孟珙又挖掘城池，加强城防。同时，江陵城坊市制解体，重城消除，居住区和商业区自然扩展，内城城墙呈不规则形态。五代时期的子城在北宋战乱中废弃，此后再无修筑子城的历史记载。元代，江陵外城和子城均完全消失，仅剩不规则的内城轮廓。

南宋时期，沙市仍是吴蜀间客运线路的中继站，长江上下游均在沙市换船停泊[⑤]。由于其位置重要又无险可恃，1189 年（南宋淳熙十六年）江陵知府赵雄在沙市修筑城池，加强防御，开辟四个城门：东曰塔儿，西曰新开，南曰大寨，北曰美化。庆元三年（1197 年），又在北宋郑獬修筑的沙市堤基础上增修堤防[⑥]，此时已是“沙头巷陌三千家”[⑦]，“贾客

① 参见：《宋会要稿·食货·十六》。转引自：沙市水利堤防志编委会．沙市水利堤防志（1994 年版）[M]．太原：山西高校出版社，1994．

② 引自：王志忠．风雨沧桑九十埠——关注历史文化街区胜利街 [J]．荆州房地产，2008（2）．

③ 数据源自：李心传．建炎以来系年要录（卷一百六十七）[M]．北京：中华书局，1988．

④ （清）叶仰高修；（清）施廷枢纂．政协荆州市委员会校勘．荆州府志（清乾隆二十二年刊本）[M]．全八册·第一册．武汉：湖北人民出版社，2013．

⑤ 《入蜀记》《吴船录》记述甚详。

《入蜀记》见：陆游著．蒋方校注．入蜀记校注 [M]．武汉：湖北人民出版社，2004．

《吴船录》见：范成大．吴船录 [M]．北京：中华书局，1985．

⑥ 脱脱等．宋史 [M]．北京：中华书局，1977．

⑦ 选自：陆游《荆州歌》。

云集，蜀舟吴船必经此”。南宋后期，京西湖北安抚副使、江陵知府孟珙在长江中游广修渠堰，仅公安县就修筑有赵公堤、枓湖堤、油河堤、仓堤和横堤等[①]。1274年（南宋咸淳末年），沙市设镇，司马梦求[②]（叙州人，即四川省宜宾市人）任监镇，隶属荆湖北路江陵府。1275年（德祐元年），江陵有屯兵以御元军，四月，沙市附近南湖干涸，元将阿里海牙乘风纵火，攻破沙市城[③]。

4.1.2 元代设计建造沙市城

元朝在全国共设立中书、河南江北、江浙、湖广、陕西、辽阳、甘肃、岭北、云南、四川和江西等十一个行省，形成行省、路（府、州）、州（府）、县四级制[④]。荆州在元代初期称“荆南府”，属第三级行政区划，府治设江陵城，辖地与宋代江陵府相同，属湖广行省。公元1276年（至元十三年），荆南府被提升为上路总管府，属第二级行政区划，路治设江陵城。公元1292年（至元二十九年），上路总管府改属“河南江北行省”，这是长江中下游以北第一次在行政区划上合并管理，辖境包括今河南省及湖北、安徽、江苏三省的长江以北地区。致和元年（1328年）三月元文宗从上都（今内蒙古东）迁江陵，八月从江陵到京都即位，公元1329年（天历二年）改其即位前所幸诸路名称，故将上路总管府改为“中兴路”，路治设江陵城，江陵县治所移至沙市。

元代统治中原之后，与秦初和隋初一样，采取了拆城政策。1278年（元世祖至元十二年），忽必烈诏令拆毁襄汉、荆湖诸城[⑤]，江陵城墙被拆毁，子城与罗城均不再修筑[⑥]。考古发掘出土的江陵砖城为墓砖垒砌，不见宋代的城墙砖，印证了元代毁城的历史记述。

元代江陵县治所移至沙市，沙市城的行政职能加强，城垣得以扩建和修缮。1329年（天历二年）沙市城扩建土城，东至三义河畔，移大寨门至十闸门，建城隍庙、文庙和官仓，并兴建县学，在江边设铺渡、中渡、下渡三个渡口。沙市从此成为元大都通往云南官马大道的转站口，又是川鄂水驿的中继站和官粮贮存地，有“沙市站”之称。1424年（明朝永乐二十二年），江陵县治迁回荆州城，至此设沙市95年。

---

① 选自：《宋史·袁枢传》. 脱脱等撰. 宋史 [M]. 北京：中华书局，1977.

② 司马光后代。

③ 《宋史》记载：“咸淳末，(司马梦求）调江陵沙市监镇。沙市距城才十五里，南阻蜀江，北倚江陵，地势险固，为舟车之会，恃水为防。”见：脱脱等撰. 宋史 [M]. 北京：中华书局，1977. 司马梦求跟随都统程文亮迎战蒙古军于马头岸，然而制置使高达不发援兵，最后程文亮投降，司马梦求穿上朝服，向着朝廷的方向拜几拜，自刎而死。

④ 中国秦代开始沿用战国末普遍形成的郡县二级行政区划制度。第一次变革发生在东汉武帝时期，划全国为十三州，后“州”由监察区改为一级行政区，形成州、郡、县三级行政区。第二次变革为唐太宗时期，分天下为十道，实行道、州（府）、县的三级行政管理制度。元代创立行省，习称为省，是我国行政区划史上的第三次重大变革，省作为地方最高一级政区沿袭至今。

⑤ 《荆州府志》云：“元世祖至元十二年，诏隳襄汉荆湖诸城。”

⑥ 成一农先生在《宋元以及明代前中期的城市城墙政策的演变及其原因》一文中列举了元代修筑过的城墙，未见江陵城修建的记载，也无元末农民起义毁坏江陵城墙的记载。他认为，元代禁止筑城的政策持续到至正十二年，随着农民起义的爆发，元政府才不得不下令要求全国普遍筑城。不过由于当时处于战乱时期，政府的诏令已难以执行，再加上战争期间地方财力、人力的困乏，因此实际上修筑城墙的城市数量较为有限。参见：成一农. 宋、元以及明代前中期城市城墙政策的演变及其原因 [M]// 中日古代城市研究. 北京：中国社会科学出版社，2004；成一农. 中国古代城市城墙史研究综述 [J]. 中国史研究动态，2007（1）；贺杰. 古荆州城内部空间结构演变研究 [D]. 武汉：华中师范大学，2009.

4.1.3 明代设计建造江陵城、呵护保护沙市

明代初期，荆州府在行政区划上仍属河南布政使司，后改属湖广布政使司[①]。由于明朝政权注重控制西部和联合东西部，湖广地区对于北方政权统一的意义重大，湖广布政使司和荆州府两级行政区的辖地较元代有所扩大。

明代初期，长江、汉江及众多分支河流、港汊和湖泊多有通航之便，水网细密，荆州境内的内河航运十分发达。明代中期，受长江、汉江洪水位抬升影响，杨水航道发生变化，航运时兴时落，动荡不定，但由于漕运依然发达，官物和官办运输仍有一定规模[②]，同时长江南北各区域间的商品交换扩大，"两沙运河"和"江汉运河"的地位依然重要。明代后期，江汉平原的大规模垸田开发导致杨水水道巨变，经荆州向北转运的物资变为向北和向东分流，交通重心也由南北向的荆襄线转移为东西向的荆汉线[③]。

明代江陵城的大规模营造活动主要有六次：

第一次，明代初期，各地方中心城市为抵御北元军事威胁和镇压农民起义，掀起筑城高潮[④]。1364 年（至正二十四年）九月，吴王朱元璋（今安徽凤阳人）攻占江陵，改中兴路为荆州府，府治仍设江陵城，由于荆州军事区位重要（图 4-5），湖广平章杨景（今江西太原人）镇守江陵，依照南宋旧基复筑江陵城，城垣周长 18 里 381 步（11.28km），高 2 丈 6 尺 5 寸，城垛 5100 个，设城门 6 座，其上各建城楼 1 座[⑤]：东为镇流门，楼曰宾阳；东南为公安门，楼曰楚望；南为南纪门，楼曰曲江；东北为古潜门，楼曰景龙；西北为拱辰门，楼曰朝宗；西为龙山门，楼曰九阳。周围城壕宽 1 丈 6 尺，深约 1 丈。这可能是荆州继春秋楚纪南城、梁代都城之后，第三次在城门上修筑城楼。

第二次，公元 1369 年（洪武二年），湖广分省省会设于江陵，杨景疏浚护城河，东通沙桥河、西通秘师河、北通龙陂诸水，这可能是继西晋杜预、东晋王敦、南平国高氏和南宋赵雄后，江陵第五次整治护城河及周边水系。1374 年（洪武二年），杨荣又疏浚了护城河，增高土垣，加固砖墙，设置了藏兵洞。

第三至第五次，明代为加强皇权，从朱元璋开始，国家实施分封制，王子必须出藩[⑥]，江陵城是藩封重地，城内外开始营造王府、镇国将军府和奉国将军府。1378 年（洪武十一年），第十二皇子朱柏（今安徽凤阳人）被封湘献王，1385 年就藩荆州，带有重兵，成为控制荆

---

① 湖广布政使司是为明朝 15 个"布政使司"之一，是明朝直属中央政府管辖的行政区，辖地较元代湖广行省辖地有所扩大。明代荆州府的辖地包括：江陵县、公安县、石首县、监利县、松滋县、枝江县、夷陵州、长阳县、宜都县、远安县、归州、兴山县、巴东县等十三个州、县。

② 明代荆州有卫所漕船 400 艘，在湖广漕船总数中约占一半，还兼运湖南漕粮到北京。

③ 原思想陈述源自：陈家泽.《杨水》之三：水道与水运（上）[J]. 荆州纵横，2007（4）.

④ 关于明代荆州城的营造活动记述，参见：贺杰. 古荆州城内部空间结构演变研究 [D]. 武汉：华中师范大学，2009.

⑤《荆州府志》云："明太祖甲辰年（公元 1364 年，元至正二十四年），湖广平章杨景依旧基修筑元代被破坏的荆州城墙，城垣周一十八里三百八十一步，高二丈六尺五寸，设六门，城濠宽一丈六尺，深一丈许。"

⑥ "天下之大，必建藩屏，上卫国家，下安生民。今诸子既长，宜各有爵封，分镇诸国。"号称"惟列爵而不临民，分藩而不锡土"。关于明代分藩制度的记述，转引自：贺杰. 古荆州城内部空间结构演变研究 [D]. 武汉：华中师范大学，2009.

州一方的军政首领，在南平国宫城的基址上建造了湘王府，又称湘城[①]。位于拥军路以西，通惠桥路以东，荆中路以北，荆北路以南，这里至今被荆州人称为“城中城”。其城墙南北长700m左右，东西宽600m左右。为修筑湘城，拆毁了荆州城西门外的东晋古城——万城，将其“砖石移修湘献王府”，并将荆州城西北紫盖山上的林木砍伐殆尽。修建湘王府后，朱柏又在城西约2km处宋代道观草殿的基础上建造太晖观，占地50亩，殿宇99栋，有“赛武当”和“小金顶”之称。1399年，随着湘王朱柏自焚，湘城被火焚毁。公元1404年（明永乐二年），辽王朱植（朱元璋第十五子）[②]移藩荆州，兴建辽王府，位于今荆州军分区大院。公元1626年前后（天启年间），惠王朱常润（神宗朱翊钧第六子）封于荆州，在湘城旧址上建惠王府，又称惠城。

第六次，明朝末年，社会矛盾尖锐，荆襄流民起义，波及湖广、河南、四川、陕西几省，以卫所为基础的城市防御体系难以抵御农民起义，各地官绅为了自保，在成化（1464—1487年）、正德（1505—1521年）和嘉靖（1521—1566年）年间掀起了遍及全国的筑城运动[③]。1522—1566年（明代嘉靖年间），为适应热兵器时代的防御需求，江陵城的部分外墙增砌城墙砖。1643年（明崇祯十六年），张献忠攻陷江陵，不久西进，下令拆城。

明代开始，沙市是长江中游东西外河水运线路与“两沙运河”“江汉运河”等南北内河水运线路的汇集点。

隆庆、万历时期，沙市的长江航运已十分发达，袁宏道记载：沙市“蜀舟吴船，欲上下者，必于此贸易，以故万舫栉比，百货灯聚”[④]。到明末更是“贾客扬帆而来者多至数千船，向晚篷灯远映，照耀常若白昼”，同时商业繁荣，“列肆则百货充牣，津头则万舫麟集”[⑤]。1471年（明成化七年），沙市设置荆关工部分司署，并派部员监督，征收沙市竹木关税。长江航运贸易的兴盛促进了沙市手工业发展和人口增长，城市沿江扩展，成为长江流域重要的商品集散中心[⑥]和长江沿岸最繁荣的商业城市之一。明末史学家刘献廷记载，沙市“列巷九十九条，每行占一巷，舟车辐辏，繁盛甲宇内”，可见手工业和商业繁荣，沿江蔓延的景象蔚为壮观。

同时，“两沙运河”和“江汉运河”是以沙市为起点的内河航线，它们在明代初期和中期的发展推动了内河沿岸的城市发展。其中“两沙运河”位于沙市与沙洋间，联系长江和江汉，虽然长江便河口受堤防阻隔，但货运可在“拖船埠”（今沙隆达广场世纪门一带）提驳换船。《明史》记载：明英宗正统十二年（1447年），疏荆州城公安门外河（今荆沙河），以便公安、

① 现尚存朝圣门、钟鼓楼、金殿及韩城等建筑。金殿建在8m多高的砖台上，面阔和进深各三间，上覆铜瓦，前置12根青石龙柱。韩城内壁上镶嵌有500灵官砖雕。本段关于明代湘城和太晖观营造活动的介绍，引自：赵冰．长江流域：荆州城市空间营造[J]．华中建筑．2011（5）.

② 原就藩于辽宁广宁。

③ 关于明代城市营造政策的记述，引自：贺杰．荆州城内部空间结构演变研究[D]．武汉：华中师范大学，2009.

④ 见：袁宏道《答沈伯函》：“犹记少年过沙市时，嚣虚如沸，诸大商巨贾，鲜衣怒马，往来平康间，金钱如丘，绨锦如苇……”

⑤ 明末《江陵县志》记载。

⑥ 江汉平原的粮、棉、油、布、丝，四川的楠梓竹木，江淮的食盐、布匹和丝织品，湖南的粮食、木材，云贵的铜、锡、铅等矿产品，齐聚沙市交易、集散。

石首诸县输纳。明万历年间（1573—1620年），朝廷再次疏浚沙市至草市河道12km，时称“两沙便河”。1547年（明嘉靖二十六年），汉江沙洋堤破，“汉水直趋江陵龙湾市而下分为枝流者九”，形成了沙市、沙洋间的捷径水道，隆庆元年（1567年）秋实施堵口，沙市和沙洋间航运衰落。“江汉运河”指荆州和潜江一线的杨水运河。1429年（明弘治五年），汉江在潜江夜汉堤溃口，形成东荆河分流河道，汉江经杨水至荆州东荆河的入口下移至今潜江田关和泽口[①]。明末史学家刘献廷记沙市内河“游船如织，车水马龙，夜市通宵达旦”，描述了拖船埠和便河一带的景象。

4.1.4 清代呵护保护江陵城、设计建造沙市城

清代延续明代旧制，在地方设省、道、府（直属州、厅）三级行政区划。公元1664年（康熙三年），原湖广行省分为湖北布政使司和湖南布政使司，荆州府仍属湖北布政使司，治所仍设于江陵城。1683年（康熙二十二年），清廷为巩固统治，在关内十三个军事要地设置大本营（俗称“将军府”），湖北将军府设于荆州城，由明代江陵府署改建而成，在江陵城东部设立八旗驻防城，又称满城，旧有的江陵府署和县署都移至西城，又称汉城，东西城之间筑隔墙。驻军每年需军粮10万石，军粮的集中、分散均靠民船输转，以此荆州航运持续发展。公元1735年（清雍正十三年），长江上游设宜昌府，原荆州府所辖夷陵州（含宜都、长阳和远安三县）划至宜昌府，江陵县、公安县、石首县、监利县、松滋县和枝江县之间联系加强。1846—1850年，两广地区水、旱、蝗灾不断，荆州百姓和驻防旗民陷入失业破产境地。1861年洋务运动的兴起，促进了江陵教育设施的改革和重建[②]。清末西方资本主义对中国经济侵略加剧，满人、汉人以及多族群的命运紧密相连，促进了中华文化的形成。

清代初期，沙市是长江中游的航运枢纽，辅以“江汉运河”和“两沙运河”[③]，船只往北可驶入东荆河和府河连接汉江，向东可连接新滩口出沌口直达汉口，向南可通过太平口和

---

① “明万历时期袁中郎在由沙市至武当、汉口旅行时，船行路线即是由沙市、草市、观音、田关、泽口进入汉江，其《由草市至汉口小河舟中杂咏》诗其二云：‘日暮黑云生，且依龙口住。小舟裙作帆，笑语过湖去。’”陈家泽.《杨水》之三：水道与水运（下）[J]. 荆州纵横，2007（5）.

② 以上关于荆州教育的记载引自：《荆州百年》编委会办公室. 荆州百年（上卷）[M]. 北京：红旗出版社，2004.

③ “‘江汉运河’在清代既是官方水驿又是民间航道。清初刘献廷在《广阳杂记》中记载了他由汉口经汉江至荆州途中的游历见闻：‘泽口，别汉入潜之地也，属安陆府，与潜江县治相距不过十余里。欲至荆州，则自梅家嘴（田关，又名双雁）复逆流西上也。’清初商人吴中孚在《商贾便览》一书记载了他随船由汉水入长江的行程：‘自大泽口迤南有支河一道直抵荆州府江陵县属之丫角庙，计水程一百十五里，河面尚宽，虽间有淤浅一二处，亦可行舟。其自丫角庙盘过荆堤起旱一站，计程一百里渡荆江而南，进虎渡口支河直达湖南澧州属之观音港，计程二百二十里’。可见，江汉运河既是朝廷水驿也是民间通商的捷径运道。然而，由于东荆河口摆动和田关河口淤阻，至咸丰初年（1851年），荆州长湖至潜江的田关河（古西荆河）航线渐次淤废，江汉间已不能直达，江汉运河不复存在。

“‘两沙运河’在清代则转变为内河航道，在川盐运输中起到重要作用。清乾隆年间（1736～1759年），沙洋军粮运往荆州，需绕道潜江泽口走田关河人长湖，说明沙市沙洋间的漕运已不能直达。咸丰、同治年间，太平军占领长江下游，淮盐运输受阻，鄂西北地区改食川盐，需经沙市中转，船只可由沙市直达沙洋盐码头。陕西、豫南货物及本地各县运粮均赖此河，故两沙运河又名‘运粮河’，依然是重要的内河水运线路。宣统三年（1911年），汉江沙洋李公堤溃口，内河四公里水道淤成平地，沙市沙洋间水运就此中断。”引自：陈家泽.《杨水》之三：水道与水运（下）[J]. 荆州纵横，2007（5）.

藕池口至湘北连通洞庭湖（图 4-1）。随着商品交换规模扩大[①]，各省大商贾进入荆州设庄交易[②]。晚清时期，沙市称沙市迅，仍属江陵县，下设五里，里亦称为沙，即：一沙、二沙、三沙、四沙和五沙。1851 年（咸丰元年），荆州同知（正五品官）厅因川盐下运，移驻沙市。1853 年，沙市设官盐局，形成“川盐总汇口”，成为晚清长江十大港口之一。

图 4-1 明清时期荆州城市与长江的关系
来源：依据荆州市城市规划设计研究院相关资料和邹逸麟编著《中国历史地理概述》42 页插图绘制。

1840 年鸦片战争爆发，西方资本主义国家向中国倾销商品，对沿海城市的民族工商业产生冲击，荆州地处堂奥，以优越的区位和川湘豫陕各省间的传统贸易保持着城市繁荣。1861 年（咸丰十一年），英国火轮两艘从汉口溯江而上，荆州将军兼湖广总督官文下令荆州、宜昌各官“沿途照料”，荆江始行轮船。1876 年（光绪二年）九月，中英《烟台条约》增开宜昌、芜湖等为商埠，沙市、大通、安庆为外轮停泊码头，荆州的航运枢纽地位减弱。但由于荆州府属各县物产丰富，输出的土产颇多，同时四川的土产数额逐年上升，沙市仍然保持着川鄂湘三省大宗货物转销地和粮棉集散中心的地位[③]，每年在沙市汇集并运往西部各省的棉花及棉制品价值白银近千万两，被西方称为“中国最大的织布中心”[④]。

清代江陵城的空间营造主要有三类：一是修缮城垣，二是营建旗营，三是兴修官学。

根据历史记载，清代可能是江陵历史上城垣修缮次数最多的时期，共四次，主要目的是抵御农民起义和防止水患。明末张献忠拆毁荆州城垣，1646 年（清顺治三年）荆南道镇守李栖凤和总兵郑四维为了加强长江中游防御，依明代旧基，重建城池[⑤]，修缮后的城墙周长 10.5km，城垣、城门、城楼基本上保持明代城的规模与风格，并在大北门和小北门附近各加水闸一处，排放城内之水[⑥]。1727 年（雍正五年）大雨淋坏江陵城墙，清政

---

① “荆州的棉花、土布、水产品、粮食、油料大量外运四川、湖南、江西等省和湖北各地，四川、湖南、河南、安徽、江苏等省的盐、糖、桐油、竹木、烟叶、药材汇集荆州交易”。以上解释引自：《荆州百年》编委会办公室. 荆州百年（上卷）[M]. 北京：红旗出版社，2004.

② 乾隆《江陵县志》卷二十三记载：沙市“蜀舟吴船，欲上下者，必于此贸易，以故万舫栉比，百货蚁聚”. 引自：（清）崔龙见修；魏耀等纂.（乾隆）江陵县志 [M]. 清乾隆五十九年（1794）刻本.

③ “本口最要之土产即系棉制各货，植棉之地甚多，乡民以纺织为业者亦众。”《湖北商务报》第五十四期，光绪二十六年九月. 转引自：《荆州百年》编委会办公室. 荆州百年（上卷）[M]. 北京：红旗出版社，2004：40.

④ 其中“荆州土布，取枝江之棉，荆州绸缎，取河溶之茧，生入熟出，畅销有名。”（引自：《大中华湖北地理志》）其运销范围，近及川陕，远至滇黔，几达于缅甸之境。“故川客贾布沙律，抱贸者，群相踵接。”（引自乾隆：《江陵县志》卷二十三，《物产》）每年仅运往重庆者，“闻有十五万担之谱”（引自：《湖北商务报》第五十四期，光绪二十六年九月）。以上解释均转引自：《荆州百年》编委会办公室. 荆州百年（上卷）[M]. 北京：红旗出版社，2004.

⑤ 据《江陵县志》记：“崇祯十六年，流贼张献忠陷荆州，夷城垣”。引自：胡九皋. 光绪续修江陵县志（二）[M]. 南京：江苏古籍出版社，2001. 又据《光绪荆州府志》记载，清顺治三年（公元 1646 年），荆南道台李栖凤、镇守总兵郑四维依明代旧基重建，全面修缮城郭，“兵民重筑，悉如旧址”。倪文蔚. 光绪荆州府志 [M]. 南京：江苏古籍出版社，2001.

⑥ 《荆州府志・城廓》记载：“顺治三年（1646 年）荆南道镇守李栖凤、总兵郑四维督民依明代旧基重建城池，于大北门和小北门附近各设水闸一处，以泄城内之水。”

府拨银三千两修筑，后又拨银六百两修筑驻防城隔墙。1756年（乾隆二十一年）维修江陵城垣，开辟水津门于城西南隅。1788年（乾隆五十三年）六月，万城堤决，荆江大堤溃口21处，水从西门入，城垣倾圮，水淹荆州府城，清廷处置十年内承修过大堤的官员23人，并派钦差大学士阿桂等依旧址补修荆州城。由于城西南和东部地势低洼，补修后的水津门（城西南）、小北门（城东北）退入数十丈，城东南也退入十数丈，因此荆州城垣呈现不规则外形。

江陵城的驻防八旗官兵3543人，携眷属万余人，在东城形成江陵的一个“方言岛”，促进了荆州人口密度的增长①，改变了城市的族群构成②，同时引入满族的居住模式，在东城形成了以大街为轴线的带状旗营肌理。

随着江陵满城八旗子弟生齿日繁，闲散颇多，出仕成为一条重要的出路。1846年（道光二十六年）驻防八旗兵在城内肇事，商店关门抗议，道光皇帝责令地方官拘拿闹事旗人，与驻守将军共同审办，事方平息。其后江陵官学和私塾兴盛，荆州驻防设有牛录官学和满汉官义学66所，学生约1400余名，荆州旗人中官宦富有之家多聘名师自办私塾。1878年，湖广总督在江陵满城设辅文书院。

清代沙市的空间营造内容主要有四类：一是增加城市公共设施，二是修筑土城，三是兴建商会房地产，三是翻修长江驳岸。

清代初期，沙市是长江沿岸最繁荣的城市之一，便河口是繁忙的城市中心，基础设施进一步完善，乾隆《荆州府志》记载，此地“士有社、商有廛，工有肆，止有居，客有邮”③。

清朝中期，沙市的经济地位和行政职能提升，推动了城市扩展和城墙重建。1683年，沙市设“沙市巡检司署”，简称沙市司，隶属湖北省荆州府江陵县，署址在大街西老税务湾（今沙市大湾）。1723年（雍正元年），荆州府通判（正六品官）移驻沙市，设通判厅，称三府。1729年，荆州府粮盐通判厅移驻沙市，在三府街设检验署。1794年（乾隆五十九年）绘制的《沙市司图》中，沙市面积已扩展至1.9km^2。1797年（嘉庆二年）荆南道崔龙见在沙市滨江树木栅、培筑土城，建有六门：西阜康门，西北迎禧门，西南宝塔门、东北石闸门，东章台门、东南柳林门。1822年（道光二年），重庆胡万昌民信局在江陵沙市设分局，经办信件、包裹、汇款等业务，上通成都，下达汉口。

晚清时期，沙市成为川盐总汇地点，城市经济和社会发展进入“黄金时期”。光绪《荆州府志》称：“沙市为三楚名镇，通南北诸省；商贾扬帆而来者，多至数千船，向晚蓬灯

① 以清代中后期的嘉庆二十五年（公元1820年）为例，当年全国总人口为3.62亿，平均每平方km密度为67.57人；湖北省总人口为2673万人，平均密度为149.02人，是全国的2.2倍；荆州府总人口为302万人，平均密度为209.78人，是全国的3.1倍，湖北的14倍。以上数据引自：张建民．湖北通史（明清卷）[M]．武汉：师范大学出版社，1999.

② “荆州驻防初期有员额1.5万余名，荆州将军府置将军、右翼副都统、左翼副都统。依照清军编制，副都统各分领四旗，各旗之下又设参领、佐领，相当于甲喇额真（1500人）和牛录额真（300人）。并设防御、骁骑校、笔贴士、前锋、催领等官。‘百余年来，生齿繁盛，文物蔚兴，俨然大邑’，至清末，江陵满城的人口总数应该超过3万人，占江陵城总人口的三分之一”。以上关于清末江陵满城的人口分析引自：万谦．晚清荆州满城家庭结构与居住模式推测[J]．新建筑，2006（1）：23.

③ 乾隆《荆州府志》记载沙市“列肆则百货充牣，津头则万舫鳞集”，引自：叶仰高修．施廷枢纂．荆州府志[M]．清乾隆二十二年（1757）刻本.

连映，照耀如白昼"，沙市成为长江十大港口之一。随着资本集聚，人口增长，同治年间沙市人口突破 8 万，"烟民之藩庶，商贾之辐辏，邑中称最"[①]。1896 年(光绪二十二年)，全镇居民总户数 14570 户，人口 72389 人，寄泊沿岸帆船 1362 只，合计船户商贾人口在 10 万人左右。来自江西、浙江、四川等 10 余省的巨商富户云集沙市，各自组织势力，竞争市场，按籍贯结帮，投资建会馆、购置田产，形成"十三帮"[②]，推动沙市房地产的兴盛。各同乡会还向本帮会募捐，扩建和发展对本帮有利的事业，如延续各地习俗、资助各地同乡等。十三帮的公所设在毛家巷旃檀庵，更是各地商帮展开商贸和文化交流的中心[③]。

鸦片战争后，为配合外轮的停靠和外贸发展，清政府对沙市驳岸进行了翻修，邮电和通信设施得到更新。1873 年（同治十二年）、1892 年（光绪十八年）和 1894 年（光绪二十年）分段修砌沙市米厂河（观音矶下腮处）至洋码头（现四码头）驳岸。1886 年（光绪十二年）四月，架设汉口至荆州邮电线路，设沙市电报局。

4.2　宋代到晚清时期荆州城市空间营造特征分析

宋代到晚清时期荆州城市空间营造的主体为汉人，同时加入蒙古族、回族和满族，形成多族群融合的中华民族，城市空间营造受到这三类文化的影响。

4.2.1　汉文化延续下的江陵城和沙市镇

宋代荆州城市空间营造的重点在江陵城，它延续汉文化的特征，在神仙观念、道家思想和佛教思想的影响下，创造了神佛道并立的境界，建立了厢坊制度和学院制度，发展了城垣防御技术、堤防抗灾技术和私家园林营造技术。

1. 汉文化延续时期的荆州营造境界

宋元时期，江陵城战争频繁，宗教盛行，新增十所道观、四十三座寺庙。沙市是江陵城的外港和商业中心，经济繁荣、人口聚集，也开始大量修建寺庙。这些宗教建筑主要有水神宫、佛寺和道观三类[④]，如：

---

① 引自：胡九皋．光绪续修江陵县志（二）卷五十：艺文 [M]．南京：江苏古籍出版社，2001.

② 湖北省内以府为帮派形成了汉阳、武昌、黄州和荆州安荆帮等四帮。湖北省外的区域形成四川、湖南、河南、江西、浙江、福建、山西和陕西组成的山陕帮等七帮，又称为西帮。以大城市为帮派的有南京帮。以外省一府为帮派的有安徽的徽州帮和太平帮。关于沙市十三帮的介绍，引自：《荆州百年》编委会办公室．荆州百年（上卷）[M]．北京：红旗出版社，2004：40.

③ 习俗如：通过每年三月三、九月九做财神会，喝会酒，演会戏，来联络感情，共庆"生意兴隆，财源茂盛"。若有本帮客商遭遇不测，或同乡流落沙市，会馆可以资助回家或照顾生活。不属于十三帮的"杂帮"商人初次运货来沙，均要在旃檀庵请客、唱戏，做财神会。旃檀庵还是荆沙一带官商名流聚会、交流的场所，做会、唱戏，热闹非凡，以致民间流传着"旃檀庵看戏——挤人"的歇后语。以上解释引自：《荆州百年》编委会办公室．荆州百年（上卷）[M]．北京：红旗出版社，2004：40.

④ 本节关于沙市宗教建筑的记述，均引自：沙市市建设志编纂委员会．沙市市建设志 [M]．北京：中国建筑工业出版社，1992.

江渎宫：位于沙市区江汉南路东侧[①]，相传为三闾大夫故宅，南宋嘉定六年（1213年）建江渎佑德宫，庙内供奉昭灵，祭祀“江水之神”，为“四渎之首”[②]，雍正八年（1730年）重修，改名为佑德琳宫。江渎宫前有一井，前宫为泗宫水神殿，已毁，仅保存两侧厢房。厢房为单檐硬山顶，面阔三间，进深二间，高8.10m，面积66.78m²，内部采用双层砖木梁架七檩前廊式结构，立柱12根，柱径0.2m，柱础为上鼓下八角形，一层采用“卍”字格门窗，二层正面出廊，采用直棂式门窗及内廊式木质雕花栏杆。两侧山墙及殿后采用青砖砌筑，屋面青灰布瓦，脊饰已残破，吻兽已损（图4-2）。现为沙市市重点文物保护单位。

图4–2　沙市江渎宫
左图来源：沙市市地名委员会. 沙市市地名志[Z]. 1984.
右图来源：沙市市建设志编纂委员会. 沙市市建设志[M]. 北京：中国建筑工业出版社，1992.

普仰寺：位于今文庙巷西侧，南宋绍兴年间（1131—1162年）建，现已毁。

三清观：位于新沙路，建于宋淳熙年间（1174—1189年），明初被毁，建荆南行署，后复为观，清光绪初重修。山门“玉清宫”三字为明代书法家蒋杰所书。主体建筑为玉皇阁，歇山式屋顶，正殿前有四根圆状石柱。观后为紫云台，台高数米。除玉皇阁残存外（图4-3），均在1974年拆毁修建宿舍。

2. 汉文化延续时期的荆州营造制度

宋代坊市制解体，城市实行厢坊制度，撤销了对“市”的制约，并划分“厢”，加强对城市坊郭户的管理。江陵城子城消失，街道由交通空间演变为经济和社会功能复合的公共

① 据清时文人严青于道光十八年撰写的《重修江渎宫记》记载：“沙头旧有佑德琳宫，即江渎宫也。相传为三闾大夫故宅。”江渎宫始建年代不详，南宋爱国诗人陆游《入蜀日记》对其有记载。据《续修江陵县志》载：“宋嘉定六年（1213年）建，雍正八年（1730年）重修。”引自：沙市市建设志编纂委员会. 沙市市建设志[M]. 北京：中国建筑工业出版社，1992.

② 四渎，即江渎宫分庙四处：一名费公庙，在横堤外刘家场，后为大慈庵；一名肖公庙，在大寨巷口；一名李公庙，在李公桥；一名晏公庙，在今张家横巷。四庙均已毁。引自：沙市市建设志编纂委员会. 沙市市建设志[M]. 北京：中国建筑工业出版社，1992.

空间[①]，容纳有住宅、商铺和手工业作坊，还混合有寺庙、学院和府署等，形成了以街道为单元的城市分区。

唐代开始，官学制度建立，中央设有官学国子监，地方设有府学、州学和县学（见本书 3.2.3 节）。宋代江陵城延续唐代官学制度，同时私学兴起，先后出现的书院有：南阳书院（南宋末年），东冈书院（元代）等。还设立有宾兴庄，资助贫寒子弟赶考路费[②]。这种官、私学并立的教育制度延续至清代，影响了江陵旗学的发展。

图 4–3　三清观玉皇阁

来源：沙市市建设志编纂委员会 . 沙市市建设志 [M]. 北京：中国建筑工业出版社，1992.

3. 汉文化延续时期的荆州营造技艺

宋代江陵城的城垣修筑技术，着重于防御设施的营造。北宋时期江陵城垣沿用五代十国的砖墙，城垣周长约三十里；南宋时期江陵为抗金前线，湖北安抚使赵雄将城垣缩减为二十一里，增加敌楼战屋一千余间。敌楼，指在城垣上除城楼之外的重要地段，设置防守眺望的永久性城楼，也叫谯楼，如江陵北垣上的雄楚楼、松甲山、余烈山，南垣的卸甲山、仲宣楼等，其设计始于宋代，延至清代。战屋，指城垣上比敌楼矮而阔的藏兵设施。

宋代可能是荆州历史上堤防修筑最频繁的时期，共 4 次筑堤，主要采用堵塞堤口、双层堤防、连接堤防和修筑石驳岸等技术（图 4-4）。1157 年，堵塞江陵城东 30 里的黄潭堤决口，免受长江漫溢之害。1075 年，荆州太守郑獬在晋堤以南筑新堤（即沙市堤），下至大湾，沿今胜利街和豫章台，接杨林堤，从此江陵以南形成双堤防系统[③]。1168 年，江陵知府张孝祥将寸金堤延长 20 余里与沙市堤相接，后石首县令谢期在江陵城西五里处筑堤，使江陵堤防与沙市堤防连为一体。宋代至清代，沙市堤防段水流湍急处均加设矶头和石驳岸，以抵御水流对堤脚的冲刷和侵蚀。

宋代荆州开始出现私家园林。沙市里巷中私家院落植栽遍布，至明代形成“十里浓荫路”“楼阁春藏十里花”之咏，至明清形成 20 余家江南风格的私家园林，体现了汉文化的传承。有历史记载的荆州私家园林有[④]：

---

① 街道中不仅容纳了大量居住、商业和手工业生产场所，还混合有贸易、宗教、教育和行政等功能，为明清资本主义民族工商业的发展打下基础。关于中国宋代城市与商业的关系，参见：克雷蒙·皮埃尔与艾曼纽·派赫纳特与克雷蒙 - 夏普特·苏菲合作完成《模糊的依赖：中国城市与商业》：CLEMENT P，PECHENART E，CLEMENT-CHARPENTIER S．L'Ambiguïté d'une Dépendance，la Ville Chinoise et le Commerce[R]．1984.

② 以上关于宋代江陵城书院建筑的记述，引自：贺杰．古荆州城内部空间结构演变研究 [D]．武汉：华中师范大学，2009.

③ 江津口可能在此时被堤防隔断。

④ 以下关于沙市私家园林的记述引自：沙市市建设志编纂委员会．沙市市建设志 [M]．北京：中国建筑工业出版社，1992.

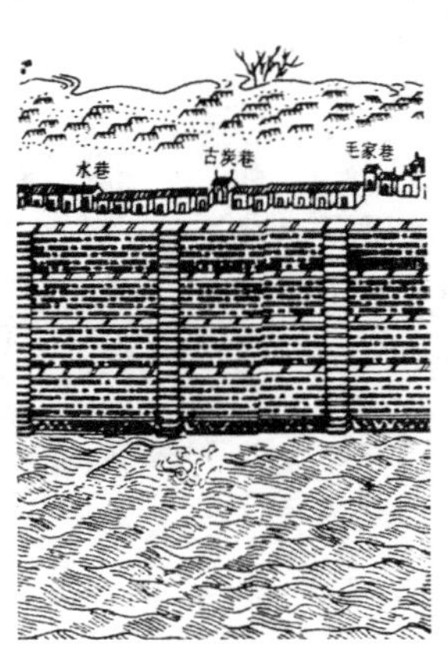

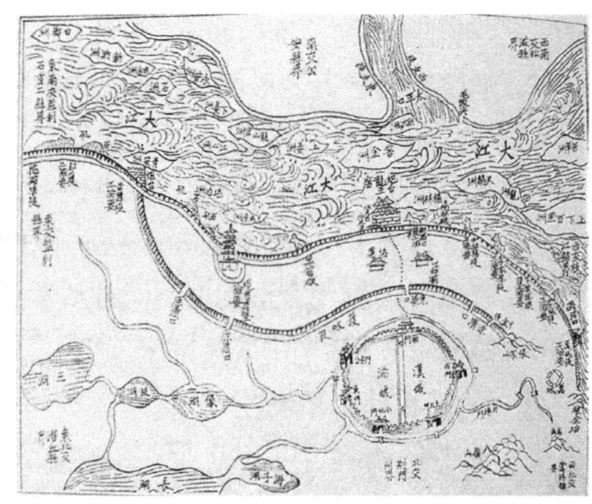

图 4-4 沙市段堤防的石驳岸（左、中）江陵以南的双层堤防（右）
来源：张俊 . 荆州古城的背影 [M]. 武汉：湖北人民出版社，2010.

平楚园：在今南湖，为明代张汝济中丞别墅，园林方圆数亩，有大量山石亭榭。壁间刻有董其昌和黄手（倩辉）二太史的墨刻，回廊曲折、饶有风趣，清初毁于火灾。

徐家花园：又名徐园，在今中山公园内，方圆约十亩，为明末乡宦徐矿所建，颜其门曰："江皋学圃"。园内有步香园、梅岭、桃坞诸胜，山石回环，曲迳通幽。崇祯十三年（1640 年），督师杨嗣昌引兵自川来沙，曾驻园中，闻襄藩之变，自缢于此。抗战前尚有一亭，悬于塘水中央，上有"飞阁流丹"四字。"文化大革命"前尚有大石碑一块，矗立园中，后为红卫兵所毁。

梅园：在今梅台巷尾，清初进士张可前花园，园内广植梅花，并有亭榭多间。中有太湖石二具，玲珑剔透，其状如猴，为张可前任兵部侍郎巡视云南时携回，后因其母墓葬在曾家岭遂移于母墓旁，今尚存一块在便河内，另一块在灵官庙巷内某墙下。

知足园：在张家巷侧，乾隆年间州吏李德荣所建。园内墙壁均嵌有诗刻。因李性风雅，晚年以诗酒自娱，人有投赠者，均辑而锓之，盖仿前贤韵事也。

碧园：在今胜利街下段，为乡宦墙见龚宅后花园。墙见龚是乾隆年间进士，曾在福建任巡道，告归后曾在园中广植花卉，以牡丹特盛，有《碧社春咏》一卷，专吟牡丹。其宅后归邓氏所有，改作祠堂。

怡园：在夹贵街，清贡生邓士琮建。园与江堤相接，有十二录（如高楼听江、长廊对雪，石净学书、亭幽煮茗、竹楼听雨等），仿王维辋川故事，以志胜况。咸丰、同治年间荒废。

宝绘山房：在毛家塘侧，为乾隆初年附贡生王国宾置。宾精手谈，常与邑中名士刘士璋、陆彬然对弈园中。内有亭榭多间，小桥流水，石艇石舫俱全。后归邓姓，更名邑园。中华人民共和国成立初期此园犹存，今改建为中医院。

周氏菊园：在接路巷内。园不大，为周叟种菊之所。周以种菊为业，花多异种。邑中名士陆彬然、雷昌和胡学荣辈尝与往还，周多携赠异种作斋头供，陆、雷等亦尝作诗投赠，有"与客咏风当九月，为花坐月到三更"之句流传。

童家花园：今三中即其旧址，商人童月江置。北洋军阀驻沙期间，该园花木繁多，占地亦甚广。北伐后，即为驻军占有，后又为战火所毁。沦陷期间，改建成学校。

西园：在丝线街泾太会馆附近，为四川人童某所置。

东壁园：在天后宫附近，为福建帮某商人置，原意与西园比胜，但不久荒废。

来仪园：为庞禹年所辟，以种花为主。

4.2.2 蒙回满族文化影响下的江陵城和沙市城

1. 蒙回满族文化影响下的荆州营造境界

元代至清代，蒙回满族文化与汉文化交融，统治者为安抚中原，在荆州修建了大量宗教建筑和纪念建筑，成为魏晋之后荆州又一修筑宗教建筑的高峰。

明代荆州宗教建筑的代表是江陵城南门内的关帝庙（图 4-5），始建于明洪武二十九年（1396 年），历代扩修，为荆州 24 座关庙中最大的一座，现仅存古银杏一棵和残碑一块。1985 年，在原址重建仿明清样式的二进院落。关帝庙的大修反映了明清时期崇尚儒侠精神的倾向："忠义仁勇礼智信" 的关公精神不断被神化、美化，上至朝廷，下至市井，无不崇拜[①]。直至今天，荆州关帝庙每年都会举行庙会，吸引了全国各地的信徒来访。

图 4–5 荆州关帝庙三义殿（左）和藏书楼（右）

来源：2005 年自摄。

元代荆州最著名的佛教建筑是沙市章华寺，曾名章台寺，位于沙市区红门路与太师渊路交会处，相传为楚灵王章华台旧址[②]，现存楚梅和唐杏各一株，沉香古井（又名灵王井）

① "清代秀才黄馨陔题联说：'汉封侯，宋封王，明封大帝；儒称圣，释称佛，道称天尊'，宋代以后，关羽，被宋徽宗连升三级：先封'忠惠公'，再封'崇宁真君'，又封'昭烈武安王'和'义勇武安王'。元代文宗时，加封关羽为'显灵义勇武安英济王'。明代神宗,封关羽为'三界伏魔大帝神威远镇天尊关圣帝君'。关羽的封谥由侯、公、真君、王，至此登基为'帝'。元末明初，小说《三国志演义》流行后，历代王朝对关羽的加封之风更炽，在清代达到极盛，清德宗光绪皇帝对关羽的封号最长——'忠义神武灵佑仁勇显威护国保民精诚绥靖翊赞宣德关圣大帝'，共二十六个字，众多美好的文辞，超过了前代任何王朝的封号。随着关羽的追封进爵，全国大兴建关帝庙之风，以致'天下祠宇，关庙为多'。在中国，供奉'文圣'孔子的文宣王庙有很多，过去在各个城邑都有这类建筑。而'武圣'关公庙数量更多，远远超过了文圣孔庙。清代一朝，仅北京一地，关帝庙就有一百一十六座之多。关公祠堂庙宇遍及四海城乡，作为关羽驻守之城的荆州，崇拜关公的风气更甚"。引自：黄恭发．荆州历史上的战争 [M]．武汉：湖北人民出版社，2006.

② 据寺内现存康熙六十一年（1722 年）所立《章台新碑记》记载："章华古台，楚灵王故宫旧址也，元代泰定年间（1324 年）始建为寺。载寻专志，为荆南名胜第一迹。"

一口，台基上还有七彩荷花池、娘娘堤和大小梳妆台遗址。楚梅高约 4m，冠幅 4m，相传有 2000 多年的历史，现仍十分茂盛，每年开花秀丽可观。现存庙宇为清代重修，主体建筑有大雄宝殿、韦驮殿、天王殿、财神殿、观音殿和城隍殿等，均保存完好。章华寺在国内外享有盛名，与汉阳归元寺和当阳玉泉寺并称"湖北三大丛林"①，清皇曾赐予全套《藏经》，缅甸国王曾赠送玉佛二座，现为湖北省重点文物保护单位（图 4-6）。

图 4-6　章华寺正门（左）和藏经楼（右）

左图来源：2005 年自摄。

右图来源：沙市市建设志编纂委员会 . 沙市市建设志 [M]. 北京：中国建筑工业出版社，1992.

元代至清代中期荆州修建的其他佛教建筑还有：始建于唐代、明代景泰年间（1450—1457 年）重建的沙市龙堂寺，万历六年（1578 年）建造的沙市三义庙，清代江陵满城镶黄街的华严庵、永福庵、白衣庵、丹桂林、祝融庵和东水月林等，正黄街的马王庙、武当庙、西水月林、妙明庵、万润庵和地藏庵等②。

① "古寺坐北朝南，主体建筑分布在一条中轴线上，由南而北依次为山门、天王殿、韦驮殿、大雄宝殿和藏经楼；两厢为附属建筑，左侧有客堂、观音堂、爽快轩和塔院；右侧为如意室、方丈室、大悲阁楼和静业堂。由山门向后 50 余米为天王殿，系单檐硬山顶，面阔进深三间，高 10.6 米，面积 153.6 平方米，砖木结构，其梁架为 11 檩通柱式，梁枋全部明袱，其右侧配殿为城隍殿，左侧为财神殿。原殿及配殿前檐柱间均开直棂门，现以砖砌封。殿后 2.5 米处为韦驮殿，歇山式木屋架结构，高 8.8 米，平面呈方形，建筑面积 25.5 平方米，檐柱四根，正脊两端饰龙形大吻，形制奇特，殿前后建有格扇门，两侧山墙开有花格圆窗，内顶做天花，草袱梁上有清康熙、乾隆年间该寺大修年月记载。由韦驮殿上阶过月台隔 10.2 米，进入大雄宝殿。此殿为单檐硬山砖木结构建筑，宽 22.5 米，深 17.85 米，高 12.4 米，面阔进深为五间，梁枋全部明袱，为网柱布置。殿内共有楠木圆柱六列三十六根，柱础为石质鼓形，下方上鼓两种形式。殿顶正脊饰双面浮雕，前为二龙戏珠，两侧和脊背为花卉图案，檐头勾头、滴水模印花卉及龙纹图案。殿前额枋与挑檐梁之间做有隔板，卷曲呈反'S'形。穿插枋与檐柱间置撑牙，图案全部镂空，一进顶作彩绘仿内轩形制。步柱与金柱之间额枋上置陀峰。殿前有格扇门 22 扇，山墙青砖砌筑，墙垛刻浮雕。殿内两侧及后山墙开门，后门两侧开花格圆窗。殿后则为藏经楼，二层楼单檐硬山砖木结构，面阔五间，进深四间，高 9.8 米，建筑面积 345 平方米，为十一檩前廊式，原楼顶前出抱厦，为叠落式。'文化大革命'中，檐下题有'藏经楼'三字的楼匾被毁，楼顶结构已改动，吻兽均无。两厢现存附属建筑结构与主体建筑结构基本相同。"以上关于章华寺的记载引自：沙市市建设志编纂委员会．沙市市建设志 [M]．北京：中国建筑工业出版社，1992．

② 以上关于清代江陵城宗教建筑的记述，引自：贺杰．古荆州城内部空间结构演变研究 [D]．武汉：华中师范大学，2009．

元代至清代荆州最著名的道教建筑有：太晖观和三清观[①]等。太晖观位于荆州西门外，宋代已有草殿，明洪武二十六年（公元1398年）湘献王在原址改建花园。太晖观占地50亩，殿宇99栋，有“赛武当”和“小金顶”之称，现有朝圣门等建筑；金殿耸立于崇台之上，面阔进深各三间，前檐下浮雕石柱，云绕龙盘精致生动（图4-7）；山门破坏严重。三清观位于今新沙路，明初被毁，改做荆南行署，清代光绪初年重建道观。

图4-7　荆州太晖观朝圣门（左）和祖师阁（右）
来源：2005年自摄。

清代天主教传入荆州，1661年（顺治十八年）纪南门外建有江陵县第一座教堂，成为鄂西南天主教重要的传教场所。1905年（光绪三十一年）比利时神父黄赞臣和马修德主持重修，1906年建成，新天主教堂保留至今。

伊斯兰教在荆州的传入时间待考，江陵城东部的清真寺（图4-8）是其最主要的传播地点。明代，江陵城东部建有十字街，十字街附近建有清真寺、鼓楼和市场。隆庆、万历后，鼓楼被移到十字街中心，变为城市的制高点，方便报时，同时加强对城市中心地带的监控[②]。赵冰教授认为，明代中国城市中广泛出现的十字街和鼓楼是伊斯兰教思想影响的产物[③]。

图4-8　江陵清真寺
来源：沙市市地名志编纂委员会.沙市市地名志[Z]. 1992：插页.

元代至清代中期，荆州其他比较重要的纪念建筑包括：明代嘉靖年间建于荆江大堤象鼻矶上的万寿宝塔（图4-9），据《辽尉鼎建万寿宝塔记》碑文载：明藩第七代辽王朱宪㸅遵嫡母毛妃之命，为嘉靖皇帝祈寿而建塔，

① 1974年拆毁改建宿舍。沙市市建设志编纂委员会. 沙市市建设志[M]. 北京：中国建筑工业出版社，1992.

② 此处关于清代江陵城鼓楼的记述，引自：贺杰. 古荆州城内部空间结构演变研究[D]. 武汉：华中师范大学，2009.

③ 原思想记述源自：赵冰. 4！——生活世界史[M]. 长沙：湖南人民出版社，1989.

故名万寿宝塔，嘉靖二十七年（1548 年）动工，三十一年（1552 年）落成。清代康熙、乾隆和嘉庆三朝维修，道光年间铸铁箍围塔加固[①]。登塔远眺，大江南北景物尽收眼底。

图 4-9 长江边的万寿宝塔（左）和万寿宝塔近景（右）

左图来源：沙市市建设志编纂委员会.沙市市建设志 [M]. 北京：中国建筑工业出版社，1992.

右图来源：2005 年自摄。

明代荆州还修建了大量祭坛和牌坊。江陵城内的祭坛（坛庙）有社稷坛、厉坛、山川坛、风神庙和雷神庙，正北城墙上建有真武庙。明万历六年（公元 1579 年），长港路北和豉湖渠西侧建有进士牌坊，牌坊额垫部正、背两面均有浮雕，浮雕内容为二龙戏珠和鲤鱼跳龙门等仕途吉祥图案，画面生动、形象逼真，具有明代石雕工艺水平。

2. 蒙回满族文化影响下的营造制度

元代至清代，荆州的城市营造制度日益完善，主要建立了城市录事司、学院制度、卫所制度、仓储制度、分藩制度、城隍制度、八旗制度和旗学制度等，对城市管理、教育、军事和行政等公共设施以及居住区的更新产生了极大影响。

（1）元代城市录事司：元代第一次在全国范围设立“建制城市”，并建立“城市录事司”，专门负责管理地方城市[②]。录事司打破了厢坊制度的局限，城市空间更为自由，公共设施的

---

① “塔坐北朝南，东、南、西三面临江，高 40.76 米，高出荆江大堤堤面 20 余米。八面七层，属楼阁式砖石仿木结构。塔直径 13.8 米，面积 143.52 平方米，塔室平面除底层为正方形外，均为八角形。塔基作须弥座，采用外石内砖结构，高 1.2 米。底层各角有汉白玉雕力士像（共八尊），高 0.75 米，造型为弓身持膝，背驮塔角。塔身由青砖砌筑，各层高宽度自下而上按比例逐层收分，在各层结合部位皆叠涩出檐，檐下砖雕斗栱仿木结构形制。各层外壁嵌有佛龛，内置汉白玉坐佛，共 128 尊。塔顶部置有铜质鎏金仿葫芦形塔刹，高 4.58 米，相轮上有 8 根铁链牵至塔座。由底层正南壶门可入塔，壶门为石质垫拱，门上首嵌横石额，上刻‘万寿宝塔’四字，为楷书阴刻蓝染塔额。塔内层层设室，底层立佛须弥座，后侧两边有踏道，塔后壁正中开券门，至六层为圆柱形夹壁，顶作叠涩。六层后因空间及面积所限，踏道靠内壁铺阶登顶。在二层以上施砖砌叠涩藻井，形制除七层为锥形外，均为斗八形，二至五层藻井下施斗栱，额仿与檐外相同。砌塔之砖均为当时全国各省、府、县进献，砖上并刻有汉、藏、蒙、满等少数民族文字。”以上关于万寿宝塔的记载引自：沙市市建设志编纂委员会. 沙市市建设志 [M]. 北京：中国建筑工业出版社，1992.

② 关于元代至明清江陵城营造制度的分析，引自：贺杰. 古荆州城内部空间结构演变研究 [D]. 武汉：华中师范大学，2009.

修建与管理更为灵活。沙市是元代江陵县治所，由录事司负责建造，元代沙市城向东扩展至三义河畔，大寨门移至十闸门，重修城门，建城隍庙、文庙、官仓和县学，在江边设铺渡、中渡和下渡等三个渡口，成为元大都和云南官马大道之间的转站口，又是川鄂水驿的中继站和官粮贮存地，有“沙市站”之称。

（2）明代学院制度：元代和明代的学院制度基本沿用宋代旧制，但学院的设置更为普遍，管理更为严格。地方城市设立府学、州学和县学，都司、行都司和卫所也设有学院，统称儒学。明代江陵城的荆州府学位于南门内，江陵县学和龙山书院位于城东北，清代移至城东南（图 4-10、图 4-11）。

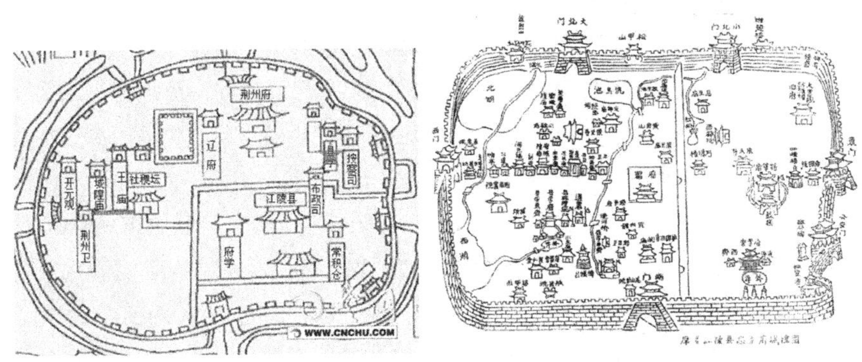

图 4–10　明、清江陵城县学位置对比

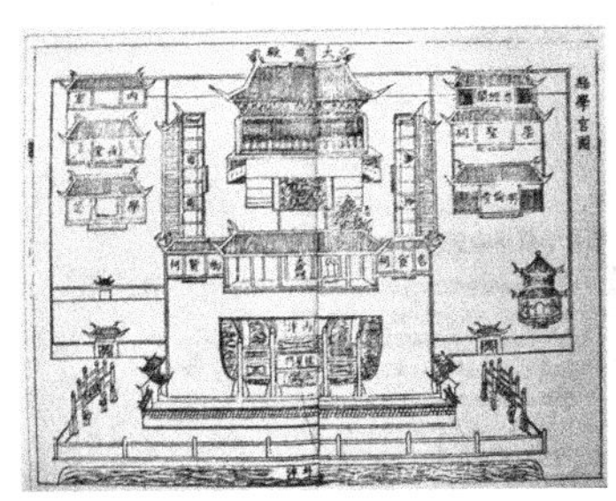

图 4–11　江陵县学宫图（左）、棂星门（中）和大成殿（右）

左图来源：张俊 . 荆州古城的背影 [M]. 武汉：湖北人民出版社，2010.

中图来源：荆州市城乡规划局 . 荆州历史文化名城规划（2000 年版）[R].2000.

右图来源：2005 自摄。

（3）明代卫所制度：明代为保证军队数目，在户籍制度基础上实行了军户世袭的卫所制度，军户的主要义务是出一丁男赴卫所当兵，称作正军，其他子弟称作余丁或军余。洪武十七年（1384 年），在全国各军事要地设军卫，5600 名军人为一卫，1120 人为一千户所，120 人为一百户所，其下有总旗和小旗等单位，有事调发从征，无事还归卫所。正军赴卫所，必须带妻和至少一名余丁随行，每一军人有房屋和田地，每月有固定月粮，是一种寓兵于农、守屯结合的建军制度。荆州设有荆州卫、荆州左卫、荆州右卫三个千户所，位于西门内（图 4-18）。卫所的设置增加了城市人口，完善了城垣防御体系。

（4）明清仓储制度：明代提出“广积粮高筑墙”的口号，粮仓在荆州城内占有一定空间，仓厂一般位于署衙或驻防军队附近，便于集中统一管理和分配①。明代江陵城设有常平仓，包括荆州府常平仓和江陵县常平仓。荆州府常平仓设在府署后墙内，清代随府署从东城迁移到西城。江陵县常平仓设在公安门外，清初沿袭旧址，乾隆二年（公元 1737 年）知县陈梦文将其移至东城南部的县署之后。清代在府署大堂旁还设有庆济库，在县署大堂东设有丰盈库。明代至清代仓厂规模扩大，反映城内人口的增多：府常平仓明代有 50 间，清代增建为 54 间，共 18 仓厥；县常平仓乾隆五十六年（公元 1791 年）添建为 72 间。

明清时期荆州城的守城营也设有常平仓，包括：荆州卫常平仓、荆州左卫常平仓和荆州右卫常平仓，从明代到清代位置没有变化。荆州卫常平仓在北大门内王大巷，荆州左卫常平仓在府署后，荆州右卫常平仓在大课堂东。清代江陵满城设有八旗官兵专用的粮仓，称为南粮仓和储备仓：南粮仓在荆州府署后，清朝后期废弃，其旧址又设有新仓，共 18 间；储备仓在将军署影壁西侧，光绪三年（公元 1877 年）由八旗官兵自请集费捐建。

明代江陵城外还设有五个社仓，分别在马骚街、沙市、郝穴、龙湾市和虎渡口。清代乾隆年间水灾之后，社仓被毁，知县柳正纷兴复社仓，分建各处。

（5）明代分藩制度：明代实行分封制，王子必须出藩，藩王府的建筑规模有明确规定，据《大明会典》记载：（洪武）十一年（公元 1378 年）皇帝规定，亲王宫城周长不得超过三里三百九步五寸（约 2292m）②，东西不超过一百五十丈二寸五分（约 500m），南北不超过一百九十七丈二寸五分（约 656m）。朱柏是朱元璋的第十二皇子，1378 年（洪武十一年）封，十八年就藩荆州，在南平国子城基础上修筑湘王府。明代荆州人孔自来的《江陵志余》记载，“王城”中有：宝训堂、味秘草堂、素香亭、听莺亭、曲密华房和苏州房等。湘王府原址大约南北长约 700m，东西宽约 600m，周长约 2600m，按明代规制，有所超标。湘城后有一湖，前身是梁元帝萧绎的后花园“湘东苑”，改建为湘王府的私家花园③。公元 1404 年，朱植就藩荆州，建造辽王府。1627 年，明神宗第六子朱常润被封为惠王，在湘城的旧址上建造惠王府，荆中路 1957 年前仍被称“惠城街”④。

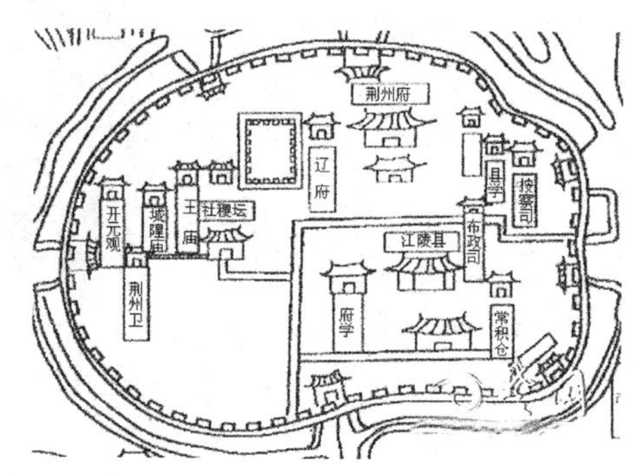

图 4-12　明代荆州城图

来源：一丁. 荆州“城中城”有座“大观园”：有识之士呼吁“手下留城”[N]. 江汉商报，2010-07-04（5）.

（6）明代城隍制度：明洪武二年（公元 1369 年），朱元璋下诏加封天下城隍，并规定等级，共分为都、府、州和县四级，江陵县和荆州府均设有城隍庙：荆州府城隍庙设于江陵城东北，江陵县城隍庙设在城西（图 4-12）。沙市城隍庙位于今

① 以下关于明清粮仓的分析记述，引自：贺杰. 古荆州城内部空间结构演变研究 [D]. 武汉：华中师范大学，2009.

② 明代量地尺一尺约 0.33 米，一步五尺，约 1.65 米，一丈十尺，约 3.33 米，一里三百六十步即 594 米。

③ “天下之大，必建藩屏，上卫国家，下安生民。今诸子既长，宜各有爵封，分镇诸国”。以上对荆州藩王府的记载及解释引自：一丁. 荆州“城中城”有座“大观园”：有识之士呼吁“手下留城”[N/OL]. 江汉商报，2010-07-04（5）. http://epp.jhtong.net/shtml/jianghsb/20100703/130765.shtml.

④ 以上对荆州藩王府的记载引自：赵冰. 长江流域：荆州城市空间营造 [J]. 华中建筑，2011（5）.

觉楼街，始建于元代大德年间（1297—1307 年），庙内有十殿阎王和十八层地狱故事的雕塑，还建有望江亭和八蛮洞口。民国年间拆除城隍庙，1933 年市政整理工程时建成觉楼。

（7）清代八旗制度：康熙二十二年（公元 1683 年）清廷为巩固统治，在关内军事要地设置十三个大本营，俗称"将军府"，湖北将军府设于荆州城中，旗兵驻东城，原城东的荆州府署改为驻防将军府（图 4-13），江陵县署改为府学宫，为旗人子弟学校。汉人官署民舍皆迁西城，江陵城内新筑间墙（图 4-14）。荆州将军府设置有将军、右翼副都统和左翼副都统（图 4-15）。依照清军编制，副都统各分领四旗，各旗之下又设参领和佐领，相当于甲喇额真和牛录[①]额真，并设防御、骁骑校、笔贴士、前锋和催领等官[②]。八旗入驻改变了江陵东部的城市肌理，原来位于十字街中心的鼓楼迁至将军府前，各街道按八旗旗营命名，南北纵深的网状街坊格局变为东西横向的带状旗营格局，满城的里边长为 576 米，比汉城中边长 415 米的里尺度更大。[③]（图 4-16）。

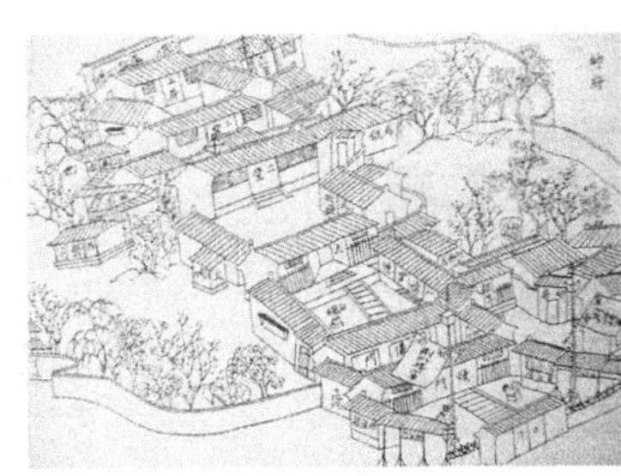
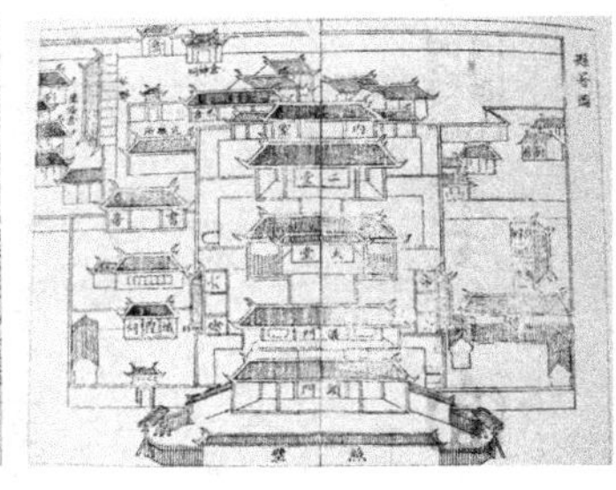

图 4-13 荆州满城将军府（左）和汉城县署图（右）
来源：张俊．荆州古城的背影 [M]．武汉：湖北人民出版社，2010.

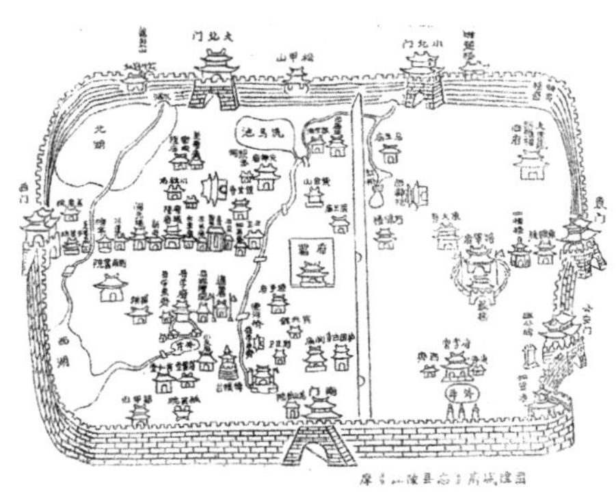

图 4-14 清代江陵城空间布局
来源：胡九皋．光绪续修江陵县志（二）[M]．南京：江苏古籍出版社，2001. 内附"1794 年乾隆江陵府城图"。

① 牛录是满语"大箭、佐领"。努尔哈赤在万历四十三年（公元 1615）建立八旗（八固山）制度，以 300 丁为一牛录，五牛录为一甲喇，五甲喇为一固山，即一旗。

② 以上关于清代荆州八旗驻防军的记述，引自：贺杰．古荆州城内部空间结构演变研究 [D]．武汉：华中师范大学，2009.

③ 周制以八尺为一步，秦制以六尺为一步，300 步为一里。古代的一步约 0.231 米，周秦时的一里约 415 米。隋唐时期一尺约 0.3 米，五尺一步约 1.5 米，一里 360 步，约 540 米。明代一尺约 0.33 米，一里约 594 米。清光绪年间再次制定度量衡，一尺约 0.32 米，一步约 1.6 米，一里约 576 米。民国时期，公元 1929 年制定一市里为 150 丈，合公制 500 米．

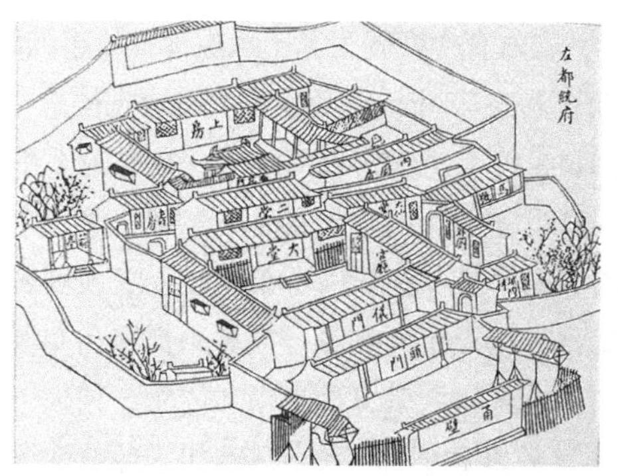
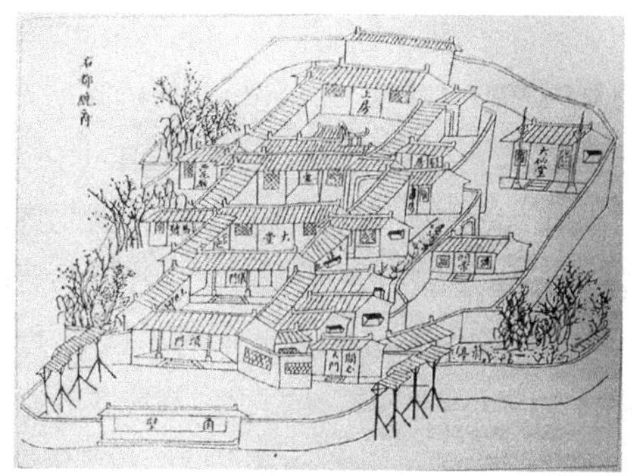

图 4-15 荆州满城左都统府（左）和右都统府（右）

来源：张俊 . 荆州古城的背影 [M]. 武汉：湖北人民出版社，2010.

图 4-16 清代江陵城肌理

来源：荆州市城乡规划局 . 荆州历史文化名城保护规划（2000 年版）[R]. 2000. 根据相关资料改绘。

（8）清代旗学制度：清代江陵汉城的县学和满城的旗学分立，满城设有府学、府学署和训导署，以及资助考生的宾兴馆、佑文馆等[①]，旗学林立，教育设施发达[②]。八旗驻防之初，满、蒙族旗人按牛录设学堂，名为牛录官学，仅招收牛录兵丁子弟，实际是一种半私塾性质的义学。乾隆四十五年（公元 1780 年），右翼蒙古协领长呈请设立满汉义学，每旗一所，每所学生二三十名不等，均由本期牛录官学选入，并通令各省旗人习练清文，以务根本。同治年间，为培养满汉翻译人才，荆州驻防设立八旗翻译总义学一所[③]。嘉庆年间，荆州开始设立驻防官

① 以上关于江陵城教育制度的记述，引自：贺杰. 古荆州城内部空间结构演变研究 [D]. 武汉：华中师范大学，2009.

② “荆郡幸全二百余年间，生聚教诲，不惟材官技率有勇知方，而且户习诗书，家兴仁让，名臣宿将代不乏人。”引自《荆州驻防八旗志》卷首。

③ 本段关于荆州旗学的记载引自：《荆州百年》编委会办公室. 荆州百年（上卷）[M]. 北京：红旗出版社，2004.

学。嘉庆十二年（公元1807年），奏准荆州驻防设廪生、增生各两名，五年一贡，新补廪生的所有廪膳银两由江陵县支领。由于八旗官兵入关后长期脱离生产，既不务农牧，又不准经商习艺，一般旗民仅靠微薄的粮饷过活，生计困难，因而荆州驻防对于乡试、会试取中者，一律给予经费资助。凡有文武生员参加乡试，考中文武举人者，一律发给马甲钱粮，赴京参加会试。考中文武进士后，在新淤洲课租项下补贴银100两，无论官兵之家，一体公帮。

3. 蒙回满族文化影响下的营造技艺

元代至清代，荆州的营造技术主要体现在加强城市防御系统、巩固防灾系统和增修城市交通设施三个方面：

1）加强城市防御系统

公元1364年，湖广平章杨景增修江陵城墙，平均宽0.7m，高7.5m，局部加高至4.5m，加宽至9.5m。修缮后的江陵砖砌工艺更加规范，采用长而宽的城墙专用砖，用“打钉”的方法与宋代砖墙相衔接；还运用石灰糯米浆修筑城墙的技术，增加砖墙的牢固度和防水性能①。1369年，杨景又疏浚江陵城护城河，拓宽城壕至1.6丈，加深至约1丈。

明代江陵城增强防御的另一重要方法是设计藏兵洞（图4-17）。1374年，杨荣在江陵东西南北的城垣下各暗修一座藏兵洞，所在墙体向外突出，呈长方形，洞内可共容100多人。洞长10.5m，宽6.3m，深6m，分为上下两层。洞内由诸多容纳2人的小洞构成，每个小洞都设有射孔，因此可从三面暗箭齐发，与城楼一起形成地上、地下相互配合的立体守卫作战设施，出其不备、攻击敌方。

顺治三年（公元1646年）荆南道台李西凤令镇守总兵郑四维依照旧基重建江陵城，是清代江陵城唯一一次以防御为目的的城垣修筑活动。

2）加固城市防灾系统

明代人口增多，围垸造田，江陵城周边的自然水系受到淤塞，蓄洪能力大大降低，导致清代水灾对城市的影响加剧，城市防灾设施被迫加强。清代江陵以防灾为目的的城垣修筑共有四次。1727年大雨淋坏城墙，清政府拨银修筑，后又拨银600两修筑驻防城间隔墙。1756年维修城垣，开水津门于城西南隅。1788年（乾隆五十三年）六月万城堤决，荆江大堤溃口21处，水从西门入，城垣倾圮，水淹荆州府城，派钦差大学士阿桂等依旧址补修。1788年江陵城防灾系统的加固技术主要有四种：

（1）依据地形调整城垣形态。城西南水津门处和东北小北门处因地势低洼，退入城内数十丈，城东南也顺应整体调整退入十数丈，从而形成今天荆州古城周长11281m的曲折形态。

（2）改善城墙砌筑技术。加厚砖城至1m，加高至9m。墙内用土夯实，底部宽约9m。墙体外用条石和特制的青砖加石灰糯米浆砌筑，大青砖每块重约4kg，城墙砖上标注有负责烧

图4–17 明代江陵城藏兵洞

① 2000年8月，考古工作者在荆州城小北门西侧，发现了一段长近20m的明代成化年间夯筑的石灰糯米浆城墙，此段城墙虽历经500多年，至今仍坚如磐石。

制的地点来源，可见管理之严格。

（3）阻塞水门。宋代江陵城原有7座城门，其中有2座水门，分别为城西南角的水津门和东南角的公安门。1788年后为了防止洪水灌入城内，将这两座水门堵塞。此后，护城河与城内水系的关系完全脱离，水津门内的水体渐渐萎缩，公安门处可通舟楫的水道也消除。

（4）增设瓮城。宋代江陵城尚未设置瓮城，1788年后除了阻塞2座水门外，将水津门取消，将其余6座城门进行改造，在城门外增筑曲城，因地就势以半环状将主城门围住，曲城前再开一门，形成二重城门。城门洞和城门框均用条石、城砖砌成圆顶，设木质对开门，门内另设一道10cm厚的闸板，形成四重门防。曲城内外均为城砖垒砌，两侧都筑有城垛，双重城门之间为瓮城①。城门改建后，又修改部分城门的名称，东门改名寅宾门，西门改称安澜门，西北门改名拱极门，东北门改名远安门。东南的公安门和南部的南纪门保持原称。

3）增修交通设施

元代至明清时期，沙市成为川鄂水驿的中继站和官粮贮存地，有“沙市站”之称。随着交通地位的提升，渡口、桥梁等设施增多。江陵县治所移到沙市后，在江边设铺渡、中渡、下渡三个渡口，这是荆州继开辟江陵官船码头后第一次在沙市建造渡口。晚清川盐行销楚岸，沙市专门设有盐驳岸，同治末年，又在沙市设置碑垴（中关）、石头厂下（东关）、筲箕洼（西关）和草市河（北关）四处榷关，以征收落地商税。鸦片战争之后，为配合外轮的停靠和外贸发展，清政府对沙市驳岸进行了翻修。1873年（同治十二年）、1892年（光绪十八年）和1894年（光绪二十年）分段修砌沙市米厂河（观音矶下腮处）至洋码头（现四码头）驳岸。1876年中英《烟台条约》增开沙市为外轮停泊码头，开始了新一轮的码头营造。

图4–18　明代塔儿桥（左）和民国时期维修后的便河桥（右）

来源：《荆州百年》编委会办公室．荆州百年（上卷）[M]．北京：红旗出版社，2004.

沙市自古有凌水架桥的传统，明清时期各地商帮汇集沙市，捐资建桥形成高峰②。桥梁多为官宦出面，绅商捐资，雇工而建，多为石拱桥。如：明洪武初年（约1370年），辽藩王建塔儿桥（图4-18），为市人郊游之地。嘉靖四十年（公元1561年），始建

① 瓮城是为了加强城堡或关隘的防守，而在城门外（亦有在城门内侧的特例）修建的半圆形或方形的护门小城，瓮城两侧与城墙连在一起建立，设有箭楼、门闸、雉堞等防御设施。瓮城的设置兴盛于五代和北宋时期。在曾公亮所著的《武经总要》中，第一次出现关于瓮城的记述：“其城外瓮城，或圆或方。视地形为之，高厚与城等，惟偏开一门，左右各随其便”。北宋东京城依照这一原则设置了瓮城。《东京梦华录·卷一》记载“……城门皆瓮城三层，屈曲开门，唯南薰门、新郑门、新宋门、封丘门皆直门两重，盖此系四正门，皆留御路故也。”北宋州府城市也多有瓮城之设，其代表如平江府（苏州）和襄阳城池。明朝重视对城市的防御，在南京应天府、中都凤阳府、北京顺天府，以及西安、归德（今河南商丘）、平遥等府、州、县级地方城市，以及长城山海关、嘉峪关等关城，均设置了瓮城。其中以南京聚宝门（今名中华门）瓮城最为庞大复杂。有专家认为，内瓮城的设置不仅增强了城门的防御力，还是设计建造者“国有利器，不示于人”的道家思想的集中体现。

② 清人王伯川称“筑道成梁，善政所关，而里俗朴茂，好义急公者代不乏人”。引自：沙市市建设志编纂委员会．沙市市建设志[M]．北京：中国建筑工业出版社，1992.

白云桥（原名龙陂桥）[①]。万历十二年（1584 年）乡宦肖大宾等募建便河桥（图 4-18），清代乾隆二十四年（1759 年）里人张敖等又重募修，嘉庆二十三年（1818 年）王秉乾等再度重修[②]。

4.2.3 中华文化萌芽时期的沙市城

1. 中华文化萌芽时期的营造境界

晚清时期，满清统治者开始对汉文化输入“神道设教”的宗教观。除保持萨满教传统外，还不断封神，尤为重视关羽的加封，如光绪皇帝对关羽的封号——“忠义神武灵佑仁勇显威护国保民精诚绥靖翊赞宣德关圣大帝”，评价之高超过了前代任何王朝的封号[③]，荆州关帝庙也扩建至极（图 4-19、图 4-20）。

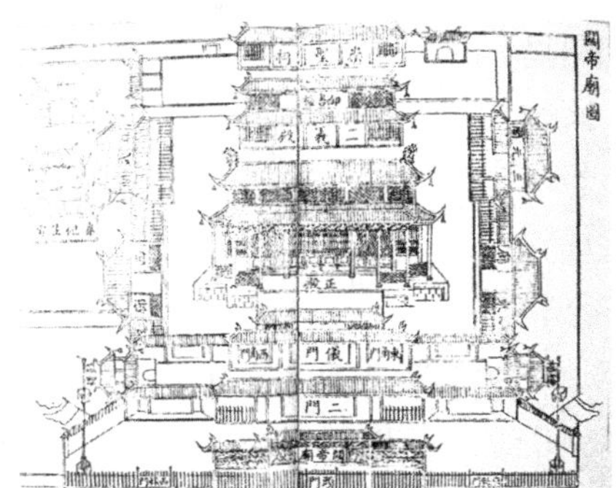

图 4-19 荆州关帝庙图（左）和关帝庙南门前的照壁（右）
来源：张俊．荆州古城的背影 [M]．武汉：湖北人民出版社，2010.

图 4-20 荆州关帝庙正殿
来源：张俊．荆州古城的背影 [M]．武汉：湖北人民出版社，2010.

① 民国 29 年（1940 年）6 月 6 日，日军犯沙，守军撤离时炸毁。引自：沙市市建设志编纂委员会．沙市市建设志 [M]．北京：中国建筑工业出版社，1992.

② 1964 年北京路续建时拆除。引自：沙市市建设志编纂委员会．沙市市建设志 [M]．北京：中国建筑工业出版社，1992.

③ 该记述引自：黄恭发．荆州历史上的战争 [M]．武汉：湖北人民出版社，2006.

清代沙市建有供奉"奎星[①]"的文星楼(图 4-21),清康熙年间修建,原名奎文阁,原位于荆堤之外,为当时文人学者供奉魁星,咏诗作文之地,清代康熙年间迁至民主街东端、荆江大堤内坡上,道光年间更名为文星楼。同治甲子年(1864 年)重修,民国 29 年(1940 年)冬毁于火灾,翌年重建。1985 年,沙市政府拨款重修。此楼坐东朝西,台基呈方形,正面及两侧条石砌筑,后靠堤土。正面高 2.60m,宽 16.10m,深 17.50m,面积 281.75m²。台上三方置石质栏杆围护,正中有台阶可上楼。楼共四面三层,为三重檐四角攒尖顶砖木结构,通高 18.80m,平面为正方形,面阔及进深均为 9.60m,面积 92.16m²。楼外壁墙面为灰色,正面及两侧设棂窗,一层正面开双扇门,嵌横石额,题"文星楼"楼匾,楷书阴刻,楼门有对联:"云霄占斗极,都会控江津"。二、三层四面开直棂窗,各层檐及楼顶为绿色琉璃瓦覆盖。顶尖作鎏金珠,上有文字,原供有"奎星"立像一尊。一、二层楼内有砖包柱,通三层墙壁四角,至楼顶架梁,二层各柱上部相连,砌成拱券形式,三层置方形藻井,记载有重修年月。[②]

图 4-21　文星楼

来源:沙市市建设志编纂委员会 . 沙市市建设志 [M]. 北京:中国建筑工业出版社,1992.

2. 中华文化萌芽时期的营造制度

晚清时期,荆州的营造制度主要有:民间帮会制度和官方救济制度,汇集地域文化,创造了大量公共空间,对各地同乡和孤贫妇女展开扶助救济。

(1)帮会制度:乾嘉时期,沙市为通都大邑,商家荟萃、樯帆如云,各地商帮成立了同乡会性质的商业组织,如山陕帮、中州帮、闽福帮、江浙帮、武昌帮、汉阳帮和黄州帮等,号称"十三帮"[③]。各商帮置办会产、修建会馆,联络乡党、商洽贸易、厘定物价和交流行情。同乡会馆不仅供奉各方神灵,期冀于先祖的保佑,更常聚于会馆,互相扶持,确保同乡在异地的利益。尤其是每年的三月初三和九月初九,都要集中举办各种帮会活动,喝会酒和唱会戏必不可少。

(2)救济制度:元代荆州城孝义街设有育婴堂,收留遗孤,实行"记口授食"的救济办法,延续至明代,清雍正十三年(公元 1735 年)江陵知县汪款在县治南顺城街建立县育婴堂,后因资金紧张,将民育婴堂和县育婴堂合二为一。明清时期江陵城内还设有孤贫无定所,为没有居住地的人提供暂时住所。明代江陵城东的公安门外设有养济院,清代迁到城西安澜门内北角。明代荆州府城隍庙内设有施棺所,清代倪文蔚任知府时并入育婴堂。同治九

① 奎星,是二十八宿之一的西方白虎宫的七宿之首,奎与魁同音,魁在中文里代表首位,有意头十足、独占鳌头之喻,因此俗称魁星。魁星赐斗是古代科举人士最为喜欢的意头,因魁星黑脸红发以鬼面出现,右手执朱批笔、左手托金印,左脚后翘踢斗而得名,具有吉祥如意、功成名就的象征。

② 此段关于文星楼的记述源自:沙市市建设志编纂委员会. 沙市市建设志 [M]. 北京:中国建筑工业出版社,1992.

③ 本段关于荆州"十三帮"的记载引自:《荆州百年》编委会办公室. 荆州百年(上卷)[M]. 北京:红旗出版社,2004.

年（公元 1870 年）江陵宾兴街设有济生堂，主要是施送医药，且兼种牛痘，后迁移到县治以西的旧文昌宫。光绪二年（公元 1876 年）倪文蔚在江陵县治以西倡建节堂，收养贫苦贞节妇女。南纪门外城南隅设有栖流所。另外，清代沙市建有工部分司署、粮捕府署、巡司署、厘金局、洋药局、红船局、中兴县学、府关二、临沙驿和栖留所等公共建筑。

3. 中华文化萌芽时期的营造技艺

晚清时期，荆州的营造技术主要体现在书院建筑、民居建筑和会馆建筑中，代表了中华文化萌芽时期各族群交融的特点。

（1）书院建筑：荆州的文化教育建筑集中于江陵城西南部，包括：江陵县学、龙山书院、荆南书院和荆州学府等。管理县学机构有县学署和训导署，资助考生的机构有宾兴馆和佑文馆等。书院建筑的形制规范，县学和府学之南均有泮池，并设置文峰建筑。清康熙十六年（公元 1677 年）建立江陵县学，嘉庆元年（公元 1796 年）重建，现存棂星门、石碑和大成殿，位于今天荆师附小校址。明代位于城中的荆州府学南的三管笔（文峰建筑）清代被移至城东南的荆州府学南面（图 4-22）。光绪四年（公元 1878 年）由湖广总督、荆州驻防将军和荆州知府额江陵知县等各捐廉俸，在满城建成辅文书院[①]，其南部设置文昌宫（图 4-23）。

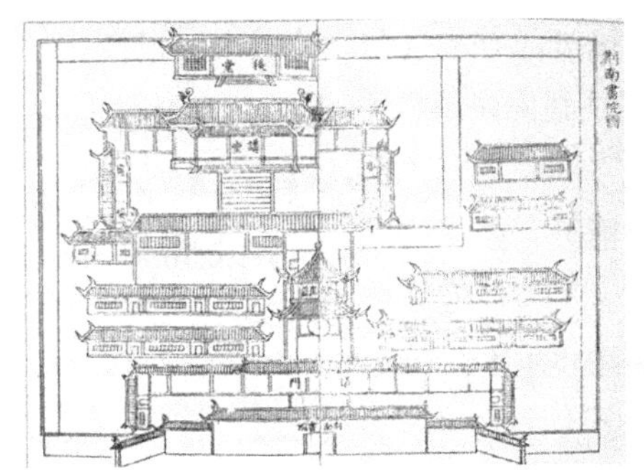

图 4–22 荆南书院图（左）和荆州府学前的文峰（俗称三管笔）（右）
来源：张俊 . 荆州古城的背影 [M]. 武汉：湖北人民出版社，2010.

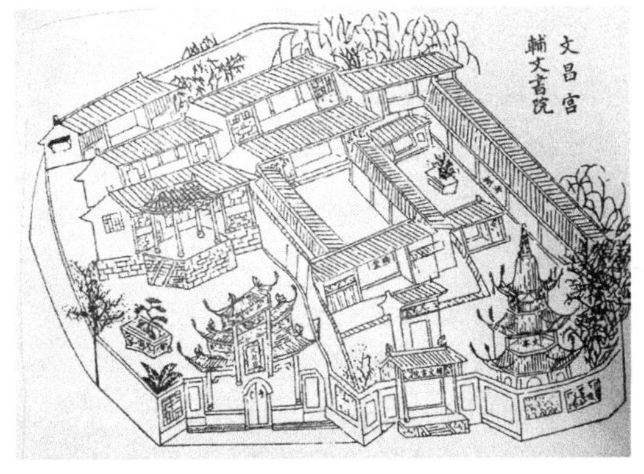

图 4–23 荆州满城的辅文书院和文昌宫
来源：张俊 . 荆州古城的背影 [M]. 武汉：湖北人民出版社，2010.

① 本段关于荆州旗学的记载引自:《荆州百年》编委会办公室. 荆州百年（上卷）[M]. 北京：红旗出版社，2004.

（2）民居建筑：晚清时期，江陵和沙市的民居建筑呈现出两种不同的特色①。江陵和荆州地区的传统民居尺度较小，装饰细致，临街而建的民居一般正门不设计高大的屏风墙，而设计格扇门、格扇窗，二进设计屏风墙；装饰式样繁多，图案雕刻精致，仅雀替雕刻就有浮雕卷形、风头卷纹形、龙头卷纹形、葵式卷草形等多种图案样式；楼梯和栏杆柱多装饰有木雕图案。沙市的外省和外县巨商富户云集，建有一批大型民居：通常为三至八进院落，每重院落设有厢房和天井，组成四合院；建筑风格一般为青瓦屋面，沟头滴水，青砖做斗，碎土填充，脊饰混线两头翘；建筑结构以木结构为主，明间和次间均采用传统穿斗式混合梁架结构，厢房、门楼、屏风墙和单坡墙一般采用单步梁架和双步梁，很少采用抬梁式。

道光年间（公元1821—1850年）和光绪年间（公元1871—1908年），祖籍荆门蛟尾的邓氏在沙市经商，聚族而居，先后拥有今中山路南青杨巷至邵家巷、胜利街以南杜工巷至新长巷、李公桥至晏公庙、胜利街以北梅台巷至大赛巷一带的大量房地产，形成邓氏民宅建筑群（图4-24），成为沙市规模最大的家族祖屋。1870年邓子仪在胜利街292号建成恒春茂（砖木结构房屋），前店后舍坊，建筑面积1511.83m²，砖墙木结构，制作精良，屋面有亮瓦亭，楼层梁柱粗硕，门楣使用水刷石粉刷，建筑古风扑面，为沙市近代中药店之冠②。1901年，邓氏又在胜利街建民宅约数十栋，总体布局及厅、室、后院的造型均富有地方色彩，通常为七至八进大院，规模宏大、装饰精美，做工讲究、结构别致，还建有庭园、亭台楼榭、花池及与住宅连体的小型戏台。清末民国时期，余上沅、邓裕志、邓述微、张大千、张善子等多位名人在此居住或旅居，余上沅故居内的戏台保存较为完好，具有很高的历史和艺术价值。

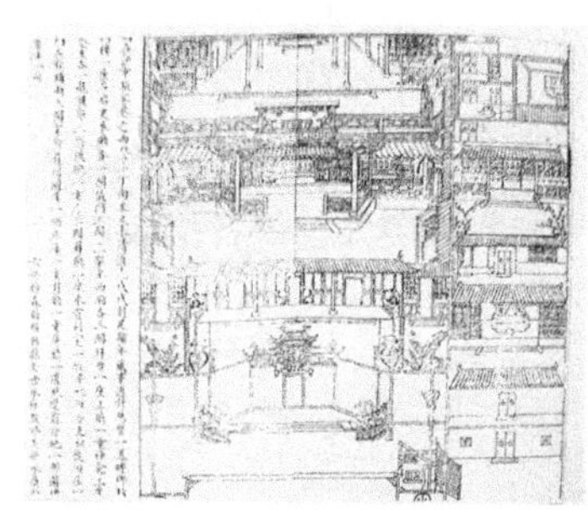

图4-24　荆州邓氏祠堂图
来源：张俊．荆州古城的背影[M]．武汉：湖北人民出版社，2010.

沙市中山路还建有大量中西风格融合的巨商房地产。如：1883年（光绪九年）由浙江帮宁波商人童澄海投资兴建的同震银楼，是沙市较早的巴洛克风格圆拱顶建筑，位于中山路西段北侧，为砖木结构，建筑面积828.12m²，1885年建成。由于该楼自重较大，恐地基下沉，打数十根铁箍木桩，开沙市地基处理之先河。其正立面选用奉化产的梅玉石砌筑，置镂花铁窗格（图4-25）；外墙用赭红色砂浆抹面，窗、门和阳台边缘均起浮雕花带；双坡屋盖上置有玻璃天棚和封闭式门型回廊，配镂花直棂式推窗；内部为木屋架结构，高二层，三方围护体均采用灌斗墙。民国

图4-25　同震银楼
来源：2005年自摄。

① 本段关于荆州传统民宅的分析，源自：荆州市城乡规划局．荆州历史文化名城保护规划（2009年版）[R]. 2009.

② 本段关于邓氏住宅的记述，引自：沙市市建设志编纂委员会．沙市市建设志[M]．北京：中国建筑工业出版社，1992.

23 年（1934 年）拓宽中山大马路时，曾按原样朝北后退 5m 重建，改为钢筋混凝土现浇梁柱结构[①]。

（3）会馆建筑：晚清时期，沙市的商业发展极盛一时，各地商帮[②]修建会馆（表 4-1），以联络乡党、商洽贸易、厘定物价和交流行情。会馆建筑集各地传统工艺、技术和风格之大成，主体建筑一般由正厅、前殿、正殿、后殿、厢户、戏楼和厢楼组成，以正殿为重心，布局对称严谨。由于帮会活动大都以会酒和会戏等形式为载体，所以戏楼（台）成为会馆建筑的第二个中心，多与正殿相对而设，处于会馆中开阔和便捷之地，建筑体量高大，展示着不同地域的文化风俗，造型独特[③]，与低矮狭窄的民居群形成鲜明对比（图 4-26）。沙市商帮设立的会馆有黄州会馆、武汉会馆、晋陕会馆、福建会馆、徽州会馆、江西会馆、金陵会馆、吴兴会馆等十个，包含建筑有：川主宫（四川会馆）、赤帝宫、天后宫（福建会馆）、禹王宫（湖南会馆）和万寿宫（江西会馆），以及三义庙、杨泗庙、南岳庙、灵官庙和泰山庙等，号称“九宫八庙十三帮”。

清末沙市商业会馆一览 **表4-1**

会馆名称	帮会名称	所在街区
金龙寺	山陕帮	沙市街首
泾太会馆	安徽帮	青石街
川主宫	四川帮	青莲阁街
禹王宫	湖南帮	官殿巷
孤庞会馆	浙江帮	庄王庙街
旃檀庵	十三帮总会馆	毛家巷
帝王宫	黄州帮	丝线街
广东会馆	广东帮	兴圣坊街
天后宫	福建帮	建安巷
中州会馆	河南帮	兴盛街
晴川书院	汉阳帮	便河街
鄂城书院	武昌帮	便河街
万寿宫	江西帮	便河街
金陵会馆	南京帮	便河街
财神殿	各省钱铺公馆	便河街

来源：《荆州百年》编委会办公室 . 荆州百年（上卷）[M]. 北京：红旗出版社，2004.

① 本段关于同震银楼的记述，引自：沙市市建设志编纂委员会．沙市市建设志 [M]．北京：中国建筑工业出版社，1992.

② 诸如山陕帮、中州帮、闽粤帮、江浙帮、武昌帮、汉阳帮、黄州帮等商帮，号称“十三帮”。本段关于荆州“十三帮”的记载引自：《荆州百年》编委会办公室．荆州百年（上卷）[M]．北京：红旗出版社，2004.

③ 本段关于戏台和会馆建筑的记述，源自：崔陇鹏，黄旭升．清代巴蜀会馆戏场建筑探析 [J]．四川建筑，2009（4）.

图 4-26　搬迁后的山陕会馆和四川会馆
来源：2010 年自摄。

4.3　宋代到晚清时期荆州城市空间尺度研究

4.3.1　体：江陵为主，沙市为辅的双子城

宋代至晚清时期，荆州整体上是以江陵为主城，沙市为辅城的双子城。其中江陵为政治和军事中心，社会制度和军事制度决定城市格局；沙市是经济中心，商业发展决定城市形态。

其中江陵城从行政中心城市，变为卫所驻防城和八旗驻防城，面积不断缩减，由长方形转变为不规则带形城市。南宋时期修筑江陵城，砖城周长 21 里，重城消除。明代依照南宋旧基复筑江陵城，城垣周长 19 里 81 步，比宋城缩减 1 里余，设城门 6 座，各建城楼一座，且增加藏兵洞。清顺治年间，江陵城在明代旧基基础上重建，城楼基本上保持明代江陵城的规模与风格，并于大北门和小北门附近各加水闸一处。乾隆年间水灾，江陵城冲毁，又依旧址补修，西南水津门、东北小北门和东南城垣退入十数丈，修缮后周长 10.28km（包括曲城），主体城垣较前又有缩减，仅约 8km。1788 年以后江陵城定型，再未大修（图 4-27）。

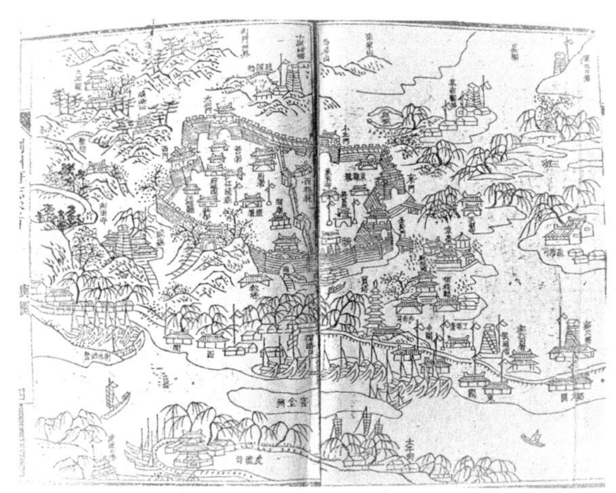

图 4-27　1880 年江陵县疆域图
来源：倪文蔚．中国地方志集成・湖北府县志辑 36・光绪荆州府志（一）[M]．南京：江苏古籍出版社，2001．

宋至晚清期间，沙市城经历了三次大修。南宋时期，沙市修筑土城，辟四个城门，城市规模较小，相当于今天沙市区的 1/4，紧贴江岸呈团状分布。元代江陵县治设于沙市，在江边设铺渡、中渡、下渡三个渡口，沙市城向东扩展至三义河畔，仍沿江呈团状分布。明代沙市城继续沿江向东扩展，形成“九十九埠”的带状格局。清乾隆年间绘制《沙市司图》，沙市城面积为 1.9km^2。嘉庆年间扩建沙市城垣，培筑土城，开六门（图 4-28），仍为沿江团状布局。

图 4-28 1794 年沙市司图

来源：沙市市地名委员会 . 沙市市地名志 [Z]. 1984.

4.3.2 面：中心秩序和带状混杂

宋代末年至晚清时期，中国的社会形态由封建社会向资本主义初期转型，城市肌理随之发生变化。江陵城和沙市城的行政中心、军事中心和大型民居遵循封建礼制，依然采用南北轴线和东西对称格局（图 4-29），但居住区摆脱坊市制限制，形成了以街道为轴线、商业和居住混合、各族群和各行业混合的带状街区。

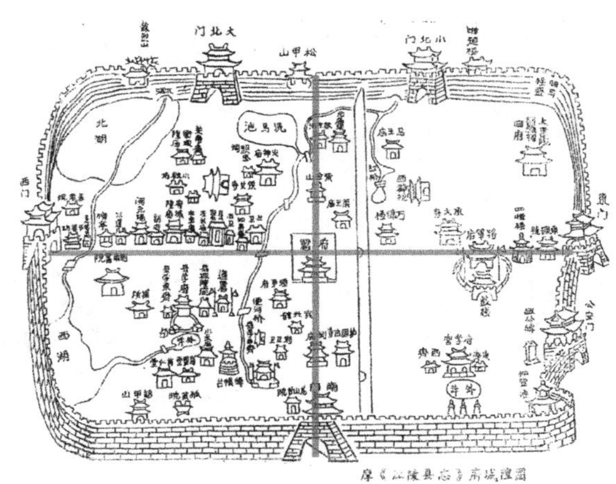

图 4-29 清代江陵城空间轴线

来源：根据胡九皋《光绪续修江陵县志》内附“1794 年乾隆江陵府城图”改绘。

江陵城的中心秩序主要体现在藩王府、将军府、县署和府署等区域。湘王府位于今天荆州古城中北部，不仅占地广大，有城墙环绕，而且保持正南正北的建筑朝向。据荆州地名志学家朱翰昆先生论证，按明朝礼制，藩王所在州府的文武官员，每月初一、十五都必须在王府门外整冠肃带，列队参拜王爷①，江陵城的“宾兴”街和“冠带”巷由此得名，它们分别位于湘王府和辽王府的南门前，与东西向横街组成 T 字形交叉（图 4-30、图 4-31）。从历史地图可知，明代荆州府署和江陵县署内也都有南北轴线，呈对称格局。清代江陵县署移至城西南的估衣街，荆州府署改为将军府，南北轴线和东西对称关系依然保留，延续传统礼制（图 4-32、图 4-33）。

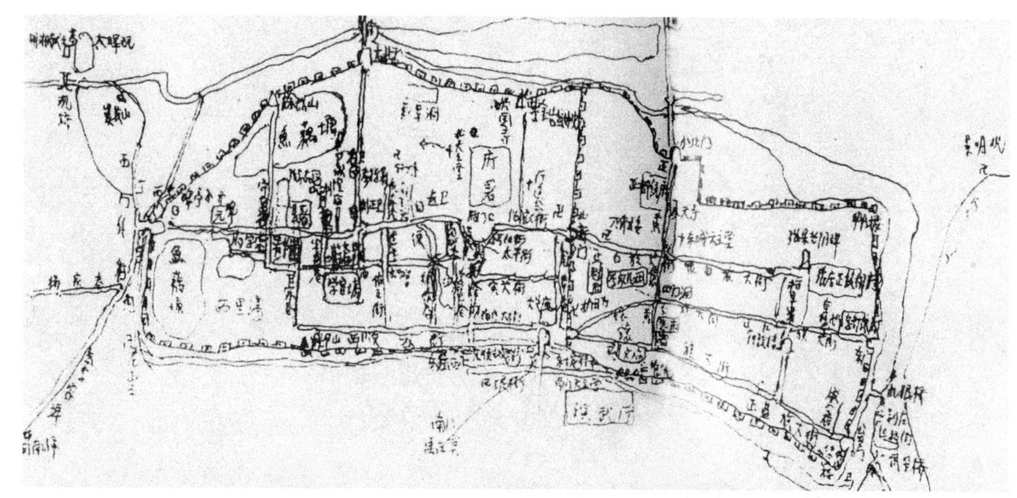

图 4-30　朱翰昆先生绘制的清光绪三十四年（1908 年）江陵城略图

来源：荆州市城乡规划局 . 荆州历史文化名城保护规划（2000 年版）[R]. 2000.

图 4-31　江陵城整体航测图

来源：谷歌地图 2011 年版荆州。

① 关于朱翰昆先生的记述引自：贺杰. 古荆州城内部空间结构演变研究 [D]. 武汉：华中师范大学，2009.

图 4-32　江陵汉城县学府肌理，汉城明湘王府和辽王府肌理，满城将军府和府学宫的肌理
来源：谷歌地图 2011 年版荆州。

图 4-33　荆州满城东都统现状（左）和汉城关帝庙现状（右）
来源：2005 年自摄。

沙市城的中心秩序主要体现在便河以西的三府街，明代建有江陵县衙，清代改为沙市司署，后称三府署（图 4-34），呈坐北朝南布局，与文昌宫和康家桥构成南北轴线。

图 4-34　便河以西的庄王庙、司署和城隍庙（左）和便河以东的三府署和工部旧署
来源：谷歌地图 2011 年版荆州（上北下南）。

江陵城的混合式街区主要位于鼓楼、大十字街和小十字街附近（图 4-35）。宋代实行开放的街巷制，商人自由选择营业点，临街开设店铺，商业与居住混合。明代由于荆州府署和江陵县署在鼓楼附近，手工作坊随衙署集中于此，市场也集中于鼓楼和通向寅宾门、公安门的街道中，且街名反映行业属性，如：帽儿街、活牛市场、柴市巷、三道巷和棉花巷等。明代，大北门南侧的大十字街和小北门南侧的小十字街是商业贸易区，人口密集。惠城街店铺林立，销售粮、棉、茶、油、纸、药材、酒、布等；西正街附近寺观林立，香火店铺众多。南门大街与东西正街交会的地段街巷众多，如烧饼巷、园应巷等，也是商业集中的地段①。

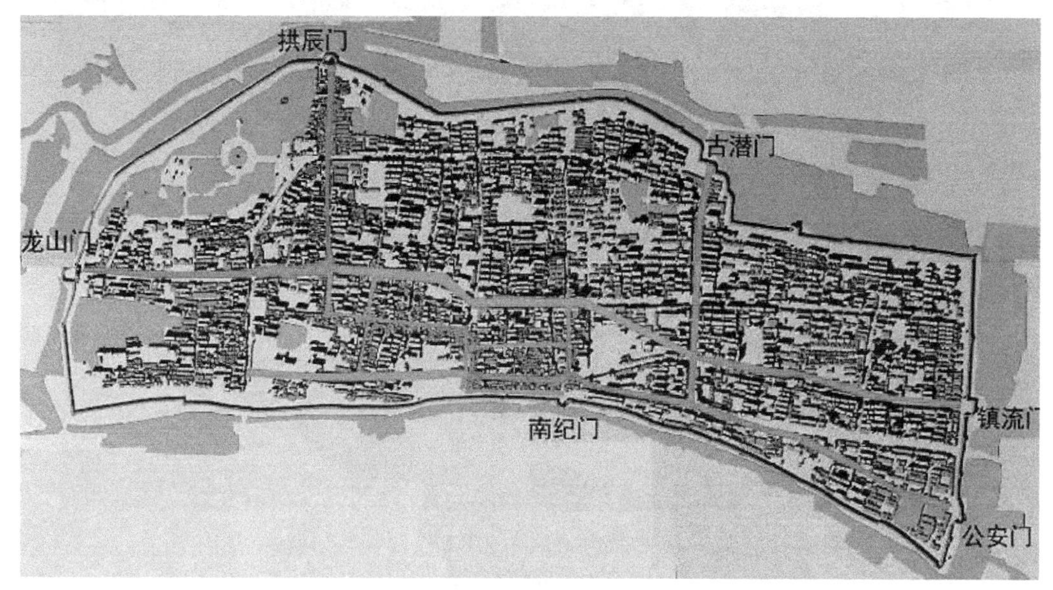

图 4-35　明代江陵城东的小十字街和城西的大十字街

来源：荆州市城乡规划局 . 荆州历史文化名城保护规划（2000 年版）[R]. 2000. 根据相关资料改绘。

清代江陵城的商业集中于东西大街南侧的街巷，有铁铺、制绳、制帽、鞋业、服装、皮纺和肠衣等 20 多个行业的店铺。其中惠城街和估衣街是全城最繁华的街道，分布有丝织作坊、集市、茶庄、布行、当铺、客栈、酒楼等②。晚清江陵城的丝织业发达，荆锦享有盛誉，1880 年湖北省缫丝厂 120 家，荆州就有 50 家以上。随着商业的发展，街道向江陵城外扩展，形成北门外街、南门外街和西门外街，形成若干内外相连的商住混合街区。

江陵南门内外街区：南门至御码头一带自古是江陵城南的经济中心，南门内的冠带巷、南门大街、烧饼巷和宾兴街（图 4-36），以及南门外的东堤街和西堤街等均为重要的商业街区。城内的街巷形成年代较早，尺度较狭窄；城外的街巷形成年代较晚，尺度较开阔（图 4-37）。

① 本段关于宋代江陵街巷的记述引自：贺杰．古荆州城内部空间结构演变研究 [D]．武汉：华中师范大学，2009.

② 贺杰．古荆州城内部空间结构演变研究 [D]．武汉：华中师范大学，2009.

图 4-36　江陵城南门内外的冠带巷、宾兴街、烧饼街和南门大街
来源：荆州市城乡规划局. 荆州历史文化名城保护规划（2009 年版）[R]. 2009.

图 4-37　江陵城内南北向的冠带巷（左）和城外东西向的东堤街（右）传统民居
来源：2005 年自摄。

江陵大北门内外街区：大北门直通荆襄古道，是江陵城北的土特产与手工艺器具交易市集，大北门内的三义街和门外的得胜街两侧店铺颇多，主要经营粮食、木器家具、陶瓷、饭庄和茶馆等，曾经有过相当长的繁荣期。三义街至今仍保留有青石板铺地，得胜街则保持了南高北低的起伏形态[①]（图 4-38）。街道两侧的小巷格局完整、尺度宜人，保存有一定数量的荆州传统特色民居，具有较高的历史价值和艺术价值。

图 4-38　得胜街（左）和三义街（右）
选自：荆州市城乡规划局. 荆州历史文化名城保护规划（2009 年版）[R]. 2009.

① 该段记述参考：荆州市城乡规划局. 荆州历史文化名城保护规划（2009 年版）[R]. 2009.

清代江陵的东城出现了较为特殊的旗营肌理（图 4-39）。康熙年间，八旗官兵驻防后，清军同知厅迁至南门外西堤，荆州将军署设在明代荆州府署原址，左翼副都统和右翼副都统衙门分设于将军署东西两侧，东部的满城按照兵营的规范划分街巷[①]。江陵东西城之间设有朝开夜闭的两门。八旗官兵带家属分区沿街居住，共建有镶白旗大街和正白旗大街等八条东西向大街[②]。每旗居址内又按参领和左领划分兵房街巷，占地面积最大的驻防用地是驻防将军府（139 间），次为左翼都统署（65 间）和右翼都统署（59 间）。各旗管辖地内分别设有协领、佐领的衙署，面积稍大（协领的规模为 16 间，佐领衙署的占地为 12 间），八旗兵丁驻防的面积较小，规模基本一致，还新建了大量满族人信奉的萨满教庙宇。

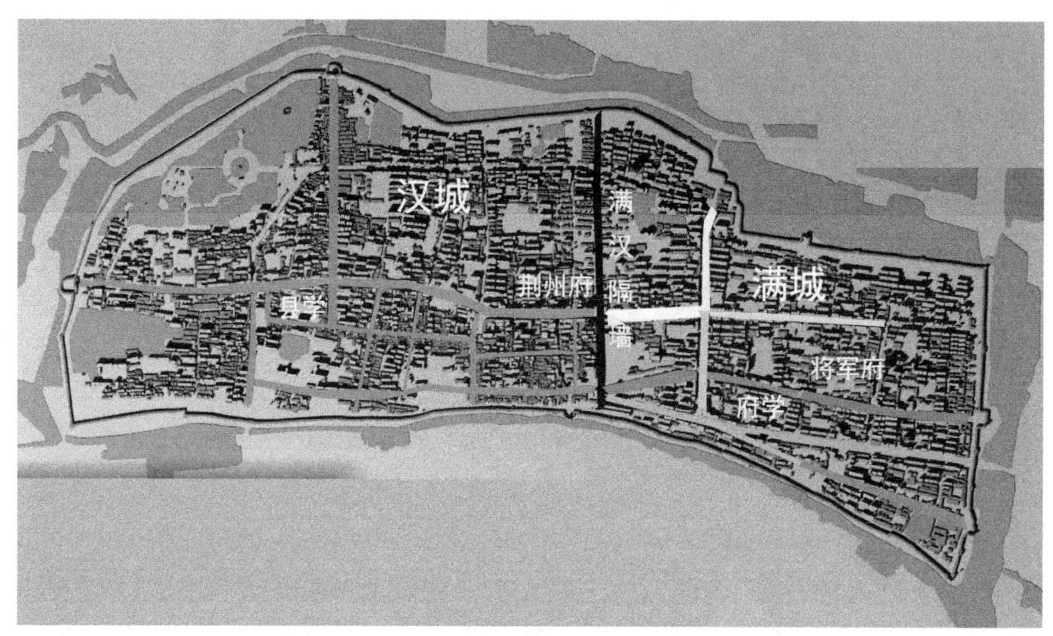

图 4–39 清代江陵城西部汉城肌理和东部旗营肌理

来源：根据朱翰昆先生绘制的清光绪三十四年江陵城图和荆州历史文化名城保护规划 2000 年版相关资料改绘。

沙市的混合式街区以沙市司署为核心向东西延伸，形成最早的东西向轴线，也就是宋代“沙头巷陌三千家”所描述的空间（图 4-40、图 4-41）。明清时期，沙市内河漕运运量减少，两侧街巷发展缓慢，而长江航运规模扩大，外滩街巷不断扩展，形成平行于江岸的“九十埠”（图 4-42），同时受荆江洪水影响，街巷离江岸较远。且沙市民族工商业发展较早，外来文化影响较晚，因此九十埠的街巷与其他较早开埠的港口街巷不同，保留了较完整的中国传统民居格局，整体形态自由，但内部空间规整（图 4-43），以今天胜利街和崇文街两侧的邓氏家族祖屋为代表（图 4-44），规模宏大、装饰精美，还建有与住宅连体的小型戏台，体现了荆沙地区的文化特色。

---

① 关于清代江陵满城的记述，引自：贺杰．古荆州城内部空间结构演变研究 [D]．武汉：华中师范大学，2009.

② 其他六条为镶黄旗大街、正黄旗大街、镶红旗大街、正红旗大街、镶蓝旗大街、正蓝旗大街。关于清代江陵满城的记述引自：贺杰．古荆州城内部空间结构演变研究 [D]．武汉：华中师范大学，2009.

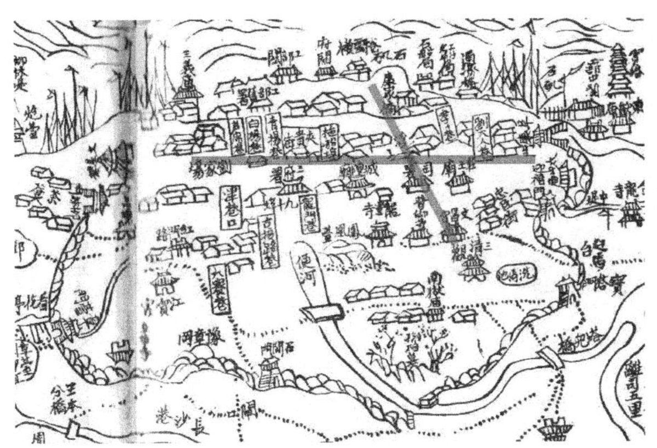

图 4-40 沙市城内的南北和东西轴线

来源：沙市市地名委员会 . 沙市市地名志 [Z]. 1984. 根据插页“1794 年沙市司图”改绘（上南下北）。

图 4-41 沙市航拍图

来源：根据百度地图 2019 年版荆州改绘，选取图 4-40 同样的方位和范围（上南下北）。

图 4-42 沙市九十埠（今胜利街）肌理

来源：谷歌地图 2011 年版荆州（上北下南）。

图 4-43 沙市胜利街民宅的内天井和外立面

来源：2005 年自摄。

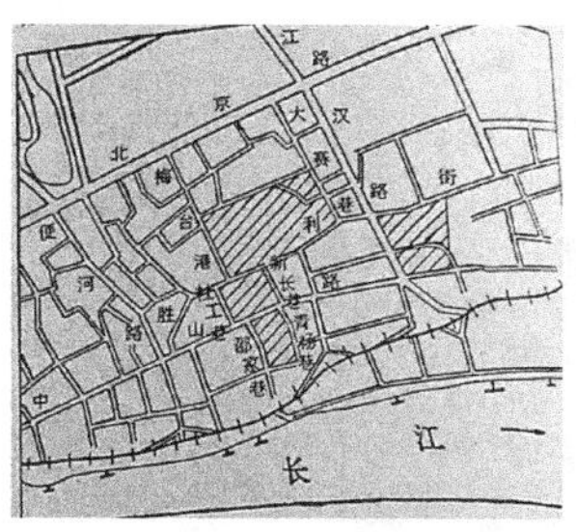

图 4-44　邓氏家族房宅分布图（左）、20 世纪 70 年代鸟瞰（中）和 21 世纪初鸟瞰（右）
左、中图来源：沙市市建设志编纂委员会 . 沙市市建设志 [M]. 北京：中国建筑工业出版社，1992.
右图来源：荆州市城乡规划局 . 荆州历史文化名城保护规划（2009 年版）[R]. 2009.

4.3.3　线：南北主街和东西主街

宋代至晚清时期，荆州的城市轴线主要由东西向主街和南北向主街构成。主街是混合经济、社会和政治活动的公共空间。

明代江陵城的主街包括：大北门正街、小北门正街、东门正街、正街、南门正街和西门正街等六条，通往六座城门[①]（图 4-45）。清代的主街包括东正街、西正街、南正街和北正街四条（图 4-46）。东正街通往寅宾门和隔墙北门，与汉城的估衣街和惠城街相连。西正街通往安澜门，香火店铺众多。南正街通往南纪门，与顺城街相交。北正街通往拱极门。汉城东部的估衣街设有知府、县衙门，是江陵城的政治中心（图 4-47）。汉城中部的惠城街店铺林立，是商业贸易区。汉城西南部小街巷密集[②]，是江陵城人口分布最集中的区域（图 4-48）。

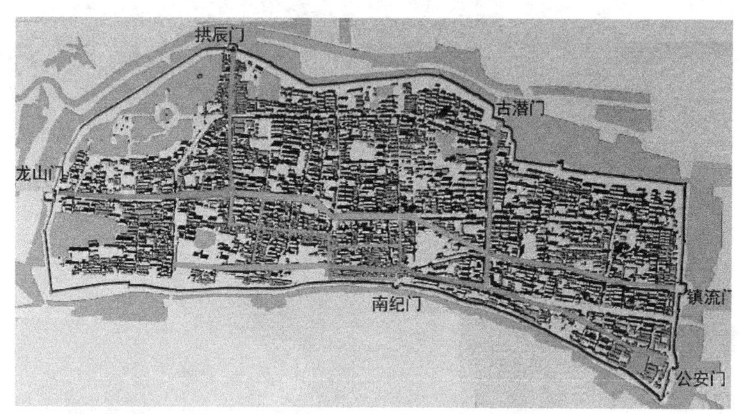

图 4-45　明代江陵城道路结构示意图
来源：根据荆州市城乡规划局 . 荆州历史文化名城保护规划（2000 年版）资料改绘。

① 主要街道包括：通往西北拱辰门的大北门正街，通往东北古潜门的小北门正街，通往南部南纪门的东门正街、通往东南公安门的正街、南门正街，通往西部龙山门的西门正街。次要街道包括：与东门正街相连通往东部镇流门的大十字街以西的估衣街和十字以东的惠城街，以及帝宫街、顺城街、宾兴街和孝义街等。拱辰门、龙山门、南纪门和古潜门各有木板桥。关于明代江陵城街巷的记述参考：贺杰．古荆州城内部空间结构演变研究 [D]．武汉：华中师范大学，2009.

② 主要街道有：玄帝宫街、顺城街、宾兴街。主要小巷子有：甘家巷、牢家巷、陶家巷、柳菊巷、支家巷、张家巷、学道巷、园应庵巷、烧饼巷、冠带巷、横街、涌阳街等。关于清代江陵满城的记述参考：贺杰．古荆州城内部空间结构演变研究 [D]．武汉：华中师范大学，2009.

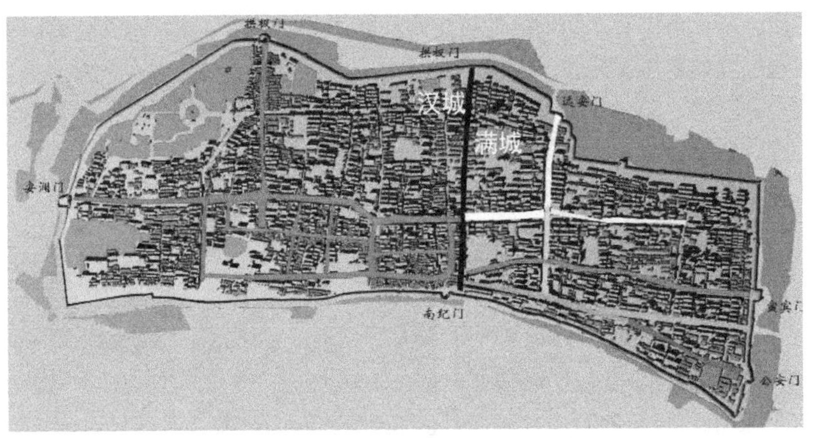

图 4–46　清代荆州城道路结构示意图

来源：根据荆州市城乡规划局 . 荆州历史文化名城保护规划（2000 年版）资料改绘。

图 4–47　荆州汉城冠带巷（左）和府署（右，现拥军巷）现状

来源：2005 年自摄。

图 4–48　荆州汉城大北门正街（左）和估衣街（右，现荆中路）现状

来源：2005 年自摄。

清代江陵满城的街道按八旗划分八街八坊①。小北门大街为正黄、镶黄二旗驻地。南纪门、府文庙至公安门一带为正蓝、镶蓝二旗驻地（图 4-49）。东门经皇经堂、将军府、四门洞、黄表阁和护国寺为正红、镶红二旗驻地（图 4-50）。北新门经万佛楼、承天寺街为正白、

① 如：镶黄旗大街、正黄旗大街、正白旗大街、正红旗大街、镶红旗大街、青宫端采坊等。关于荆州满城和汉城街巷的文字记述，引自：贺杰 . 古荆州城内部空间结构演变研究 [D]. 武汉：华中师范大学，2009.

镶白二旗驻地。东正街设有面积较大的将军府、衙署和官厅等（见图 4-47、图 4-48）。江陵城的大小街巷位置如表 4-2 所示。

图 4-49　荆州满城镶蓝旗大街和钟鼓楼（今车站路）（左）、镶白旗大街（今荆中路东）（中）和将军府东（今荆州军分区）（右）现状

来源：2005 年自摄。

图 4-50　荆州满城正红旗大街（今东门正街）（左）和镶红旗大街（今迎宾路）（右）现状

来源：2005 年自摄。

明清时期主要街道列表　　　　**表4-2**

朝代	名称	街巷状况
明	北门外街	位于荆州城大北门外。北抵纪南公社荆安大队，南抵护城河
	北门内街	北自北大门，南接荆州三路
	丁字街	又称岔口，位于荆州城西门外，街道呈十字形
	西正街	西自西门，东接荆州二路。始建于唐代的开元观坐落在西段北侧
	公子巷	在子城北玄妙观基地，也见关碑记
	马驿街	位于荆州镇驻地 2.5km 处，为明清时期传送文书的驿站，设有驿铺，故名马驿街
	南门大街	1949 年改为胜利街。西自向阳一街，东至交通路
	冠带巷	按明朝礼制，藩王所在州府的文武官员，每逢初一、十五都须在王府门外整冠肃带，列队参拜王爷。因其正对着藩王府的大门而得名。1967 年更名为向阳三街。北自荆州一路中段，南接胜利街

续表

朝代	名称	街巷状况
明	南门城湾子	1949 年改为新民河街，地处城墙与护城河之间
	下正街	1949 年改为新民街，北接南桥门，南接御河大队净土庵
	南门外西堤	1949 年改为新民西街，东自新民街
	南门外东堤	新民东街，西自新民街
	清宫端审坊	在德胜门内，前明隆庆间太傅刘楚先立
	天曹主爵坊	在德胜门内，前明隆庆年间为中丞张汝济立
	帝赉良弼坊	在寅宾门内，前明万历年间为太师张居正立
	精忠贯日坊	在远安门内，前明万历年间为荆郡忠臣立
清	甘家巷	位于荆州三路中段南侧，北自荆州三路，南抵郢都小学
	牢家巷	北自荆州三路，南至郢都小学后院
	大十字街	1949 年改为前进巷。今天的北接荆州三路，南至建设街
	纪家巷	位于荆州二路西段北侧，南接荆州二路，北抵江陵中学
	估衣街、小十字街、大十字街	先名荆州二路，西接荆州三路，东连荆州一路
	陶家街	因原陶姓居住此地而得名，北自荆州二路南至建设街
	玄帝宫	1949 年改为建设街至今，东接民主路，西至荆州师范专科学校
	右文街	原是清朝右文衙门驻地，又是学稞屯粮之所，故名右文街。北自建设路，南抵城墙
	便河街	原是一座小河，为便于行走，修建一座石桥，取名便河桥。后修街道时，依次命名为便河路。北自荆州二路，南抵民主路中段
	支家巷	因原支姓官员在此居住而得名，南自民主街，北抵县财政局
	顺城街	因顺南城墙而建，故名顺城街。西自右文街。南端，东抵荆州中学
	菊柳巷	因原居民喜种菊花、柳树而得名。南自民主街，北至荆州小学
	玄帝宫、狮子庙	1946 年并名为民主街。西自建设街，东楼向阳一街
	张家巷	因原居民多张姓而得名。北楼民主街中段，南抵城墙
	学道巷	因清朝这里有学台衙门而得名，北接民主街，南抵荆州中学
	横街、沔阳街	1949 年合并。北自荆州一路西墙，南至胜利街
	宾兴街	西自向阳一街中段，东至向阳三街中段。因宾兴馆设于此而得名
	惠城街	1949 年改为生产街，1957 年因是中华人民共和国成立后第一次扩建新街，命名为荆州一路。西接荆州二路，东至交通路
	园应庵巷	因原有园应庵而得名。北自荆州一路西段，南至向阳二街
	承天寺	1949 年改为解放巷，1982 年更名为交通巷。西自交通路，东抵荆州地区财校
	四门洞、鼓楼洞、黄庙阁、将军衙门	这四段，今为解放路，西自交通路，东抵东门
	烧饼巷	原名烧饼巷，因原居民多做烧饼而得名。北自向阳二街，南接胜利街
	镶黄旗大街	在将军署后
	正黄旗大街	在远安门内
	正白旗大街	在寅宾门内

续表

朝代	名称	街巷状况
清	正红旗大街	在北界门内
	镶白旗大街	在将军署东
	镶红旗大街	在将军署西
	正蓝旗大街	在德胜门内
	镶蓝旗大街	在南界门内
	纯孝维风坊	为荆郡孝子立
	熙朝维俊坊	为荆郡科甲立
	文章华国坊	为荆郡文士立
	过轴流芳坊	为荆郡隐士立

来源：贺杰．古荆州城内部空间结构演变研究 [D]．武汉：华中师范大学，2009.

沙市历来与水争地，傍水围城[①]，街道因江道南北争泓而屡次变迁，但主街均自西向东分布，带状蜿蜒，南北有里巷相通。唐代“十里津楼压大堤”（图 4-51），宋代筑土城，城市形态由长转方，元代扩城，明末极盛，“列巷九十九条”。明代袁中道《游居柿录》称“街道如拭，凡入经路之整洁，即南都（江陵）不及也”，可见沙市街市的整洁风貌。

图 4-51　宋至晚清沙市东西主街和南北主街
来源：根据谷歌地图 2011 年版荆州沙市航拍图改绘。

清末沙市崇文街和青石大街最为繁华，忠诚街、九十埠（胜利街）、夹贵街（中山后街）、青莲巷、杜工部巷、刘大人巷（望亭巷）、孝子巷（新风巷）、新老巡司巷、龙门巷（平安巷）、梅台巷和大赛巷等各负盛名[②]。街道最宽二丈（6m），巷最窄六尺（2m），石板路居多。民间以拖船埠（新建街）为界，其西（即长江上游）为“上街”，其东（即长江下游）为“下街”。如：童谣唱“走上街，走下街，叮叮当当开新门……”

① 以下关于沙市街巷的文字记述，源自：沙市市建设志编纂委员会．沙市市建设志 [M]．北京：中国建筑工业出版社，1992.

② 清代《沙市志略》称，青石大街（即十里长街）为“五都之市”，据《沙市志略校注》记载，“青石大街、刘家场、丝线街、赤帝宫街等，全市精华，咸萃于斯”。

随着明清时期荆江大堤筑成，“堤街”和“滩街”也发展起来。堤街，指正街之南的堤上之街，与青石街相萦如带，而都雅逊。滩街，指沙市堤外的街道。其中磁器街和铁路巷等原来由康济桥连通，后随康济桥沉沦入江，不复存在。江防街仅存一小段，已更名宝塔湾。望江街随荆堤加固拆除大部分，仅剩一小段。其他邻近郊野的街巷被称为“僻街”。

图 4-52　20 世纪 80 年代的胜利街西段
来源：沙市市建设志编纂委员会．沙市市建设志 [M]．北京：中国建筑工业出版社，1992.

胜利街：在明代称为“九十埠”，沙市沦陷后改名兴亚街，光复后又更名中正一、二、三街，解放后人民欢庆胜利，更名胜利街（图 4-52）。九十埠是在晋桓温始筑、五代高氏叠修的古堤（史称“寸金堤”）东段的堤基上逐渐形成的。明清时期已是满铺青石板、东西四里、南北十二巷、房屋近千栋、商铺数百家的热闹街区，也是官宦之家、书香门第定居的所在，不少名人故居和旅寓都坐落在此①（图 4-53）。现存建筑大多是清代建筑，少数是明代和民国时期的遗存。临街房屋大多是前店铺、后住宅的两层多进式院落②。

崇文街：原名丝线街，以往昔大量丝线作坊而得名。清嘉庆二年（公元 1797 年）此街与文庙巷口东侧建新“文昌宫”，寓意崇尚文化，街名改为崇文街。街道呈东西走向，东起觉楼街，西至新沙路（大湾处），与中山路大致平行。全长 578m，宽 5 ~ 6m，相传修建在古寸金堤上，原为条石路面，1976 年改建沥青混凝土路。沿街多包头店铺、老店、漕房、当铺和大宅深院，最具代表性的是位于其中段的黄州会馆遗址，它是沙市帮会文化的重要见证。街区北部的传统街巷密布，尺度宜人，空间变化丰富，部分路面为青石

① “如屈原故宅（江渎宫）、杜甫旅居过的杜甫巷、张大千和张善子旅居过的‘宝训堂朱’、文化名人余上沅、社会活动家邓裕志、医界名家邓述微的故居‘邓家老屋’等。在邓家老屋群落的最后面（即现在毛家坊的北面），还曾建有一座规模宏大、占地近万平方米的‘邓家花园’（亦名“藻园”）。园内有亭台回廊、池塘小桥、水榭石山、奇花异木。清末民初，因邓氏家族都自立门户、各有房屋，‘邓家花园’疏于管理。1934 年又将园内主要建筑物捐赠移建到沙市中山公园（其中包括蜈蚣岭上的‘镜猗亭’、二道门内的‘卷雪楼’和古松化石，以及置于便河的‘沙石’）。从此花园逐渐解体，或变卖，或建房。现在市中医院毛家坊分院的小花园即是‘邓家花园’留下的唯一园地。清道光年间在张家巷西侧还修建有一座‘邓家宗祠’，其高门楼、大牌坊、多仪门、二回廊、厅堂厢室过百间，甚为壮观。后被胜利街道办事处和胜利街派出所在原址新建成办公大楼和宿舍”。以上关于沙市街巷的文字记述，引自：沙市市建设志编纂委员会．沙市市建设志 [M]．北京：中国建筑工业出版社，1992.

② “每栋房屋少则四进，多则八进，每一进都由一间堂屋（大客厅）、两间正房（主卧室）、两间厢房和一个天井组成。每栋房屋都凿有水井，每栋房屋之间都有封火高墙隔绝。整个街区除了邓家祠堂和邓家花园，少有亭台楼阁和雕梁画栋的豪宅，但各栋房屋房间的大小安排、厅堂的宽敞通畅、天井的巧妙布局和木雕的板壁装饰、雅致的木雕楼栏、简约的镂空花窗、精湛的石雕柱础，营造了方便、纯朴、宜人的居住环境。胜利街区内现存传统建筑约 200 余栋，多为清代建筑，也有少数明代和民国时期的遗存。具有代表性的明清民居是位于大赛巷到梅台巷的近 30 栋邓家祖屋。其中部分为名人故居和旅居寓所，如余上沅、邓裕志、邓述微、张大千、张善子故居等。还有两栋邓家老屋（胜利街 264 号、266 号），在民国时改建的后屋后院是沙市现存最早的监狱。胜利街现存老字号商业建筑有德森榨房（胜利街 246 号）、李义顺斋铺（胜利街 109 号）。”以上关于沙市街巷的文字记述，引自：沙市市建设志编纂委员会．沙市市建设志 [M]．北京：中国建筑工业出版社，1992.

条板，沿街建筑多为清末民初的传统民居，另有一处废弃的砖木结构厂房（图 4-54）①。

图 4–53　沙市胜利街西段局部现状
来源：2010 年自摄。

图 4–54　崇文街鸟瞰
来源：荆州市城乡规划局．荆州历史文化名城保护规划（2009 年版）[R]．2009.

忠诚街：原名忠臣街，相传为明永乐中兵部尚书安南靖节谥愍节公刘隽别墅所在地，呈南北走向，南起兴盛街，尾接雄楚街，可通解放路，北连三岔路，全长 763m，五一路以南路段宽 5 ~ 8m，1976 年建成 4m 宽沥青路面；北段宽 3 ~ 4m，原为断续条石路面和砖渣路，1981 年改建成 3.5m 宽水泥路，可通行小型汽车。

堤街：建于清代，西起宝塔湾顺江堤蜿蜒而东至文星楼，长约 3.6km，街宽 4 ~ 6m，为断续石板路面，原分为白河套、二郎神、拖船埠、九根桅、上窑湾和下窑湾，北伐胜利后命名为大同一、二、三、四街，1952 年荆江大堤加固时拆除。1971—1972 年堤顶铺筑 7m 宽水泥混凝土路面，西起黑窑厂、东至唐楼子，全长 9.42km，改名为“荆堤路”。

望亭巷：原名刘公巷，又名刘大人巷，俗称刘大巷。明朝永乐年间，兵部尚书、安南靖节刘隽曾在此处建有宅第②，后人敬仰刘隽宽厚为怀的美德，称此巷为刘大人巷。中华人民共和国成立后，荆江分洪工程纪念碑、亭建于此巷南端荆江大堤上，由此巷可望见碑、亭，

① 随着经济中心的北移，胜利街、崇文街一带业态呈退化趋势，崇文街基本已经没有沿街店铺，迎春坊一带则以日用杂货店为主。以上记述引自：沙市市建设志编纂委员会．沙市市建设志 [M]．北京：中国建筑工业出版社，1992.

② 相传，刘家隔壁亦为一京官宅院，此户子弟逞强霸道与刘家争地。刘氏子媳上书京城告知刘隽，刘隽回信曰：“千里来信只为墙，让他几尺又何妨？万里长城今犹在，不见当年秦始皇。”刘氏子弟遂遵嘱让地数尺，重筑院墙，两家之间遂留下一巷道。该记述引自：沙市市建设志编纂委员会．沙市市建设志 [M]．北京：中国建筑工业出版社，1992.

故 1967 年更名“望亭巷”至今。此巷呈南北走向，南抵荆江大堤，北接解放路，长 137m，宽 3 ~ 5m，最宽处达 7m。原为煤渣三合土和部分条石路，1983 年改建成 3.5m 宽水泥混凝土路面，可通行小型机动车辆。

梅台巷：清代康熙四十三年（公元 1704 年），兵部侍郎张可前曾在此巷筑台种梅而得名。相传三国时期，蜀将张飞曾在此借路往返东吴，赵云也曾在此拦截孙夫人，夺下刘备的儿子阿斗（刘禅），又有“借路巷、截路巷”之说。该巷呈南北走向，南起胜利街，北接北京路，全长 378m，宽 3 ~ 5m，条石路面，不通机动车辆。

凤台坊：亦名凤凰台，东临便河路，西接新民街，北止沙市二中院墙，南通月亮街；坊中 S 形石板路，长 235m，可通新民右街、月亮街和便河路。

旅寄坊：坊内有“旅寄园”而得名，东接平权街，西汇克成路，北临体育场，南侧与新民街、文庙巷、桂香街等街巷交会。中华人民共和国成立后逐年扩宽，今为北京中路之一段。坊内生活区有 2 ~ 4m 宽道路 560m，可通公园路、北京路和体育场等。

永安坊：坊中有弯曲呈 Z 字形道路，长 99m，宽 3 ~ 4m，东连新民街，西接惠工街。

肖家坊：亦名肖家台，东临梅台巷，西连平安巷，北邻北京路，南近胜利街，呈长方形，坊内有数条交错的小路宽 3 ~ 5m，共长 1126m，其中水泥混凝土路和方块路 829m，沥青混凝土路 297m，自西向东有三条通北京路，东西两巷可通梅台巷和平安巷。多为三层住宅。

毛家坊：又名毛家塘，西临梅台巷，东止大赛巷，北止北京路附近。坊内道路分布不规则，宽者 5m，窄者 2m，道路共长 997m，多为沥青混凝土路，余为水泥路和方块路。坊内南部各有小路可通梅台巷和大赛巷，北部三条 5m 宽道路通北京路。坊内多为平房，为居民生活区。

4.3.4　点：政治、宗教和商业中心的混杂

宋代至晚清时期坊市制度解除，荆州城内的空间节点分布更为自由，通常混合有商业、政治、宗教和文化等多种功能，从形态上可分为可穿越的空间节点和不可穿越的空间节点两大类。

1. 可穿越的空间节点

可穿越的空间节点指城市中行人可通过的点状公共空间，荆州城中的可穿越节点包括：城门、商业中心和宗教中心。

1）城门

宋代至晚清时期，江陵城主要有六座城门（图 4-58），其变迁过程和功能分别如下：

（1）寅宾门：俗称东门，明代称镇流门，上建宾阳楼，位于江陵城东垣，为城市主入口。

（2）远安门：俗称小北门，明代称古潜门，上有景龙楼，位于江陵城东北角，为城北次入口。

（3）拱极门：俗称大北门，明代称拱辰门，上建朝宗楼，位于江陵城西北，为城北主入口。俗称“柳门”，折柳话别之义，据《江陵县志》记载，此门向北有通往京师的大道，古时仕宦迁官调职，官员送行时常经此门，并习惯折柳相赠，故名柳门。拱极门由城台和箭台组成，城台前设瓮城，呈椭圆形，门洞系五券五伏尖券顶做法。朝宗楼保存至今，楼高 2 层，全高约 11m，屹立于 9m 的城台之上，宏伟壮观，梁架采用抬梁式与穿斗式结合的结构，屋顶为重檐歇山式，用材和工艺都具有鲜明的湖北特征（图 4-55、图 4-56）。

图 4-55　朝宗楼北立面和梁脊题字
来源：2005 年自摄。

图 4-56　朝宗楼西立面和内桁架
来源：2005 年自摄。

（4）安澜门：俗称西门，明代称龙山门，上有九阳楼。江陵城西部有龙山，因地势低洼，常被水患，清乾隆五十三年长江堤决，水由此门及水津门入城，至万人丧生，故改名“安澜”。

（5）南纪门：俗称南门，沿用明代名称，上建曲江楼。其南部三里外有长江渡口，称为御路口，是历代藩王登岸维舟的码头，王公贵族、商贾仕民皆从此门上巴蜀、下汉口。南纪门在荆州城门中别具一格（图 4-57），其箭台与城台中轴线在一条直线上，东西两侧瓮城墙上各有一座耳门，与城台门、箭台门中轴线垂直形成十字状。而其他五座城门中的箭台与城台中轴线有大角度偏移，且瓮城墙上无拱形门。这种“四合门”的设计既有军事功能和经济功能，又可及时疏散交通。曲江楼得名于唐代宰相张九龄，开元二十五年（公元 737 年）他被贬任荆州长史，常登楼赋诗吟咏，著有《登郡城南楼》：“云霞千里开，洲渚万形出。澹澹澄江漫，飞飞度鸟疾。邑人半舻舰，津树多枫橘。”因张九龄是韶州曲江人（今属广东韶关），后人为纪念他，将城楼命名为曲江楼。

（6）公安门：沿用明代旧名，是位于江陵城东南的次入口。

（7）水津门：沿用明代旧名，位于城东南，联系城内水道和护城河的水门，1788 年水灾后被埋入地下。

（8）界门：清康熙年间开始，东西城之间分界，由矮薄的城墙隔开，中有两个东西可通的界门，每天晨开暮关[①]。南界门联系南门大街和公安门，北界门联系惠城街和药王庙附近。

① 参见：余金汉.《遗志一》：我的出生地 [EB/OL]. 2005-5-17. http://cn.netor.com/m/box200505/m50579.asp?BoardID=50579.

图 4-57 清代南纪门图（左）和南纪门现状（右）
左图来源：张俊. 荆州古城的背影 [M]. 武汉：湖北人民出版社，2010.
右图来源：2005 年自摄。

以上城门中以南纪门和曲江楼最享盛名，现除朝宗楼保留、寅宾门重修外，其他城门均已拆除。1788 年，各城门外侧均加建瓮城，主要用于防洪和防御，后演变为集市，其中南纪门处的集市最为繁忙。

公安门瓮城

拱极门瓮城

寅宾门瓮城

安澜门瓮城

远安门瓮城

南纪门瓮城

图 4-58 清代荆州瓮城现状
来源：陈怡. 荆州城市空间形态保护研究 [D]. 武汉：武汉大学，2005.

2）商业中心

明代开始，荆州城东街巷密集，商业中心位于小十字街，建有报时和监控功能的鼓楼。明代隆庆、万历后，鼓楼被移到十字街中心。清代满汉城相隔，西部汉城大十字街和惠城街处形成商业中心①，至今依然保有活力。

明清时期，沙市的商业中心在三府街和九十埠一带（图 4-59），即今崇文街和胜利街，现代逐渐衰落，退化为居民区。

图 4–59　20 世纪 50 年代三府街上的恒春茂药店（左）和九十埠
来源：张俊．荆州古城的背影 [M]．武汉：湖北人民出版社，2010.

3）宗教中心

宋代至晚清时期，荆州城内的佛教、道教和其他宗教建筑也是市民重要的生活空间，如江陵城的关帝庙、承天寺、县学宫和城隍庙等（图 4-60），以及沙市城的江渎宫、三清观、文星楼和观音寺等。这些建筑或高度突出（如文星楼和观音寺内万寿宝塔），或规模宏大（如承天寺和县学宫），或位置重要（如：关帝庙和江渎宫等），成为重要的空间节点。1917 年生于荆州城惠城街致和坊菊柳巷的余金汉牧师在其《遗志》中回忆道："1937 年父亲病逝后，教会兄妹帮助余父治丧。特意经过药王庙巷口，经惠城街、沔阳街狮子庙、福音堂、托塔坊南门大街，在关庙前照相摄影。出南门过早桥至御路口安葬。"②可见宗教建筑在荆州人生活中的重要性。

图 4–60　清代承天寺外景（左）和关帝庙大门（右）
来源：张俊．荆州古城的背影 [M]．武汉：湖北人民出版社，2010.

① 关于清代江陵的记述，引自：贺杰．古荆州城内部空间结构演变研究 [D]．武汉：华中师范大学，2009.

② 2005-5-17．http://cn.netor.com/m/box200505/m50579.asp?BoardID=50579.

2. 不可穿越的空间节点

宋代至晚清时期，荆州城内的若干其他空间节点由于功能、位置或造型的特殊性，虽不可穿越，但仍是重要的城市标志物，包括行政建筑、帮会会馆、县学和府学等。

1）行政建筑

清代江陵满城内的将军府和都统府尺度宏大，功能特殊，市人皆知。将军府前建有高大如城楼的钟鼓楼，上供关羽塑像，有彪形大汉作为将军署门卫，手持长柄金瓜月斧肃立两旁，东西辕门和影壁附近闲杂人等均不得停留（图 4-61）。八旗参将和佐领的驻地在所属各旗丁驻扎之处，门户高大，门口有彩绘的站门神，上有石鼓和旗杆标志。余金汉牧师在《我的出生地》[①] 中回忆道："辛亥革命前，东城……有将军衙门、鼓楼洞、逵将军恩将军季将军府，将军出衙巡视前击鼓开道，路人回避，以示威仪，保障安全。" 1943 年日军入侵时将军府最先被炸毁。

清代江陵汉城中的府衙、县衙和藩王府规模庞大，与一般民居形成鲜明对比。其中规模最大的是西门外明代湘献王朱柏修筑的太晖观（图 4-61），气势宏伟，引人注目，是一座与江陵城并立的宫殿群。现府衙、县衙被毁，湘王府和惠王府变为军分区大院。

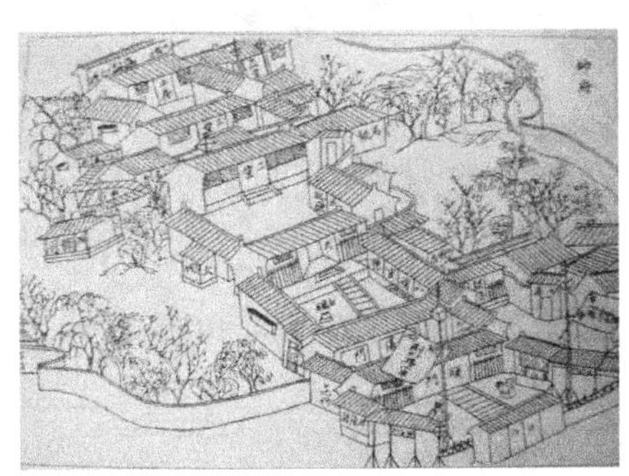

图 4–61 江陵满城内的驻防将军府图（左）和江陵城外的太晖观（右）
来源：张俊. 荆州古城的背影 [M]. 武汉：湖北人民出版社，2010.

2）帮会会馆

明清时期，沙市汇集了各地帮会[②]，形成众多的商业中心。尤其是每年的三月初三和九月初九，帮会都要集中举办以会戏为主的各种活动，因此多建有造型独特、体量巨大的戏台[③]，镶嵌在低矮狭窄的民居中，成为重要的城市景观节点[④]。

---

① 余金汉.《遗志一》: 我的出生地 [EB/OL]. 2005-5-17. http://cn.netor.com/m/box200505/m50579.asp?BoardID=50579.

② "清代沙市成为商家荟萃，樯帆如云的通都大邑，来自四面八方的外籍商帮纷纷成立了同乡会性质的商业组织——诸如山陕帮、中州帮、闽福帮、江浙帮、武昌帮、汉阳帮、黄州帮等商帮，号称'十三帮'。各商帮在这里置办会产，修建会馆，以联络乡党，商洽贸易，厘定物价，交流行情。其时，由商帮设立的会馆，便有川主宫、赤帝宫、天后宫、禹王宫、万寿宫，以及三义庙、杨泗庙、南岳庙、灵官庙、泰山庙等，最盛时，号称'九宫八庙十三帮'"，引自：《荆州百年》编委会办公室. 荆州百年（上卷）[M]. 北京：红旗出版社，2004.

③ 关于明清时期戏台建筑的特点，参见：傅红，罗谦. 剖析会馆文化 透视移民社会——从成都洛带镇会馆建筑谈起 [J]. 西南民族大学学报（人文社科版），2004（4）.

④ 以下关于会馆建筑的介绍引自：荆州市城乡规划局. 荆州历史文化名城保护规划（2009 年版）[R]. 2009.

（1）黄州会馆：位于崇文街中段（图 4-62），是沙市帮会文化的重要见证。

（2）万寿宫（江西会馆）：位于便河西路，始建于清代，是江西帮的会馆所在地。江西帮信奉道教者众多，会馆内供奉有玉皇大帝及王母娘娘的万岁牌德生祠，故而名万寿宫。民国年间，私立豫章小学设立于此。建筑采用对称布局，错落有致工艺精细。大门前塑有一对石狮左右对峙，迎面为一组仿古建筑群，宫中央的石质台阶上是庑殿四角卷翘屋顶式榭阁，两旁有甬道连接厢房，廊道宽阔，迂回相连。后宫有天井海坝，殿宇由几十根石柱和石墩擎起木质柱梁，上有描金彩绘花饰。主体建筑均采用木梁柱结构，四周置灌斗墙围护（图 4-63）。现全部被拆除，改为便河路第二小学。

图 4–62　崇文街黄州会馆
来源：2005 年自摄。

图 4–63　万寿宫（左）和春秋阁（右）
左图来源：沙市市建设志编纂委员会. 沙市市建设志 [M]. 北京：中国建筑工业出版社，1992.
右图来源：2010 年自摄。

（3）春秋阁（山陕会馆）：位于市中山公园东北角，清代嘉庆十一年（1806 年）修建，原为山陕会馆的戏楼。因三国时蜀汉名将关羽是山西人，被山陕帮会尊为主神供奉，又因关羽好读《春秋》，故此戏楼名为“春秋阁”。后改建为金龙寺，民国 18 年（1929 年）金龙寺正殿毁于火灾，唯此楼幸存①。民国 23 年（1934 年），中山公园落成之际，沙市市政整理委员会出资雇工迁至现址，并由王信伯建筑师设计了台基和围护体（见图 4-63）。

春秋阁坐北朝南，通高 13.65m，分台基和阁楼两部分。阁下条石基座，高 2.7m，宽 12.98m，深 13.14m，面积 170.55m^2，平面略呈方形。基座前后凸出，两侧成八字形，有台阶可登阁，中级有双层圆门洞穿，直径 1.8m，深 1.8m。室内两侧各开棂窗两扇，中有混凝土方柱两根。

阁楼为单檐歇山式琉璃瓦顶木结构建筑，面阔三间，进深二间，高 10.95m，面积 108.26m^2。阁内梁架为抬架式，以四列十四根檐柱支撑，现四边檐柱已用水泥砌封呈方柱形，后部横排金柱两根，直径 0.5m。阁顶为黄色琉璃瓦覆盖，瓦件吻兽系 1986 年复修时所换。檐下斗拱五铺作双下昂，假昂分别为平身科和角科两种做法，正面则出斜昂。

① 以上关于春秋阁的记述引自：沙市市建设志编纂委员会. 沙市市建设志 [M]. 北京：中国建筑工业出版社，1992.

阁前斗拱耍斗及昂嘴雕龙、凤头。阁后及两侧斗拱耍头雕成卷云图案，昂做象鼻状。四面内外道拱、瓜子拱及令拱均雕成麻叶头。阁内为水泥地面，前后安格扇门，两侧为格扇窗。置天花藻井，为斗八形，天花板将梁架分为明袱、草袱两部分。各角有倒吊瓜柱，阁内两柱间做隔板，复修时绘有关羽读《春秋》画像一幅。春秋阁现为沙市重点文物保护单位。

（4）川主宫（四川会馆）：位于江津湖北岸，始建于清乾隆1745年，为四川籍商贾集资兴建，始名“蜀英会馆”，后因宫内正殿供奉三国时期蜀汉国主刘备，改名川主宫。其原址位于今沙市区十四中学校园内，坐北朝南，有宫门三道，宫内建筑除正殿外，有戏楼、耳楼和包厢等建筑。

其中戏楼与正殿南北呼应，宽阔高大，雕梁画栋，是宫内的重要建筑之一，远非一般戏楼所能相比。其通高13.35m，屋顶为歇山和硬山式复合形式，由主楼、耳楼两大部分组成。主楼正中上方飞檐翘角，下饰如意斗拱。上额枋浮雕三游龙，舞爪腾飞，活灵活现。下额枋镌刻双龙双凤，龙凤呈祥，栩栩如生。两侧上下额枋则分别浮雕有瑞草花卉和三国历史人物故事。主楼正中的演出舞台台高3.8m，面阔11.23m，进深8.8m，居高临下，雅致大气，正中上方有一硕大八方斗形藻井，顶部施以蟠龙祥云，八面双层嵌刻16幅卷草、蝙蝠等祥瑞之物。两侧耳楼为演员候场之所，通高12.45m。两侧各设一入场门道。其门额上各置一石刻横匾，左为“祥钟峨岭”，右为“锦灿荆江”。

原川主宫整体建筑雄伟壮观，但大都毁于战乱，唯有古戏楼幸存至今且相当完整。1986年原沙市市人民政府重新选址，将古戏楼整体和川主宫其余部分迁建于现址江津湖畔①（图4-64）。川主宫大戏楼之精美足以与山西临汾牛王庙戏台和安徽亳州大关帝庙的花戏楼相媲美，是湖北省境内唯一留存于世的一座古戏楼，现已列入省重点文物保护单位。

图4-64　清末搬迁之前的川主宫（左）和搬迁之后的川主宫（右）

左图来源：张俊．荆州古城的背影[M]．武汉：湖北人民出版社，2010.

右图来源：2010年自摄。

① 以上关于川主宫的介绍源自：

沙市建设志编纂委员会．沙市市建设志[M]．北京：中国建筑工业出版社，1992.

陈礼荣．名冠三楚风景地川主宫古戏台（风景线）[N]．人民日报（海外版）．2002-10-28（7）.

3）教育中心

宋代至明清时期，江陵仍然是中国南方的教育中心，书院建筑也是其重要的标志物，如县学和府学等，现主体建筑均已拆毁，部分附属建筑尚存，如：江陵县学府以南的棂星门、荆州府学宫以南的文峰塔等（图 4-65）。

图 4-65　江陵县学府以南的棂星门（左）和荆州府学宫以南的文峰塔（右）
左图来源：荆州市城乡规划局．荆州历史文化名城保护规划（2000 年版）[R]．2000.
右图来源：张俊．荆州古城的背影 [M]．武汉：湖北人民出版社，2010.

4.4　总结：中华文化萌芽时期的开放式城市空间博弈

宋代至晚清时期的 929 年间，荆州城市空间营造的主体汉人融合蒙古人、回人和满人，形成了多民族融合的中华族群，城市空间营造的境界、制度和技艺体现了科学思维的特点，呈现出开放式的空间博弈过程。

4.4.1　自然层面：抵御洪灾与城墙维护

宋代至晚清时期，荆州族群的水系疏导活动减少，堤防修筑次数增多，最终通过加固城墙减轻洪水对城市的影响。

宋代荆州城市空间营造解决的首要问题是水运和防洪。北宋时期，疏通“荆襄漕河”，增加内河漕运线路，保持了江陵的交通枢纽地位，带动了沙市城的扩展。北宋 4 次修筑堤防，是荆州历史上除五代十国（南平国）之外修筑堤防最频繁的时期。水系疏导和堤防修筑并重，城市受洪水侵袭的次数较少，城垣维护活动较少，城市与自然的关系基本平衡。

南宋时期，朝廷决沮漳之水以拒金、蒙，江汉间三百里尽成泽国，杨水两岸的水体、农田和村镇尽数湮没，人工运河与天然水系相混，江陵城垣也在战乱中被摧毁，城池淤塞。后修筑城墙，缩减规模，加强防御功能，并重新开挖疏通城池。同时修筑沙市堤防，隔断了汉江与长江的联系。可见南宋之后水系疏导活动基本停止，堤防修筑次数较少，城池修护加强，城市与自然的关系保持平衡。

明代开始，江汉平原展开了大规模的垸田开发，杨水水道萎缩，主航道由南北向的荆襄线转向东西向的荆汉线。洪武年间，杨景重修江陵城，疏浚护城河，从此荆州再无大规模的水系治理活动，营造重点转为加固城垣和加强防御设施，城市与自然的关系逐渐形成对抗。

清代，江汉之间的水运进一步缩减，航运主线转至长江流域，江陵城屡被泽患，四次修筑城垣，虽然赢得“铁打荆州”的美称，但改变不了江水对城市的威胁，沙市“与水争地”的局面逐渐恶化。1788年荆江大堤20余处决口，作者认为这不仅是堤防失修的结果，更是长江中游水体萎缩、缺乏泄洪通道的必然后果。

宋代至晚清时期，荆州的城市空间营造远离楚文化时期人与自然协调统一的境界，城墙和堤防修筑技术不断完善，人与自然的矛盾却日渐明显（图4-66和表4-3）。

4.4.2 社会层面：学院帮会与书院会馆

宋代至晚清时期，坊市制度的解体和城市录事司的建立，提升了城市管理水体。一方面统治阶层吸收汉文化，发展新儒家思想，减少民族差异与冲突，延续宋代书院体系，发展县、府两级官学，发展旗学；另一方面民族资本家以地域和家族为单位结成帮会，维护自身的经济地位，在城市中建造会馆，带入了各地风俗。统治阶层与平民阶层的社会空间不断协调融合，形成了以行政和教育空间为中心的秩序，居住和商业空间多元混合的开放式社会空间博弈格局（表4-3）

宋代至晚清（三维科学阶段）荆州城市空间营造的动力机制分析 表4–3

<table>
<tr><th colspan="2">时间</th><th colspan="2">主体</th><th colspan="2">客体</th><th colspan="2">主客互动机制</th></tr>
<tr><th>全球时间</th><th>荆州时间</th><th>荆州族群主体</th><th>族群主导文化</th><th>聚落、城市</th><th>城市空间</th><th>主体对于客体的影响</th><th>客体对主体的影响</th></tr>
<tr><td rowspan="4">宋代~晚清时期（三维科学阶段）</td><td>宋代（公元960—1265年）</td><td>汉族</td><td>汉文化</td><td>江陵沙市</td><td>神、道、佛并立。厢坊制度、县学制度。城墙防御体系、堤防防灾体系、私家园林</td><td rowspan="4">中华文化萌芽时期的荆州城市空间结构相对于汉文化时期更为复杂，显示出多元混合形态：
体：江陵为主，沙市为辅的双子城。
面：中心秩序和带状混杂。
线：南北主街和东西主街。
点：政治、宗教和商业中心的混杂</td><td rowspan="4">宋代至晚清荆州城市的发展使得长江中游的重要经济文化中心得以形成。经济职能超越文化职能，推动了中华文化的融合和塑造。形成长江中游滨水商业城市的营造特点：
1. 堤防增修与城墙维护；
2. 书院建筑与会馆建筑；
3. 私家园林与天井院落。
中华文化开放时期特点：
1. 多元宗教融合；
2. 中央集权和地区商业并行；
3. 地方教育和地方行政加强</td></tr>
<tr><td>元代（公元1266—1340年）</td><td>汉族</td><td rowspan="2">汉文化融合蒙回满族文化</td><td>沙市城</td><td rowspan="2">儒侠结合，佛、道、天主教、伊斯兰教等多种宗教并立。元代城市录事司，明代卫所制度、粮仓设置、分藩制度和城隍制度，清代八旗制度。防御体系、防灾体系与交通设施</td></tr>
<tr><td>明代（公元1341—1642年）</td><td>汉族</td><td>江陵沙市</td></tr>
<tr><td>清代（公元1643—1889年）</td><td>中华民族</td><td>晚清：中华文化</td><td>江陵城沙市城</td><td>“神道设教”的宗教文化。旗学制度、帮会制度、救济制度。书院建筑、大型民居、会馆建筑</td></tr>
</table>

4.4.3 个人层面：儒道思想与天井园林

宋代至晚清时期，荆州族群个人空间的营造完成了精神空间与物质空间的结合。荆州主体汉人融合各族群文化，继承汉文化传统礼制的同时，在个人生活空间中营造了自然山水的意境。

荆州传统民居以天井院落为公共空间，体现了家族观念和封建礼制思想，同时受城市街道格局的影响，在江陵和沙市形成了两种不同的肌理特征：江陵民居规模较小，院落多呈东西向布局；沙市民居规模较大，院落多呈南北向布局。

宋代私家园林营造从贵族阶层走入民间，沙市街巷中兴起大小私园，继承和发扬了江陵城大型皇家园林的精神，营造了山水田园的意境，提升了个人生活空间的环境品质，构建了“十里浓荫路”的城市景观。明代末期，十三帮在沙市修筑的会馆建筑又引入了各地民居营造技术的精华，其中各式戏台和祭祀场所体现了道家的浪漫主义特征。

荆州族群通过天井院落和私家园林完成了个人层面的空间博弈平衡（表 4-3），体现了儒家理性主义与道家浪漫主义的结合。

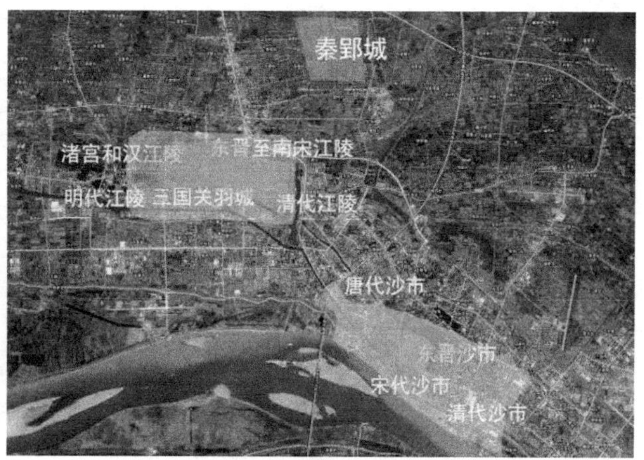

图 4-66 清末江陵城复原图（左）和宋代至晚清江陵沙市城市空间叠痕（右）

左图来源：2005 年自摄并改绘。

右图来源：根据谷歌地图 2011 年版荆州航拍图改绘。

第 3 部分

近代荆州城市空间营造研究

第 5 章　1889—1919 年荆州城市空间营造研究

5.1　1889—1919 年荆州城市空间营造历史

5.1.1　1889—1899 年：江陵教育设施呵护，沙市码头租界建造

晚清时期，西方文化传入，江陵教育设施不断完善（见图 5-1）。1898 年（光绪二十四年）2 月，荆州驻防旗人铁良（韵铮）经张之洞举荐赴日本东京留学，是荆州城最早的留日学生①。

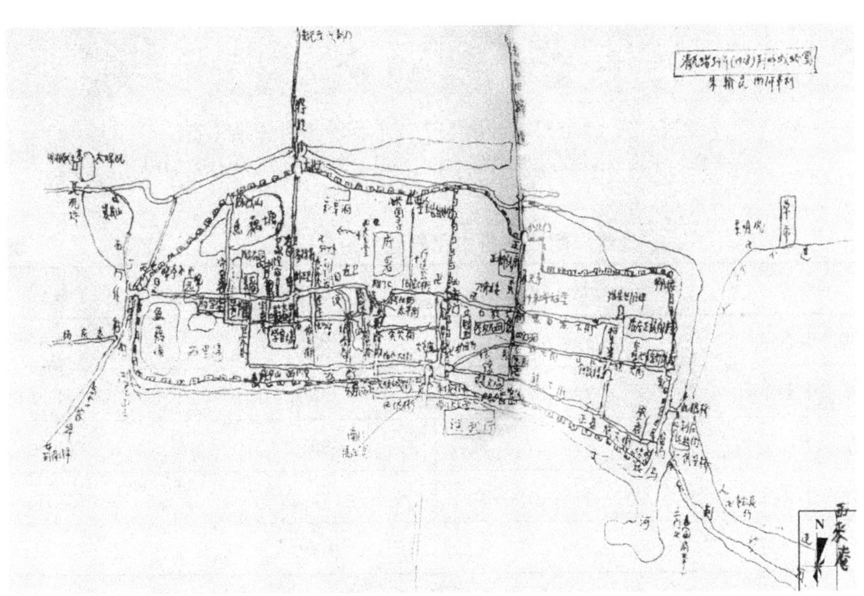

图 5-1　朱翰昆先生绘制的清光绪三十四年（1908 年）江陵地图

来源：荆州市城乡规划局 . 荆州历史文化名城保护规划（2000 年版）[R]. 2000.

同时，外国资本主义列强处心积虑向长江中游和中国内陆扩张，不满足于将沙市作为港口码头，而列为增开商埠②。1895 年，中英《烟台条约》增开沙市为外轮停泊码头。1895 年中日《马关条约》将沙市与苏州、杭州、重庆同被划为通商口岸。开埠后，沙市外滩的荆江大堤两侧兴建了大量西洋风格的建筑，包括领事馆、海关、税务司楼、洋行、医

① 本节关于荆州教育设施营造的记载引自：《荆州百年》编委会办公室．荆州百年（上卷）[M]．北京：红旗出版社，2004.

② 1899 年《湖北商务报》记载：当时“宜昌地势狭隘，西南隔江，山岳重叠，东北冈陵起伏，缺于内地输送之便，商贾亦不辐辏。要知宜昌，到底非贸易中心地，各外国商贾，固其不便，积望于汉宜间别开一口。”见：《湖北商务报》第十三期，光绪二十五年七月．转引自：《荆州百年》编委会办公室．荆州百年（上卷）[M]．北京：红旗出版社，2004：40.

院、邮局、多处天主教堂和基督教堂等，俗称“洋码头”。光绪二十四年（1898年）五月，沙市爆发“火烧洋码头”事件①，英国驻沙领事馆宣布“裁撤”，英人在沙未了事务改由驻宜昌的英国领事办理。1898年7月湖广总督张之洞奏请将荆宜施道署及江陵县知县衙门从荆州城移驻沙市，8月日本领事永陇与荆宜施道签订《沙市日本租界十七条》，划竹架子码头沿江一线（今五码头东至日用化工厂总厂旁的水线房），北抵荆江大堤为日本租界（图5-2、表5-1），同时清政府修改《长江通商章程》，增设新堤为外轮上下旅客处所。

图 5-2 沙市日本领事馆（左）和沙市海关楼（右）
来源：张俊．荆州古城的背影[M]．武汉：湖北人民出版社，2010.

光绪年间沙市日本租界地租价表 表5-1

年号	上等地（银元）	中等地（银元）	下等地（银元）
光绪二十六年	106元	80元	50元
光绪二十七年	105元	85元	55元
光绪二十八年	110元	90元	60元
光绪二十九年	115元	95元	65元
光绪三十年	120元	100元	70元

来源：沙市市建设志编纂委员会．沙市市建设志[M]．北京：中国建筑工业出版社，1992.

清末外国航运业凭借特权和先进技术控制长江长途货运和客运，中国丧失了长江航行权，沙市地方航运业的近代化进程启动。小轮船业崛起，大轮行大江，小轮走主要支流，木帆船走小河，虽有业务冲突，但水道交通结构得到改善，地方航运业仍受封建把持和厘卡阻滞（图5-3）。

中外贸易的发展使沙市由中国内陆的商业城市转变为长江沿岸的对外通商口岸和资本主义工商业城市，推动了城市商业繁荣、地产更新和人口增长。1896年（光绪二十二年）

① “光绪二十四年（1898年）五月八日，沙市全发园面馆工人杨兴全在‘洋码头’附近被招商局看守殴打致死，激起公愤，民众焚毁海关新屋、英国泵船、招商局和日本领事馆、日本邮便局、日本商品标本陈列所及渣甸洋行和怡和洋行经理住宅等，掀起反日怒潮。即所谓‘火烧洋码头’事件”。该解释引自：《荆州百年》编委会办公室．荆州百年（上卷）[M]．北京：红旗出版社，2004.

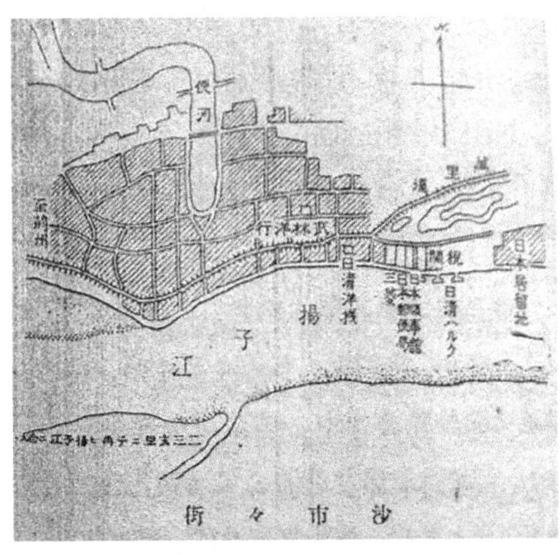

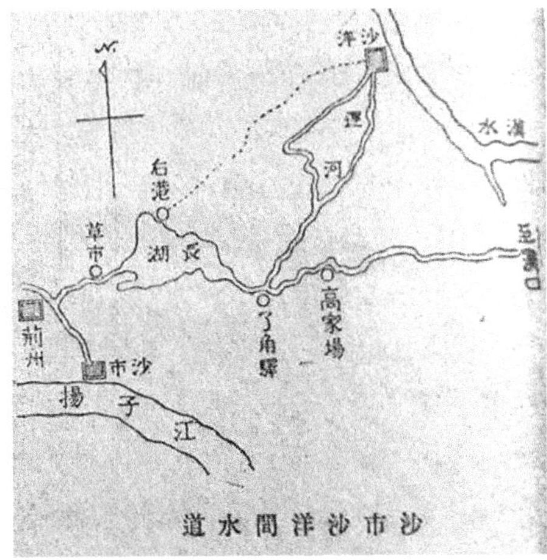

图 5–3 1918 年日本人绘制的沙市街区图和两沙运河图

来源：张俊．荆州古城的背影 [M]．武汉：湖北人民出版社，2010.

到 1898 年（光绪二十四年）间，沙市进出口货物总额年均达白银 17 万余两。"十三帮"顺应潮流，革故鼎新，在刘家场、丝线街、青石大街、杜工巷和青莲巷等大街小巷内开设花行、布铺、药材、黄丝、蜜蜡、糖、洋货等七个行业商号 435 家，银号和钱庄 130 家。堤街的铜器制造和大赛巷的粮棉贸易等均辐射周边市镇和省市。金融贸易和手工业的发展推动了城市通信设施、医疗慈善机构的完善①（表 5-2）。城市人口也快速扩张，到 1899 年（光绪二十五年），有 1.4 万余户，常住人口 7 万多人，加上流动人口总量已逾 10 万人②。

民国初年荆沙民间新建慈善机构一览 表5–2

名称	创办时间	主要业务	主要创办人
感应堂	1912 年	丧葬、施米、市建、义学	邹善涛、廖季明
红十字会沙市分会	1914 年	救济	汪润之、徐鹤松
士子堂	1917 年	施医、施茶	陈寿新、杨茂生
同善堂	1919 年	送诊、施药、施茶水	张置聊、朱端甫
施医所	1920 年	施医	
贫民工厂	1924 年	习艺	张春洲、陈根唐

来源：《荆州百年》编委会办公室．荆州百年（上卷）[M]．北京：红旗出版社，2004.

① "1822 年，重庆民信局成立沙市分局。1880 年，曾森昌民信局成立沙市分局。1897 年，沙市海关寄信局为大清沙市邮政总局。1886 年，沙市电报局和荆州电报局开设。1897 年，设江陵至襄樊、汉口、宜都、宜昌、施南、澧洲电报线路。医疗设施方面，沙市恒春茂，杜同兴、大有成、松鹤堂、来德丰、寿春堂外，1895 年，美国天主教在沙市康家桥开设天主教政所。1897 年，沙市道济诊所。"以上记述整理自：沙市市建设志编纂委员会．沙市市建设志 [M]．北京：中国建筑工业出版社，1992.

沙市市地方志编纂委员会．沙市市志·第一卷 [M]．北京：中国经济出版社，1992.

《荆州百年》编委会办公室．荆州百年（上卷）[M]．北京：红旗出版社，2004.

沙市市政权志编纂办公室．沙市市政权志 [Z]．1989.

② 关于沙市光绪年间人口和经济发展资料，引自：张俊．大清国地理书中的沙市 [J]．荆州纵横，2007（2-3）.

5.1.2 1899—1909 年：江陵教育设施呵护，沙市教育设施建造

20 世纪初年，荆沙地区农产原料大宗输出，开拓了内贸市场，加强了城乡贸易往来，荆州成为鄂西地区的经济中心，江陵城内一批以纺织为主的家庭手工业和专业机户[①]兴起，新型的城市管理机构成立。1906 年，荆州将军恩存、湖广总督赵尔馔将八旗工艺学堂改为"八旗工艺厂"，成为清末荆州府规模最大的织布厂。江陵城内的银器制造、铁器坊和炉坊更是久负盛名。经济发展带动了城市管理机构的更新：1903 年，荆宜施道观察余肇康荆州太守舒畅亭和江陵县令张芸生协商，设立"保甲警察局"，江陵城内设南北二局，沙市设东西二局，局董负责维持治安和清理街道；1908 年江陵县在沙市设立警察总局，在荆州城设警察北局和南局。

同时，洋务运动的推广带动了江陵现代教育设施的兴建，至 1910 年，荆沙共有初等小学堂 100 所，女子初等小学 6 所，两等小学 6 所，高等小学 4 所；荆州驻防小学 5 所，蒙养学堂 10 所；学堂多位于旧城内，荆州行道神学院是江陵城外的第一座教育设施。1903 年 7 月，湖北巡抚端方奏准筹办荆州驻防学堂：将辅文书院改为中学堂，增设高等小学堂一所，是省内除武汉外最早的新式中学堂之一；十所义塾（官学）改为 4 所小学堂，56 所牛录官学改为 10 所蒙养学堂。1903 年，荆宜施道观察余肇康在荆南书院基址设荆南中学堂，是省内除武汉外最早的普通中学[②]，同时荆州府中学堂附设初级师范学堂及高等小学堂。1903 年，龙山书院旧址开办官立高、初两等小学堂。1904 年 1 月，荆州府治在西城十字街开办江陵县官立高等小学堂，是荆沙最早的官立高等小学堂，年末又开办方言学堂和工艺学堂各一所。1905 年废止科举后，荆州府中学堂改为"荆南初级师范学堂"，附设荆宜道中学堂和高等小学堂。1906 年荆州府设立"公立预备中学堂"，并在江陵劝学所设立图书馆；同年，荆州城南门的振威新军随营学堂改为陆军小学堂。1906 年 5 月，城隍殿左侧设立了荆州高等中学堂；江陵士绅黄刚木借江陵县高、初两等小学堂创办江陵县初等商业学堂；江陵龙山书院改为商业学堂，原来的高初两等小学堂迁至沙市大赛巷，改名为江陵县高初两等小学堂；美国行道会在荆州设教堂开教。1909 年荆州行道神学院改为荆州神学院，下属于江陵南门天主教堂；同年，荆州中学设立，女学教育会在荆州府成立。1910 年，荆州初等商业学堂建立。

清末沙市被称为"最庞大的自然河道和人工运河体系中心"[③]，以武汉为中心洋务运动，推动了沙市海关设立、码头建造和城市管理机构更新[④]。英、美、日等国外轮船公司长期垄

---

① "1905 年，张积盛、万祥发丝绸作坊闻名荆沙。1907 年，徐克詹建立'广生织业公司'。同治末年，缫丝、捻丝、丝织厂 50 余家，生产规模全省首位。1908 年 5 月，荆州将军恩存、湖广总督陈夔龙鉴于'旗营妇女，几占旗丁户口之半'，就八旗工艺厂西偏地增设'女工传习所'，专收贫苦无业妇女。1912 年前，成立驻防女工传习所。后改为驻防中等工业学堂，后又改为织布厂。"以上关于荆州手工业发展的记载引自：《荆州百年》编委会办公室．荆州百年（上卷）[M]．北京：红旗出版社，2004.

② 1912 年后又改为湖北省立九中。

③ 以上关于荆州运输业发展的记载引自：《荆州百年》编委会办公室．荆州百年（上卷）[M]．北京：红旗出版社，2004.

关于海关和码头的营造活动记载引自：沙市市建设志编纂委员会．沙市市建设志 [M]．北京：中国建筑工业出版社，1992.

④ 以上记载源自：沙市市志·第一卷 [M]．北京：中国经济出版社，1992.

《荆州百年》编委会办公室．荆州百年（上卷）[M]．北京：红旗出版社，2004.

断航运业，洋码头设立了多国领事馆。同时，铁路规划拟定，内河航运业发展迅速。1899年，海关税务总司首次划分邮界，沙市邮政总局管辖荆州府及荆门各县邮局，为全国35个邮界之一。1900年5月，荆宜施道在沙市设"洋务局"。1901年荆州常关设沙市，辖中分关（宝塔河）、东分关（竹架子）、西分关（筲箕洼）、支关（江陵弥陀寺）和北分关（江陵草市），由沙市海关税务司兼理关务，并首次向国外输出石油、棉花和芝麻。1902年（光绪二十八年），沙市烟膏局成立，同年德国在沙市设领事。1903年，沙市经公安黄金口至湖南津市的步班邮路开通。1904年，墨西哥在沙市设领事。1905年（光绪三十一年）4月，荆宜道拨银8000余两在沙市重建海关码头（图5-4），全长岸线长366m，有三座靠趸船的大浮桥和两座小浮桥。1906年，瑞典、挪威、丹麦等国分别在沙市设领事。1908年沙市巡警分局成立，并陆续设立守望所26处。1910年，湖广总督饬令湖北的江夏、夏口、汉阳、沙市和宜昌等五处最繁盛的市镇试办模范自治，沙市自治公所成立。

图5-4 1919年的沙市洋码头

来源：张俊．荆州古城的背影[M]．武汉：湖北人民出版社，2010.

1906年10月，湖广总督张之洞奏"粤汉"和"川汉"两铁路规划，川汉铁路拟由汉阳取道仙桃达沙市为第一段，由沙市取道当阳达宜昌为第二段。1907年9月，沙市关监督批准：沙市至宜昌间开辟沙市、江口、董事、洋溪、枝江（今枝城）、白洋、宜都等地为民营小轮行驶的内港。1908年，沙市商人陈政齐招股集资，创办"合利亨轮船公司"，购小火轮两艘，航行于荆州府御路口（即沮漳河）一线，并在江岸修建洋棚，开地方民营轮船运输之先河。1908年9月，经沙市海关监督批准，沙市至汉口、观音寺、㪷湖堤、马家寨、郝穴、新场、新口、藕池、横堤、石首、调关、塔市驿、监利、车湾、尺八口、反咀、观音洲、新堤等为内河小轮航线停泊内港。

随着城乡经济联系的多样化，进出口贸易迅速增长，沙市及周边众多市镇为适应大宗农副产品集散和加工的需要，陆续兴办新式产业，由传统手工业生产转向以机器为中心的资本主义手工业生产①，近代金融业在沙市三府街（今中山路）一带的发展，形成金融街（图5-5）。1906年，湖北官钱局在沙市设立分局，为境内最早的地方官办金融机构。1907年，湖北官钱局在新堤设立兑换代理处②。

① "1903年6月，沙市缝纫业生意大佳，'有缝工数百人来自汉口，仍觉不敷工作'。1905年，沙市殷、戴二绅合资在江陵城内开设织布厂。1906年沙市邓姓商人创办机器织布厂，有资金20万元。1907年，中日卷烟公司在沙市青石街开办。"以上关于晚清荆沙社会经济转型的论述，引自：徐凯希．略论晚清荆沙社会变迁[J]．武汉科技大学学报（社会科学版），2011（4）.

② "《沙市志》记（沙市码头）：'至清光绪二十一年（1895年）中日《马关条约》，开沙市、苏州、杭州为商埠后，此处更见兴盛耳。'"引自：《荆州百年》编委会办公室．荆州百年（上卷）[M]．北京：红旗出版社，2004.

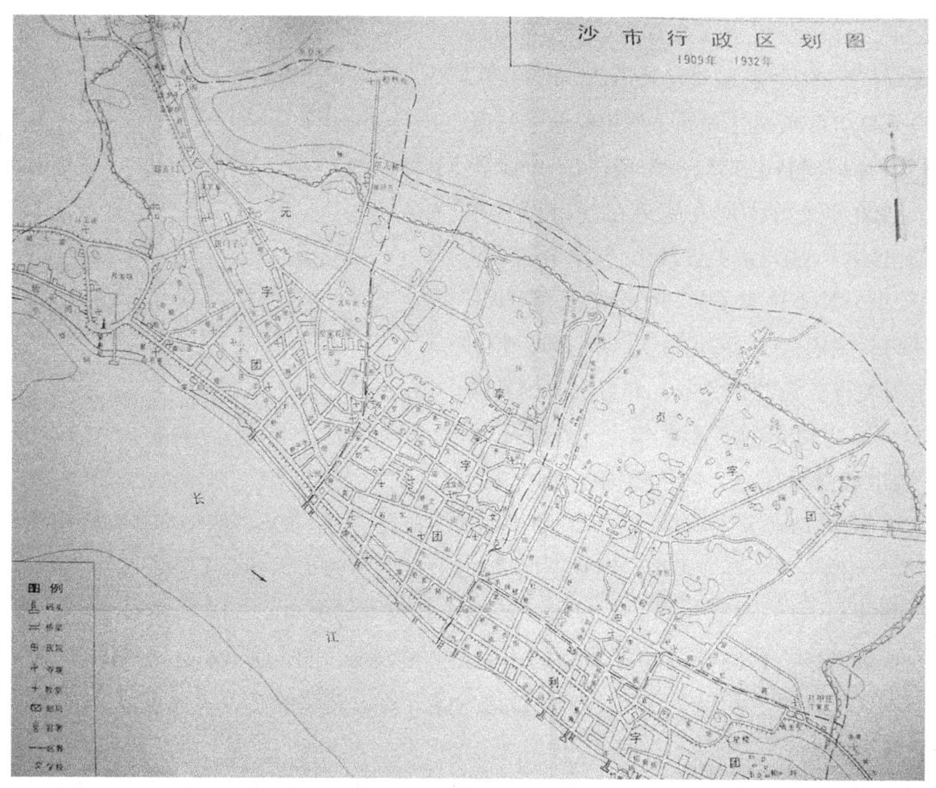

图 5-5　沙市 1909—1932 年地图
来源：沙市市地名委员会 . 沙市市地名志 [Z]. 1984.

沙市的教育设施也在洋务运动的推动下得以更新[①]：民族资本家投资建造的学堂、阅报所等公共文化教育设施和教会建造的西式学堂大量出现。1903 年沙市巡司巷成立江陵私立育英高、初两等小学堂。1904 年美国圣公会在沙市设立蒙学堂两所：一在毛家塘，一在会堂内，同年江陵县令张芸生在沙市设“阅报所”，后在丝线街文昌宫设立书报馆。1904 年日本天文学家大木太郎在日本驻沙领事署后隙地设立天文台。1906 年邑绅孔广镕发起创办沙市女子实业学堂，是荆沙地区的第一座女子学堂。1908 年循道会在荆州设神学校。1910 年沙市商界兴办文昌宫小学堂，是江陵县内最早的社团办学。

5.1.3　1909—1919 年：辛亥革命后江陵城呵护，沙市工业区建造

晚清末年，殖民者倾销货物、贩卖鸦片，物价上涨，民不聊生，荆沙经济陷入低迷[②]。1911 年（宣统三年）武昌首义后，驻荆八旗军营解散，湖北陆军荆宜司令部设于江陵，总粮台设于沙市[③]。1911 年，石首、公安等县水患，数万灾民涌入沙市，伤寒和天花流行，敦

① 本段以下记载源自：《荆州百年》编委会办公室. 荆州百年（上卷）[M]. 北京：红旗出版社，2004.

② 1909 年（宣统元年）“百物昂贵，民食维艰”。引自：孚保修. 江陵乡土志 [M]. 传抄本，1959. 见：《荆州百年》编委会办公室. 荆州百年（上卷）[M]. 北京：红旗出版社，2004.

③ 关于辛亥革命后江陵沙市经济社会背景记述引自：《荆州百年》编委会办公室. 荆州百年（上卷）[M]. 北京：红旗出版社，2004.

善堂等慈善机构建立。1912年，又有邹善涛和廖季明等人创办感应堂于沙市，陆续在沙市、草市等地开设学堂13所，为家境极贫的学生代置衣被，帮其谋求生计。这一时期还有乞丐流民工艺厂（后改为贫民工厂）等慈善机构相继建立[①]。

辛亥革命（1911—1912年）后，北洋政府废府，地方政府改为省、县二级制，县下沿用乡（汛）制。江陵府改为江陵县，沙市为南乡，又称沙市汛，隶属江陵县。荆州满汉杂处，旗民由于八旗制度所限，无职业技能，旗营解散后，粮饷停发，生计困难。为安置旗人，副总统黎元洪议决[②]：①在城外马厂开垦土地，供旗人生活。②加固修缮万城堤基，让旗人充当工役，借资自给。③设立技厂，聘请工业教员，教授旗民技能。④荆旗善后局动员游民拆卖荆州城内东西界墙，筹措资金。⑤对驻荆八旗兵中满蒙族贫困户1500多人发救济款，安置到本省东南各县镇，自谋生路。1912年4月，江陵城内满汉城间墙拆毁。为抚恤安置满蒙族贫困户，原荆州驻防中等工业学堂改办为织布厂，组织生产自救。同时荆沙教会在荆沙设立师范学校2所，小学堂2所，女校1所，男女工厂2处，收容旗民千余人。满汉城墙拆除后，东西城道路连通，但两区发展极不均衡：西城区人口密度大，南门和西南部最为繁荣；东城区人口规模下降，部分游民以拆卸房屋和变卖家产为生，居住区被破坏，仅主干道格局保存[③]。

随着经济复苏，江陵民族工商业的发展[④]。1911年，张德盛、积盛和、张全盛、洪兴盛设立机坊7家（表5-3、表5-4）。1912年，江陵来敬臣购进高脚织机，合股办“西亚”“协合”三户织布作坊。1912年4月，湖北实业公司在江陵城东门内开办农事试验场。同年，振兴农林公司在东门成立。1914年，江陵城南门外成立敦谊农林公司。1919年，永益农林在江陵西门外、南门外成立。

同时民间商会和教会筹办的学校数量增多。1912年，荆南法政学校在原荆南书院旧址开办，一年后易名荆南法政讲习所。同时，沙市商会开办沙市商业中学，后改为甲种商业学校[⑤]。教会学校数量增多，陆续兴建有中华行道会和沙市行道会合办的瑞华小学、瑞典和美国圣公会合办的行道学校、美国圣公会在沙市开办的新民小学和圣路迦中学、天主教在荆州城内开办的文萃小学和文萃中学等[⑥]。但由于官办小学发展缓慢，民间私塾仍有发展。1915年之后，私塾及公私立初等小学经过考试整顿，一律改名“国民学校”。

---

① 引自：孚保修. 江陵乡土志[M]. 传抄本，1959. 见：《荆州百年》编委会办公室. 荆州百年（上卷）[M]. 北京：红旗出版社，2004.

② 以上记述引自：武汉市档案馆等编. 武昌起义档案资料选编（中卷）[M]. 武汉：湖北人民出版社，1983：84. 另见：《荆州百年》编委会办公室. 荆州百年（上卷）[M]. 北京：红旗出版社，2004.

③ 荆属满民众多，以往不劳而食，终日以提鸟笼、入赌局、坐酒楼为事，盘踞东城无上尊贵；今则失其饷源，且多懒怠昏庸，向不知积蓄，遂专恃变卖衣物房屋为生。更有旗人以拆卸满城房屋，将砖瓦木料运到沙市出售为生。后因遣散旗人受到歧视及不习惯务农生活，逃归荆沙者甚多。以上记述引自：武汉市档案馆等编. 武昌起义档案资料选编（中卷）[M]. 武汉：湖北人民出版社，1983：84页. 另见：《荆州百年》编委会办公室. 荆州百年（上卷）[M]. 北京：红旗出版社，2004.

④ 以下记述引自：《荆州百年》编委会办公室. 荆州百年（上卷）[M]. 北京：红旗出版社，2004.

⑤ 引自：《荆州百年》编委会办公室. 荆州百年（上卷）[M]. 北京：红旗出版社，2004.

⑥ 引自：沙市市建设志编纂委员会. 沙市市建设志[M]. 北京：中国建筑工业出版社，1992.

1917年荆沙五大荆缎生产作坊生产统计　　表5-3

字号	生产地点	机器台数	职工人数	资本额
张积盛	沙市丝线街	10	90	20000
元吉生	同上	5	45	3000
张全盛	同上	4	27	
积盛和	荆州城内	4		
户盛福	同上	2		

来源：《荆州百年》编委会办公室.《荆州百年（上卷）》. 北京：红旗出版社，2004.

民国初年荆沙新式农业组织统计　　表5-4

名称	所在地	资本	创办时间	雇工人数
水益农林公司	荆州西门外	10000	1912	150
畅茂牧畜公司	沙市便河	3000	1912	60
振林农林公司	荆州东门外	5000	1913	100
敦谊农林公司	荆州南门外	3000	1914	80

来源：《荆州百年》编委会办公室. 荆州百年（上卷）[M]. 北京：红旗出版社，2004.

沙市民族工商业发展也非常迅速，轻纺工业、粮食加工业、机械电力工业等新兴工业区建立，交通邮电设施建立，金融区形成。其中，小型轻纺工业、印刷业、粮食加工业等小型工业分布于旧城片区[①]（图 5-6）。轻纺工业，如 1913 年成立的西亚西织布厂，1912 年四川梅温如在沙市约股办起的“大丰裕”袜厂，1914 年成立云锦织布厂、荆州织业中厂、绩成纱厂、沙市协和织布厂和织成公司，1914 年信义长面粉厂老板联合周家族人合办沙市电机棉织厂。印刷厂，如 1919 年成立的三家石印局，以及染坊 31 户。粮食加工厂，如 1912 年沙市商人周星桥、美慎南等创办信义长面粉厂。至 1919 年，沙市共有手工磨坊 30 家。1912 年宜都商人陈古轩、刘沛之、李镜如等联合沙市商人集资创办“宜都亨记轮船航运股份有限公司”，航行于沙市至宜昌间。1912 年，沙市商人萧祇因等人分别开办人力车行，后合并为“履泰益人力车出租商行”，是荆沙有人力车之始。1916 年沙市商人陈仲元、彭宪章、汪康丞等创办“合利亨轮船有限公司”，并集资购“亨吉”轮，航行于沙市至宜昌间。1918 年亚细亚公司在沙市建成容积 500 吨油池的火油池厂，并在沙市、新堤各建有专用仓库。

由于堤防加固，交通运输业分布在租界区以西的滨江地区，机械电力工业分布于租界区以东的滨江地区，这些民族工业沿江岸蔓延发展，成为现代沙市工业区的雏形[②]。如：1913 年沙市邓兴田等 10 余家殷实商户合股在毛家坊创办的沙市普照电灯股份有限公司，是沙市最早的电气公司。1914 年，合利贞轮船公司与叶耀庭共同创办荆沙第一家机器翻砂修理厂——兴茂昌（后改叶茂昌），行内人称其为“沙头铸甲”。1918 年，兴办沙市火油池厂。1912 至 1915 年间，二十家洋行先后在沙市开设办事处，城市金融中心形成。如：1914 年，

① 以下记述引自：《荆州百年》编委会办公室. 荆州百年（上卷）[M]. 北京：红旗出版社，2004.
② 以下记述引自：《荆州百年》编委会办公室. 荆州百年（上卷）[M]. 北京：红旗出版社，2004.

中国银行沙市分号（后改沙市办事处）、交通银行沙市支行先后在中山路开办。1916 年 4 月，荆沙地区第一家私营商业银行——聚兴诚商业银行沙市办事处开办。10 月，殖边银行在沙市设分行。同时城市邮电业发展，行业工会、公共卫生机构和文化机构大量出现，警察局、谘议局和检查厅等公共设施出现。如：1911 年，沙市天主教医院成立。1911 年沙市建立敦善堂，1912 年设感应堂，均为沙市最早的慈善机构。1912 年，徐国彬任荆州万城堤工总局总理，局址设于沙市，负责万城堤工善后各事。1912 年，由革命党人胡石庵任总经理兼发行人的《荆江日报》在沙市刘家场 24 号创刊，为荆州最早的报纸。1912 年，中华民国邮政成立，沙市划为副邮界，日本在沙市设二等邮务局。1913 年 1 月，湖北国税厅在沙市设分厅。1914年结束沙市邮局由外国人任局长的历史，沙市局辖荆州府各县及荆门州等地邮局。1916 年沙市电报局核定为二等电报局。1919 年朱光大在沙市首办经营性质的"世界电影院"。随着经济地位提升和基础设施的完善，沙市已成为与江陵具有同等地位的独立城市。

图 5–6　毛家坊沙市电气厂正门（左）和荆沙河边的信义元记面粉厂（右）
来源：张俊．荆州古城的背影 [M]．武汉：湖北人民出版社，2010.

5.2　1889—1919 年荆州城市空间营造特征分析

1889—1919 的 30 年间，中国的政治制度和经济形态受到西方冲击，城市空间发生了巨大变革，民族工商业的发展带动了江陵和沙市的城市扩展和内部更新。辛亥革命后，江陵的政治和军事职能减弱，江陵和沙市并立的双子城形成，城市空间营造体现了中华文化与西方文化的融合。

19 世纪末期欧洲资本主义由自由竞争转入垄断主义阶段，实证主义和理性主义向人本主义转变。19 世纪末西谛的《建筑艺术》强调人的尺度、环境的尺度和人的活动感受之间的协调，为近代城市设计思想的发展奠定了基础。20 世纪初，欧美城市的郊区化进程展开，为恢复市中心的吸引力，广泛实施了城市美化运动，复古主义和折中主义主导西方建筑思潮。复古主义者认为，历史上某些时期的建筑形式和风格是不可超越的典范，要建造优美的建筑就必须以历史为蓝本，模拟仿效。折中主义者认为，建筑师的工作就是因袭已往的建筑模式，不必拘泥于某一形式或风格，可以把多种样式和手法拼合在一幢建筑上。受这些思潮影响，此时期的建筑追求唯美，不重视实用功能和结构技术，建筑教育以巴黎高等艺术学院为代表，因此被称为“学院派”。

5.2.1 西方文化影响下营造制度和营造境界

在外敌入侵和民族工商业发展的历史背景下，清末的统治阶层意识到民族融合和民族振兴的意义，19 世纪下半叶开始实施“师夷之长技以自强”的改良运动，推动了中国近代教育和工业的发展。1878 年开始，湖广总督在江陵满城设辅文书院，修建大量新式学堂，进行教育改革，并派遣留学生出国[①]。1904 年开始，满汉官学和义学合并，新建初级学堂、新制小学堂和中学堂。1905 年，张之洞在荆州成立初级师范学堂[②]。

1889—1909 年，西方文化通过多个沿海和沿江的开埠城市渗透至内陆，在码头和租界区修建了大量古典主义和折中主义的建筑，如沙市开埠后洋码头的领事馆、海关等；1898 年日租界划定后荆江大堤两侧重修的领事馆、海关，新建税务司楼、洋行建筑和多处天主教堂和基督教堂等；1895 年美国天主教在沙市康家桥开设的天主教政所、1897 年修建的沙市道济诊所、1909 年荆州古城南门外的天主教堂、荆州行道神学院、城北门东门的天主教堂和荆州福音堂等。

5.2.2 中华文化内聚时期的营造技艺

1912 年辛亥革命的胜利，推翻了中国的封建统治，多族群融合的中华民族形成，19 世纪末期派往国外留学的知识分子在 20 世纪初回国创业，带动了中国的技术更新和新兴产业发展，并在思想上展开了中西方文化的批判，建筑学界也开始反思中国传统建筑思想和西方建筑思想[③]，推动了营造技艺的提高和城市风貌的转变。

江陵城满汉隔墙拆除，一方面民族工商业的发展突破传统城市空间的局限，蔓延至城垣外，另一方面手工业和纺织业在人口规模下降的东城区兴起（图 5-7）。沙市的民族工商业发展迅速，交通运输业、机械电力工业等分布于滨江地区，小型轻纺工业、印刷业和粮食加工业等分布于旧城内，金融业集中于三府街（今中山路）一带。建筑风格中西交融、新老共存，为沙市现代城市风貌的形成奠定了基础。

---

① 19 世纪末期至 20 世纪初，荆州最早在驻防旗人中选送了派往日本和欧洲的留学生。1905 年荆州驻防旗女春先 22 岁，官费留学日本高等女子实修学校，是为荆州城内最早女留学生。1905 年，荆州驻防旗人锦铨、若明被鄂督端方选派至德国留学，江陵人程光鑫被选派至比利时留学，朱记烈被选派至美国留学，是为荆州人赴欧美留学之始。1906 年，光绪甲午举人、荆州驻防蒙古镶蓝旗人喜源充任留日学生监督。1908 年 10 月，清政府学部奏派江陵举人田吴炤为游学日本学生监督。1909 年荆州府属诸生留学东瀛者已达 48 人。另外，“沙市之子弟，往日本考求商务者，亦有数人。”以上关于荆州留学生的记述，引自:《荆州百年》编委会办公室．荆州百年（上卷）[M]．北京：红旗出版社，2004.

② 该解释引自:《荆州百年》编委会办公室．荆州百年（上卷）[M]．北京：红旗出版社，2004.

③ “19 世纪末，首批归国的建筑学留学生受西方‘学院派’建筑思想的影响，以模仿西方古典建筑形式为主要设计手法，注重建筑的形式与风格，强调建筑的艺术性，致力于历史样式的延续。随后，在‘民族主义’和‘中国本位’思想的影响下，逐渐走出单纯‘仿洋’的建筑设计范畴，开始进行中国近代建筑本土化尝试，他们或将中国传统建筑要素与西方建筑形式相结合，或运用西方建筑设计方法探索中国传统建筑，成为近代中国传统建筑复兴的最主要因素。”以上解释引自：张捷．留学生与中国近代建筑思想和风格的演变 [D]．太原：山西大学，2006.

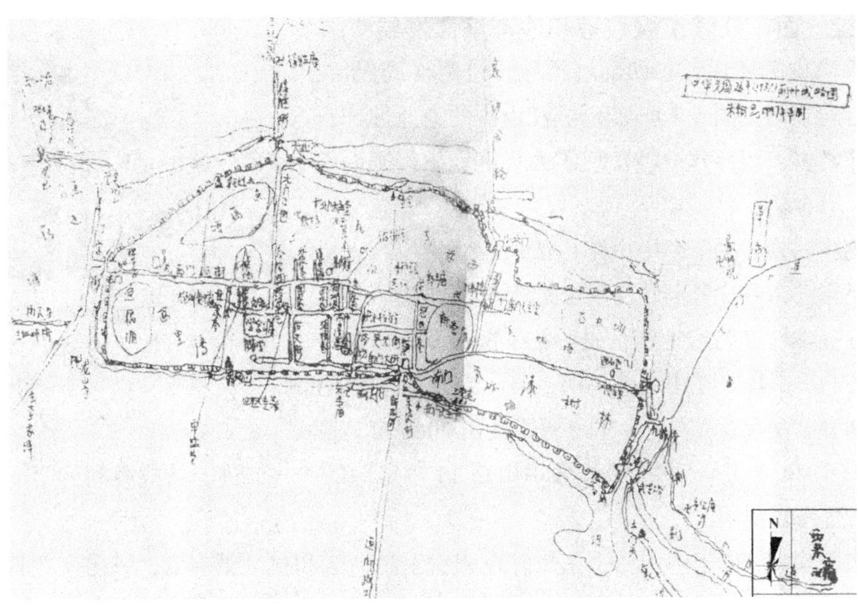

图 5-7　朱翰昆先生绘制的民国 26 年（1937 年）江陵城图
来源：荆州市城乡规划局．荆州历史文化名城保护规划（2000 年版）[R]．2000.

5.3　1889—1919 年荆州城市空间尺度研究

5.3.1　体：江陵、沙市并立的双子城

1889 年至 1919 年间，沙市和江陵在城市职能和营造模式上互相影响和促进，形成荆沙并立的双子城。

江陵城是荆州的传统文化中心和行政中心，教育设施密集，其改革更新推动了沙市教育的发展。沙市受外来文化影响，交通运输业发达，手工业和工业发展较快，带动了江陵手工业升级，推动了城市内部空间的更新和外部空间的扩展。但两座城市的空间结构相互独立，尚未产生连接。江陵以清末传统城市道路为骨架，向城南片区蔓延，整体由带状向团状发展（图 5-8）。沙市由便河两岸旧区向东南发展，形成平行于江岸的商业街和租界，整体由团状向带状发展（图 5-9）。

图 5-8　向城墙外围拓展后的江陵城
来源：谷歌地图。

图 5-9　沿江拓展后的沙市城
（浅色区域为清末沙市城垣范围）
来源：根据谷歌地图荆州航拍图改绘。

5.3.2 面：江陵东城衰落和沙市滨江发展[①]

江陵满城解体后，东西隔墙拆除，道路格局保留，东城区走向衰落（图 5-7）。沙市滨江街区的商业地产和私家园林增多，租界建立，出现了大尺度和较规则的空间肌理（图 5-5）。

图 5-10　沙市克成路的王敬轩房产
来源：张俊．荆州古城的背影 [M]．武汉：湖北人民出版社，2010.

金韵生房产：位于今中山路，清末湖北天门商人金韵生曾经营沙市八大盐行之一“仁泰”盐行，民国初逐渐将部分资本转变为房地产，先后在崇文街、喜雨街口和五一路购房三幢，在中山路买房 13 幢[②]，在文星楼附近合股开办“贫民工厂”，并在市郊置良田 3000 亩。民国 29 年（1940 年），日本飞机炸毁中山路 13 幢房屋的一、二进，抗战胜利后第一进房屋由水龙公所修复使用。

王敬轩房产：位于中山路，王敬轩以贩卖手工造纸和机制纸起家，其房产在日军占领沙市时期遭毁损，中华人民共和国成立时有房屋 16 幢（图 5-10，表 5-5）。

王敬轩房产一览表　　表5-5

房屋坐落	房屋结构	建筑面积（m^2）	出租面积	收租金	备注
中山路 253 号	砖木	745.94	745.94	108.80	
中山路 244 号	砖木	580.9	580.9	72.55	
中山路 101 号	砖木	469.11	469.11	49	
中山路 139 号	砖木	700.11	700.11	116	
中山路 254 号	砖木	237	237	63.84	
中山路 286 ~ 288 号	砖木	442.2	442.2	82.70	
中山路 270 号	砖木	110.43	110.43	29	
中山路 213 号	砖木	55.44	55.44	17.40	
中山路 157 号	砖木	1413.92			中华人民共和国成立初期出卖
中山路 242 号	砖木	494.84	494.84	70.24	中华人民共和国成立初期出卖
中山路 268 号	砖木	777.01	777.01	165.30	中华人民共和国成立初期出卖
中山横街 1 号	砖木	35.5	35.5	10.00	中华人民共和国成立初期出卖
胜利街 7 号	砖木	108.11	108.11	25.50	
民乐横街 18 号	砖木	273.7	70.28	4.80	
新建街 27 号	砖木	225.22	225.22	21	
便河东二街附 74 号	砖木	67.94	67.94	10.32	

来源：沙市市建设志编纂委员会．沙市市建设志 [M]．北京：中国建筑工业出版社，1992.

① 该节中关于荆州房产的记载引自：沙市市建设志编纂委员会．沙市市建设志 [M]．北京：中国建筑工业出版社，1992.

② 中山路 13 幢房屋一般只佃给天门同乡，前进做铺面，后进转租他人，非同乡或特殊关系户佃其房屋，须先交一年的押金或三大铺保。金死后的第四年，其独孙败了家，仅遗五一路口的房屋，因孙媳向法院控诉，以“禁治产”判给孙媳母子作生活费而留存。以上该记载源自：沙市市建设志编纂委员会．沙市市建设志 [M]．北京：中国建筑工业出版社，1992.

教会房产：康熙初年，法国耶稣会教士进入沙市办教和建教堂，乾隆年间迫于中国人民的反洋教压力变卖教会房产离去。1895年(光绪二十一年),沙市开埠,欧美传教士设教堂、办孤儿院、学校、医院及工厂,购置大量房地产。沙市解放时剩楼房28幢,平房22幢,荒地、耕地和宅基等约150余亩。

外商房产:民国初年，英、美、日、法各国洋行在沙市设立分支机构16家。1914年（民国3年）美孚石油公司在柳林洲建油池和码头。1915年（民国4年),美孚洋行建新煤油厂,英美烟草公司在原招商局与税务司公馆毗连处建造西式房屋。1916年（民国5年）亚细亚煤油公司建造西式房屋，为西人办公寄宿；太古洋行在交通路建二层楼房一幢，楼上住宿，楼下经营，楼房的北面建堆栈三处，以A、B、C标名排序；怡和洋行租地盖屋。

水龙公所房产：水龙公所是民间消防机构，始建于道光初年。百余年间他们利用社会捐款购建房屋，初为置放水炮，后参与房屋经营，到1953年拥有各类房屋136幢。

百川园：位于凤凰台，1918年前后为武昌秦宣茂造。

百丈园：位于沙市第一棉纺织厂前天桥处，民国初年沙市最大的园林，占地约10亩，多亭榭山石、回栏曲折和小桥流水。当时沙市各商帮多在此宴客，1920年后逐渐凋零。

沿江租界:光绪二十四年(1898)日本领事永陇与荆宜施道签订“沙市日本租界十七条”,划竹架子码头沿江一线的水线房（今五码头东至日用化工厂）为日本租界，北抵荆江大堤。光绪三十一年（1905年）四月，沙市海关新码头（俗称洋码头）工程建成，全长四百码，有三座靠趸船的大浮桥和两座小浮桥，大堤两侧兴建的领事馆、海关、税务司楼、洋行建筑和多处天主教堂和基督教堂，表现出折中主义特征[①]（图5-11）。

图5-11 1935年的沙市海关楼

来源：张俊.荆州古城的背影[M].武汉：湖北人民出版社，2010.

① “其特征就是：追求西方古典建筑的构图，却又没有按其构图原理构图；追求西方古典柱式，但柱式的做法又似是而非；追求西方古典建筑的装饰，但装饰的内容、深度又大不相同，并且局部通常会加入当地的传统做法。”以上分析引自：荆州市城乡规划局. 荆州历史文化名城保护规划（2009年版）[R]. 2009.

5.3.3　线：沙市东西向的道路延伸[①]

1889年至1919年间沙市洋码头和租界沿江岸发展，租界和旧城之间的三府街金融业和商业密集，成为城市东西向道路的骨架。

图5–12　1935年的中山路（中山路修建前三府街建筑格局已经形成）

来源：张俊．荆州古城的背影[M]．武汉：湖北人民出版社，2010.

三府街金融中心：平行于江堤的三府街（今中山路中段）是沙市近代城市风貌的代表，街道两侧多是旧时巨商房地产，如1883年（光绪九年）浙江帮童氏在三府街建童震银楼，1889年（光绪十五年）徐氏建徐万源匹头号等。临街建筑一般三、四层，大多横三段，竖三段划分，有的采用西方古典拱式门窗洞，有的采用西方柱子或壁柱。柱子上部多用横向模线，按功能划分墙体，有巴洛克式曲线卷涡和阳台细部，正面开间顶部有折线状的山墙装饰，整个街区有向上的垂直感、繁华开放的动势和统一连续的风格（图5-12）。

5.3.4　点：新教育、新宗教和新商业中心的生成[②]

1889年至1919年间，荆州传统学堂和教会学校、教堂、新商业中心和行业公所的规模扩大，形成了新的城市空间节点。

中式学堂多由官办学堂和商业会馆改建而成，如原荆南书院旧址改建的荆南法政学校，沙市商会开办的沙市商业中学，沙市会馆改建的大赛巷高等小学堂和晴川书院等。教会学校有：中华行道会和沙市行道会合办的瑞华小学，瑞典美国圣公会合办的行道学校，美国圣公会在沙市开办的新民小学和圣路迦中学，天主教在江陵开办的文萃小学和文萃中学等。

教堂主要分布在沙市西南的租界区、沙市北郊（现江津路）和荆州城南，如位于沙市旧城北部的教堂和西医诊所（今沙市第一医院），洪家巷、巡司巷、大赛巷和中山路等多处的西式教堂和荆州南门天主教堂等。

随着内外贸易的发展，便河东部的三府街（今中山路中段）成为沙市的金融中心，同时“十三帮”会馆逐渐改建为同行业公所，这些银行、商店和行业公所等也成为荆州重要的空间节点。行业公所按经营商品划分，如米公所，布业公所、淮盐公所等，其主要任务是代表同行业应付官府的征税和摊派，保障行业共同利益，制定行规，对新开的店铺、交易对象、价格等作限制性规定，借以垄断市场。由于区域贸易和民族工商业在城市生活中的作用越来越重要，因此公所代替旧的江陵县衙、城隍庙和将军府，成为新的城市生活中心（表5-6）。

---

① 该节中关于荆州房产的记载参考：沙市市建设志编纂委员会．沙市市建设志[M]．北京：中国建筑工业出版社，1992．荆州市城乡规划局．荆州历史文化名城保护规划（2009年版）[R]．2009.

② 该节中关于荆州历史建筑的记述源自：沙市市建设志编纂委员会．沙市市建设志[M]．北京：中国建筑工业出版社，1992.

清末沙市商业公所一览表　　表 5-6

公所名称	公所类别	所在街区
女娲公所	瓦工	兴兴坊街
嘉蒲公所	石工	后街
鲁班公所	木工	张家街
钟台公所	丝工	丝线街
安荆公所	裁缝及船夫	便河东街
西陵公所	织绢工	禹王庙后街
达磨公所	漆工	大赛巷
咸宁公所	烟工	大赛巷
水宫公所	茶馆工人	后街
水龙公所	十三帮防火用唧筒事务所	便河后街

来源：《荆州百年》编委会办公室 . 荆州百年（上卷）[M]. 北京：红旗出版社，2004.

大赛巷小学：位于毛家坊 20 号，1908 年（光绪三十四年）从江陵龙山书院中迁出部分至沙市建立高等小学堂，为沙市最早的官办学校，1952 年更为现名，中华人民共和国成立后旧建筑逐步改建。

晴川书院：位于便河与北京路交会处，1913 年（民国 2 年）涂福兴营造厂修建，占地 11820m²，建筑面积 6610m²。民国 25 年（1936 年），由同乡会理事长祁饶秋倡议改为私立"晴川中学"，共有教学用房 4592m²。建筑群临街面廊高大，呈品字形，进院庭阁梁柱粗壮，大院两旁各楼均砖木结构、青砖灰瓦，院内地坪及四周为条石铺筑，高处有台阶可拾级而上，操场平阔，是沙市近代体现民族特色的代表性建筑。正门上端"晴川书院"及两道侧门门楣上"宗汉"和"镇荆"为杨守敬书，现改为沙市第二中学。

东堤街 37 号：位于江陵城南门外东堤街，建于 20 世纪初期，木制砖混结构，由修道院大楼、文萃小学大楼和修道圣堂等三栋主体建筑组成，呈品字形布局，中间为花园，北面为大门，修道院和文萃小学楼均为二层建筑，修道圣母堂为一层（图 5-13）。主体建筑以西方风格为主，局部结合中国古建筑特色，是研究 20 世纪折中主义建筑的重要实物资料，具有相当高的历史价值。

图 5–13　东堤街 37 号
来源：2005 年自摄。

荆州南门天主教堂和文萃小学：位于荆州城南门外东堤街6号，建于20世纪初期，是典型西方风格建筑，木制砖混结构。是荆州境内唯一保存完整并仍在使用的西式教堂建筑（图5-14）。

图5–14　1940年的南门外天主教堂和文萃小学(左)、南门天主堂塔楼现状(中)和文萃小学现状(右)
左图引自：来源：张俊．荆州古城的背影[M]．武汉：湖北人民出版社，2010.
中、右图：2005年自摄。

沙市中华圣公会：位于中山路，二层欧式砖混结构建筑。1900年由美国圣公会建造，为会长和传道人员的住宅，1953年出租给沙市中学作宿舍（图5-15）。

图5–15　沙市中山路基督教堂（左）、同震银楼（中）、中华圣公会（右）
左图来源：沙市市建设志编纂委员会．沙市市建设志[M]．北京：中国建筑工业出版社，1992.
中图来源：2005年自摄。
右图来源：荆州市城乡规划局．荆州历史文化名城保护规划（2009年版）[R]．2009.

徐万源匹头店：位于中山路，由徐姓汉阳人于1890年创办，原为徐记成衣店。该店坐南朝北，面阔20m，高约25m，立有数根直径80cm的罗马柱。店内进深约30m，砖混结构，屋顶盖有布瓦。民国年间，徐万源匹头店以经营绸缎布匹为主，中华人民共和国成立后也一直是沙市最大的布匹店，后改为银行。

5.4 总结：中华文化发展时期的内聚式城市空间博弈

1889 年至 1919 年的 30 年间，西方文化中的理性主义和实证主义激发了中华民族的科学思维和创新精神，族群个体的主导意识和主导力量增强，体现为内聚式的城市空间博弈（表 5-7）。

近代（三维科学阶段）荆州城市空间营造的动力机制分析 表5–7

时间		主体		客体		主客互动机制	
全球时间	荆州时间	荆州族群主体	族群主导文化	聚落、城市	城市空间	主体对于客体的影响	客体对主体的影响
1889—1919 年	1889—1899 年	中华民族	中华文化融合西方文化	江陵沙市	教育设施租界	中华文化发展时期荆州城市空间结构沿江岸东西向扩展，荆沙联系加强： 体：江陵、沙市并立的双子城。 面：江陵以南和沙市以东的新工业区。 线：沙市东西道路和江陵南北道路的延伸。 点：新教育、新宗教和新商业中心的生成	1889—1919 年荆州城市空间的演变促进了民族工商业发展和中华文化的西化进程。 1. 长江航运和内河航运； 2. 新式学校和西式宗教； 3. 传统住宅与新式房产。 中华文化内聚式发展特点： 1. 新教育建筑； 2. 新工商业建筑； 3. 新居住模式
	1899—1909 年	中华民族	中华文化融合西方文化	江陵沙市	教育设施海关码头		
	1909—1919 年	中华民族	中华文化内聚	江陵沙市	民族工商业		

5.4.1 自然层面：长江航运和内河航运

1889 年至 1919 年期间，荆州城市空间与自然环境的关系体现为对外贸易区的沿江扩展和对内贸易区在便河两岸的日益萎缩。

宋代荆州南北漕运缩减后，长江航运发展，1895 年沙市开埠，进一步带动了沿江码头和租界区营造，便河两岸的内河贸易区发展停滞，受到外来航运特权和先进技术的冲击，以及地方封建把持和厘卡阻滞，同时沙市地方航运业的近代化进程举步维艰。沙市城市空间整体的南北向扩展停止，东西扩展加强，由近江团状城市逐渐演变为沿江带状城市（图 5-16）。

图 5–16 1889—1919 年沿江沙市鸟瞰（左）与沿便河沙市鸟瞰（右）

来源：张俊．荆州古城的背影 [M]．武汉：湖北人民出版社，2010.

5.4.2 社会层面：新式学校和西式宗教

在外族入侵的历史背景下，教育改革成为实现中华民族振兴的重要出路，教育兴国成为统治阶层与民族资本家的共同认识，学校从官办为主走向以民办为主。1889—1919 年，荆州新式学校的营造成为城市空间营造的一个重点。同时，随着外来贸易引入的西方教会也通过传播宗教和发展教育缓解族群矛盾、安抚百姓。西式教会、学校和医院与中式学校、药房和慈善机构是此阶段中外族群间在社会层面进行城市空间博弈的结果。

5.4.3 个人层面：传统住宅与新式房产

1889—1919 年，荆州出现了两种类型的族群个人生活空间：一是民族工商业推动的传统住宅建造与更新，另一种是对外贸易和金融业推动的西式房地产开发。传统住宅的更新主要位于江陵和沙市的旧城区，新式房地产则集中于沙市滨江新区。部分街区中，新旧两种建筑混杂布局或同一栋建筑中西风格融合，体现了中西方文化交融时期荆州族群个人生活模式的多元化选择（图 5-17）。

图 5–17　沙市便河西路的传统住宅（左）和沙市克成路上的西式房产（右）

左图来源：沙市市建设志编纂委员会．沙市市建设志 [M]．北京：中国建筑工业出版社，1992.

右图来源：《荆州百年》编委会办公室．荆州百年（上卷）[M]．北京：红旗出版社，2004.

第 4 部分

现代荆州城市空间营造研究

第 6 章 1919—1949 年荆州城市空间营造研究

6.1 1919—1949 年荆州城市空间营造历史

6.1.1 1919—1929 年：第一次世界大战后荆沙交通、教育、文化和医疗设施设计建造，国民革命时期行政设施呵护

第一次世界大战（1914—1918 年）之后，欧美市场棉花需求量增加，中外资纱厂在中国沿海城市发展迅速，中外客商来荆沙采办棉花，沙市棉花输出量在全国出口贸易（主要为埠际贸易）中所占比例从光绪二十八年（公元 1902 年）的 20% 猛增至 1925 年的 84%，沙市与汉口、天津和济南并列为中国最重要的棉花输出商埠，城市经济生活无不以棉业为中心[①]。棉花贸易的兴盛带来了打包、机器纺织等新式产业的兴起，奠定了沙市近代工业的基础[②]。

城市经济辐射力的提高带动了运输业发展和交通设施的兴建[③]。1920 年，沙市关监督批准太平运河（虎渡河）辟太平口、公安（今南平）和津市为小轮航线的内港。1921 年，上海“三北轮埠公司”设“沙市分公司”，经营沙宜、沙汉和沙湘等航线，11 月沙市关批准松滋河采穴、新场、新口、划市（新江口）、申津渡、流店驿、漩水潭和松滋（老城）为小轮航线的内港。1924 年，襄阳至沙市公路通车，江陵县集股加入襄沙长途汽车股份有限公司，这是湖北第一条官督商办公路，江陵境内始有公路和汽车运输，它联系江陵和沙市，是荆沙路的雏形，同时沙市富商廖如川联络沙市和当阳河溶商贾创办沙溶长途汽车公司，同年荆沙地区第一家长途汽车站——沙市长途汽车站建成。1926 年，荆（州）宜（都）南岸沿线居民发起筹建“荆宜长途汽车公司”。1928 年，沙市商人集资修筑沙市至新堤沿长江干堤的晴通雨阻公路。1929 年，荆沙地区部分人士发起在沙市三板桥建成简易飞机场，每周有两次航班通往武汉和南京，荆州境内开始有航空运输。1930 年春，湖北省建设厅航政处在沙市和新堤分别设立“查验注册给照办事处”，办理小轮查验及木帆船注册给照，打破了英国人把持海关以垄

---

① 棉花大量输出带来的沙市口岸贸易总额的出超比率之高，时间之长，为国内各通商口岸所罕见。引自：《荆州百年》编委会办公室. 荆州百年（上卷）[M]. 北京：红旗出版社，2004.

② 1920 年，沙市 22 家机器碾米厂。1920 年，沙市“张积盛”机坊织造的绸缎在国际博览会获奖。1920 年，荆南道工厂成立，另有工厂 35 家。1927 年，荆沙共建有 11 家发电厂。1928 年，鄂西第一个拥有产业工人的纱厂——沙市纱厂建立，初位于临江左路，1929 年由王信伯设计厂房，地址定于沙市市区西部宝塔河月湖垸。（1939 年西迁至重庆，1946 年复员。）1930 年建成锯齿形厂房。1928 年，正明泰记面粉厂于沙市崇文街成立，是沙市最早的机器工业之一。1929 年，沙市临江左路建成打包厂。1928 年，上海商业储蓄银行在沙市设立支行。以上记述源自：沙市市政权志编纂办公室. 沙市市政权志 [Z]. 1989.

③ 以上历史记述整理自：

沙市市建设志编纂委员会. 沙市市建设志 [M]. 北京：中国建筑工业出版社，1992.

湖北省江陵县志编纂委员会. 江陵县志 [M]. 武汉：湖北人民出版社，1990.

《荆州百年》编委会办公室. 荆州百年（上卷）[M]. 北京：红旗出版社，2004.

断航运业的局面。

受西方文化影响，1919 年“五四”运动开始，中国大开“全盘西化”先河。荆南中学、沙市甲种商业学校、江陵县立高等小学、沙市高等小学、各教会学校和 300 余所私塾等校的数千名学生上街游行以示声援。1920 年第三次中西文化论战时期[①]，江陵侯氏五兄弟在沙市三府街 71 号创办《长江商务报》，以“改进市面，提高商人知识”；沙市商界进步青年袁齐萱等在沙市夹贵街建立“学习研究新文化”为宗旨的“三育社”（德育、智育、体育）。1927 年，沙市总工会成立，沙市工人纠察队发展，队部设在三府街沙市司衙门（现章华饭店处）。1927 年，江陵县总工会在荆州城行道会成立。

随着新文化的传播，教育文化和医疗设施大量兴建[②]。1920 年，三育社小学在大赛巷尾的晓庄建立，设有文艺娱乐和体育比赛场所。1923 年，北门天主堂（今江陵中学）设六年制的两湖神哲学院。1924 年在华美国福音路德会总会（1942 年易名中华福音路德会）牧师菁爰路在沙市胜利街租屋布道。1927 年荆州乙种商业学校建立。1928 年省督学陈祖炳奉令在省立九中（原荆南中学）校址开办省立第八中学（后改名江陵中学），设置高中、普通科和土木工程等三科，同时由地方官绅劝募资金的江陵县救济院在西门成立，下设育婴、残废、孤老和施医各所，后加设育幼小学。1922 年，沙市的现代医疗机构建立，党化巷（今共和巷）设立“复和医院”。1924 年，沙市设立乞丐流民工厂（贫民工厂）。1927 年沙市医学研究会成立，同年旅沙的湖南人在原瑞典行道会荆沙医院基础上创办慈济医院（位于沙市花家湾，今桂香街），为国人在荆州创办最早的西医院。1928 年沙市毛家坊 22 号的瑞典教会旧址设立“康生医院”。

军阀混战时期（1916—1926 年），荆沙社会动荡，城市工商业遭受重创。1921 年 6 月驻沙北洋军王占元部队因向商会勒索未遂，酿造兵变，纵火焚烧多处商号、银楼，从青石街起，北至三府街、东至茅草正街，沙市商业精华皆成灰烬；9 月川军进攻沙市，驻沙市的日本邮务局被撤除[③]。

国民革命时期（1924—1927 年），中共党部机构和国民党行政机构先后入驻沙市。1926 年国民革命军攻占沙市，贺龙部队抵沙，司令部设于夹贵街，中共党部机构在江陵建立，中共沙市支部建立。10 月中国国民党江陵县第一次代表大会在沙市武昌省立第一师范学校读书的国民党员张家孀家中秘密召开，12 月国民党江陵县党部和沙市妇女协会先后成立。1927 年，国共合作的中国国民党江陵县党部成立，党部设于佑文街佑文馆，荆沙总工会在沙市商会大礼堂成立。同年沙市总工会成立，沙市工人纠察队队部设在三府街沙市司

① 20 世纪 20 年代初期，第三次文化论战开始，其主题是中国文化在世界文化中的地位和价值问题。关于东西文化论战的记述，参见：贺巧娟．“五四”时期的三次东西文化论战 [J]．大众文艺（理论），2008（6）.

② 1920 年，江陵侯氏五兄弟为“改进市面，提高商人知识”，在沙市三府街 71 号创办以传递商情、广告、信息为主的《长江商务报》。沙市商界进步青年袁齐萱等发起“学习研究新文化”为宗旨，成立“三育社”（德育、智育、体育），沙市夹贵街，后搬到丝线街。以下记述源自：《荆州百年》编委会办公室．荆州百年（上卷）[M]．北京：红旗出版社，2004.

③ 1924 年，据沙市海关的不完全统计，下运汉口等地的棉花占全国各口岸输出棉花总数的 20%，棉花逐渐取代土布成为荆沙商品出口贸易中的最大宗，改变了荆州以手工制品为主要输出品的经济结构。以上记述引自：《荆州百年》编委会办公室．荆州百年（上卷）[M]．北京：红旗出版社，2004.

衙门（现章华饭店处），江陵县总工会在荆州城行道会成立。1928年春，国民党独立第五师驻防沙市，倡导成立“沙市沟渠委员会”，后改为“荆沙地方建设委员会”和“沙市促进委员会”，致力于沙市市政建设。同年，沙市地方法院在四川会馆（现沙市十四中学）成立，直属省高等法院管辖①。

6.1.2 1929—1939年：南京国民政府时期沙市市政设施设计建造，日本占领时期历史遗产破坏②

国民革命后中国民族资本内移，南京国民政府时期经济文化和市政建设发展迅速。1930年中共沙市市委重建，同年南京国民政府公布《修改县组织法》，县以下村改称乡镇，划分若干区，江陵县划分为六区，沙市属第二区，区公所设于观音垱。1931年雷啸岑任荆州首任督察专员，1932年任江陵县长。1932年驻鄂西的川军撤防，徐源泉部接防沙市，指挥部设于沙市童家花园。沙市交通设施改善，现代工业发展，现代文化和教育设施建立，金融邮电和通信设施发展迅速，国民政府驻军官员和地方政府推动了沙市市政建设。1935年长江洪灾，1936年日本侵华，江陵沙市遭受重创。1938年中共湖北省委派王致中和黄杰到沙市五权街组建鄂西中心县委，后迁宜昌，中共湘鄂西区党委书记钱瑛赴沙市布置撤出城市、转入农村，开辟抗日根据地。1939年受中共鄂西区委之托，中共江陵中心县委在江陵城内小十字街组建。

（1）荆州的航空线路和对外公路网络开始搭建。1929年，沙市简易飞机场建立。1930年，中国航空公司沙市航空事务所在沙市港二郎门江面开辟水上飞机场，用汽艇接送客、货，重庆至汉口的飞机每周三、四、六在此起降，抗日战争爆发后停航。1932年，徐源泉主持修筑沙市至岳口、沙市至潜江公路，1934年沙（市）东（岳庙）公路通车。1937年沙市、沙洋间新运河开修，后因商会借款无着，加之战争爆发，工程夭折。

（2）荆州的现代工业和金融邮电开始发展。1929年，沙市商人佘克明在逢春坊创办的正明泰记面粉厂，中英合资的汉利华打包有限公司沙市分公司成立。1930年由李玉山等人集资的“沙市纺织股份有限公司”正式成立，是荆州境内第一家拥有产业工人的大型现代纱厂，1936年建成投产（图6-1）。1930年沙市棉花打包厂的第一座厂房建成投产。1931年吴继贤等人在沙市丝线街新安书院创办沙市电气厂。1936年沙市手工业包含52个行业。1937年江陵建有工厂6家，含有电力、机器和饮食等行业。

1931年聚兴诚沙市办事处成立，同年沙市到汉口的航空邮路开通，汉渝班机在沙市二郎庙江面起落，载运邮件。1932年湖北省银行沙市办事处成立。1933年中国农工银行沙市通汇处、交通银行沙市支行、中国农民银行沙市支行和中央银行沙市办事处成立。1936

---

① 以上记述整理自：沙市市建设志编纂委员会. 沙市市建设志[M]. 北京：中国建筑工业出版社，1992.
湖北省江陵县志编纂委员会. 江陵县志[M]. 武汉：湖北人民出版社，1990.
《荆州百年》编委会办公室. 荆州百年（上卷）[M]. 北京：红旗出版社，2004.

② 本节历史记述源自：沙市市建设志编纂委员会. 沙市市建设志[M]. 北京：中国建筑工业出版社，1992.
湖北省江陵县志编纂委员会. 江陵县志[M]. 武汉：湖北人民出版社，1990.
《荆州百年》编委会办公室. 荆州百年（上卷）[M]. 北京：红旗出版社，2004.

图 6–1　沙市纱厂鸟瞰
来源：沙市市建设志编纂委员会．沙市市建设志 [M]．北京：中国建筑工业出版社，1992.

年金城银行沙市寄庄成立，中国保险公司、太平安年丰盛保险、四明保险、兴华保险和宝丰保险均在沙市设立分支机构。1934 年，沙市电话局建立，可与荆门、襄阳等地通电话。1935 年，沙市、十里铺、荆门和襄阳之间的长途电话线开通。1937 年沙市一等邮局动工，由奚福泉设计，与老天宝、聚兴诚同为沙市中山路三大建筑。

（3）荆州的现代文化体育设施和医疗卫生机构开始建立。1930 年沙市大戏院在便河路建成，可容 700 余人，1932 年改名为“大光明电影院”。1932 年，驻沙国军旅长郭勋琪在童家花园旁广场举行“鄂西秋季运动会”，是沙市第一次正规的体育竞技会。1933 年沙市公共体育场建成，占地 89.52 亩，“鄂西秋季运动会”在此举行，由徐源泉主持，39 个单位 600 多名运动员参加，1935 年湖北省第七行政区首届体育运动会在沙市公共体育场举行。

1930 年世界红十字会沙市分会在沙市凤台坊 1 号设立，同年沙市国药商业同业公会在沙市中山二街成立。1934 年沙市西医师公会成立。1935 年江陵绛帐台设立县立卫生院，华县医院、荆州中生医院、复生医院和圣约瑟医院建立，美国天主教会在沙市设立新沙医院。1936 年沙市西药界公会成立。

（4）荆州的现代教育设施增多[①]。1931 年江陵县立第一民众教育馆建立，第二民众教育馆在沙市建立。1932 年湖北省教育厅划分湖北省短期义务教育实验区范围，江陵、公安、石首、监利、枝江、松滋、荆门和宜都等 8 县为沙市实验区。1932 年旅沙黄陂人李星阶创办了荆州第一所护士学校——康生医院护士学校，同年，雷啸岑责令十三帮会、会馆、商团及教会办学。1934 年美国福音路德会总会在沙市、江陵弥陀寺、石首县城及藕池口等购地建堂施教。1935 年美国天主教神甫费悦义联络沙市地方官绅，在公共体育场旁创办新沙女子初级中学，是荆沙第一座女子中学。1934 年江陵城小北门小关庙设立第七区区立高级农业职业学校。1935 年龙山书院旧址设立了江陵县立初级职业学校。1936 年汉阳和沔阳等县旅沙人士捐建沙市晴川书院，改设“私立晴川中学”，是荆州第一所会馆中学。1936 年新沙初级中学成立。1937 年荆州城大十字街设立第四区简易师范学校，后迁至大北门处。1938 年

① 以下记述源自：《荆州百年》编委会办公室．荆州百年（上卷）[M]．北京：红旗出版社，2004.

私立北平朝阳学院迁至沙市大赛巷张公馆，后迁成都；同年省立江陵中学奉命并入湖北省“省立联合中学”，迁至恩施；同年三民主义青年团荆宜区干事长萧伯勤在沙市创办私立荆州中学，1941年改名为江陵县立初级中学第一分校。1939年江陵城内托塔坊开办江陵县立初级职业学校，设染、织两科。

（5）沙市市政建设加强。1931年沙市促进会任命王信伯为工程师，主持修筑了迎禧门至文星楼的12m宽道路，大湾、九十铺和拖船埠之间12m宽道路。1932年沙市中山路动工修建，1934年建成，上自大湾，下至“洋码头”堤坡，全长2.97里。1933年沙市市政整理委员会成立，徐源泉任主席，王信伯任工务股副股长兼设计室主任，同年沙市第一菜场在中山路西段建立，沙市中山公园开始选址、设计与施工。1934年中山、克成、临江、交通和三民等道路建成，同年江陵县第74次执监联席会决议疏浚沙市便河从便河垴至凤凰台段航道，长950英尺，次年疏浚完结。1935年中山公园主体完工，计占地270亩，完成楼阁13座，厅堂2间，碑亭2处，小桥4座，牌楼式大门1座，动物园和儿童运动场1处，1936年中山纪念堂建成。

（6）荆州1935年洪灾严重，推动堤防加固①。1931年，荆州水灾，雷啸岑督修长江大堤和民垸小堤。1935年7月，长江和沮漳河上游连降大暴雨，长江上游来水与清江、沮漳河水重合，导致沙市水位自1日至3日陡涨2m。7月5日，长江荆江大堤万城堤段得胜台处溃口，洪水直逼江汉平原，江陵、监利和潜江等十余县受灾，江陵城遭洪水围困，东门城外草市镇及西门、北门城外水势猛涨，深达数丈，沙市除中山街未遭淹没外，土城内外的低洼处及便河两岸均水深数尺。荆江堤工局局长徐国瑞不向地方政府和人民报告万城堤溃的险情，不积极参与组织力量抢险，却在沙市大湾堤街摆设香案祭奠江神。江陵城城外四面激流，西门外水齐城墙垛，大北门和小北门淹及城门3/4，南门上两块半闸板，东门和公安门淹及城门边缘。城外大片农村淹死者达2/3。8日天气转晴，荆州城水位稳定，城外波光浩渺，白云桥淹没波底，草市仅露屋脊一段。9日洪水再未复涨。据武汉大学湖北江汉堤工灾情调查团夏道平和张克明编写的《湖北江河流域灾情调查报告书》记载：江陵全县总面积3642km^2，淹没面积2821km^2，被淹农田164.17万亩，占全县总耕地面积的68.7%，受灾人口35.4747万人，占全县总人数的52%，冲毁或浸倒房屋9707栋。1936年湖北堤款保管委员会及江汉工程局向在汉的中央、中国、交通、农民和省立等五家银行借款100万元，培修1931年和1935年两次大水冲毁的襄河遥堤，翌年竣工。

（7）日寇占领期间，荆州的历史建筑遭到严重损毁，大量学校西迁。1936年日寇侵华前夕，在沙市设立众多商业机构，垄断经营，谋取高额利润。1938年武汉沦陷后，沙市成为中国中部南北货物交流的枢纽，荆沙成为日军重点轰炸和攻击的目标，众多民房、道路和历史建筑被毁②（图6-2）。

---

① 整理自：李梓楠．一九三五年洪水围困荆州城纪实[J].湖北文史，67.

② 以上记述源自：沙市市政权志编纂办公室．沙市市政权志[Z]．1989.

沙市市建设志编纂委员会．沙市市建设志[M]．北京：中国建筑工业出版社，1992.

湖北省江陵县志编纂委员会．江陵县志[M]．武汉：湖北人民出版社，1990.

《荆州百年》编委会办公室．荆州百年（上卷）[M]．北京：红旗出版社，2004.

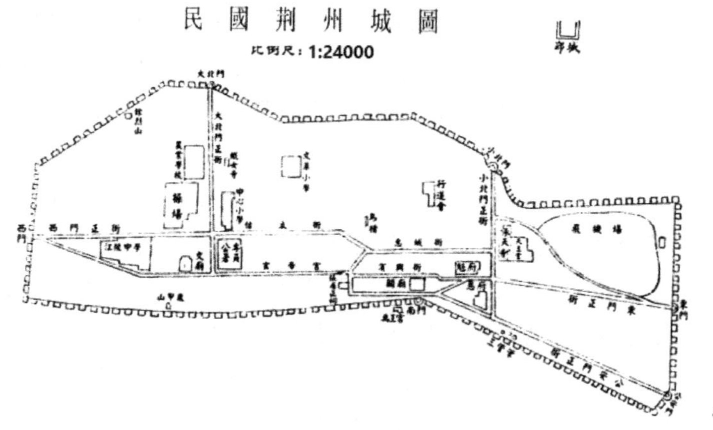

图 6-2　民国时期荆州城图

来源：谢葵的博客：http://blog.sina.com.cn/xiekui

1939 年日军第一次轰炸，炸毁荆中路新营坊至花台及宾兴街、玄帝宫、陶家巷、西正街和西门一带，炸死炸伤 57 人，炸毁房屋 56 栋。第二次轰炸日军飞机出动 3 架轰炸荆州城，炸毁关庙大殿和古银杏树，同年江陵城内被炸毁的建筑还有宾兴街、玄帝宫口、陶家巷、西正街和马融绛帐台等。1939 年 1 月日军飞机 16 架侵犯沙市，在中山路一带投下炸弹 2 枚，炸毁民房 7 栋及美国路德会教堂和锡光小学；3 月日机 8 架在江陵上空投弹 25 枚，炸毁房屋 50 余间，美教堂循道会亦被投弹 3 枚；12 月日机轰炸沙市，洋码头（今临江路）、招商局津通轮和顺华 15 号铁驳被炸（图 6-3）。

图 6-3　1932—1940 年沙市地图

来源：沙市市政权志编纂办公室 . 沙市市政权志 [Z]. 1989.

1938年10月为阻止日军侵入，国军对汉（口）宜（昌）和襄（阳）沙（市）等公路的桥梁和路基予以战略性破坏。同年武汉、鄂中、鄂南、鄂东等地53所中学迁沙市，沙市民众教育馆成立“鄂西北学生联合会”，驻沙中国军队召集各校分途西迁。

6.1.3 1939—1949年：抗战时期江陵城和沙市毁坏，战后沙市市政规划

1940年，驻荆沙的国民党陆军三十二师师长兼荆沙警备司令王修身部主力撤离荆沙，将连接荆沙的白云桥炸毁，同年江陵县行政机构外迁，第四区行政督察专员公署由沙市迁至公安县，各驻沙机关撤退至松滋。1941年湖北省各行政督察专员公署与各区保安司令部合署办公，1942年合署机构改称“行政督察区兼保安司令部公署”，此体制一直延续到湖北解放。1943年江陵县政府南撤，江陵县抗日民主政府成立。

1940—1945年荆沙沦陷期间，江陵城城墙、历史建筑和可移动文物受到严重损毁。1940年日军焚毁荆州东岳庙、龙山寺、太晖观和禹王宫。1941年日军强征民夫修建东门内军用飞机场，为让飞机起降，炸毁东门古城楼和东城墙城垛，并将东晋所建承天寺、明宰相张居正故宅和清将军府（139间）夷为平地[①]。1943年拆毁荆州城南门城楼曲江楼和文庙、余烈山庙和慈航阁等20余处古建筑修建兵营。据统计，日军在侵占荆州期间共毁损江陵城历史古建筑30余处，劫掠和焚毁公私家藏可移动文物不少于250余件（部），其损失难以估量[②]。

沙市居住区被大量炸毁。1940年2月至6月，日本109架次轰炸，炸毁房屋577栋。1942年汪伪江陵县政府在中山路（现章华宾馆处）成立，施行奴化统治，搜刮民财，为日本侵略军“以战养战”服务，同时日军大肆搜刮，居民相率外逃，霍乱等传染病流行，沙市日军迫令英美籍传教士向汉口撤退，各教堂收容的难民2000余人被逼迁出市区。据1954年沙市房屋登记记载，战后仅存住宅5797栋，2.44万间，总计居户约1.63万户[③]。

1945年抗战胜利后，国民党行政机构进驻沙市，江陵县政府设于大赛巷内，湖北省第四区行政督察专员公署设于沙市商会（现章华宾馆）。1946年江陵县参议会成立，筹划建

---

① “荆南第一禅林”承天寺在东城将军府西北隅，已有1600余年历史，唐宋均为大刹，明辽王改藩荆州，四世皆加修葺，规模益廓，曾建七级浮屠于其内。其僧伽妙应塔，作于高氏荆南国时期，后僧智珠重修，黄庭坚作《记》。寺内原有古舍利7枚，唐画罗汉16尊。清代，各驻荆将军均在承天寺接旨，可见其重。日寇为建机场，竟拆毁大雄宝殿、圆通宝殿、无量宝殿、势至殿、万寿殿以及僧伽妙应塔等全部建筑。大雄宝殿高数丈，内两人方能合抱的大木立柱不易拆除，日寇用钢丝绳拴住木柱底部，用两辆汽车加足马力合拉，方将这座千年古刹拆毁. 引自：政协荆州区委员会网站 http://www.hbjzszx.gov.cn/index.html.

② 包括：汉魏碑帖、石刻经书、对联、帝王御匾、古鼎、铜钟、佛像、稀世名人书画、金石图章、极品墨、贡宣纸、地方史籍和古籍等，日军对荆州古迹文物的盗掠毁损景况，当时人所评：“全城官厅，如专署、县府；学校，如省中、县中、县小；祠庙，如孔庙、关岳庙；禅林，如承天寺、余烈；名胜，如太晖观、龙山寺，皆历千百年或数十年建筑，夙称壮丽者，摧残几尽，甚至废而为荒烟蔓草；世家巨族蕴藏书籍文献等物. 足资考证者，俱被损坏。”“荆州为一文化中心，前明封藩，有清设置驻防，世家巨族甲于他邑。有闭户教读达十余世者，家藏典章备征文采献者采之。突遇侵略，清贫之家逃生携眷弗遑运输，一经沦陷，有迭被日机轰炸而遭摧残者，有经敌搜夺而掠去者，有敌为修建机场、兵营而拆毁者，全城重器宝物被洗劫一空，荡然无存，其损失之巨无法细计。”引自：政协荆州区委员会网站 http://www.hbjzszx.gov.cn/index.html.

③ 以上记述源自：沙市市建设志编纂委员会. 沙市市建设志[M]. 北京：中国建筑工业出版社，1992.

立镇级自治财政，中央信托局沙市办事处和善后总署沙市办事处成立[①]，同年荆沙市政工程处作出《湖北省荆沙市政工程处营建计划纲要草案》，同时金融电信设施和教育文化设施开始重建（图 6-4）。

图 6-4　1942 年（上）和 1946—1949 年（下）沙市地图
来源：沙市市政权志编纂办公室 . 沙市市政权志 [Z]. 1989.

6.2　1919—1949 年荆州城市空间营造特征分析

1919—1949 年间的三十年间，民族融合的中华民族一方面吸收西方文化，一方面反思中国传统文化，城市空间营造活动具有理性主义和人本主义的特点，体现了传统文化和现代文化的融合。

20 世纪初期，西方个人自由主义和市场经济的弊端显现[②]，实证主义之后出现了理性主义和人本主义思想，受这些思想影响，20 世纪上半叶出现了田园城市、邻里单位、增长极理论和有机疏散理论等规划理论。

20 世纪 30 年代，南京国民政府将西方资本主义制度和经济形态作为治国方略的重要参考，一方面大力经营大型中心城市，巩固国家政权中心，开展了“城市新文化运动”，另一方面加大对农村的剥削压迫，激化了城乡矛盾。为响应城市新文化运动，南京、上海、天津、武汉和沙市等一批重要的港口贸易城市和政治中心城市均成立乐都市计划委员会，展开市政工程规划设计（图 6-5）。

1919—1949 年的 30 年间，荆州进行了三次市政规划，包括：1928 年沙市驻军首脑市政规划，1933 年沙市市政工程规划和 1946 年湖北省荆沙市政工程营建计划纲要草案等。

---

① 以上记述整理自：沙市市政权志编纂办公室．沙市市政权志 [Z]．1989.

② “首先是由于战争对城市建设的破坏导致战后住宅奇缺。其次是由于城市人口的过度集中，产生区域就业不平衡状态，失业率明显上升，城市贫民窟问题开始出现。城市的社会问题从过去城市的拥挤不堪和环境恶劣逐渐转向了城市贫困、移民浪潮、种族问题和社会混乱。”该资料引自：李伦亮．城市规划与社会问题 [J]．规划师，2004（8）.

图 6–5 新文化运动时期的沙市江岸横幅
来源：沙市市政管理委员会 . 沙市市政汇刊 [Z]. 1936.

6.2.1 西方文化主导的营造技艺 ①

20 世纪初年，荆州对外贸易的兴盛推动了经济发展和产业更新。1928 年（民国 17 年），沙市驻军首脑会议讨论沙市市政规划，制定《沙市驻军首脑市政规划》主要内容是修建飞机场和增修道路，以改善城市内外交通、加强城市东西部联系，为商业和贸易发展排除障碍。1929 年沙市简易机场开工。1931 年沙市市政建设促进委员会成立，后改称沙市市政建设整理委员会，同年迎禧门至文星楼 12m 宽道路以及大湾至九十铺、拖船埠之间的 12m 宽道路建成。

6.2.2 中西思想融合的营造境界 ②

1932 年国民政府在沙市成立，雷啸岑任江陵县长。1933 年徐源泉部接防沙市，成立沙市市政整理委员会，徐源泉任主席，王信伯任工务股副股长兼设计室主任。1933 年为了响应南京国民政府"新文化运动"的号召，拯救世风和提倡高尚娱乐，徐源泉委托沙市市政整理委员会对沙市作市政建设规划（图 6-6）。1933 年的《沙市市政工程规划》是一次以西方城市美化运动与田园思想指导的城市设计实践，表现出现代主义、折中主义和古典主义的混合。其规划内容包括：城市道路设计、公共空间设计和园林设计等，同时还对沙市土城展开测绘，提出了保护和修缮计划。这是沙市历史上第一次中西结合的城市规划，它构建了沙市中心城区的道路结构、公共空间结构和景观结构，为沙市整体风貌的塑造奠定了良好的基础。

依据《沙市市政汇刊》记载，1933 年《沙市市政工程规划》的道路规划主要设计了克成路、临江路、便河西路和三民路等四条城市主干道。临江路依照滨江地形规划，三民路联系江陵和沙市，克成路在城西联系南北交通，交通路在城东联系南北交通（图 6-7）。

① 本节记述源自：沙市市建设志编纂委员会．沙市市建设志 [M]．北京：中国建筑工业出版社，1992.
② 本节记述源自：沙市市建设志编纂委员会．沙市市建设志 [M]．北京：中国建筑工业出版社，1992.

图 6-6　沙市驻军司令徐源泉（左）、江陵县长雷啸岑（中）和设计师王信伯（右）
来源：沙市市政管理委员会．沙市市政汇刊 [Z]．1936.

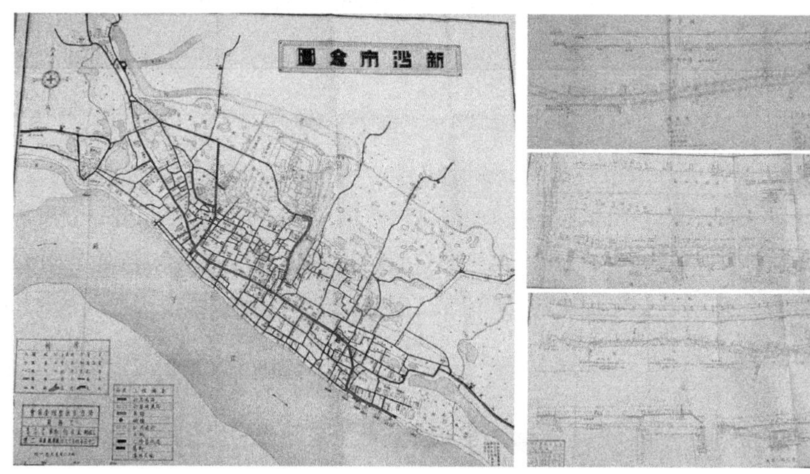

图 6-7　沙市道路规划（左）沙市中山路、临江路和便河西路设计（右）
来源：沙市市政管理委员会．沙市市政汇刊 [Z]．1936.

1933 年《沙市市政工程规划》调查了城市重要公共处所的位置，提出了公共菜市场、碉楼和觉楼等公共建筑的更新设计方案，并设计建造了一批大尺度的公共建筑和工业建筑，包括：公共体育场、中山纪念堂、沙市地方法院和沙市纱厂等（图 6-8、图 6-9），并测绘沙市土垣，提出了保护方案（图 6-10）。

1933 年《沙市市政工程规划》园林规划的主要内容为中山公园设计，结合地形和自然环境，运用中国传统的造园手法，局部引入西方园林构图，点缀以中西结合的小品建筑，营造了疏密有致的园林景观和动静皆宜的人文风貌（图 6-11）。建成后的沙市中山公园面积达 74.6hm^2，是中国最大的中山公园[①]。

① 全球中山公园共 75 座，其中中国大陆 51 座，台湾 16 座，香港 2 座，澳门 1 座，美国夏威夷 2 座，加拿大 2 座，日本千叶市 1 座。其中沙市中山公园为中国大陆第一大中山公园，也是江汉平原第一大公园，面积 74.6hm^2。见《中国中山公园大全》。

图 6-8　竣工后的中山公园中山纪念堂（左）和沙市土垣碉楼（右）

来源：张俊．荆州古城的背影 [M]．武汉：湖北人民出版社，2010.

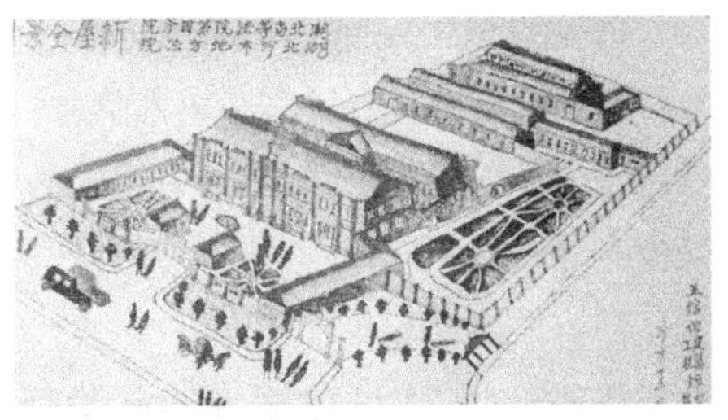

图 6-9　沙市地方法院规划图和沙市纱厂大门

来源：张俊．荆州古城的背影 [M]．武汉：湖北人民出版社，2010.

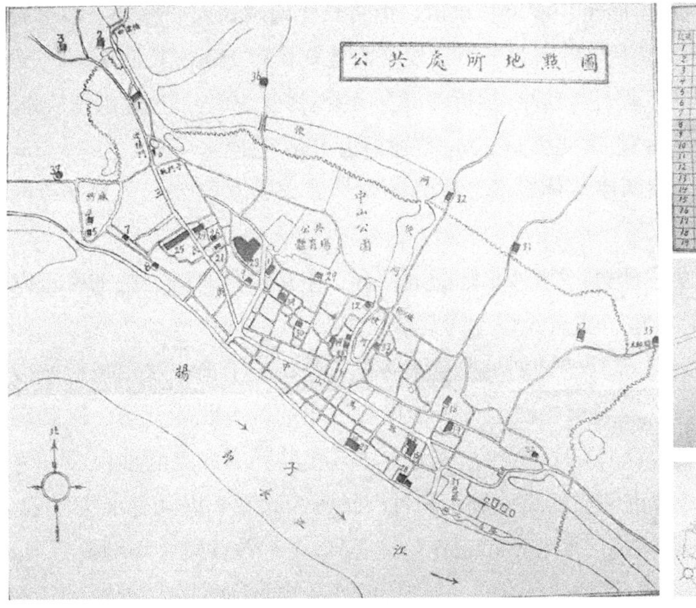

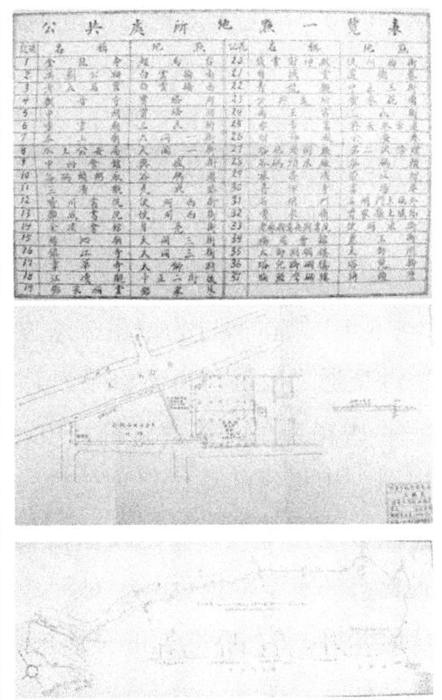

公共處所地點一覽表

號數	名稱	地點	號數	名稱	地點
1	[illegible]	[illegible]	20	[illegible]	[illegible]
2	[illegible]	[illegible]	21	[illegible]	[illegible]
3	[illegible]	[illegible]	22	[illegible]	[illegible]
4	[illegible]	[illegible]	23	[illegible]	[illegible]
5	[illegible]	[illegible]	24	[illegible]	[illegible]
6	[illegible]	[illegible]	25	[illegible]	[illegible]
7	[illegible]	[illegible]	26	[illegible]	[illegible]
8	[illegible]	[illegible]	27	[illegible]	[illegible]
9	[illegible]	[illegible]	28	[illegible]	[illegible]
10	[illegible]	[illegible]	29	[illegible]	[illegible]
11	[illegible]	[illegible]	30	[illegible]	[illegible]
12	[illegible]	[illegible]	31	[illegible]	[illegible]
13	[illegible]	[illegible]	32	[illegible]	[illegible]
14	[illegible]	[illegible]	33	[illegible]	[illegible]
15	[illegible]	[illegible]	34	[illegible]	[illegible]
16	[illegible]	[illegible]	35	[illegible]	[illegible]
17	[illegible]	[illegible]	36	[illegible]	[illegible]
18	[illegible]	[illegible]	37	[illegible]	[illegible]
19	[illegible]	[illegible]			

图 6-10　沙市公共处所地点图（左）、公共处所一览表（右上）、三清观临时菜市场设计（右中）、沙市土城测绘保护（右下）

来源：沙市市政管理委员会．沙市市政汇刊 [Z]．1936.

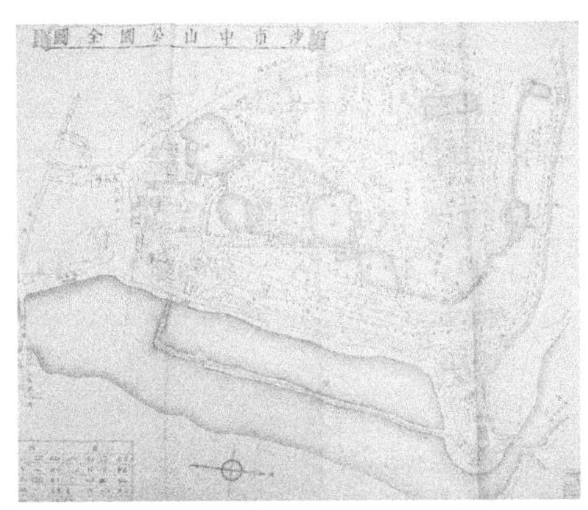

图 6-11　沙市中山公园规划图（左）和竣工后正面处全景（右）

左图来源：沙市市政管理委员会．沙市市政汇刊 [Z]．1936.

右图来源：张俊．荆州古城的背影 [M]．武汉：湖北人民出版社，2010.

与此同时，民间私家园林的营造也各有特色。大赛巷尾的植园为杨嗣昌私人经营，杨颇精园艺，园内花卉繁多，树木荫翳，环境优美，白天品茶者甚多[①]。在植园右侧，是沙市钱庄同人所辟的小庄，以栽种月季花为特色，《沙市市建设志》记载该园“甚宽敞，花亦繁多。其中有绿月季一株月月开花，亦异种也”。

6.2.3 现代理论指导的营造制度[②]

抗战胜利后，为重建城市，江陵县国民党政府对沙市和江陵展开了总体规划。1946 年江陵县政府成立了荆沙市政筹备委员会，奉内务部之命，拟订呈报了《湖北省荆沙市政工程营建计划纲要草案》，但未付诸实施。其主要内容包括四方面：

（1）《草案》规划城市范围包括荆州、沙市和草市，拟将长江南岸划入一部分。沙市居母市地位，为工商区；荆州城为文化区；草市为子市，发展内地贸易；江南做工业区。

（2）荆沙地区地势低洼，堤防工程首当其冲，拟拆除堤身房屋，修建 30 公尺宽的沿江马路。道路划分为 5 个等级，主要街道 30m 宽，次要街道 20m，普通街道 12m，巷道 4 ~ 6m，火巷 3.5m。

（3）公共设施：拟建民众乐园两座、体育场、市立图书馆，兴办水电公司，开办市内公用电话。

（4）结论部分为城市未来发展预想：“荆沙水陆交通便利，空运亦具基础，待加整理以增进交通之发展，市区繁荣大有希望。实有设市专司其事之必要。”

1946 年的《湖北省荆沙市政工程营建计划纲要草案》是荆州历史上第一次由现代城市规划思想指导的总体规划文件。该规划第一次区分了沙市和荆州的城市职能，第一次制定了城市道路等级，并论及沙市交通区位的重要性，成为中华人民共和国成立后沙市独立为省辖市的重要依据。其中对荆沙城市性质的定位和未来发展预测今天看来仍具有现实意义。从此开始，荆州各时期的总体规划均将江陵和沙市视作整体筹划。《荆沙营建计划纲要草案》目录如下[③]：

第一章 绪论

　　市区状况

　　交通情形

　　物产

　　古迹

第二章 紧急工程

　　整理街道

　　疏浚下水道

　　卫生工程

---

① 1935 年春，所植粉西施牡丹盛开，株高约六七尺，开花 108 朵。当时沙市名宿，均来题韵，园主人杨嗣昌亦盛筵相待。席间，龚耕庐先生吟绝句一首云：“一年一度看花忙，阅遍繁华咏短长，堪羡植园闲花草，不知人事有沧桑。”以上记述引自：沙市市建设志编纂委员会．沙市市建设志 [M]．北京：中国建筑工业出版社，1992．

② 本节记述整理自：沙市市建设志编纂委员会．沙市市建设志 [M]．北京：中国建筑工业出版社，1992．

③ 引自：沙市市政管理委员会．沙市市政汇刊 [Z]．1936．

荆州方面

第三章：营建计划

市区规划

街道规划

交通整理

给水工程

公共建筑

卫生工程

电气设备

第四章 结论

6.3 1919—1949 年荆州城市空间尺度研究

6.3.1 体：沙市为主、江陵为辅的双子城

民国时期，沙市对外贸易繁荣，棉纺产业发展，推动城市职能提升，逐渐超越江陵，成为荆州的经济、政治和文化中心。正如 1946 年《湖北省荆沙市政工程营建计划纲要草案》中提出的“沙市为母市，发展工商业，江陵为子市，作为文化区发展”的预测，此时期沙市为主、江陵为辅的双子城结构已初步显现。

6.3.2 面：工业用地和园林用地的外扩①

民国时期江陵城陷入衰落，主要原因是抗战时期日军入侵，大量历史建筑、历史街区、城墙和城楼被毁，承载文化精髓的历史遗产丧失，传统风貌格局破坏，尤其是东门附近新营房和将军府等被炸毁后，街区肌理被毁，出现大量闲置空地，加速了东城衰落。

民国时期沙市城的整体发展方向是向东西部和北部发展，根据 1937 年上海《东方杂志》第 23 期中所附《沙市地图》，城区面积为 2.9km^2（图 6-12），新扩展的片区包括东部的沙市纺织股份有限公司、汉口打包股份公司沙市分公司和北部中山公园等。

湖北省沙市纺织股份有限公司：位于廖子河，1927 年始建，由李玉山等人创办，初为民族私营企业，厂名为“湖北省沙市纺织股份有限公司”。建筑面积 8400m^2，厂房整体钢筋混凝土及砖混结构，屋顶呈锯齿形，天窗架嵌有同一规格的方形玻璃，建有小型的长方体水塔，高出屋面约 3m②（图 6-13、图 6-14）。1940 年夏，沦为日军养马场，西迁重庆，抗战胜利后迁回，中华人民共和国成立后称沙市第一棉纺织厂储运站，“文化大革命”期间曾改名“沙市向阳纺织厂”，在轰动荆沙地区的“八·三一”事件中，工厂遭到极大损失，后改名为“沙市第一棉纺织厂”。

---

① 本节关于荆州现代工业建筑和园林的记述源自：沙市市建设志编纂委员会. 沙市市建设志 [M]. 北京：中国建筑工业出版社，1992.

② 以上记述源自：沙市市建设志编纂委员会. 沙市市建设志 [M]. 北京：中国建筑工业出版社，1992.

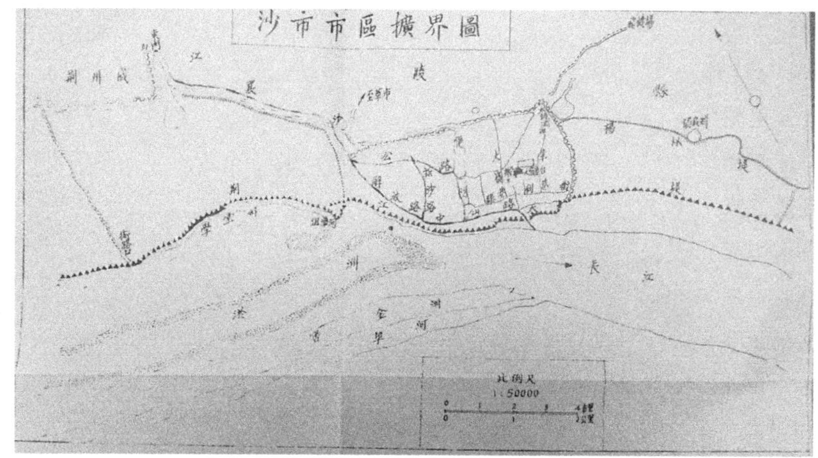

图 6-12　沙市市区扩界图

来源：沙市市地名委员会．沙市市地名志 [Z]．1984.

图 6-13　沙市纱厂全景图

来源：《荆州百年》编委会办公室．荆州百年（上卷）[M]．北京：红旗出版社，2004.

图 6-14　中华人民共和国成立后的沙市纱厂鸟瞰

来源：沙市市建设志编纂委员会．沙市市建设志 [M]．北京：中国建筑工业出版社，1992.

汉口打包股份有限公司沙市分公司：俗称“打包厂”，位于临江路，1927年建立，隶属于民族资本家刘季五和英国驻红海的洋行总班卡莱克联合兴办的武汉打包总厂。1932年厂房大楼竣工，建筑面积21.7万m^2，南北两楼各为四层，两楼间有钢筋混凝土楼梯衔接，楼层全高在22m以上，是沙市最早运用自来水作为供水系统的建筑，也是沙市近代工业建筑的代表作（图6-15）。中华人民共和国成立后曾名“沙市打包厂”，“文化大革命”后更名“沙市棉花储运站”。

图6–15　1932年竣工时的打包厂厂房

来源：沙市市建设志编纂委员会.沙市市建设志[M]. 北京：中国建筑工业出版社，1992.

沙市中山公园：位于公园路东侧，东、北两面为便河环绕，南距北京路与便河路交会处约200m，原为便河旁坟冢荒地，1933年沙市市政建设管理委员会为缅怀孙中山，设计建造沙市中山公园，1935年建成，占地270亩（图6-16）。设计将原有十个塘堰疏浚贯连成水系，水上分别架有卧虹、会仙两座石桥和十座木桥。全园设有黄瓦红柱的牌坊正大门、纳爽门和迎曦门三个出入口，建有中山纪念堂、总理纪念碑、市政亭、儿童游艺场、中正亭、浮碧仙馆、餐英精舍、涵荫草庐、环翠山房、太岳堂、武侯祠、屈原居、天乐居、锄云阁、卷雪楼、镜漪亭、爽秋亭、绿杨村、春秋阁和孙叔敖墓等18余处景点（图6-17），并辟有动物角。作为新生活运动的成果，沙市中山公园的建设在全国首屈一指。沙市沦陷时期，园中中山纪念堂、屈原居、武侯祠、太岳堂、卷雪楼、浮碧仙馆和儿童游艺场等景点建筑毁于日寇之手，花草树木也横遭蹂躏。中华人民共和国成立后又重建（图6-18）。

图6–16　沙市中山公园全景图之一（上）、之二（下）

来源：沙市市政管理委员会.沙市市政汇刊[Z]. 1936.

图 6-17　20 世纪 30 年代沙市公共体育场司令台（左）和沙市第一座公共图书馆——涵荫草庐（右）

左图来源：沙市市建设志编纂委员会 . 沙市市建设志 [M]. 北京：中国建筑工业出版社，1992.

右图来源：《荆州百年》编委会办公室 . 荆州百年（上卷）[M]. 北京：红旗出版社，2004.

图 6-18　沙市中山公园现状

来源：2010 年自摄。

沙市公共体育场：位于沙市区中部，与中山公园毗邻。始建于 1933 年，1934 年建成并对市民开放，是当时湖北最先进的公共体育场。人民体育场西正中设有全框架现浇结构的司令台（图 6-17），台前建有 400m 长环形跑道和一个标准足球场，北部有一个小型足球场，西南部有四个篮球场和一个排球场，另有体操房、乒乓房各一栋，室外体操器械场一个。体育场办公楼设于司令台后侧，总建筑面积约 $2864m^2$。中华人民共和国成立后沙市公共体育场曾 3 次大规模改造，1985 年建成大型阶梯式环形看台，现占地面积约 85 亩，可容纳 5 万余人。

6.3.3　线：沙市道路西扩

随着沙市不断向西扩展，江陵和沙市两城之间联系越来越紧密。20 世纪 20 年代初，荆沙间旧有的荆南驿道改建为襄沙公路沙市段。1933 年《沙市市政工程规划》将沙市的东西向主干道与江陵东部的旧街连接，加强了荆沙之间的联系。此时的荆州整体的空间轴线包括：东西向主干道、南北向次干道和旧城老街巷等[①]（图 6-19）。

① 关于荆州现代街道的记述源自：沙市市建设志编纂委员会. 沙市市建设志 [M]. 北京：中国建筑工业出版社，1992.

1. 沙市东西向公路和大马路

襄沙公路：自荆南驿道旧线延伸而成，自古联系江陵城和沙市，历代多次修建，略呈西北东南走向，全长 3.5km，沙市段长 1.9km，也是沙市西部进入城区的主干道[①]。中华人民共和国成立后也多次修建，后更名为荆沙路。

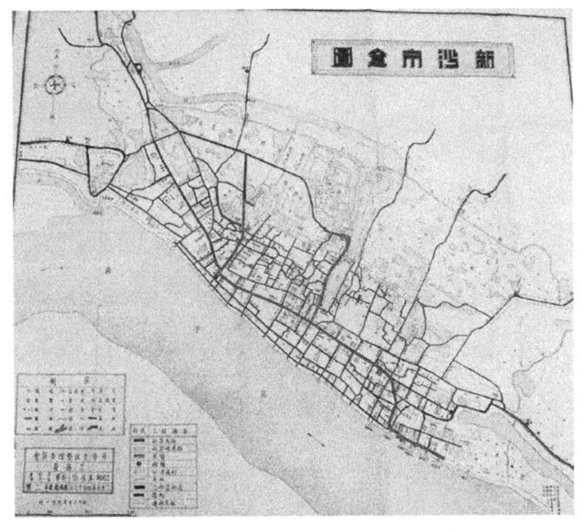

图 6-19 1933 年沙市道路规划

来源：沙市市政管理委员会．沙市市政汇刊 [Z]．1936.

中山路：旧称三府街，始建于 1932 年（民国 21 年），西起大湾，南连交通路，分四段施工，1934 年建成，被称为中山大马路，是“本埠唯一之主要干线”。临街为铺面房，商住合一，大部分采用砖木结构，门楣仿西式样，其中稍晚建成的沙市第一饭店和老丹凤银楼等规模较大，结构为砖混式，外筑悬挑阳台，墙面青灰抹面，门窗均起浮雕花饰。邮政局楼、高四法院楼等主体承重结构已采用钢筋混凝土框架，屋盖、支撑柱和门窗造型仍为传统式样（图 6-20）[②]。1947 年（民国 36 年）改修砖渣三合土路面，1954 年市政府建设科委托武汉市政部门设计并施工建成沥青混凝土路，为沙市沥青路之始，是当时的主干道。

图 6-20 1934 年整治后中山路街景

来源：《荆州百年》编委会办公室．荆州百年（上卷）[M]．北京：红旗出版社，2004.

三民路：始建于 1934 年（民国 23 年），在青石板街西段 1.1km 的路基上拓宽修建，路宽 7m，泥结碎石路面（图 6-21）。中华人民共和国成立后改称解放路，1953 年、1959 年和 1969 年等历经翻修。

临江路：1934 年始建，略呈东西走向，西起交通路南端，东至玉和坪，长约 0.5km，条石路面，同年敷设排水管道，雨污水流入长江（图 6-21）。1978 年改建成水泥混凝土路面。1985 年，西起玉和坪，东至柳林五路，改为长 5km，宽 3 ~ 5m 的简易路面。

2. 沙市南北向马路

克成路：位于沙市殷家巷，南北走向，南起大湾，与中山路、三民路交会，北接旅寄坊（图 6-22）。1935 年将路面拓宽取直，建成 8.5m 宽泥结碎石路面。中华人民共和国成立后称新沙路，路面多次维修。

① 据《湖北省沙市市地名志》载：“民国 11 年（1922 年）春，由襄阳道尹熊宾发动商人集资，袭荆南驿道修筑整理，建成砖渣三合土路面，于民国 13 年（1924 年）通车，名襄沙公路，为湖北省第一条公路，今之荆沙路为其一段。”

② 中山路目前店铺以五金行业为主。

图 6-21 1934 年整治后的三民路和临江路
来源：沙市市建设志编纂委员会 . 沙市市建设志 [M]. 北京：中国建筑工业出版社，1992.

图 6-22 1934 年整治后克成路（左）和便河西街街景（右）
左图来源：《荆州百年》编委会办公室 . 荆州百年（上卷）[M]. 北京：红旗出版社，2004.
右图来源：沙市市建设志编纂委员会 . 沙市市建设志 [M]. 北京：中国建筑工业出版社，1992.

便河西街：南起中山路，北抵中山公园；从南至北依次由新建街、便河西街和建设路三段组成；长 730m，宽 10m，泥结碎石路面（图 6-22）。始建于 1935 年夏，中华人民共和国成立后多次维修。

3. 沙市旧城老街

惠工街：原名天后宫，因街南侧原有古庙天后宫得名。1935 年因木、竹、漆器手工作坊多聚集于此改名惠工街。略呈东西走向，东起永安坊，西达新沙路，全长 314m，宽约 4m（图 6-23）。1967 年更名为全胜街，1973 年复为今名。

喜雨街：原名龙堂寺，以北端原有古庙龙堂寺而得名。1935 年拆庙时恰逢大雨，人们以龙喜雨，遂名喜雨街。呈南北走向，南起崇文街，北止龙堂寺原址，长 110m，宽 4m（图 6-23）。1967 年更名为要武巷，1973 年复为现名。

6.3.4 点：文化中心作为城市中心

1919—1949 年间，荆州的城市空间节点集中于沙市，包括商业中心、教育中心和文化中心（图 6-24）。

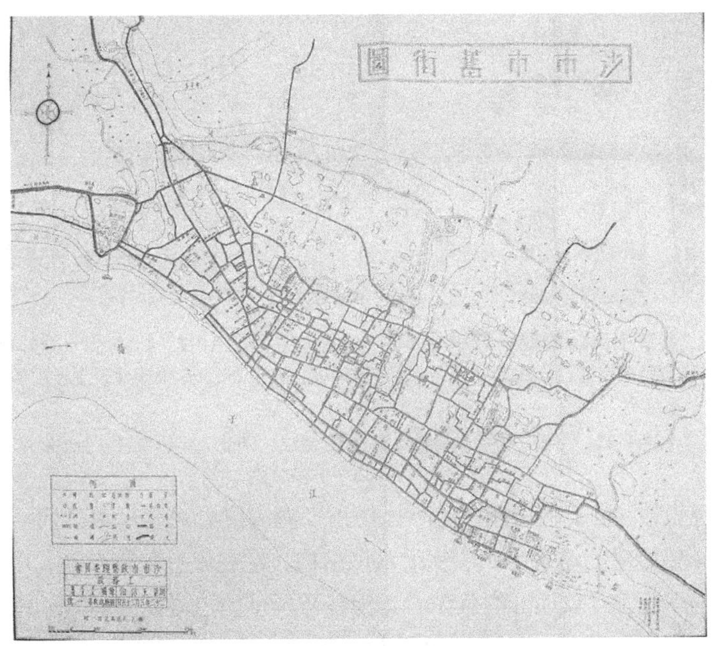

图 6-23 1933 年沙市市旧街图

来源：沙市市政管理委员会 . 沙市市政汇刊 [Z]. 1936.

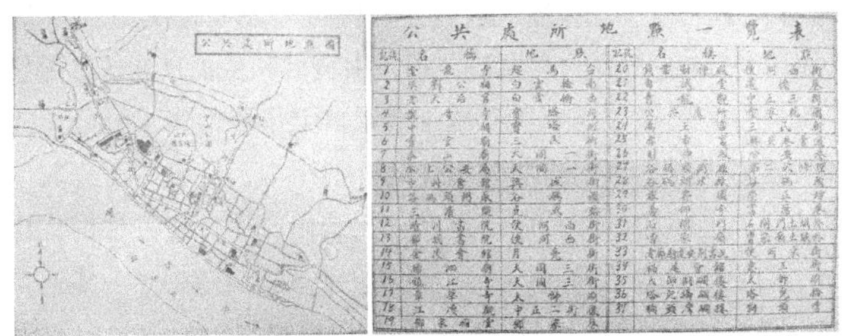

图 6-24 沙市公共处所地点图和一览表

来源：沙市市政管理委员会 . 沙市市政汇刊 [Z]. 1936.

20 世纪 20 年代开始，沙市的新商业中心中山路形成，商业、金融和邮政等建筑造型别致，材料新颖，其中标志性建筑有：聚兴诚银行、老天宝银楼、沙市一等邮局大楼。

聚兴诚银行：位于中山路 100 号。1923 年建成，建筑面积约 800m^2。砖木混合结构。店面部分为现浇结构，外墙贴泰山面石砖，仿交通银行设计。为本市首次使用机械操作对店面实行现浇处理的建筑物，系竣工半个多世纪以来保护得较好的建筑物①（图 6-25）。中华人民共和国成立后称沙市章华饭店。

① 初建成为长江沿线聚兴诚银行的驻沙市办事处机构所在地，日寇侵占沙市后该机构迁至重庆，只留少数人员。抗战胜利后迁回，仍从事原业务。中华人民共和国成立后，曾为工商联办公楼，20 世纪 60 年代改为“沙市市委招待所”，后因增设“二招”而更名“一招”，20 世纪 70 年代中更名为“章华饭店”。经过 1978 年后的改建和扩建，占地 5600m^2，临街建有 3 栋楼房，后院建有 1 栋大楼，建筑面积共计 10300m^2。以上解释整理自：沙市市建设志编纂委员会. 沙市市建设志 [M]. 北京：中国建筑工业出版社，1992.

图 6-25　沙市中山路的聚兴诚银行（左）、老天宝银楼（中）和沙市一等邮局（右）

左图来源：引自沙市市建设志编纂委员会．沙市市建设志 [M]．北京：中国建筑工业出版社，1992.

中图来源：2005 年自摄。

右图来源：张俊．荆州古城的背影 [M]．武汉：湖北人民出版社，2010.

沙市老天宝银楼：位于中山路 139 号，模仿上海永安公司和汉口景明洋行的璇宫饭店原形设计，1934 年始建。建筑为四层钢筋水泥结构，左右原有角塔各一，中部有钢筋混凝土结构圆亭一座，每层有双柱形阁状阳台，为沙市较早的巴洛克式建筑。中华人民共和国成立后改为沙市百货公司纺织品商店，“文化大革命”中遭到破坏。20 世纪 70 年代以后又改作沙市物资局办公机关、沙市标准件商店（图 6-25）。

沙市一等邮局大楼：位于中山路东段南侧，1936 年始建，历时 3 年完工，占地面积 747.1m^2，建筑面积 1477m^2。上海公利营造公司的山晴甫和奚福泉建筑师分别完成其地基勘察和建筑设计，汉口泰兴营造厂完成土建施工，汉口宝华和大华水电公司完成卫生、电器及消防设备安装。楼高 3 层，为钢筋混凝土现浇框架结构，外墙罩面浅灰色麻石，临街有 V 形露天对称型转梯上接门厅，麻石面砖钢筋水泥结构扶手，仿古桥栏式样，内厅 4 根圆立柱直径达 70cm，并与屋面梁现浇成一体。整体设计融中西造型于一体，是沙市近代建筑中标新立异之作（图 6-25）。1940 年日军侵沙期间曾遭破坏，后由涂福兴营造厂维修。中华人民共和国成立后为沙市邮政局。

沙市好公道酒楼：位于中山路西段南侧，创办于 1938 年，是一家经营楚风名肴的老店。1980 年大规模改建后，主体建筑为砖混结构，外装饰喷刷黄色涂料。前堂两层营业厅建筑面积约 1000m^2。

显荣照相馆：位于沙市中山路，创办于 1911 年，1932 年在中山路建成，是民国年间沙市最大的照相馆。

李义顺斋铺：为清代末期兴建，1921 年由当时实力雄厚的沙市斋铺“三李”收购，开设李义顺斋铺。

同益布店：位于沙市中山路，创办于 1928 年，为砖木结构，门楣仿西式风格。

义成昌药店：位于江陵胜利街南侧 115 号，建于民国初年。

20 世纪 30 年代，新文化运动带来城市空间品质的提高，沙市中山公园和公共体育场等成为荆州新的运动、休闲和娱乐中心。

中正亭：位于沙市中山公园内，1935 年由沙市市政整理委员会设计建造，钢筋混凝土结构，中华人民共和国成立后改名为解放亭（图 6-26）。

图 6–26　沙市中山公园内的市政亭、中正亭和卷雪楼
来源：张俊 . 荆州古城的背影 [M]. 武汉：湖北人民出版社，2010.

锄云阁：位于沙市中山公园内，1935 年建成，为仿古园林建筑（图 6-27）。

图 6–27　沙市中山公园内的爽秋亭、镜漪亭和锄云阁
来源：张俊 . 荆州古城的背影 [M]. 武汉：湖北人民出版社，2010.

抗战时期，江陵大量公共建筑被毁，沙市的公共建筑集中于觉楼附近。

觉楼：原为城隍庙，1928 年为纪念北伐革命成功，在便河垴西坡的城隍庙遗址上修建“觉楼”一座，取唤醒民众觉醒之意，每日鸣钟报时、晓人作息，并将所在街道更名为觉楼街（图 6-28）。

国民党省立沙市医院：位于沙市航空路南段，砖木结构平房，950m^2。中华人民共和国成立后改为沙市第一人民医院，经数次改造，现总建筑面积近 2 万 m^2。

青杨巷 18 号革命遗址：位于沙市青杨巷 18 号，中华人民共和国成立前张家孀住宅，抗日战争初期中国共产党党员和积极分子的秘密训练班设于此（图 6-29）。

图 6–28　1928 年修建的沙市党楼（左）和 1934 年建成的沙市碉楼（右）
来源：张俊 . 荆州古城的背影 [M]．武汉：湖北人民出版社，2010.

图 6–29　青杨巷 18 号革命遗址
来源：2005 年自摄。

江陵县警察局：位于沙市，明清时期的五进院落建筑，民国时期加建沙市监狱，砖木结构，包括：正房、厢房、天井、通道和牢房等。

6.4　总结：中华文化转型时期的开放式城市空间博弈

1919—1949 年间沙市市政设施更新，公共生活品质提升，建筑技术提高，为荆州现代城市空间的营造奠定了良好的基础，同时侵华战争中大量宝贵的城市历史遗产遭到损毁，形成难以挽回的损失。此阶段的城市空间博弈主要体现在三个方面（表 6-2）：

现代（三维科学阶段）荆州城市空间营造的动力机制分析　　表6–2

时间		主体		客体		主客互动机制	
全球时间	荆州时间	荆州族群主体	族群主导文化	聚落、城市	城市空间	主体对于客体的影响	客体对主体的影响
1919—1949 年	1919—1929 年	中华民族	中西方文化融合	沙市江陵	工商业、教育、行政、医疗社会上	中华文化转型时期荆州城市空间以沙市为营造重点，体现中西方文化交融的设计思想： 体：沙市为主、江陵为辅的双子城。 面：工业用地和园林用地的外扩。 线：沙市道路西扩。 点：文化中心作为城市中心	1919—1949 年荆州城市空间营造的展开揭开了城市新生活的序幕，带动了城市风貌和城市文化的更新： 1. 园林设计和堤防加固； 2. 道路整理和公共场所修建； 3. 工业区和公园。 中华文化转型期特点： 1. 公园和滨江休闲空间； 2. 中西结合的居住模式； 3. 中西结合的公共建筑
	1929—1939 年			沙市	市政设施		
	1939—1949 年			沙市	市政设施		

6.4.1 自然层面：园林设计和堤防加固

1919—1949年，荆州自然层面的空间博弈表现为中西结合的园林设计和长江水患下的堤防加固。一方面受西方城市美化运动和田园城市思想影响，规划设计改善了微观环境品质；另一方面堤防加固并不能从根本上解决自然灾害对城市的威胁。此时中国学者尚未对西方规划思想形成批判，也尚未意识到生态环境保护的重要意义，洪水泛滥时徐国瑞的水神祭祀和中山公园的亭台楼榭都无法改变城市受灾的命运（图6-30）。事实说明，自然与人类族群的博弈平衡依靠的不是城市景观的外表美化，而是解除人与自然的对立，更深入地研究气候和河流等自然因素的客观规律，根据自然规律来合理安排人类的营造活动，实现人与自然的和谐共处。

图6–30 1935年洪灾中的中山公园
来源：沙市中山公园纪念展.

6.4.2 社会层面：道路整理和公共场所修建

1919—1949年间，与西方19世纪初期的城市美化运动类似，国民党政府适应新生产方式，聚集新兴民间资本，推行新生活运动，改变了封建社会保守的社会风气和内向的生活方式，提倡开放的生活方式，塑造了积极的社会空间。1933年沙市市政工程规划整治城市道路、修建公共场所，满足了社会生活需求，留下了重要的历史遗产，它们对今天的城市仍具有积极意义，需要保护和更新。

6.4.3 个人层面：工业区和公园

1919—1949年间，荆州人在忙碌的工商业和闲适的公园中保持着个人空间的博弈平衡，这是一种物质与精神双赢的城市生活方式。如果说江陵城蕴含着沧桑的历史氛围，沙市城则代表着新颖的生活风尚。今天江陵人忧国忧民的思想和沙市人乐观自得的个性仍能从他们各自的谈吐中表现出来，城市空间特色塑造着族群的性格特征（图6-31）[①]。

图6–31 假日游园的沙市人
来源：张俊.荆州古城的背影[M].武汉：湖北人民出版社，2010.

① 至今沙市区的居民仍乐意称自己是“沙市人”而不是“荆州人”。

第 7 章　1949—1979 年荆州城市空间营造研究

7.1　1949—1979 年荆州城市空间营造历史

7.1.1　1949—1959 年：中华人民共和国成立初期沙市和江陵的呵护、设计和建造[①]

1949 年沙市被划为湖北省直辖市，20 世纪 50 年代轻工业发展迅速，数百家大型企业[②]建立，使沙市成为全国明星城市和江汉平原的轻纺重镇，被誉为“江汉平原的一颗明珠”[③]（图 7-1）。1956 年荆州专区设立，驻江陵县，江陵县府设在荆州古城内，距离沙市市中心仅 7km，并设置荆州镇。由于沙市是荆州的经济中心和门户所在，城市营造活动主要集中在沙市，十年间共编制了四次规划，即 1953 年编制的《沙市市现有市区整理规划》和《沙市城区改造规划》，1959 年编制的《沙市市总体规划》和《改变城市面貌规划》，规划建设的重点包括：

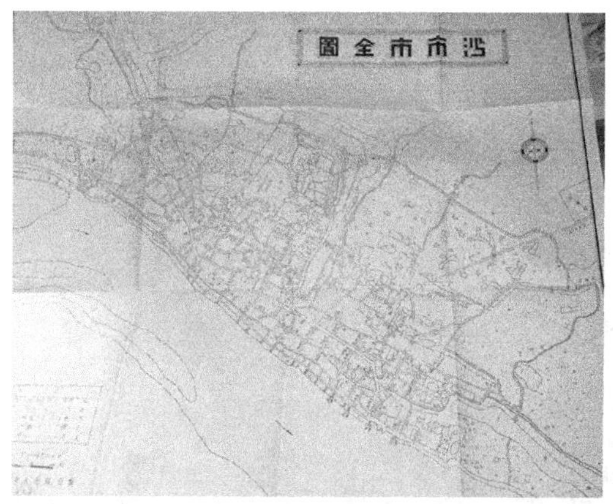

图 7-1　1950 年（左）和 1953 年（右）沙市地图

左图来源：沙市市地名委员会 . 沙市市地名志 [Z]. 1984.

右图来源：沙市市政权志编纂办公室 . 沙市市政权志 [Z]. 1989.

---

① 本章关于江陵在中华人民共和国成立初期的城市空间营造历史整理自：湖北省江陵县志编纂委员会．江陵县志 [M]．武汉：湖北人民出版社，1990.

关于沙市在中华人民共和国成立初期的城市空间营造历史记述源自：沙市市建设志编纂委员会．沙市市建设志 [M]．北京：中国建筑工业出版社，1992.

对以上参考资料中不足部分引用以下资料进行补充：沙市市政权志编纂办公室．沙市市政权志 [Z]．沙市：沙市市地方志委员会，1989.

江陵县地名领导小组办公室．湖北省江陵县地名志 [Z]．1981.

沙市市地名委员会．沙市市地名志 [Z]．1984.

② 以上资料源自：湖北省江陵县志编纂委员会．江陵县志 [M]．武汉：湖北人民出版社，1990.

③ 参见：赵冰．长江流域：荆州城市空间营造 [J]．华中建筑，2011（5）.

1. 改建危旧房和建设居住区

中华人民共和国成立初期，沙市旧城区面积约 3.96km^2，约占城市总面积的其 1/5，是荆州的行政、商业、文化和居住中心，从 1950 年起，沙市采取业主自修、主客合修的方法大力展开危旧房改建。1950 年沙市市政府对私营营造厂商进行登记。1952 年首次为工人建宿舍，同年荆江大堤加固工程沙市段开工，拆除堤上一、二、三、四街的房屋，新建 200 余间房屋，安置部分拆迁户。1955 年沙市市人民委员会设置房地产管理科，同年开展全市性抢修危房运动，1957 年对老房的宽堂屋、过道、阁楼、隔墙或夹壁加以改造，增加住房面积，还采取合并办公室，压缩会议室、文娱活动场所和仓库用房的办法统一调剂住房余缺，解决房荒。与此同时，私人开始建房，政府动员市民自己解决住房问题，但在两次私房社会主义改造之后直至"文化大革命"期间私人建房极少，以至中止（表 7-1）。1958 年沙市市政府对私营房屋进行社会主义改造，投资建设了沙市第一个居民生活区（位于文化坊），并将房管科改为市房地产管理局。1959 年沙市市政府提出以就地改造和成片改造为主分散拆建和易地改建相结合改造草屋棚户[①]。

沙市市城区房屋面积一览表（1949—1985年） 表7–1

年份	年末实有房屋		年份	年末实有房屋		年份	年末实有房屋	
	总面积（万 m^2）	其中：住宅		总面积（万 m^2）	其中：住宅		总面积（万 m^2）	其中：住宅
1949	245	96.37	1962	275	89.19	1975	406	140.30
1950	245	96.20	1963	278	91.43	1976	425	149.71
1951	243	93.19	1964	280	93.65	1977	439	156.38
1952	235	85.60	1965	286	96.23	1978	462	169.49
1953	236	85.42	1966	295	100.59	1979	491	187.60
1954	237	85.44	1967	303	102.43	1980	533	208.06
1955	238	83.01	1968	314	105.47	1981	578	235.75
1956	247	82.15	1969	317	106.73	1982	647	276.17
1957	247	82.24	1970	331	111.32	1983	694	309.27
1958	255	85.17	1971	344	114.93	1984	732	327.60
1959	263	89.03	1972	358	119.70	1985	771	347.69
1960	266	88.83	1973	373	125.78			
1961	267	88.23	1974	389	132.27			

来源：沙市市建设志编纂委员会 . 沙市市建设志 [M]. 北京：中国建筑工业出版社，1992.

① 以上关于沙市旧房改造的整理自：沙市市建设志编纂委员会．沙市市建设志 [M]．北京：中国建筑工业出版社，1992.

2. 增修市政设施和加固防洪设施

1950 年沙市组织失业工人维修中山、解放、便河、新沙和通衢等五条马路，同年建成中山、解放、惠工和民乐 4 个菜场。1952 年起荆沙堤防和防护林开始修建[①]，同年荆江分洪工程[②]和荆江大堤加固工程沙市段开工，位于江陵太平口的荆江分洪进洪闸竣工。同年荆江分洪工程纪念碑和两座纪念亭在刘大人巷（今望亭巷）堤上落成。1953 年荆江大堤外滩防护林带建成。1954 年荆江大堤水利工程开始建设，大堤上起荆州区枣林岗，下至监利县城南，全长 182.35km，保护范围包括荆江以北和汉江以南，东抵新滩镇、西至沮漳河的广大荆北平原地区[③]。1953 年沙市代表在湖北人代会上针对沙市市内道路凹凸不平、窄狭污浊、下水不通、上水全无和路灯不明等问题，提出了整修路面、使便河路和江渎街直通江边、修建自来水厂、疏挖和新建下水道等建议，同年沙市市政府建设科作出《沙市市现有市区整理规划》。1953—1959 年，沙市城墙拆除。1954 年建民打包厂供水设备改造成城市供水设施，开始向两家工厂及部分居民供水。1955 年荆沙第一条公共汽车线路开通，往返于沙市中山路东端和荆州钟鼓楼之间，荆沙交通由水运时代走入公路时代。1958 年荆州解放后的第一条城市主干道北京路开始修筑[④]。1959 年沙市候船室始建。

3. 保护和建设文化、体育和医疗设施

1949 年章华寺和万寿宝塔被列为湖北省第一批重点文物保护单位。1950—1952 年的“经济恢复时期”沙市市政府重点新建了一批公建项目，受财力所限，主要以修复改建为主，代表性工程有沙市荆江大楼、新沙中学教学楼、慈济医院门诊部和总工会工人俱乐部等，均为砖木结构，清水面墙，双坡平瓦屋面。1951 年荆州镇白济堂等人合股建荆江剧场，后改为荆州剧场。1953 年江陵城佑文街建立了江陵县干部业余文化学校。1953—1957 年间，沙市又建设了一批文化、教育和医疗项目，代表性工程有沙市人民医院门诊部、人民会场、新沙中学礼堂、纱厂办公楼、人民剧场、汉剧院、文化馆、民乐菜场和候船室等。1957 年沙市人委颁发《沙市市人民委员会关于绿化管理暂行办法》，同年沙市中山公园内游泳池建成。1958 年江陵县将城关卫生所改建成江陵第一人民医院。1958 年后由于建设资金主要投向转入工业，新开工的公建项目不多，主要完成的工程有工人文化宫、江汉电影院和中医院病房楼等[⑤]。

---

① 荆江分洪工程位于湖北省公安县境内，1952 年春末夏初 30 万军民建成荆江分洪第一期主体工程，包括右岸沙市对面上游 15km 处的虎渡河太平口进洪闸、黄山头东麓节制闸和分洪区南线大堤等主体工程，荆江河道安全泄洪能力得到显著提高。

② 以上记述整理自：湖北省江陵县志编纂委员会．江陵县志 [M]．武汉：湖北人民出版社，1990.

③ 从明弘治十年（公元 1498 年）至清道光二十年（公元 1840 年）的 352 年间，荆江大堤溃口达 34 次，平均约十年发生一次。1951 年将堆金台以上 8.35km 堤划入荆江大堤。1954 年将下游 50km 原有干堤划为荆江大堤的范围。至此，荆江大堤全长 182.35km，直接保护荆北平原 500 万人口和 800 万亩耕地，以及许多城镇和其他重要资源的防洪安全，被列为长江防洪重点确保工程。荆江大堤加固工程自 1974 年开始列入国家基建投资项目。一期工程自 1975 年至 1983 年，完成投资 11800 万元。1984 年起进行荆江大堤二期加固建设。经过历年的加固工程建设，荆江大堤主体工程已基本完成，堤身断面全面达到了设计标准，堤防的抗洪能力显著提高，抗御了 1998 年、1999 年长江流域超设计洪水位的大洪水。

④ 以上记述引自：赵冰．长江流域：荆州城市空间营造 [J]．华中建筑，2011（5）.

⑤ 以上记述整理自：沙市市建设志编纂委员会．沙市市建设志 [M]．北京：中国建筑工业出版社，1992.
湖北省江陵县志编纂委员会．江陵县志 [M]．武汉：湖北人民出版社，1990.

4. 开展城市总体规划

1956年沙市市规划委员会成立。1958年沙市市人委改建设科为建设局，开始收集荆沙地区人口、资源、交通、城市建设等有关资料，并开始建设城市平面控制网。同年沙市市建筑科学研究学会成立，后更名为沙市市土木建筑学会。1959年，荆沙城市规划委员会成立，编制完成了《沙市市总体规划》和《改变城市面貌规划》，长江流域规划办公室运河选线组参与了总体规划。

1959年的《沙市市总体规划》共完成了荆州专区经济资料综合图、经济联系图（荆沙地区）、荆沙地区建筑现状图、荆沙地区用地评定图、沙市市给水排水规划图、附近郊区现状图和郊区规划图等十项规划图，另完成了荆州专区经济资料调查说明书、荆沙人口资料调查说明书、荆沙建筑现状调查说明书等三个附件。规划期限至“三五”计划末（即1970年）。其主要结论有：

（1）荆州与沙市作为整体，规划城市面积未来为236km^2，其中城区面积36km^2。规划城市人口25万～30万人，郊区人口10万～15万人。将沙市的城市性质定位为：发展纺织工业和为农业服务的机电工业，最终将沙市建设成为荆州专区的政治、经济、文化中心和交通枢纽。

（2）长江流域规划办公室将京广运河长江入口选在万寿塔下游200m处，因而将沙市一分为二。依照这一特点，在运河两岸安排机械和纱织工业区，在沙市东部按原有基础发展化工工业区。在运河东西两岸分别依沙市和荆州旧城向外发展生活区。

（3）城市中心广场选在荆州南门外。荆沙路、北京路及运河大桥组成纵贯城市东西的主干道；在荆江大堤的堤面与堤脚开辟单向车道，共同组成沿江大道；每500～1000m南北向规划区域性道路。全市性干道宽50m，区域性干道宽38m。

（4）对外交通除汉沙、襄沙公路和长江港区外，拟兴建运河码头；引进川汉铁路，分别在小北门和塔儿桥建站；飞机场远期迁至郢城北。

（5）规划提出城市艺术布局的概念，城市布局要配合城市功能结合自然环境统一考虑。荆沙地区沟、塘、河、湖星罗棋布，应充分利用这一优势将水体引入市区进行绿化。拟建市级公园三座：修复中山公园，新建马河公园和太师渊公园。

7.1.2 1959—1969年：“大跃进”时期沙市的建造和呵护，江陵的呵护和保护

“大跃进”时期（1958—1962年）北京路的修建带动了沙市向东扩展（图7-1）。1963年全国城市建设规划工作受阻，1959年编制的《沙市市总体规划》被指责为“大”“洋”“全”，沙市市人民委员会决定该规划作废，不再作城市规划，北京路规划红线由50m缩为20m，1964年以上错误得到纠正，沙市市建设局恢复设立城市规划委员会，继续开展规划工作。这一时期的城市建设重点有：

（1）实施道路交通规划和旧区改造规划①。1960年沙市市人委号召“大战五、六月，修

① 以下记述整理自：沙市市建设志编纂委员会. 沙市市建设志[M]. 北京：中国建筑工业出版社，1992. 湖北省江陵县志编纂委员会. 江陵县志[M]. 武汉：湖北人民出版社，1990.

建北京路一条街”，修建北京路两侧从便河至大寨巷口楼房，同年汉沙公路通车。1961年中共沙市市第二次代表大会讨论通过《沙市市建设任务二十条纲要》。1964年沙市市建设局在《关于当前城市建设中若干问题的意见》中提出八条旧城改造计划，1965年制定了《沙市市旧城改造规划》和《沙市旧区道路拓宽及退让规划》，规划道路等级分为三等：全市性主干道红线宽40m，区域性干道红线宽20m或30m，区内通道红线宽度分别为5m、8m、16m或20m，规划拓宽道路48条，广场、交叉口6个，停车场3个（图7-2）。1965年起，荆沙对外交通发展，江陵县开辟由县城通马山、丫角、川店和岑河4条客运班线。

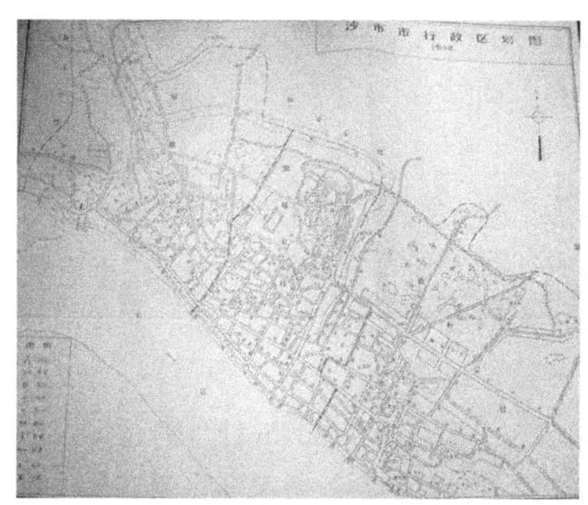

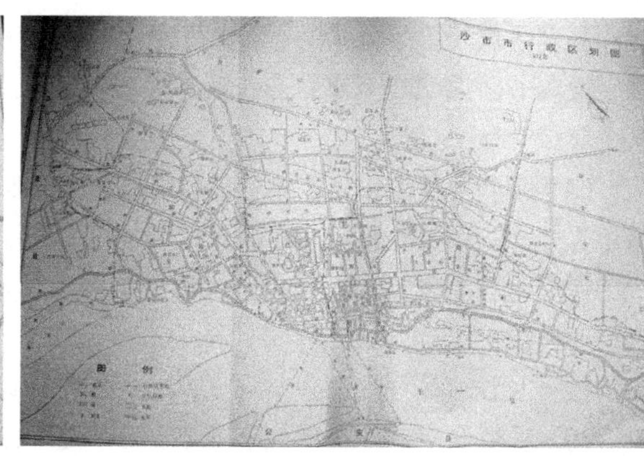

图7-2　1959年（左）和1972年（右）沙市地图
来源：沙市市政权志编纂办公室．沙市市政权志[Z]．1989.

（2）改造市政设施，建设工业建筑和文化教育设施。1960年西区水厂破土建设，同年沙市以北开挖西干渠，1961年沙市豉湖渠竣工。1960年江汉电影院工程动工兴建，1961年沙市人民电影院建成。1961—1965年国民经济调整恢复时期，完成国家水产部长江渔业实验大楼、沙市三中及八中教学楼和江汉商场等重点建设项目。1963年沙市向江陵城关敷设输水管道完工，开始供水。1964年沙市市建筑工程半工半读学校成立。1964年后规模稍大的公建项目主体结构大部分采用预制装配式钢筋混凝土结构，楼面用圆孔空心板及槽型板，商业、服务业和文化体育用房仍以利旧维修为主。1965年沙市热电厂一期工程动工，同年沙市人委号召全市人民改造便河面貌，全市人民参加填便河南段的义务劳动，70年代中期填实。1966年沙市棉纺织印染厂动工。

（3）保护绿地和历史遗产。1963年沙市市人委颁发《沙市市树木保护管理暂行办法》，同年沙市市绿化造林指挥部成立。1965年中华人民共和国副主席董必武在沙市视察中山公园并题写园名。同年，八岭山东麓望山一号墓出土越王勾践铜剑，轰动中外，江陵县城西门外发现张家山新石器时代遗址。

（4）历史建筑破坏和城市建设停滞。1966年“文化大革命”开始，江陵中学生学习北京红卫兵，走上街头横扫“四旧”（旧思想、旧文化、旧风俗、旧习惯），砸毁了太晖观、铁女寺的泥塑佛像，拆毁了文庙门口两座高大石牌坊和南城墙上的“三管笔”。1966—1970年间沙市仅完成了北京旅社和东区商场两项公建，1970年建成的东区商场是沙市在中华人民共和国成立后市财政第一次投资新建的商业用房，高 2 层，砖混结构。1969 年沙市建设局和房管局被撤销，其职能由沙市城建管理站取代。

7.1.3 1969—1979 年："文化大革命"时期江陵、沙市的建造和设计

"文化大革命"中，荆州城市规划工作受到影响，但未中止。1970 年沙市市革命委员会城市建设管理局成立，1971 年编制完成了《沙市市城市建设"四五"总体规划》，颁布了《沙市市革命委员会城市建设管理试行办法》，编制《荆沙地区城市总体规划》初稿，报湖北省建委初审。1972 年沙市市城建局抽调 5 人组成规划小组，1973 年江陵县建委派一人常驻沙市，与沙市规划小组共同办公，同年《荆沙地区城市总体规划》编制完成，制作了 1/3000 的规划模型。1976 年沙市引进专业规划人才，针对旧城改造和居住区修建编制了三次专项规划。

1973 年《沙市市暨江陵县城关镇城市总体规划》的主要内容有：

（1）规划期限远期到 1993 年，近期到 1980 年，城市人口控制在 30 万以下，城区面积扩大到 22.64km^2（含荆州城），"五五"期末（1980 年）沙市建成区面积达到 12.53km^2，城市性质定为：支援农业为主，以纺织和轻化工业为重点的新兴城市。

（2）城市总体规划按照"依托旧城、由内向外、集中紧凑、由近及远、连片发展"的原则布局，城区用地范围南临长江，东抵盐卡，北沿西干渠经沙桥门而达草市，西至荆州西门外，尽量减少工业"三废"污染环境。

（3）工业用地分 8 个区，计 803.6hm^2。①红光路东为化工工业区，位于城市长年主导风向下方；②红门路和红光路之间为纺织，轻工业区；③烈士陵园北为地方小型日用工业区；④荆沙路北为机械工业区；⑤南湖为军工 408 和电子工业区；⑥荆州农校南为木材加工工业区；⑦荆江堤外为电力、造纸和造船工业区；⑧荆州城南为石油机械和地方工业区。计划定点搬迁 54 家工厂，扩建、新建柴油机、日用化工和 408 军工等 24 个工厂，积极发展地方工业。

（4）生活居住用地计 960hm^2，主要以荆沙两地旧城为主，逐步加以改造。新布置的居住用地尽量与工业区有方便的联系，兼顾居住的卫生条件，紧邻各工业在东区、北区、南湖、南门外安排了生活用地。北京路、红门路、中山路和新沙路所围地段构成市区中心，便河广场为市区中心广场，房屋建筑层数以 4 层为主，主干道两侧可适当提高。

（5）城市绿化以大地绿化为主，在沟、渠、河、塘、路旁空地植树，点、线、面结合。化工区四周、荆江大堤内外，西干渠和长沙港两旁、荆沙河和荆襄河两岸，直到荆州城内外种植防护林带，使整个城市的绿化连成整体。改造中山公园，扩建烈士陵园，兴建马河公园和三个小游园。开辟友谊路（今月堤路）、大寨路（今三湾路）、红星路、便河东路（今园林路）、塔桥路和延安二路（今太岳路）等六条林荫道，苗圃由 12hm^2 扩大到 40hm^2。

（6）规划城市东西向道路，新辟主干道古田路（今江津路）、长港路（工业区联系道路）和长征路（过境道路，今名荆襄路）。南北向道路由遵义路（今武德路）起，每间隔 800 ~ 1000m 布置一条，计有 12 条，其中遵义路、红门路、豉湖路、大寨路、友谊路北与汉沙公路相连；便河东路直通远郊风景区海子湖。规划主干道 40m 宽，中心地段可退红线；次干道 30m 宽；小区道路 20m 宽。

（7）对外交通，陆路有汉沙、荆襄、沙宜和沙洪公路，汽车渡长江可抵达湖南。外河

整理长江港区，内河在雷家垱、西干渠、豉湖渠建码头。沙市至沙洋计划开辟两沙运河（即京广运河沙市沙洋段），入口处改选于下游虾子沟，可通行 300-500t 船只。铁路北门平行西干渠引入，站场设于荆州城北门和沙市雷家垱。机场远期计划搬迁，远离市区。（8、9 为郊区规划和估算①）

“文化大革命”时期，荆州城市建设的重点有：

（1）实施道路规划，加强荆沙间联系（图 7-3、图 7-4）。1972 年后配合城市测量，按照沙市城市总体规划的道路系统对城市主次干道进行了选线，同年沙市古田路（今江津路）建成。1976 年横跨沮漳河，全长 424m 的万城公路大桥竣工通车。

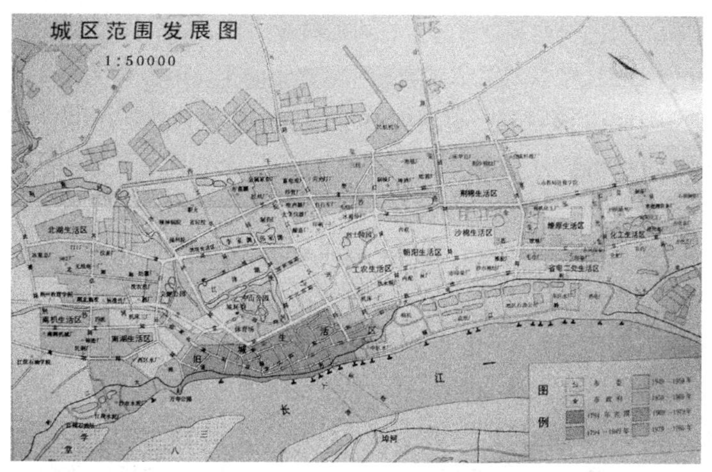

图中紫红色表示 1794 年沙市范围，深黄表示 1794—1949 年扩展范围，浅黄表示 1949—1959 年扩展范围，浅蓝表示 1959—1969 年扩展范围，深紫表示 1969—1979 年扩展范围，浅紫表示 1979—1985 年扩展范围 .

图 7-3 1969—1979 年沙市城区扩展范围

来源：沙市市建设志编纂委员会 . 沙市市建设志 [M]. 北京：中国建筑工业出版社，1992.

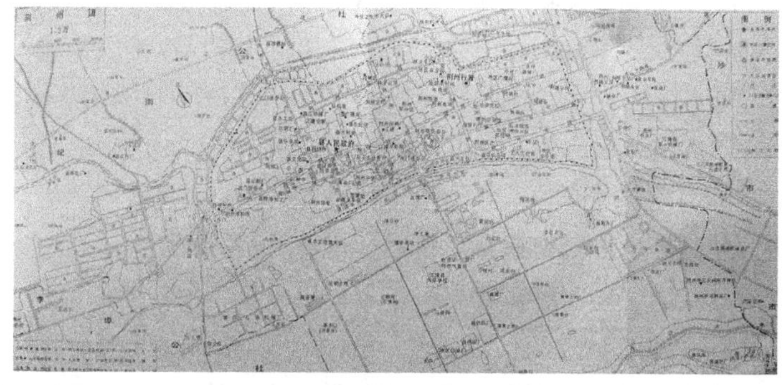

图 7-4 20 世纪 80 年代初江陵城道路

来源：江陵县地名领导小组办公室 . 湖北省江陵县地名志 [M]. 1982.

① “8. 规划郊区面积 175km²，“五五”期末（1985 年）达到蔬菜每人每天 1 斤，鱼类每人每月 0.8 斤，猪肉每人每月 2.5 斤。9. 市政工程规划和投资估算：规划成果还包括排水工程、电力工程、电讯工程、人防工程，“三废”治理等规划。近期建设规划估算需投资 6890 万元。” 以上记述引自：沙市市建设志编纂委员会. 沙市市建设志 [M]. 北京：中国建筑工业出版社，1992.

（2）建设公共建筑。1971年在拆迁便河路至新沙路一带民房后，沿北京路两侧先后建设六幢大型公共建筑：红旗大楼、东风副食店、地方产品展销楼、沙市饭店、沙市电信综合大楼和沙市工艺大楼，外观造型采用不同的建筑手法。工艺、电信和饭店大楼均规划在道路交叉口，临街面设计大型玻璃墙面或大面积采光窗；红旗大楼正立面表现旗帜舒展的形态，墙壁装饰均用砂浆抹面，外加不同色彩的涂料粉刷；承重结构分别为预制装配和整浇相结合的框架结构。

（3）大力发展纺织、建筑业和机械制造业，推动沙市东扩（图7-3、图7-4）。“文化大革命”期间，江陵重型机械制造业迁入，化工纺织业发展[①]。1970年石油工业部第四石油机械厂从甘肃敦煌迁入江陵，开始生产重型汽车。1971年沙市市建筑机械厂成立。1972年沙市东区水厂一期动工。1974年沙市第一家废水处理厂筹建。1975年沙市住宅建筑工程公司成立。1976年荆沙棉纺织厂动工。1977年沙市建筑预制厂成立，同年江陵县化肥厂第一期工程竣工，江陵棉纺织厂动工兴建。1978年李家嘴变电站投产，同年沙市市轮渡公司成立。1979年江陵县粮油食品工业公司建成仓容700万斤的第一座机械化粮仓。

（4）加强堤防修筑、城市园林建设和历史遗产保护。1971年翻修荆江大堤沙市段堤面。1975年荆江大堤岁修工程始纳入国家基本建设计划。1972年沙市中山公园北门辟地30亩建动物园。1975年九省市专业考古工作者和五所大专院校部分师生，对纪南城进行大规模调查和全面勘探、发掘。1976年沙市林场成立。1979年华中农学院荆州分院由荆门沙洋迁至江陵县城西门外，1985年改为“湖北农学院”。

（5）完善沙市城市房地产管理机构。1973年沙市革委会颁布《沙市市革命委员会关于加强城市房地产管理的规定》。1975年沙市市基本建设委员会、城市建设管理局、建筑工程管理局和房地产管理局成立。1976年沙市实行集资“六统一”建房的办法。

（6）制定沙市长江港口规划。1974年沙市长江港口从大慈街至12号泊位的岸线约3790m属沙市港务局管理。1974年在沙市城市总体规划的指导下，城建局协助港务局报送了《五五期港口规划》，1975年又修改报送了《“五五”、“六五”期港口发展规划》。总体布局上规划客运和货运两区，分4段，设12个码头。规划危险品码头和石油码头迁移至观音寺一带。除原有作业岸线外，还规划了两沙运河作业区、西区水路和铁路联运作业区。“五五”期间，在交通右路口兴建候船室，改造客运区沿江路，提高路面标高以防洪水。在港口纵深450m处修建平行于长江的货运专用道路，规划10年内改建道路两条，新辟道路4条。港区内的福利设施有海员公寓、职工宿舍、卫生院、学校和文化宫等。改造后的港口通过能力“五五”期为260.5万t，1985年达到494万t。

（7）实施沙市殡仪馆、火葬场和回民公墓搬迁规划。沙市殡仪馆原位于便河桥东头（现北京旅社处），1954年沙市首届人代会第一次会议通过提案将其迁至郊区，1959年新址在郊区石闸门今江汉北路建成。随着城市发展，1975年市城建局与市民政局选定沙岑公路边宿驾一队为殡仪馆新址，1976年绘制火葬场规划图，同年开始实施规划。回民去世后原葬

① 以下记述整理自：湖北省江陵县志编纂委员会．江陵县志[M]．武汉：湖北人民出版社，1990．沙市市建设志编纂委员会．沙市市建设志[M]．北京：中国建筑工业出版社，1992．

于郊区南湖，1953 年沙市市政府在金龙寺征地 15 亩作回民公墓，1977 年市政府按规划批准在宿驾大队划地 20 亩作回民公墓，由市民政局逐年征用，1978 年开始搬迁。

7.2 1949—1979 年荆州城市空间营造的特征分析

20 世纪 50 年代，西方工业的郊区化导致人口与经济分布突破城区界限，为恢复旧城中心的活力，城市以大规模重建的方式展开更新运动，由于缺乏对城市问题的深入研究，不仅破坏了原有的社会结构和文化多样性，还引发了职住分离和社会分化等城市问题①，推动了 20 世纪 60 年代西方政治经济学和社会学领域的新自由主义思潮，以及市民社会的建立②，理性和综合的城市规划受到批判，倡导性规划得到发展。20 世纪 70 年代美国出现民权运动，公众利益受到普遍关注，推动了规划的公众参与。1977 年国际现代建筑协会《马丘比丘宪章》提出公众参与和文化遗产保护的原则。

受到西方城市更新理论的影响，20 世纪 50 年代的中国实行了现代主义③的城市规划和建筑设计，解决了公有房地产修建、城市基础设施更新等问题。同时国家第一个五年计划的开始，苏联本土流行的民族主义建筑思潮开始影响中国。20 世纪 60 年代，“文化大革命”开始，大量政治主题的象形和隐喻手法的建筑流行（图 7-5），受到理想主义④影响，城市营造制度表现为社会主义计划经济体制下的公有房地产改造、“大跃进”和学大庆等风潮，复古主义的建筑设计和古典主义的城市规划成为城市营造技艺的主流，现代主义的城市规划一度受阻，现代建筑技术发展停滞。20 世纪 70 年代后期“文化大革命”结束，理想主义在中国发展衰微，现代主义的探索重新展开。

图 7–5　中山路的马列画像

来源：张俊 . 荆州古城的背影 [M]. 武汉：湖北人民出版社，2010.

1949—1979 年，荆州城市空间营造在现

① 城市更新瓦解了城市稳定的社会关系，破坏了历史多样性，而原来一直存在的贫民窟问题也没有根本解决。原思想陈述源自：李伦亮．城市规划与社会问题 [J]．规划师，2004（8）.

② 随着市民社会（Civic Society）在西方国家的建立，一种“自下而上”的所谓“社区规划”开始出现，公民对城市开始有参与权和管制权。保罗 · 达维多夫（Paul Davidoff）在其著作《规划中的倡导与多元主义》（Advocacy and Pluralism）中指出，“规划师应代表城市贫民和弱势群体，应首先解决城市贫民窟和城市衰败地区，要走向民间和不同的居民组群沟通，为他们服务”。1972 年，在罗尔斯（J. Rawls）在发表的著作《公正理论》（Theory of Justice）和大卫 · 哈维（David Harvey）发表的《社会公正与城市》（Social Justice and the City）中都指出城市规划应充分考虑社会公正问题。原思想陈述源自：陈静远. 西方近现代城市规划中社会思想研究 [D]. 武汉：华中科技大学，2004（11）.

③ 现代主义从根本上说是理性主义，它把场域看成是逻辑的产物，表现四维时空逻辑的明晰性，而这种明晰性的表现逐渐发展成了通用的模式，在建筑领域就出现了所谓的“国际式风格的建筑”。引自：赵冰．4！——生活世界史 [M]．长沙：湖南人民出版社，1989.

④ 理想主义把场域看成是新时代的象征，处处表现群众向往新世界的热情，这种热情的表现逐渐发展成对民族形式的认同。引自：赵冰．4！——生活世界史 [M]．长沙：湖南人民出版社，1989.

代主义和理想主义的影响下展开，一共制定了三次城市总体规划（1959年、1973年和1979年）。同时，针对不同时期的城市问题，展开了旧城改造规划（1953—1971年）、港口规划（1974年），殡仪馆、火葬场和回民公墓搬迁规划（1976年）以及多次详细规划。

7.2.1 现代主义影响下的营造境界

1953年，针对中华人民共和国成立初期沙市旧城内的道路狭窄、排水排污等问题，沙市从旧城改造角度拟定了《沙市市现有市区整理规划》。1959年《沙市市总体规划》将沙市和荆州作为整体考虑，但未强调城市功能分区，而以运河为中心组织城市工业区，居住区和工业区混合布置，港口和铁路站点靠近城市中心，采用网状的城市道路规划，因此是一次现代主义和功能主要主导的城市总体规划。在城市设计层面，在荆州南门外设置城市中心广场，引导城市公共空间向荆州城外转移，强调古典构图和艺术布局，以及自然环境的运用和景观塑造，体现了古典主义的影响。

7.2.2 理想主义影响下的营造制度

20世纪50年代，中国开始实行土地分配和国营工业化，沙市市政府依法接管旧官府房地产，1958年对私房进行社会主义改造，同时展开了大规模的基本建设，建立了社会主义公有房地产的基础。如：1952年，规划百丈园移民宿舍，忠诚街居住区，为荆江大堤加固工程拆迁服务。1956年开始对市区整理、街道扩宽、工厂搬迁和居住区建设等进行规划。对多次火灾、风灾和雨灾所毁住房均及时重建或维修，统筹安置受灾户。

1972年起，沙市的详细规划任务主要由城市规划部门承担，少数规划由建设单位自行设计交规划部门审批，极少数规划受设计级别或设计能力限制委托外地设计部门设计，受建设资金限制，规划深度不一。1973年后凡城市建设各项工程皆作详细规划，严格审批。1976年后从外地引进各种专业规划人才，规划内容逐步加深。1978年沙市市规划设计院成立，城市规划工作开始形成完整体系，由单一的住宅布置发展到公共建筑、给水排水、道路和绿化等配套工程同时设计。住宅区规划布局经历了“行列式”到“周边式”的发展阶段，设计标准由平房、内廊式向外廊式发展。规划对象有旧城改造生活区、城市新开发区和单位自建生活区，居住区范围大小，只要独立成片，皆称之为“生活小区”组团。

1978年沙市市住房六统建办公室成立，允许采用统筹统建和统筹自建两种方式展开住宅建设，实行单位集资与国家投资建设结合，统建与旧城改造结合，统建与旧城改造相结合统建资金不限，选择地点不限，设计方案不限，住房分配权限不限，统建住宅的规模日渐扩大①。

7.2.3 理想主义影响下的营造技艺

20世纪60年代开始，受复古主义和古典主义影响，荆州展开了一次城市总体规划、

① 1979年达到全市总数的70%。以上资料引自：沙市市建设志编纂委员会．沙市市建设志[M]．北京：中国建筑工业出版社，1992：219.

两次旧区改造规划、一次港口设计和一次火葬场规划。

以 1973 年《荆沙地区城市总体规划》为例，规划强调了工业的重要性，以工业区为核心划分城市片区，弱化了城市景观和公共空间的设计；在江陵城内部加入工业，为后来荆州区城市人口的过分聚集和建筑密度过高埋下隐患，导致工业发展与环境保护、历史遗产保护之间的矛盾；在沙市实施以旧城为中心的单核心密集型规划，工业片区围绕城市中心分布，没有为城市未来的发展预留足够空间，对城市景观风貌造成影响。

1973 年，《荆沙地区城市总体规划》对公众公布①，报批湖北省建设委员会，国家建委城市规划调查小组出席初审会，对此规划予以肯定，也提出了不同的见解：认为综合性工业发展的提法不太合适；服务人口 12% 偏低；要考虑知识青年下乡对人口的影响；利用旧城使规划布局显得拥挤；要注意城市安全；应充分考虑道路功能，沙市规划东西向道路都引向荆州城，造成城内拥挤；公共建筑人均 17m^2 指标偏高；规划中应补充公共建筑及商业网点分布图；绿化面积不够，应结合湖、河、渠等水面多组织一些绿化用地；有害环境的工厂都要留出卫生防护林带的空地；要保护水源；铁路客运站可考虑在幸福路（今塔桥路）正北方，离市区中心近；港口区横向交通不必要，泊位不宜太短；郊区规划过大，会成为负担；荆州城内可安排一些没有污染的小工业；这次规划涉及江陵尚嫌不足。

7.3 1949—1979 年荆州城市空间尺度研究

1949—1979 年，荆州城市空间营造在理性主义和理想主义两种思想的影响下，通过旧城更新和交通规划，初步建立起以沙市为主中心、江陵为副中心的“两核一轴型”城市。

7.3.1 体：两核一轴型城市

中华人民共和国成立初期，江陵和沙市的行政区划各不相同，但两城间关系密切。1953 年《沙市市总体规划》将沙市和江陵统一规划，明确了两者的功能性质。1979 年《沙市市暨江陵县城关镇城市总体规划》在用地布局、道路结构和市政工程等方面进一步明确了荆沙一体化的结构。但 1949—1979 年间，江陵和沙市的建成区尚未连接，江津路两侧尚未开发，整体仍“两核一轴”结构（图 7-6）。

20 世纪 50 年代沙市以老城为核心向外呈紧凑的“单核蔓延型”向外扩展②。20 世纪 60 年代呈松散的“带状单轴型”蔓延，城市骨架逐渐拉开，以北京路为主轴线发展，同时内河航运减少，城市主要依靠长江航运及公路交通与外界联系，港口移至长江下游的盐卡，

---

① “1973 年 10 月，《荆沙地区城市总体规划》在工人文化宫展出，参观人数约 5 万人次。11 月省建委在沙市召开荆沙城市总体规划初审会，省内 6 市（武汉、黄石、宜昌、襄樊、十堰、沙市）、荆州地区、江陵县以及长江航运公司、省水电局、省交通局派人出席会议；正在沙市工作的国家建委城市规划调查小组也列席了会议。1974 年 3 月《荆沙地区城市总体规划》修改完毕并报省建委，批复：在省革命委员会（简称省革委会）没有正式批准以前，荆沙两地建委暂按上报规划文件执行。”以上记述引自：沙市市建设志编纂委员会．沙市市建设志 [M]. 北京：中国建筑工业出版社，1992.

② 本节关于沙市和江陵 20 世纪 50—70 年代的扩展形态分析，参考：荆州市城乡规划局．荆州市城市总体规划（2010—2020）[R].2009.

图 7-6 1979 年沙市市、江陵城关城市总体规划图
来源：沙市市建设志编纂委员会 . 沙市市建设志 [M]. 北京：中国建筑工业出版社，1992.

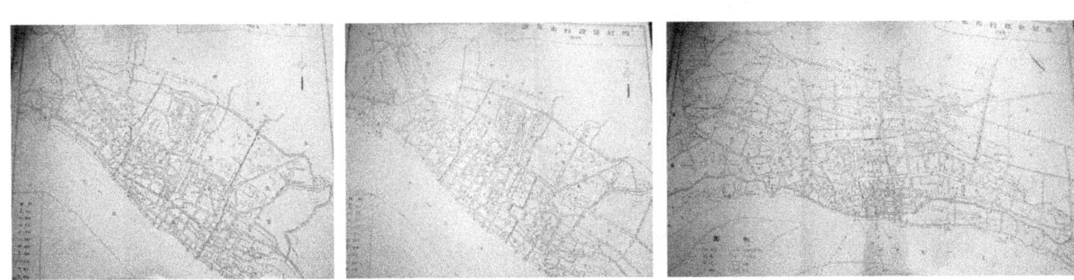

图 7-7 1953 年、1959 年和 1973 年沙市城区范围图
来源：沙市市政权志编纂办公室 . 沙市市政权志 [Z]. 1989：插页 .

工业区沿江向东西扩展。20 世纪 70 年代呈“带状轴间填充型”扩展，污染严重的化工企业移至郊区，城市第二条东西向干道江津路形成，南北向的道路网络建立，城北用地呈面状展开，居住区集中于南部（图 7-7）。

此阶段的江陵城呈“单核内聚圈层”型扩展。1949 年，城内建设用地仅 1.5km^2，沿南北向的三义街和东西向的荆中路呈十字形分布。1949 年后，荆州行署设于荆州城内，行政机关、学校和居住集中于古城中部和南部，商业集中于荆中路，古城外以北有少量居住区。20 世纪六七十年代，第四石油机械厂、省水文地质大队及江汉石油学院在古城外以南建设，城市用地布局突破城垣限制，但仍以古城为核心发展（图 7-8、图 7-9）。

7.3.2 面：工业区、居住区和绿地扩展

1949—1979 年荆州城市空间的面状扩展主要体现在工业区、生活居住区和城市绿地三个方面。

1. 工业区扩展

1949—1979 年间，荆州城市外围形成的工业区主要有 8 片：①红光路东的化工工业区；②红门路和红光路之间的纺织轻工业区；③烈士陵园北的小型日用工业区；④荆沙路北的机械工业区；⑤南湖的军工 408 和电子工业区；⑥荆州农校南的木材加工工业区；⑦荆江堤

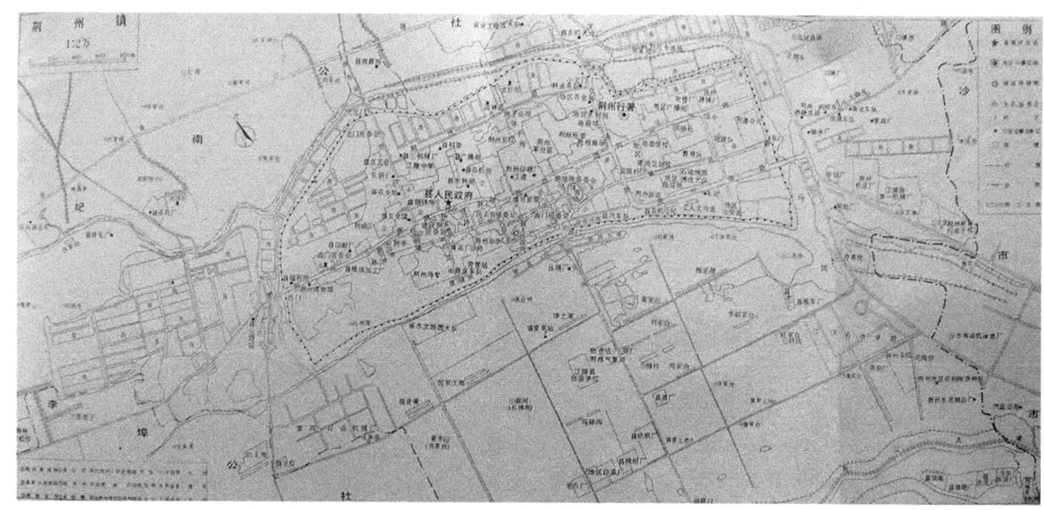

图 7-8　20 世纪 80 年代初江陵城道路
来源：江陵县地名领导小组办公室 . 湖北省江陵县地名志 [Z]．1982.

图 7-9　20 世纪 80 年代江陵城内由南向北（左）和由东北向西南（右）鸟瞰图
来源：湖北省江陵县志编纂委员会 . 江陵县志 [M]．武汉：湖北人民出版社，1990：插页 .

外的电力、造纸和造船工业区；⑧荆州城南的石油机械和地方工业区[①]（图 7-10）。这些工业区多自 20 世纪 50 年代开始改建，20 世纪 60 年代较大规模建设，1979 年《沙市暨江陵县城关镇城市总体规划》对工业区进行了整合规划。

2. 居住区扩展

1949—1979 年间荆州城市居住区的兴建[②]主要分为三个阶段：一是 20 世纪 50 年代至 60 年代中期，由市政府或大型企业投资在工业区内设计建造工人宿舍和住宅，以行列式为主；二是 20 世纪 60 年代中后期自筹自建多层点式住宅；三是 20 世纪 70 年代后设计有集中配套生活设施的封闭式居民区（表 7-2）。这些居住区包括：

① 以上记述源自：沙市市建设志编纂委员会．沙市市建设志 [M]．北京：中国建筑工业出版社，1992.

② 本节关于荆州居住区规划建设的记述源自：沙市市建设志编纂委员会．沙市市建设志 [M]．北京：中国建筑工业出版社，1992.

图 7–10 沙市红门路和红光路之间的纺织，轻工业区
来源：沙市市建设志编纂委员会 . 沙市市建设志 [M]. 北京：中国建筑工业出版社，1992.

沙市市城区住宅面积一览表 表7–2

年份	实有面积（万 m^2）	年份	实有面积（万 m^2）	年份	实有面积（万 m^2）	年份	实有面积（万 m^2）
1949	96.37	1959	89.03	1969	106.43	1979	187.60
1950	96.20	1960	88.83	1970	111.32	1980	208.06
1951	93.10	1961	88.23	1971	114.93	1981	235.75
1952	85.60	1962	89.19	1972	119.70	1982	276.17
1953	85.42	1963	91.43	1973	125.78	1983	309.27
1954	85.44	1964	93.65	1974	132.27	1984	327.60
1955	83.01	1965	96.23	1975	140.30	1985	347.69
1956	82.15	1966	100.59	1976	149.71		
1957	82.24	1967	102.43	1977	156.38		
1958	85.17	1968	105.47	1978	169.49		

来源：沙市市建设志编纂委员会 . 沙市市建设志 [M]. 北京：中国建筑工业出版社，1992.

（1）搬运宿舍生活区：沙市解放后最早建的工人住宅片（区），建于 1952 年，位于江汉路与红门路之间，由市政府建设科设计，先后共建 63 幢。行列式排列，南北朝向①，砖木结构（图 7-11）。

① “每排相距 10 米，山墙间距 9 米。每幢 10 间，每间长 3 米。60 年代末发展春来、春风两个居住区，面积约 7 公顷。”以上数据引自：沙市市建设志编纂委员会. 沙市市建设志 [M]. 北京：中国建筑工业出版社，1992.

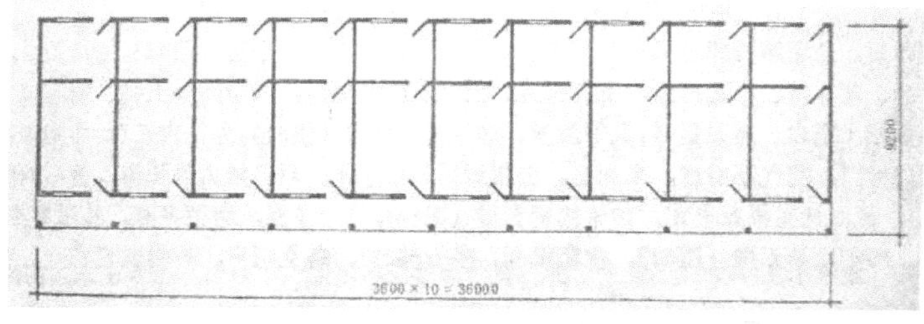

图 7-11　沙市 20 世纪 50 年代搬运宿舍平面图（左）和建成后的街景（右）
来源：沙市市建设志编纂委员会 . 沙市市建设志 [M]. 北京：中国建筑工业出版社，1992.

（2）向阳纺织工人住宅片（区）：1953 年由纱厂（今市一棉）投资始建平房，之后不断续建，至 1971 年在沙市形成第一个纺织工人住宅片（区）。

（3）工农新村工人住宅片（区）：1956 年由政府投资首建的第一批砖木结构平房，重点安置上海等地迁来的技术工人。1959 年后市房管部门续建 2-3 层砖混结构楼房若干幢。

（4）文化坊生活区：1958 年由建设局设计科设计、市人委投资建设的沙市第一个居民生活区。位于江汉电影院和文化宫路之间，占地约 $4hm^2$。规划布局为行列式，南北朝向，住宅类型为内廊式两层楼，厨房公用。设计思想是为增进邻里之间的密切关系与互助。

（5）东部生活小区：1959 年由市建设局规划设计科设计，位于杨林堤以南，总占地 $56.7hm^2$ ①。区内道路东西南贯通，划分为 6 个街坊，行列布局。小区配套有行政和商业服务，中、小学校，托儿所、幼儿园和食堂等公共建筑 20 项，公共绿地 $3hm^2$ 有余。规划住宅平均层数为 2.3 层，分 1 室户、1 室半户、2 室户和 2 室半户四种类型，8 种单元组合形式，厨房、厕所公用。但此规划未实现，后由各厂家和房管部门建成了工农一村和二村，内配宿舍、红星村等组团。

（6）朝阳居民住宅片（区）：1965 年市房管部门先后临街建砖混结构条式住宅 5 幢，之后逐年向北、向东续建。市污水处理厂、热电厂、袜厂和床单一厂等单位先后自建住宅，1978 年基本形成居民住宅片（区），共有住宅楼 33 幢，其中条式 26 幢，点式住宅 7 幢。

（7）沙市棉纺织印染厂生活区：1965 年由纺织工业部纺织设计院设计。1966 年动工，由沙市棉纺织厂和印染厂自筹自建，之后续建，至 1985 年建住宅 92 幢。位于豉湖路东，南临北京路，即今沙市棉纺织厂和沙市印染厂生活区。生活区占地约 $12hm^2$，发展预留用地 $27hm^2$。初设计时是 3 层楼房，分单身和双身宿舍，双身宿舍为单元式，单身宿舍为外廊式。楼房行列式布置，面南背北斜对北京路。生活区西北角设有子弟学校和保健所，无商业服务配套设施。1982 年沙市规划处对两个生活居住区作《公共设施配套规划》，市政工程公司受厂方委托为生活区排水作初步设计。

（8）金龙居住住宅片（区）：1967 年市房管部门初建，1976 至 1985 年续建完成，共计住宅 28 幢 ②。1967 年建砖混结构条式外长廊住宅 6 幢（参见图 7-12）。1976 年向西伸延，由市住宅建筑公司承建带店住宅 2 幢。1981 年建砖混结构条式住宅楼 10 幢。同时，荆江河

① 以下记述源自：沙市市建设志编纂委员会．沙市市建设志 [M]．北京：中国建筑工业出版社，1992.
② 以下记述引自：沙市市建设志编纂委员会．沙市市建设志 [M]．北京：中国建筑工业出版社，1992.

床实验站，市服务公司，酒厂和水泥厂自筹自建条式和点式住宅楼各3幢。小区形成时，区内道路和绿化同步建成。

（9）红星村生活区：1973年由市城建局规划组设计。位于北京路，占地34hm^2。道路南北东西贯通，全区布置4个组团，各自以居委会为中心，中心地段设区中心，另设有幼儿园和中小学校，考虑服务半径，预留居委会工业用地。采用行列式与周边式相结合，缀以点式建筑物，设有中心绿地。住宅以3～4层为主，间距1:1.2，大部分南北朝向。

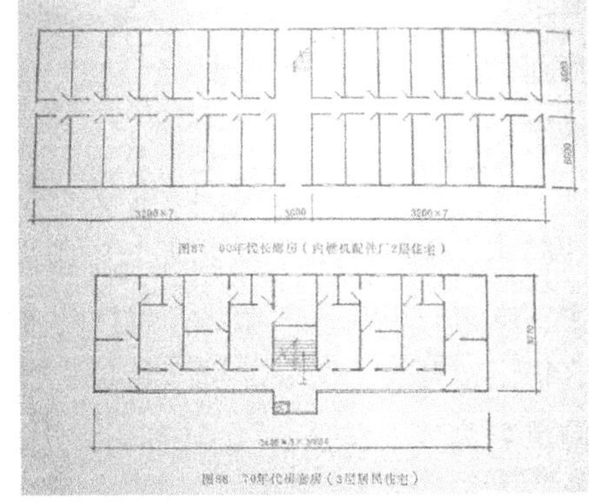

图7–12 20世纪60年代长廊房（内燃机配件厂2层住宅）（上），20世纪70年代房套房（3层居民住宅）（下）

来源：沙市市建设志编纂委员会.沙市市建设志[M]. 北京：中国建筑工业出版社，1992.

（10）荆棉工人住宅区：1974年由荆沙棉纺织厂自行投资兴建，1985年基本形成。共有住宅63幢，小区内建有电影院、俱乐部和球场，中、小学校、幼儿园、托儿所和商店，住宅结构和布局逐渐完善。

（11）石油钢管厂工人住宅片（区）：1977年始建，系江汉石油钢管厂职工宿舍。1985年形成封闭式工人住宅片（区），建成住宅38幢。小区内生活服务设施逐步建成，住宅结构和布局逐渐完善。

（12）长港路大板住宅片（区）：1978年由国家投资，市第一建筑公司建设，1985年建成。有住宅12幢，其中条式住宅9幢，点式住宅3幢，采用预制墙体。

（13）燎原居民住宅区：1978年动工，1983年建成，是沙市以统建为主的第一个同步配套的居民生活区。共占地50亩，建房屋39幢①。区内配套设施完备，按5个生活单元布局。区内主干道通而不畅，主干道宽7m，支路宽3.5m、2m或1.2m。住宅楼以5层为主，间以6层，2幢点式为8层带帽。房型有一室户，一室半户，两室户和三室户，每户平均建筑面积50m^2。临街建筑的底层为商店，注意街景美化。小区东南辟有水池、亭阁和绿地，住宅之间以生活单元进行庭院绿化。

1949—1979年间荆州居住区的发展显示，功能主义的住宅设计逐渐转向综合性的社区规划。居住建筑的户型发生了巨大变化，反映了建筑技术和社会生活方式的变迁。20世纪50年代集中建设工人宿舍，为小平房，结构简易，土地坪，大通间，房屋低矮，夏季潮湿。20世纪60年代自筹自建长廊房，户型单一，廊道多共享，先是内长廊，中间通道，空气不对流，采光差，公用厨房和自来水，后发展为外长廊，独用厨房，多一梯8户。20世纪70年代集中规划设计生活社区，多为套房，户型多样，一户多室，独用厨房，公用自来水。

3. 园林绿地扩展

1949—1979年，荆州的园林绿地规划受到重视。1959年开始，历次城市总体规划都包含园林绿地的专项规划。1963年沙市建设局编制了《沙市市城市园林绿化建设十年规划（草案）》，计划扩大中山公园、新建马河公园和新建小游园20个，城市道路种行道树，地角水滨

① 以下记述引自：沙市市建设志编纂委员会．沙市市建设志[M]．北京：中国建筑工业出版社，1992.

遍植树木，成片造林，人均绿地达到 $30m^2$。20 世纪 70 年代成立沙市绿化指挥部，每年均作计划，指导实施城市绿化，至 1985 年建成街头和道边小游园 14 处。这一时期主要的园林绿地建设包括：

（1）改建中山公园：1960 年上海园林局技术员来沙市协助制订了中山公园改造方案。1963 年原国民党军垦农场划归中山公园，计划将公园扩大到便河东，增加面积 $8hm^2$，扩至 480 亩，后经多次变化，总面积 415.5 亩，其中水域 90.5 亩。1965 年春中山公园对游客售门票开放，国家副主席董必武视察沙市，题写了园名。"文化大革命"时期，中山公园更名为"人民公园"。1975 年，武汉工学院制定了中山公园改造方案，1978 年恢复原名①（图 7-13）。

图 7-13　20 世纪 50 年代初期（左）、20 世纪 50 年代中期（中）和 20 世纪 80 年代初沙市中山公园
左、中图来源：张俊．荆州古城的背影 [M]．武汉：湖北人民出版社，2010.
右图来源：沙市市建设志编纂委员会．沙市市建设志 [M]．北京：中国建筑工业出版社，1992.

改建后的中山公园是一座综合性文化娱乐公园。公园以工农兵塑像广场和蜈蚣岭游览区为南北主轴线，东为古迹游览区，西为动物园、花苑、纪念活动区、茶社、游乐区和盆景园等。正门色泽鲜艳，大门内原总理纪念碑和市政亭（中山亭）被拆除，改建为工农兵塑像广场。广场北为蜈蚣岭游览区，结合人防出入口隐蔽工程，从北至南依次建有夕照亭、迎曦轩、爽秋亭、镜漪亭和金桂栏，有的人防地道洞口装有假山和棚架。蜈蚣岭东为古迹游览区，有春秋阁和楚令尹孙叔敖墓（相传为衣冠冢），景前有长方形水池，便河沿岸有柳堤。

蜈蚣岭西分布着占地 30 余亩的动物园，1.1 万 m^2 的花苑和雪松大草坪，1200 座位的人民会场，儿童乐园、松涛餐馆、小卖部、照相馆和游艇码头等。动物园内建有鸟廊、孔雀房、熊舍、猴房、鹿苑、小兽房、金鱼馆、小熊猫馆、狮馆、虎馆、骆驼房和水族馆，笼舍面积 $1100m^2$。花苑被小溪隔为东西两部分，上架一桥，桥西为温室、厅、室，以廊连接，内凿水池，东依假山，有操作间。苑内筑有花坛和小径，兼有生产和游览功能，仅节假日开放。花苑以西是纪念活动区，由活动广场和两块草坪组成，"革命烈士纪念塔"耸立其间，有干道连接此塔和解放亭（原中正亭），亭西有醒园茶社。茶社南为溜冰场、宇宙飞船游乐区和锄云阁。西北角有盆景园，与纪念塔一湖之隔。盆景园内分前庭、露天展区、展馆和生产区，另建有方亭一座，三个露天展区由景墙和植物分隔，各区和馆间以曲径连通，内养有山石盆景和植物盆景各数百件。

① 以下记述整理自：沙市市建设志编纂委员会．沙市市建设志 [M]．北京：中国建筑工业出版社，1992.

（2）修建烈士陵园：位于古豫章岗上，1957年为纪念解放沙市牺牲的革命烈士而兴建，占地12hm^2，有烈士纪念碑和烈士纪念馆，馆内陈列革命烈士的遗物。

（3）修建便河小游园：位于便河垴，原名百花园，1963年始建，1975年重建，占地8.6亩。内有3m宽的水泥路面，以大枇杷作主干道树，园内有中心花坛、芍药花坛、多层花坛等，植有大龙柏、大雪松、紫薇、法冬青、海桐、罗汉松、石榴、笔柏、樟树和白玉兰等。便河小游园沿水系营造，成为城市中心重要的绿色公共空间，构成沙市绿地规划的一大特色。

7.3.3 线：两城间道路连通和城外路网扩散

1949—1979年间，荆州增修内部道路加强了两城联系，搭建外部路网增强了城市对外联系[①]，并在北部和东部分别修建西干渠和运河，形成新边界。

1. 荆沙间道路联系

中华人民共和国成立后荆州的历次城市总体规划都对道路系统有所调整，1965年制定了《沙市旧区道路拓宽及退让规划》，1972年后配合城市测量，按照总体规划的道路系统对城市主次干道进行了选线。这一时期增修的城市干道包括：

（1）北京路。中华人民共和国成立后沙市的第一条城市主干道，连接东部工业区和沙市老城，1958年始建，呈西北东南走向，西起金龙路（后接荆沙路通荆州古城），东至范家渊路口连沙洪公路，全长9.3km。规划红线宽度50m，便河段60m，横断面为“三块板”形式。1963年沙市行政命令将北京路缩窄为20m，并局部临街建住宅，以限制路宽，横断面也变为“一块板”。1965年后又拓宽为40m，中心地段50m。1985年底全线建成沥青和水泥混凝土路面[②]（图7-14）。

（2）古田路（今江津路）。连通沙市和荆州古城，20世纪70年代沙市城区最长的主干道。东起卷管厂，西至荆州城东门，全长约11.5km。1973年规划，红线宽度60m，为“三块板”式，机动车道35m宽。1980年后改名江津路[③]（图7-15）。

图7-14 20世纪80年代初沙市北京路街景
来源：肖潇，张明贵．魅力荆州之城建篇：荆州脸孔的靓丽变身[N]．荆州日报，2009-12-23.

（3）中山路：旧称三府街，集中了大量民国时期的商业建筑，中华人民共和国成立后又落成的公共娱乐设施，有东方红剧院和人民电影院等，呈现出丰富多样的历史文化景观，同时连通荆沙的第一条公交线路的起点就位于中山路西端（图7-16）。

（4）建设路：东起北京路，西接塔桥路与北

① 20世纪70年代末，荆州所有规划的城市主次干道中线皆以测量坐标（北京坐标系）定线，道路红线控制更为科学。本节关于荆州道路规划建设的记述源自：沙市市建设志编纂委员会．沙市市建设志[M]．北京：中国建筑工业出版社，1992.

② 以上记述整理自：沙市市建设志编纂委员会．沙市市建设志[M]．北京：中国建筑工业出版社，1992.

③ 以上记述整理自：沙市市建设志编纂委员会．沙市市建设志[M]．北京：中国建筑工业出版社，1992.

图 7-15　20 世纪 80 年代的江津路

来源：沙市市建设志编纂委员会 . 沙市市建设志 [M]. 北京：中国建筑工业出版社，1992.

图 7-16　20 世纪 70 年代的红门路（左）和 20 世纪 50 年代第一条荆沙公交线路起点——沙市中山路口（右）

左图来源：沙市市建设志编纂委员会 . 沙市市建设志 [M]. 北京：中国建筑工业出版社，1992.

右图来源：张俊 . 荆州古城的背影 [M]. 武汉：湖北人民出版社，2010.

京路的交会处，全长 1.05km，略呈东西走向。西段原为襄沙公路尾，中段由旅寄坊至中山公园大门口[①]，后更名公园路。

（5）江汉路：位于沙市便河以西，南起临江路，北至西干渠，全长 3.09km，路幅宽 14m，为“一板两带”路型。此路联系中山路、胜利街、北京路、航空路、文化宫路、园林东路、江津路和长港路，以北京路为界，南为江汉南路，北为江汉北路[②]。1959 年始建，1973 年扩宽。

（6）红门路：位于江汉路以东，南起胜利街，北至西干渠，穿航空路、江津路和长港路，北抵红门路桥，接十号公路，全长 2.5km（图 7-16）。北京路以北 1965 年修建。北京路以南段接胜利街，约 0.4km，原为章台巷，可通往太师渊和章华寺。1983 年十号公路建成通车后，武汉至沙市间长途汽车均由红门路出入，比原来从荆州东门外出入缩短里程 6.25km。

（7）白云路：位于沙市西部文湖公园以西，北起江津路，南接廖子河路，全长 1.68km。1974 年始建，原名延安一路，过境车辆由此进入城区，减少北京路的过境车流量。

① 首次在沙市进行五同步施工（即道路、排水、绿化、照明、电讯同步施工）的工程，由沙市规划处设计，沙市市政工程管理处承建。以上记述整理自：沙市市建设志编纂委员会. 沙市市建设志 [M]. 北京：中国建筑工业出版社，1992.

② 以上记述整理自：沙市市建设志编纂委员会. 沙市市建设志 [M]. 北京：中国建筑工业出版社，1992.

（8）跃进路：沿荆江大堤内侧，西起红门路，东至农药厂，全长5.13km。1958年始建。

（9）金龙路：东起荆沙河“春景”处，接北京路，向西穿纯正街，接迎禧街北折，穿白云路和太岳路，北抵沙市南湖机械总厂，长1.5km。1958年为开辟沙市西部工业区始建，后规划延伸至武德路，全长2.26km。

（10）汉沙公路沙市段：1969年修汉沙公路时，裁曲取直改建成宽9m的沥青混凝土路面，1980年后更名荆沙路，成为联系荆州沙市间的城市干道。

（11）长港路：位于长港渠北岸，西起塔桥路，东至三湾路，长5.32km。始建于1972年，路两侧建成企事业单位数十家，西段南侧形成居住区①。

2. 人工渠和运河

1949—1979年间，荆州外围的线状空间主要围绕人工渠和运河展开营造：

（1）西干渠：是荆州四湖工程指挥部规划的排灌人工渠，渠首起于沙市，始定线由塔儿桥经石闸门、太师渊直达季家庙，至马家台与中线相接，后考虑城市用地完整，1959年沙市建设局局长杨万鼎与四湖工程指挥部曾凡科现场踏勘选线，经慎重斟酌，选定首线由雷家垱与马家台直接相连，距长江约3km。

（2）两沙（沙市—沙洋）运河：连接汉水与长江的人工河，是长江流域规划办公室规划开凿京广运河的一段。1953年即有议案，1959年、1972年制定总体规划时无具体方案。1973年湖北省建委召开荆沙城市规划初审会议，认为两沙运河沙市段工程事关荆沙城市发展和城市用地、排水、对外交通和四湖排灌工程，关系重大，会后组织荆州地区民间运输管理处、荆州地区水利局、江陵县水利局、沙市交通局开会，提出两沙运河沙市段选线规划，具体意见有：①两沙运河长江入口处位于沙市东区虾子沟以东，具体位置由有关单位组成选线小组实地勘测商定。②两沙运河窑湾船闸应与荆北水利工程沙市窑湾灌溉闸统一规划。③沙市段线路为窑湾—砖桥—跨越西干渠—观音垱—宜阳—席家口。④与两沙运河有关各构筑物、建筑物由湖北省统一规划、设计、建设。⑤与两沙运河有关的用地由荆沙城市规划办公室统一规划预留②。

7.3.4 点：文化建筑和纪念建筑③

1949—1979年间荆州的文化和教育事业发展，公共建筑增多，文化建筑和纪念建筑构成了城市空间节点的主体。1950—1952年经济恢复期间，建设人民剧院和荆江大楼等。1958年后建造荆江分洪纪念碑、中山公园革命烈士纪念塔和江汉电影院等。1960年后建设了第三中学和胜利旅社。1970—1979年建设的标志性建筑有沙市饭店和工艺大楼等。

（1）人民剧院：位于便河西路，原为财神殿旧址，1950年改建为剧院，是中华人民共和国成立后沙市新建的第一座剧场。1952年紧邻的更新烟厂起火，遭焚毁，后重建。为砖木结构，占地2420m^2，建筑面积2488m^2，共有座位914席，可放电影，又可供戏曲演出（图7-17）。

---

① 以上记述整理自：沙市市建设志编纂委员会．沙市市建设志[M]．北京：中国建筑工业出版社，1992.

② 以上记述引自：沙市市建设志编纂委员会．沙市市建设志[M]．北京：中国建筑工业出版社，1992.

③ 本节关于荆州公共建筑设计建造的记述整理自：沙市市建设志编纂委员会．沙市市建设志[M]．北京：中国建筑工业出版社，1992.

图 7–17　1954 年的沙市人民会场（左）和 1953 年人民剧院（右）
来源：张俊 . 荆州古城的背影 [M]. 武汉：湖北人民出版社，2010.

（2）荆江大楼：位于通衢路尾，1951 年中南军政委员会决定建设，定名荆江大厦，由毅成营造厂修建，是中华人民共和国成立后沙市修建的第一座办公楼房。原设计建 5 层，后建成 2 层，更名荆江大楼。建筑坐北朝南，占地面积 9535m^2，建筑面积 774.92m^2；青砖红瓦，砖木结构；屋盖为庑殿式，木楼板、扶梯和格花形门窗，外刷大红油漆，建筑朴素大方（图 7-18）。1952 年竣工，荆江分洪工程总指挥部设于楼内，国家副主席宋庆龄、工程总政委李先念、总指挥长唐天际等曾在此楼工作和活动，现为沙市市重点文物保护单位。

图 7–18　荆江大楼（左）和工艺大楼（右）
左图来源：沙市市建设志编纂委员会 . 沙市市建设志 [M]. 北京：中国建筑工业出版社，1992.
右图来源：沙市市地名委员会 . 沙市市地名志 [Z]. 1984.

（3）荆江分洪纪念碑：坐落在荆江大堤望江矶上，1952 年建成。碑坐北朝南，占地面积 450m^2，花岗石结构，3 层 4 面，通高 11m。顶部为金属铸造的红色五星，碑上层雕有飞鸽浮雕图案，底层四面大理石嵌刻浮雕图案，再现了抗洪军民团结奋战的场面。碑南面大理石上镌刻着毛泽东主席题词："为广大人民的利益，争取荆江分洪工程的胜利"，北面为周恩来总理的手书："要使江湖都对人民有利"。碑两侧分别镌刻邓子恢的七言诗和李先念、唐天际撰写的碑文①。碑下设台，四边用大理石柱铁栏链围护。纪念碑东西两侧各有 1 座绿色琉璃瓦六角攒尖顶碑亭，各高 8m，亭内各立石碑 1 块，刻有参加荆江分洪工程的 928 名英模名单（图 7-19）。

① 以上记述引自：沙市市建设志编纂委员会．沙市市建设志 [M]．北京：中国建筑工业出版社，1992.

图 7-19 中山公园革命烈士纪念碑（左）和荆江分洪纪念碑（右）
来源：自摄，左为 2010 年，右为 2005 年。

（4）中山公园革命烈士纪念塔：位于沙市中山公园内西北角。1958 年为纪念在战争年代、抗美援朝时牺牲的革命烈士而建，建塔资金系抗美援朝时沙市人民捐献购买飞机大炮的余额。此塔坐北朝南，花岗石结构，通高 12.75m，塔身条石平砌，呈方柱形，底部直径 2.40m，顶约 0.8m。塔身正面大理石上镌刻朱德题词“革命烈士永垂不朽”鎏金大字，塔身背面为谢觉哉手书“鼓足干劲，完成烈士未竟事业”。塔身下部内收，四壁镶嵌汉白玉大理石，正面刻有“革命烈士纪念塔”及建造年月。两侧及背面为中共沙市市委员会、沙市市人民政府撰写的“革命烈士纪念塔”塔文。塔基座平面呈方形，直径 3.96m，面积 15.68m^2，四角各有 0.85m 高，直径 0.24m 石柱凸出于基座。塔区四周为混凝土块铺砌，塔台呈方形，高 0.40m，面积 268.70m^2，台前有石阶 3 级，正中有红色预制块通道至解放亭[①]。现为沙市市重点文物保护单位（图 7-19）。

（5）江汉电影院：位于江汉路与北京路交叉处，1960 年落成，为中华人民共和国成立后沙市新建的第一座大型电影院。占地 2912m^2，建筑面积 1702m^2，门前广场达 4000m^2。观众厅座位 1208 个，色调柔和，座位舒适，音响效果良好，系混合结构，屋顶为木质人字架，在当时木材供应匮乏的情况下，采用裂环拼接形成 21m 跨度的木桁架。

（6）第三中学：位于北京路与新沙路交会处。原为童家花园，民国年间江陵县立沙市小学、国立湖北省师范学院和湖北省立江江陵高级中学都曾在此办学。1949 年沙市市政府接管，改称沙市中学，1956 年更现名。原为马蹄形平房教室，现存建筑均为 1961 年后新建。1985 年末占地 3.7 万 m^2，总建筑面积 1.3 万 m^2。主教学大楼高 3 层，设教室 24 间，采用大玻璃钢窗，光线条件良好。图书阅览楼建筑面积 1500m^2，实验大楼面积 1551m^2，内设物理、化学、生物实验室、外语语音教学室等。主体建筑均为砖混结构，由沙市建设局设计科、建筑设计院设计，第一建筑公司承建[②]（图 7-20）。

（7）胜利旅社：位于江陵南门大街西段中部，两层砖木结构建筑，原为药铺，在“文

① 以上记述引自：沙市市建设志编纂委员会. 沙市市建设志 [M]. 北京：中国建筑工业出版社，1992.
② 以下记述引自：沙市市建设志编纂委员会. 沙市市建设志 [M]. 北京：中国建筑工业出版社，1992.

化大革命”期间曾改造建筑立面，正中为五角星图案，有“文化大革命”时期建筑的典型特征（图 7-20）。

图 7-20　胜利旅社（左）和沙市三中（右）
左图来源：荆州市城乡规划局 . 荆州历史文化名城保护规划（2009 年版）[R]. 2009.
右图来源：沙市市地名委员会 . 沙市市地名志 [Z]. 1984.

（8）沙市饭店：位于北京路与便河东路交会处。1971 年动工，1972 年建成，占地面积 3305m^2，建筑面积 6400m^2，共有客房 176 间，床位 555 个，楼高 5 层，砖混结构，L 型转角布局，外墙浅灰色水刷石抹面，进店为宽敞的接待厅，水磨石格花地坪（图 7-21）。

图 7-21　20 世纪 80 年代（左）和 2005 年（右）的沙市饭店
左图来源：沙市市建设志编纂委员会 . 沙市市建设志 [M]. 北京：中国建筑工业出版社，1992.
右图来源：自摄。

（9）工艺大楼：位于北京路与公园路交会处。1978 年建成，呈 L 型布局，共 5 层，高 24.6m，建筑面积 4579m^2，为预制与现浇结合的框架结构，外墙装饰采用黄色水刷石，临街设计为大面积玻璃格窗。

7.4　总结：全球文化萌芽时期政治因素主导的内聚式城市空间博弈

1949—1979 年间，中华文化的形态由开放转为内聚，荆州的城市空间营造受政治因素的影响，在自然、社会和个人层面都体现出理想主义的空间结构，描绘着社会主义大家庭的图景。

7.4.1　自然层面：堤防修筑和水路消失

1949—1979 年间，荆州族群与自然环境的博弈体现了人定胜天的“大跃进”思想。1952 年荆江分洪工程动工，1954 年荆江大堤水利工程开始，堤防抗洪能力提高，荆北平原的安全度提升。1953 年沙市城墙拆除，公路代替水路成为荆沙之间新型的交通方式。以自然河道为公共生活廊道的时代远去，只有便河小游园保留了一丝传统痕迹。

7.4.2　社会层面：道路规划和统筹统建

1949—1979 年间，荆州的社会空间营造显示出计划经济体制下的城市规划和建设特点。自上而下的城市规划决定了城市分区与产业布局，塑造了以工业为核心、以城市干道为公共空间、以集体住宅为居住单元的空间结构。社会主义制度和计划经济体制保证了规划成果的落实，基础设施、公共建筑和公共空间以统筹统建的模式进行。

7.4.3　个人层面：工业拓展与单位住宅

计划经济体制下，荆州族群的生活空间走向均质化。城市生活服从于城市生产，工业用地成为城市拓展的主要内容。单位住宅塑造了社会生活的共性特征，显示出社会主义制度下人人平等的理想图景，但也忽略了族群的个性差异。集体经济下生活空间的差异性大为减少，空间模式较为单调（表 7-3）。

当代（四维后科学阶段）荆州城市空间营造的动力机制分析表　　表7–3

时间		主体		客体		主客互动机制	
全球时间	荆州时间	荆州族群主体	族群主导文化	聚落、城市	城市空间	主体对于客体的影响	客体对主体的影响
1949—1979 年	1949—1959 年	中华民族	全球文化：现代主义	沙市江陵	旧房改建 工商业发展 公共设施建设 堤防改造	全球文化萌芽时期，现代主义和理想主义的影响，使得荆州城市工业发展加快，两城间联系扩展加快： 体：两核一轴型城市。 面：工业区、居住区和绿地扩展。 线：两城间道路连通和城外路网扩散。 点：文化建筑和纪念建筑	1949—1979 年荆州城市空间营造推动了城市集体生活和工业城市文化的形成： 1. 堤防修筑和水路消失； 2. 公路构架和统筹统建； 3. 工业拓展与单位住宅。 全球文化萌芽时期特点： 1. 政治指导的规划专门化； 2. 工业化城市和集体生活； 3. 理想主义和古典主义
	1959—1969 年		全球文化：理想主义		工业发展 河渠改造 道路改造		
	1969—1979 年				工业发展 规划工作 道路建设 园林建设		

第 5 部分

当代荆州城市空间营造研究

第 8 章　1979—2009 年荆州城市空间营造研究

8.1　1979—2009 年荆州城市空间营造历史

8.1.1　1979—1989 年：江陵的建造和保护，沙市的设计和建造[①]

1979 年江陵和沙市的建成区已连为一体，荆州地区建委组织沙市基本建设委员会和江陵县建委共同制定了《沙市市与江陵县城关镇统一规划大纲》，同年沙市市规划设计院成立，按照大纲要求补充修订了 1973 年制定的《荆沙地区城市总体规划》，改称《沙市市暨江陵县城关镇城市总体规划》，1981 年经湖北省政府批准实施，成为中华人民共和国成立后荆州首个被批复的城市总体规划（图 8-1）。

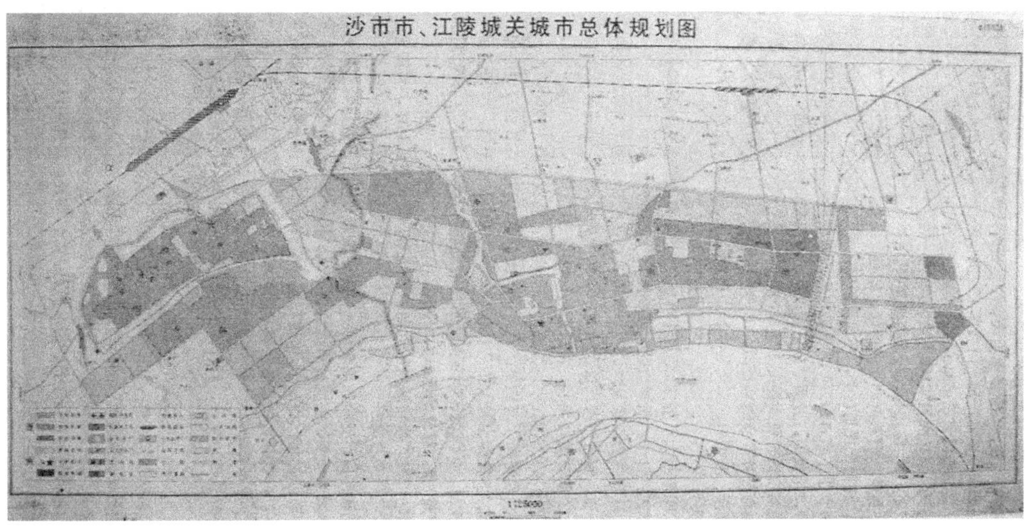

图 8-1　沙市市、江陵城关城市总体规划图
来源：沙市市建设志编纂委员会．沙市市建设志 [M]．北京：中国建筑工业出版社，1992.

在总体规划的指导下，1979—1989 年间荆州还编制有沙市园林绿地规划、沙市公共交通规划、沙市给水排水规划、江陵历史文化名城保护规划、沙市文化体育设施规划、沙市居住区规划、沙市铁路和机场规划等，城市中心区的基础设施建设规划是城市规划的重点，规划工作的科学性和专业性得到提高。

① 本节关于改革开放初期江陵城市空间营造的历史记述源自：湖北省江陵县县志编纂委员会．江陵县志 [M]．武汉：湖北人民出版社，1990.

关于改革开放初期沙市城市空间营造的历史记述源自：沙市市建设志编纂委员会．沙市市建设志 [M]．北京：中国建筑工业出版社，1992.

1. 1979 年《沙市市暨江陵县城关镇城市总体规划》

《沙市市暨江陵县城关镇城市总体规划》的规划期限设想到 2000 年，近期建设规划到 1985 年，提出了两地一体化发展的总体布局，主要内容包括：

（1）修订总体规划城区范围，城东扩大到马黄渠，近期为 20.6km^2，远期为 26.3km^2。城市人口近期控制在 25 万人左右，远期为 30 万人。城市性质定为“以支援农业为重点，轻纺工业为主体，化工、机械、电子、建材工业协调配套发展，具有一定先进水平的轻工业城市”。

（2）工业用地扩大为 1069.2hm^2，划分成 7 个工业区：①化工工业区，在红光路东；②轻纺工业区，沿跃进路一带；③纺织工业区，豉湖路东；④日用轻工、电子工业区，位于江汉路东，长港路北；⑤机械工业区，位于荆沙之间；⑥建材工业区，即原规划木材加工工业区，在南湖机械厂南，直抵沮漳河；⑦轻工业区，南门外，即原石油机械工业区。凡旧市区中有碍环境，或工业“三废”严重，或影响名胜古迹恢复的工厂，结合工业调整逐步按规划改建搬迁。

（3）仓库用地规划 175.3hm^2，有 6 种类型。月堤路以西、西干渠以南划为危险品仓库区；豉湖路以西，长港路以北划为轻工仓库区；塔桥路以东，雷家垱附近划为二级站中转仓库区；窑湾外滩划为两沙运河航运服务的工业原料和粮食储存仓库区；御路口划为铁路运输服务的仓库区。一般生活相关仓库在生活区内独立布置。

（4）生活居住用地 1050hm^2，分为 7 片：其中荆沙旧城区各一，另在豉湖路以东，以胜利公园为中心组成燎原生活区；江汉路以东，以烈士陵园为中心组成红星生活区；延安二路（今太岳路）两侧和古田路（今江津路）北，以荆襄河滨绿带为中心建北湖生活区；南湖地区以荆沙河绿地为中心，组成南湖生活区；南门外以马河公园为中心，组成南门生活区。全市公共建筑按市、居住区和小区三级布置，市级公建集中布置在市政府至红门路的北京路上，建筑层次提高到 5 层、局部地段可建 6 ~ 7 层。

（5）城市主干道红线宽度 40 ~ 50m，按 1500 ~ 2000m 布置有 9 条，即北京路、古田路、遵义路、车站路、塔桥路、红星路、大寨路、友谊路和荆南路。次干道红线宽度 30 ~ 40m，1000m 间距布置，有 16 条，即江汉路、红门路、豉湖路、红光路、廖子河路、荆北路、荆中路、交通路、红卫路、西门路、凤凰路、马河路、荆御路。一般道路红线宽度 22 ~ 25m。有 19 个主次干道交叉口设交通岛。道旁规划有 10 处停车场和 7 处加油站。

（6）对外交通大致维持原规划不变，唯长江车渡迁至造纸厂下游，豉湖渠内河码头移至三板桥，铁路在北门和三板桥处设站，并延伸至卷管厂，机场规划搬迁到竺桥，现有机场不宜扩建。

（7）港口规划：长江港口由新河口至两沙运河，划分为 6 个区间。客运区由二码头至油厂止，岸线长 800m，设 8 个泊位；水上辅助停泊区从油厂到纸厂（今柳林一路），岸线长 490m，设 3 个泊位；散装货物区从红旗码头至两沙运河，岸线长 1010m，设 6 个泊位；综合区从纸厂到长航路厂，岸线长 1860m，设 6 个泊位；综合区从纸厂到长航船厂，岸线长 1860m，设 12 个舱位；宝塔河一带为小型船舶停靠作业区；新河口为木材、矿建作业区。近期到 1985 年规划吞吐量为每年 580 万 t。

（8）给水排水设施和防洪规划[①]：荆沙两地共设水厂4座，日供水能力近期规划达到31.5万t。排水体制，荆沙旧城区仍为合流制；东西区采取分流制，雨水向北排入四湖水系，考虑暴雨时不能自排，规划在草市、雷家垱、新华桥建排渍泵站。生活污水经处理后用于农田灌溉或排入四湖水系；工业污水经处理后排入长江。荆江大堤实属“命堤”，非同一般。规划堤顶宽16m，外坡1∶3，内坡3m以上1∶3，3m以下1∶5，能防44.67m（吴淞高程）的特大洪水，超过警戒线1.5～2.0m。结合堤身加固工程，拆除大堤禁脚50m内房屋，修建荆堤路（今沿江路）。

（9）城市绿化增加了旅游规划内容，将三山（八宝山、凤凰山、孙家山）、一湖（海子湖）、三城（荆州城、郢城、纪南城）、六园（中山公园、烈士陵园、胜利公园、花圃公园、马河公园、北湖公园）和20个景点（脱帽冢、马跑泉、点将台、太晖观、开元观、洗马池、余烈山、三管笔、一担土、文庙、春秋阁、张太岳墓、章华寺、蛇入山、文星楼、宝塔、八蛮洞、屈原居和荆江亭等）与荆沙河、护城河、荆襄河融合成既有文物古迹、又有风景园林的游览系统，共安排游览线路7条，绿地面积210.8hm^2。

（10）修订总体规划的同时，沙市编制了近期建设规划，期限至1985年，估算总投资2.2亿元。

总体规划补充修订后，受沙市人民政府委托，城建局组织力量制作了1/3000的总体规划模型[②]，中央、省、地、市领导多次参观模型，听取汇报。1982年，沙市市城市规划管理处、市建筑设计院成立，沙市市城市建设委员会成立[③]，沙市市城市基本建设档案馆（今市城市建设档案馆）成立，同年“亚洲地区城市规划发展会议”在中国香港召开，中国大陆代表就沙市的城市规划作了专题发言。1984年，中国建筑学会网络研究会年会在沙市召开（会址章华宾馆），全国25个省、市的120名代表和清华、同济等大专院校20多名教授参加。

2. 1981年后沙市园林绿地规划和环境保护管理

1981年沙市规划处始设园林绿化专业，城市绿化工作在规划指导下进行，同年在象鼻矶和万寿宝塔一带始建万寿园。1982年，沙市市绿化委员会、沙市城市绿化工程队和沙市园林管理处成立。1987年，中山公园再次得到修建。

1981年开始，沙市环境保护管理加强，有关部门联合颁发《关于控制和消除城市噪音

① 其中还包括公共交通设施规划和公共服务设施规划：如市内公共交通规划近期客车达到150辆，线路发展到16条。……城市郊区在联合公社建立蔬菜基地：新华大队、荆西大队规划作为生食瓜基地，王桥、红塘、北港、杨场、果木大队规划为水果基地。到1985年，郊区全部建成旱涝保收的园田化农田，队队有公路、晴雨畅通，农村居民点以大队为中心统一规划建设，做到生活服务设施配套。以上记述引自：沙市市建设志编纂委员会. 沙市市建设志[M]. 北京：中国建筑工业出版社，1992.

② 主要材料为有机玻璃，由电器自动控制。1980年，市规划设计院还编印了《沙市市暨江陵县城关城市规划图册》，系彩印精装本，内载有总体及专业规划图11幅。以上记述引自：沙市市建设志编纂委员会. 沙市市建设志[M]. 北京：中国建筑工业出版社，1992.

③ 1982年，沙市市城市规划管理处副主任、工程师吴应林在“全国城市发展战略讨论会”上作了“以‘内涵’为主发展工业生产同城市的关系”的发言。1983年市政府颁发《沙市市城市建设档案管理暂行办法》。1984年吴应林在“全国第二次城市规划工作会议”上作“在改革中积极做好城市规划工作”的发言，1985年吴应林在“全国城市土地规划管理座谈会”上作“关于沙市市城市土地规划管理的几点做法”的发言。以上记述引自：沙市市建设志编纂委员会. 沙市市建设志[M]. 北京：中国建筑工业出版社，1992.

的暂行管理办法》《沙市市水源保护暂行规定》《企事业单位排放污染物收费实施细则》，同年市环境保护局成立。1982 年《沙市市环境质量评价研究》通过省级鉴定，同年市政府召开环境保护会议，提出 14 个期限治理项目，同年第一份《沙市市环境质量报告书》编写完成，此后每年编印一册。1984 年 2 月《中国环境报》头版报道"沙市 1983 年大气环境质量基本达到国家二级标准"，据国家环境保护局的有关资料记载：1983 年全国 38 个大、中城市中，沙市的城市大气环境质量综合指数最好。

3. 1982 年《荆江大堤沙市市区段禁脚房屋拆迁规划》

中华人民共和国成立后，荆江大堤年年岁修加固，城市规划均予以积极配合①。1981 年沙市规划设计院进行了荆堤路的平面选线和横断面的设计，编制了《荆江大堤沙市市区禁脚房屋拆迁规划》②。规划设计荆堤路（现名沿江路）由廖子河路始至红星路，全长 3801m，路中线以测量坐标控制；规划横断面宽 50m，其中 30m 是荆堤加固平台，上植防护林，道路红线宽 20m，车行道宽 12m，路中标高 40m，堤外坡 1∶3，内坡 1∶4（图 8-2），堤面水泥路面段筑挡土墙，标高 47m(吴淞高程)，路北沿街规划全部工程兴建 5 ~ 9 层住宅楼 64 幢，建筑面积约 14.75 万 m^2。

图 8-2　荆江大堤整治（左）和荆江防护林带形成（右）
来源：沙市市建设志编纂委员会 . 沙市市建设志 [M]. 北京：中国建筑工业出版社，1992.

4. 1982 年《沙市市城市公共交通规划》

1982 年沙市规划处向市政府呈报《沙市市城市公共交通规划》，规划期限，近期 1990 年，远期 2000 年，将全市由南向北分为四个交通小区，各小区组织独立交通，小区之间布置环线联系，在对外交通点和偏僻地段布置辅助线路，北京路和江津路是纵贯市区的公共交通轴线。规划公共汽车线路 14 条，其中市郊 3 条。营运长度 126km，其中市郊 35km。路网密度达到每 km^{2}2.7km。长江渡口配置 3 艘 500 客位渡轮和 2 艘 200 客位游轮。汽车轮渡由谷码头迁至下游农药厂附近。其余站场、维修、加油、生活等辅助设施的规模和位置规划

① 1970 年，荆州地区水利会议决定荆堤沙市段堤面铺筑水泥路面，路宽 7m。沙市水利局、城建局建议路面标高为 46.2m(吴淞高程)。1973 年的沙市总体规划设计了荆堤路。1975 年，配合堤禁脚 50m 内的拆迁改造工程，沙市城建局规划设计科设计了荆堤路规划横断面。本节关于沙市荆江大堤整治规划的介绍源自：沙市市建设志编纂委员会．沙市市建设志 [M]．中国建筑工业出版社，1992.

② 设计人李炎成、孟祥弟。以下记述引自：沙市市建设志编纂委员会．沙市市建设志 [M]．北京：中国建筑工业出版社，1992.

中也详加述及。

1984 年，沙市市打通江津路、整治荆沙河指挥部成立，横跨荆沙河的白云路桥动工。1985 年参考历次道路横断面规划进行横断面设计，共规划道路 44 条 56 段，规定各等级道路面宽度，对快慢车道、人行道和分车带，各种地上、地下管（杆）线、行道树和花台等都进行了科学的安排，平面上互不干扰（图 8-3）。

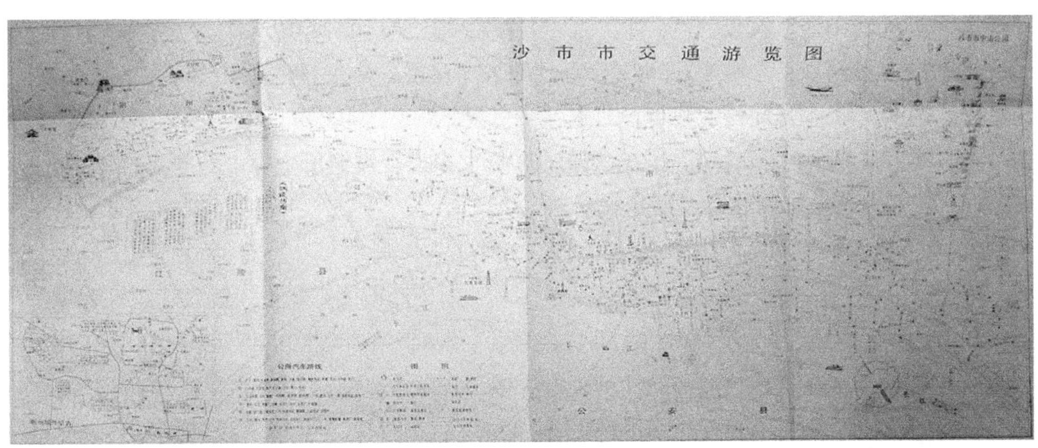

图 8–3 1984 年荆沙地图

来源：沙市市地名委员会 . 沙市市地名志 [Z]. 1984.

5. 1982 年后沙市给水排水工程规划

1982 年国家城建总局批准沙市兴建排水工程计划，同年自来水公司改造红门路、园林路、白云路、金龙路、太岳路、中山后街、胜利街等 7 条输水干管。1985 年完成排水管道和泵站建设工程，同年江津路污水截流干管工程全线管道铺设完毕。

6. 1984 年《江陵历史文化名城保护规划》

1981 年，荆州地名志的编纂工作开始。1981 年沙市市地名普查办公室开始编纂《沙市市地名志》。1982 年江陵县委副书记、县长、县志编委会主任曾祥泮带领县史志工作人员专程到北京看望江陵籍老干部，收集史志资料，9 月江陵县地名普查结束，《江陵县地名志》定稿。1985 年 1 月《沙市市地名志》出版①。

1982 年，国务院公布江陵为全国第一批历史文化名城。1984 年江陵县城镇建设管理局编制了《江陵历史文化名城保护规划》②，研究的重点区域是荆州古城区，提出合理控制古城区内人口、积极发展城南新区的策略。规定了荆州古城垣、古建筑的各级保护范围，划定两类传统建筑街巷，对传统民居保护提出相应的保护要求，并提出了环境保护游览圈规划，划定范围，确定分区，明确各区段具体要求。此外，还强调了城区范围内的文化游览体系

① 1982 年 2 月 15 日经国务院批准的首批国家历史文化名城有 24 个：北京、承德、大同、南京、苏州、扬州、杭州、绍兴、泉州、景德镇、曲阜、洛阳、开封、江陵、长沙、广州、桂林、成都、遵义、昆明、大理、拉萨、西安、延安。

② 以上记述源自：湖北省江陵县志编纂委员会．江陵县志 [M]．武汉：湖北人民出版社，1990.

沙市市建设志编纂委员会．沙市市建设志 [M]．北京：中国建筑工业出版社，1992.

的建设，提出两区、三线和四片的空间布局，并结合了八个方面的具体内容。

1982年，江陵城保护规划开始实施。1982年底，江陵城大北门朝宗楼修缮完毕，开放游览。1984—1985年江陵维修城墙土护坡，并完成护城河电排站配套工程、护城河第一期疏浚工程、玄妙观维修、古城墙25m范围内各类建筑物拆迁等十项工程。1986年修复大北门城楼、老东门城楼、小北门至公安门城垣，将新东门缺口改建为门洞式城门，并建造了南环道，又重建关庙、太晖观等历史建筑，兴建张居正仿古一条街、三义街仿古街等。1988年重建“宾阳楼”城楼。

沙市的古建修复工作略晚。1987年春秋阁、文星楼、金龙寺，山陕会馆和孙叔敖墓得到修复。1989年川主宫戏楼迁移重建，章华寺修复。

赵冰教授认为，这一时期“历史建筑的修复大多没有遵循历史保护的原真性原则，反而造成一定程度的破坏”①。

7. 1984年《沙市市文化体育设施规划》

20世纪80年代,沙市的文化设施建设增多。1981年沙市体育场万人看台建筑工程动工,同年沙市影剧院建成,是沙市当时最大的影剧场所。1982年沙市青少年宫始建,1984年建成。1983年江津路与江汉北路交会处的沙市邮电大楼工程破土兴建。1984年，沙市商场落成。

1984年，沙市规划处工程师吴应林主持编制了《沙市市文化体育设施规划》，规划原则立足近期，考虑远期，充分利用现状，新建项目大部分布置在江津路两侧，在塔儿桥河江汉路之间形成科技文化艺术中心，在沙棉生活区北形成体育娱乐中心，规划期限到1990年。

8. 1984年后沙市居住区详细规划

20世纪80年代开始,沙市住宅建设增多,社会主义公有房地产仍然是住宅建筑的主体,主要由市属房管部门和各行政、事业、企业单位管理，其拆迁、改建和新建均在详细规划的指导下进行，规划任务或由规划部门承担，或采取方案竞赛方式择优而用。继“50年代小平房，60年代外长廊”之后，相继规划建成洪垸、春来、春风和梨园等新式居住小区，市民居住条件逐步改善。1984年全国推行住宅商品化试点，沙市建成总面积为10万m^2的洪垸小区，成为湖北省第一个综合开发的住宅小区。1987年沙市北湖生活小区、朝阳小区开始整治。1989年紫云台片区改造开发，同年凤凰楼（北京路中段）第一期开发工程开始。

9. 1985年沙市铁路规划

沙市历次编制总体规划都有修建铁路项目。1985年，沙市政府决定修建沙市至荆门响岭地方铁路,全长81.14km,并成立了荆沙地方铁路协调领导小组,确定由荆门引支线至沙市,终点止于钢管厂，全长80余公里，在荆州北门和沙市三板桥北设站，铁路在沙市与公路采取平交形式，国家铁路四局承担施工，1988年竣工通车。

10. 1985年沙市机场规划

三板桥简易机场于民国18年（1929年）建成后通航,民国27年（1938年）中断荒废,1958年修复启用飞武汉,1960年停航,1975年恢复至武昌的航班,机型有“安24”和“运五”

① 赵冰. 长江流域：荆州城市空间营造[J]. 华中建筑，2011（5）.

等小型飞机。因机场距市中心不足 3.5km，对城市发展和环境质量影响很大，1959 年开始城市规划仅将三板桥机场作为过渡机场，限制发展，远期搬迁。1976 年中国民航第十五飞行大队申请在原机场附近划地新建办公楼和营房，沙市城建局在给省建委的函中指出："机场与城市规划相矛盾，应另选新点建设"。1985 年沙市政府与中国民航广州管理局签订协议，共同投资扩建三板桥机场，计划竣工后可起降"运七""安 24""肖特 360"等机种，开辟沙市—武汉—上海和沙市—长沙—广州两条航线，沙市规划和环保部门对此持有异议，建议按城市总体规划要求在竺桥附近修建。但因搬迁机场的经费不足等原因，规划和环保部门的意见未被采纳，11 月三板桥机场仍按协议在原地动工扩建。

8.1.2　1989—1999 年：沙市的设计和建造，江陵的建造和呵护[①]

1989—1999 年间，受 1979 年《沙市市暨江陵县城关镇城市总体规划》的指引，荆州的城市基础设施建设加强，景观环境得到提升，居住区、公共设施和文化设施建设规模扩大。1989 年沙市中山公园—江津湖片区的总体规划编制完成，城市雕塑纳入城建规划。1990 年沙市中山公园修缮，1995 年扩建，1998 年实施亮化工程。1998 年开始，沙市街头游园建设和便河规划设计开始，同年荆州环城公园详细规划编制完成。1990 年，沙市玉桥居住小区规划完成，沙市梨园小区建设开始，沙市东园商业一条街建成，沙市港客运大楼建成，沙市温水游泳池开馆。1996 年中百商场建成。同时荆州大、中专院校发展至 28 所，除武汉市外居湖北省之首（图 8-4）。

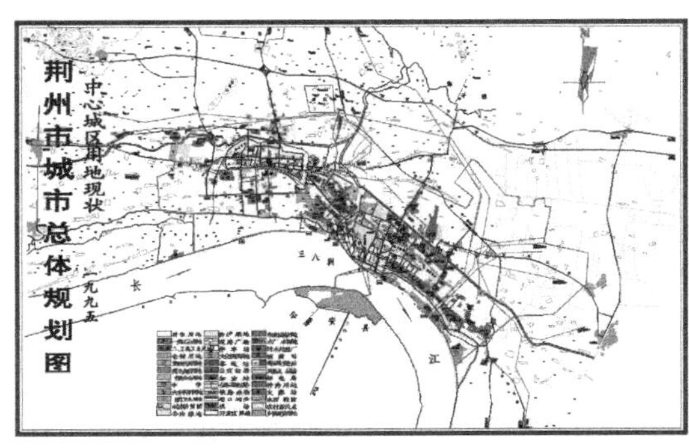

图 8-4　20 世纪 90 年代荆州中心城区用地现状（左）和长江大学景观（右）

左图来源：荆州市城乡规划局 . 荆州市城市总体规划（1995—2010）[R]. 1996.

右图来源：http://www.yangtzeu.edu.cn/about/Xyfg.htm.

1990 年，沙市首次航测沙市地形图，并修编完成了沙市市总体规划，编制了旧城改造规划方案。在总体规划的指导下，沙市对外交通和公共交通发展，沙市海关开关，荆沙地方铁路全线通车，宜黄公路沙市段开通，三湾路和北京路拓宽，江津西路建成，南湖路道路扩宽，北京路中段快车道建成。

① 本节关于 1997 年荆沙合并之后荆州城市空间营造的历史记述源自：荆州年鉴编辑委员会. 荆州年鉴（1997 ~ 1999）[Z]. 1998 ~ 2000.

1994年，国务院批准撤销荆州地区、沙市市和江陵县，设立荆沙市，为地级市，下辖沙市区、荆州区和江陵区三区，开始编制荆沙总体规划。“八五”经济时期，荆州一、二、三产业的比例由1990年的52:28:20调整到1995年的47:29:24，荆州工业在轻工、纺织、化工和机械等传统支柱产业的基础上，初步形成了汽车零部件、建材、冶金和电子等新的支柱产业。

1996年，荆沙市改名荆州市，荆州古城墙被国务院公布为全国重点文物保护单位。1996—1997年，荆州市城市规划设计研究院开始编制《荆州市城市总体规划（1995-2010）》，从荆州市的社会经济发展条件、荆州市城镇体系规划、城市性质与规模等三个方面制定城市发展规划，1999年经国务院批准之后实施①。

1999年的《荆州市城市总体规划（1995—2010）》规划市域面积1576km^2，含荆州、沙市两区。在“优先发展中心城区，积极发展中小城市”的规划原则下，确定城市空间结构为：沿江带状布局，集中紧凑发展，形成沿江“中心＋多组团”的城市格局。在城市外围规划建设沙岳铁路、荆州长江大桥和盐卡码头等一批重大基础设施；加强外围生态绿地的保护，重点发展周边的观音寺、李埠、锣场（观音垱）、岑河、埠河等组团。确定城市中心用地功能，并对市政基础设施建设指标等进行量化；初步提出旧城改造中的人口疏散方案，在荆州开发区的建设中加大了工业新项目用地的预留。在规划成果上，提交了市域城镇体系规划、中心城区总体用地布局、中心城区综合交通规划、中心城区绿地水系规划、中心城区环境保护规划、名城保护规划和郊区规划等用地布局规划，以及中心城区电力规划、中心城区给水排水规划、中心城区燃气供热规划和中心城区电信广播电视规划等市政工程规划。其主要内容包括：

（1）社会经济发展策略：通过荆沙合并后的城市资源优势和产业结构分析、三峡工程影响分析、城市交通区位、农业优势、城市工业体系和人才优势的分析，提出城市发展的战略重点。首先，优化产业结构，大力发展以旅游和商贸为主的第三产业，加强金融、保险、人才及劳动力、科技、信息等要素市场体系建设，建成国内外具有一定知名度的旅游城市和鄂中南、湘北地区最大的商贸中心。同时，加强基础设施建设，改善区域交通条件，使荆州市发展成为水、公、铁、空综合发展的区域性交通中心。并且强化中心城市职能，优先发展中心城区，增强中心城市地位。最后调整城区用地布局，优化道路系统，加强基础设施建设，改善投资环境，把城区建成鄂中南经济发达、功能齐全、设施配套的现代化中心城市。

（2）城镇体系规划：补充完善《湖北省城镇体系规划》及《湖北省长江（汉江）经济带城镇发展规划》，实行“一点两线带全面”的布局战略：“一点”即荆州中心城区，“两线”指长江、207国道等两条以中小城市为主的城镇发展轴线，“全面”指市域内分布均匀各具特色的小城镇。旅游网络规划根据荆州市旅游资源的分布和特点，规划为三区一线。包括：荆州旅游区、洪湖旅游区、松滋洈水风景区，以及荆州市域内依托长江、国道和省道组织楚文化和三国旅游线。

---

① 以上资料引自：荆州市城乡规划局．荆州市城市总体规划（1995—2010）[R]．1996.

市区城镇布局以中心城区为中心，沿 138 国道和 207 国道及沙洪公路，呈十字轴线展开，城镇空间布局强化十字轴城镇发展走廊，形成“中心 + 副中心 + 建制镇”的布局结构。中心指荆州、沙市两区的建成区（中心城区），副中心是指江陵区的建成区（郝穴）（图 8-5、图 8-6）。

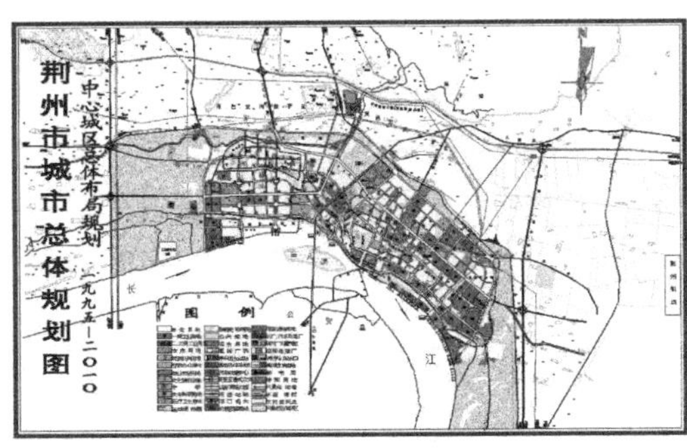

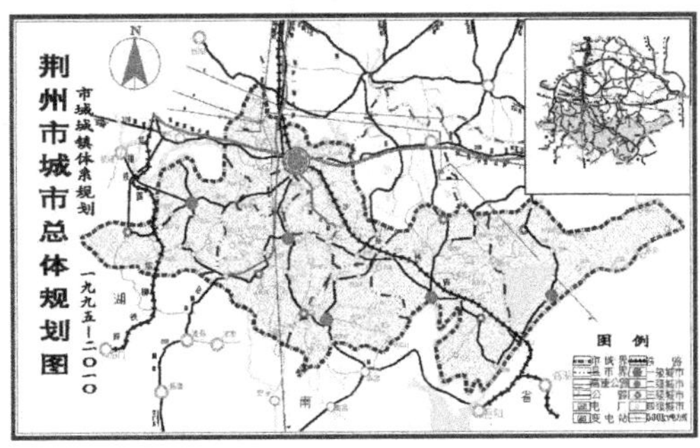

图 8–5 中心城区用地现状（左）与市域城镇体系规划（右）
来源：荆州市城乡规划局 . 荆州市城市总体规划（1995—2010）[R]. 1996.

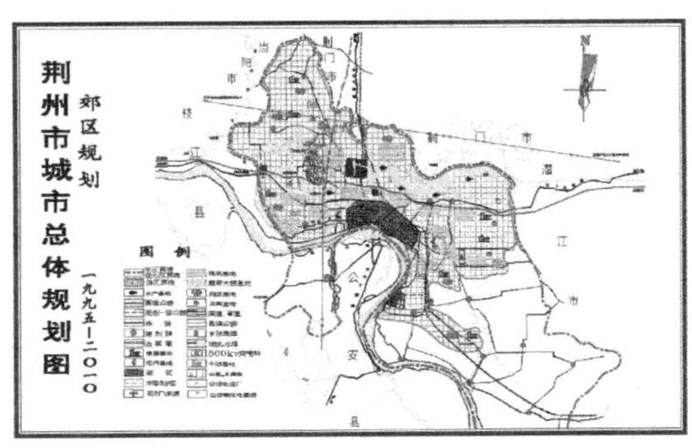

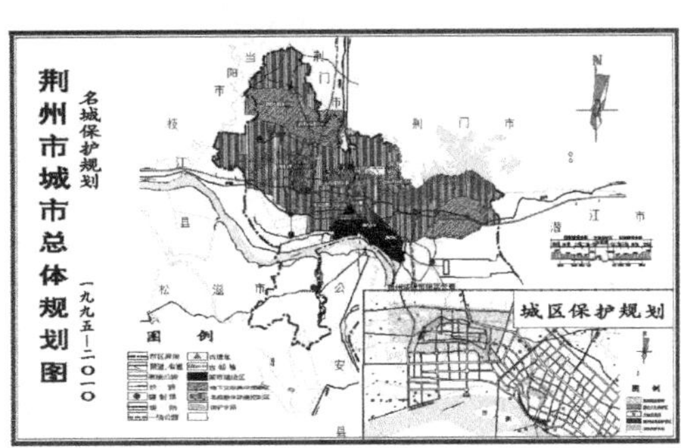

图 8–6 郊区规划（左）和名城保护规划（右）
来源：荆州市城乡规划局 . 荆州市城市总体规划（1995–2010）[R]. 1996.

（3）城市性质与规模：规划将荆州的城市性质定位为：国家历史文化名城，长江中游的重要港口和鄂中南地区的中心城市。城区人口规模确定为：近期 60 万人（常住和暂住人口），远期 75 万人（常住和暂住）。城区用地规模为近期 53.1km^2，远期 67.35km^2。城区总体结构采用沿江带状布局形式，集中紧凑发展。远景控制城区人口规模，限制城区沿江带状延伸，加强外围生态绿地的保护。整体形成沿江“中心 + 多组团”的城市格局。重点发展沙市城区以北、铁路以南地区，适当发展荆州古城以南地区，严格控制向荆州古城以北和以西发展。按照功能将城市分为中心、玉桥、武德、古城、城南和化工六个综合区。

（4）城区道路呈方格网结构。道路分为主干路和次干路二类。主干路五经九纬，东西向主干路为北环路（翠环路）、江津路、荆沙大道、北京路（南环路）和沿江路等；南北向主干路为西环路、郢都路、屈原路、武德路、太岳路、白云路、园林路、三湾路和东环路等（图 8-7）并在此基础上展开了绿地水系规划和环境保护规划（图 8-8）。

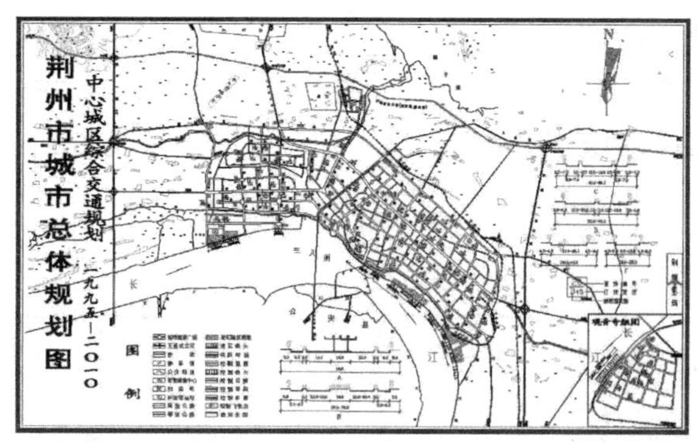

图 8-7 中心城区综合交通规划
来源：荆州市城乡规划局 . 荆州市城市总体规划（1995—2010）[R]. 1996.

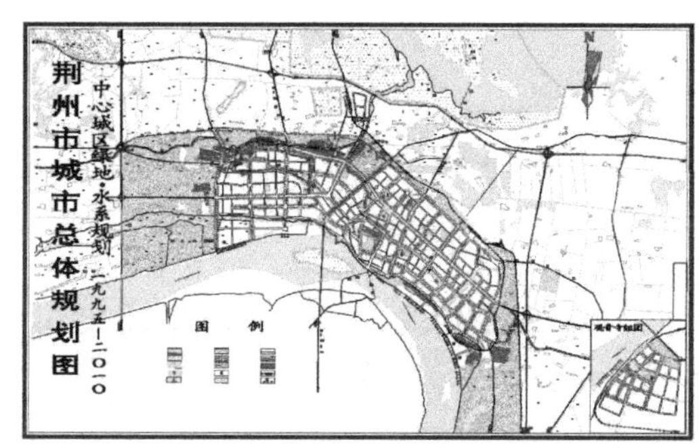

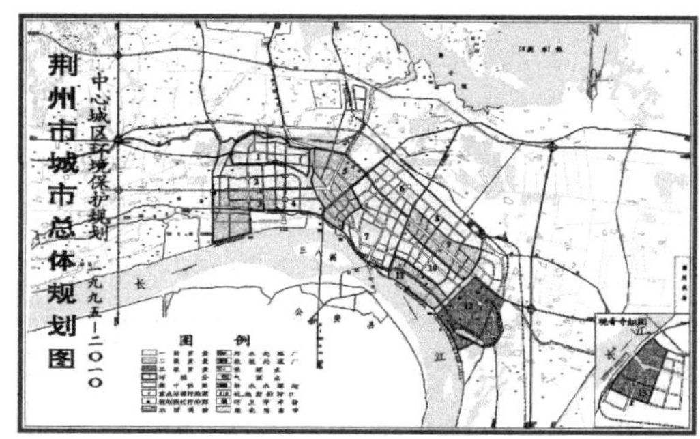

图 8-8 中心城区绿地水系规划（左）和中心城区环境保护规划（右）
来源：荆州市城乡规划局 . 荆州市城市总体规划（1995—2010）[R]. 1996.

根据 1996 年荆州总体规划，荆州展开了城市公共交通线网设计，1998 年城市公共交通大规模发展。同时，荆州城市发展智囊团组建，城市整体呈沿江带状分布，建成区东西 17km，南北 4km。

8.1.3 1999—2009 年：荆州的呵护和保护[①]

随着改革开放的深化，荆州的产业结构中第二、第三产业比例提高，国有企业改革取得实质性进展，城市经济复苏。在城市总体规划的指导下，居住区和旧城改建加快，城市交通设施建设加强，教育设施进一步优化，开发区建设起步。1999 年荆州区修建古城北门外居住小区。2001 年沙市区整治中山路、五一路、文化宫路和跃进路等街巷。2002 年荆州长江大桥通车，沙市机场建成，城市公交线路达到 30 条。2001 年中心城区投资 0.9 亿元整治荆州护城河和荆襄河，并配套建设了九龙渊广场等五座大型城市广场[②]；2002 年被评为省级园林城市。2001 年荆州区以南的“大学城”规划建设启动。2002 年沙市区以东的开发区建设全面展开。

① 本节关于荆州城市空间营造的历史记述源自：荆州年鉴编辑委员会. 荆州年鉴（2000—2007）[Z]. 2001—2008.

② 其他四座分别为：沙隆达广场、凤凰广场、虹苑游乐园和天问广场。

这一时期编制的城市规划主要有：2000 年《荆州历史文化名城保护建设规划》、2009 年《荆州市城市总体规划（2010—2020 年）》和 2009 年《荆州历史文化名城保护规划》。

1999 年《荆州市城市总体规划（1995—2010）》经国务院批准之后，2000 年国家历史文化名城保护中心、上海同济城市规划设计研究院和荆州市规划设计研究院联合编制了《荆州历史文化名城保护规划》，提出了荆州历史文化名城保护工作的详细规划策略和具体操作办法。其规划范围包括荆州区和沙市区，主要内容包括：名城保护层次与保护重点、保护范围与建设控制地带、市域文物古迹保护、市区绿化水系保护、荆州古城保护、历史街区整治、重点文物建筑环境整治和旅游发展规划等。2006 年，进一步编制了《荆州城墙文物保护规划》。

2005 年，由于 1999 年城市总体规划的一系列目标已基本实现，荆州市再次修编总体规划[①]。2007 年召开 2020 远景规划专家意见会，2008—2009 年荆州第二次编制《荆州市城市总体规划》,2010 年完成《荆州市城市总体规划（2010—2020 年）》并上报国务院，获得批准。

2005 年，我国的《历史文化名城保护规划规范》和《关于加强我国非物质文化遗产保护工作的意见》出台，2006 年《国家级非物质文化遗产保护与管理暂行办法》和 2008 年《历史文化名城名镇名村保护条例》等条例相继出台，对历史文化名城保护规划提出了新的要求和规范，增加了市域古镇保护、非物质文化遗产保护和历史建筑保护等方面的内容。荆州的名城保护工作虽然取得了一定成效，也存在很多问题。如：古城建设没有按原保护规划得到有效控制；荆州城区和市域大量的文物古迹、历史建筑、历史街区和古镇的整体保存状况堪忧；对于文化遗产的价值认识不充分；对历史资源的不合理开发等，需要加强科学的规划管理。同时，由于 2009 年编制的荆州城市总体规划纲要中缺少历史建筑和非物质遗产的保护要求，城市高铁客运站位置、207 国道线位、变电站位置和高压走廊等有关规划内容在不同程度上存在着与历史文化遗产保护的冲突，建设部要求在修编总体规划的同时编制历史文化名城保护专项规划。在以上背景下，2009 年荆州市城乡规划局编制了《荆州历史文化名城保护规划》。

1. 2000 年《荆州历史文化名城保护规划》[②]

2000 年《荆州历史文化名城保护建设规划》首先从荆州城市区位、楚文化遗址文物的分布、市域文物古迹分布现状入手，提出了市域遗址保护规划。其次，统计了市区文物古迹分布现状和近代建筑保护现状，提出市区绿化水系保护规划。再次，对荆州古城进行了土地使用现状分析、道路交通现状分析、建筑高度现状分析、古城肌理分析、空间形态现状分析和景观风貌现状分析等，提出整体保护框架规划、保护范围规划、空间形态规划、

---

① 根据 2005 年总体规划，“中心城区面积 480km^2。中心城区用地空间布局上分为五大功能区，形成‘一心、两轴、五片区’的布局结构。其中‘一心’是以荆沙大道和北京路为主的行政文化和商贸金融双核中心，‘两轴’为南环路——荆沙大道和江汉路两条城市发展轴，‘五片区’分别为古城片区、武德片区、中心片区、城南片区、城东片区。名城保护方面，荆州古城历史街区大部分已遭破坏，抢救性保护三条街：三义街、民主街、南门大街。沙市作为老商埠，则保留重要的三条街：中山路、胜利街、崇文街”。以上记述引自：赵冰．长江流域——重庆城市空间营造 [M]．华中建筑，2011（5）.

② 本节关于荆州历史文化名城保护规划的介绍源自：荆州市城乡规划局．荆州历史文化名城保护规划（2000 年版）[R]．2000.

视线通廊规划、景观风貌建设控制规划和旅游线路规划等多项内容。最后，针对市域和市区范围的重点保护单位和历史地段，进行了保护现状调查、保护范围划定和局部城市设计。

其内容包括：市域文物古迹保护规划、市区文物古迹与绿化水系保护规划、荆州古城保护建设规划、历史街区整治规划、重点文物建筑环境整治规划等五个保护层次，并提出旅游规划设想与实施对策建议（图 8-9）。

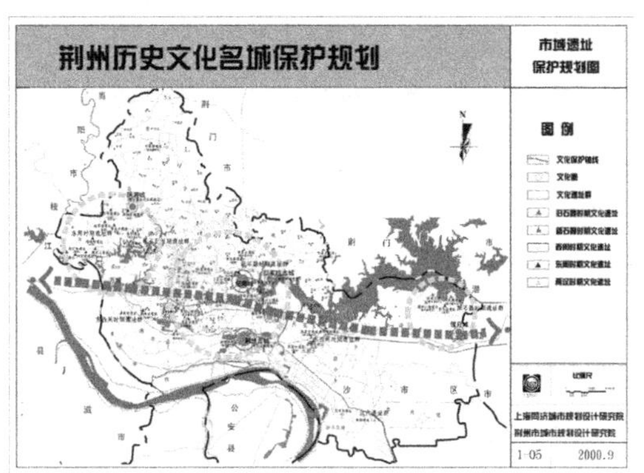

图 8-9 市域遗址保护规划图（左）和市区文物古迹分布现状图（右）
来源：荆州市城乡规划局 . 荆州历史文化名城保护规划（2000 年版）[R]. 2000.

重点保护的内容包括：各级文保单位及其周边环境，如荆州古城明代城垣及护城河、八岭山古墓区、楚都纪南城、旧石器时代鸡公山遗址等；历史街区及古建筑，如得胜街、三义街、胜利街和玄妙观、开元观、万寿宝塔、章华寺等古建筑景点；反映平原湖区特色的自然地理环境，如长湖、海子湖和太湖港水系等郊外水系，以及便河、荆沙河和荆襄河等城区内部水系（图 8-10）。

图 8-10　市区绿化水系保护规划图（左）和荆州古城空间肌理分析图（右）
来源：荆州市城乡规划局 . 荆州历史文化名城保护规划（2000 年版）[R]. 2000.

此轮规划对荆州古城的保护建设进行了更加深入的研究，在充分调查和分析古城保护现状的基础上，提出了用地调整与环境整治措施（图 8-11）。同时，提出了荆州古城保护框架，重点保护对象为“一环、二片、五点”（图 8-12），一环即明代城垣和护城河；二片指三义街、得胜街两片历史地段；五点即古城范围内的开元观、玄妙观、铁女寺、文庙以及关帝庙。确定重点整治带形成环城风貌带，划出控制协调面，严格控制规划的古城内环范围以内的建筑高度。并最终确定三个通视区，使较为分散的重要人文和自然景点在景观上统一为一个整体，强化和突出标志性景观点的地位（图 8-13）。

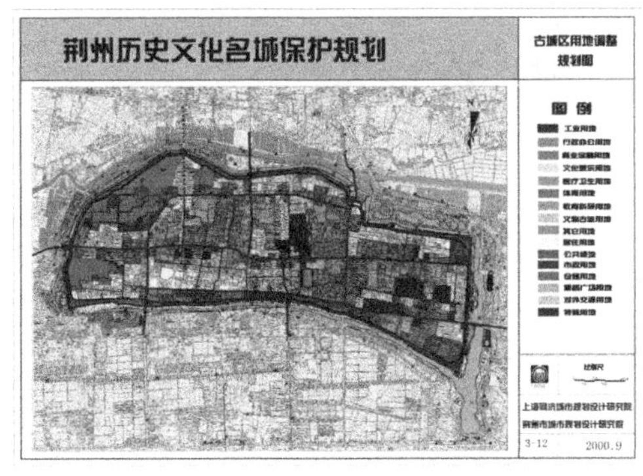

图 8-11 荆州古城区用地调整规划图（左）和荆州古城区道路交通规划图（右）
来源：荆州市城乡规划局 . 荆州历史文化名城保护规划（2000 年版）[R]. 2000.

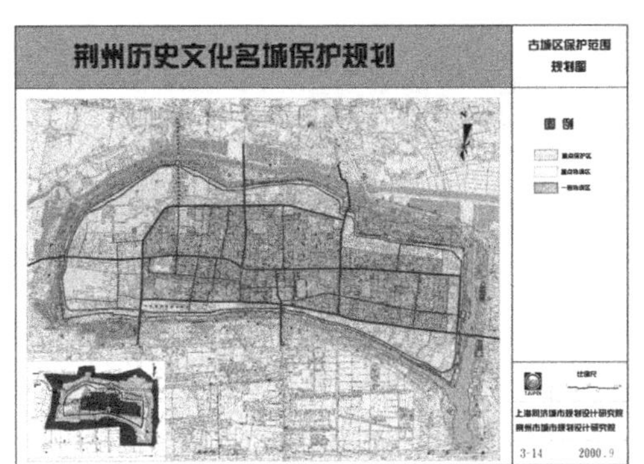

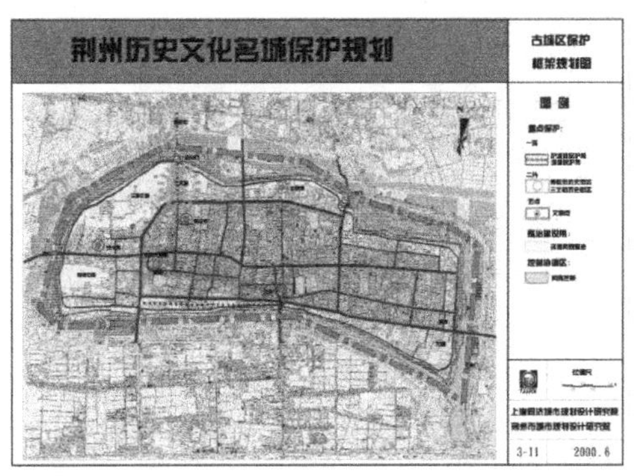

图 8-12 荆州古城区保护范围规划图（左）和荆州古城区保护框架规划图（右）
来源：荆州市城乡规划局 . 荆州历史文化名城保护规划（2000 年版）[R]. 2000.

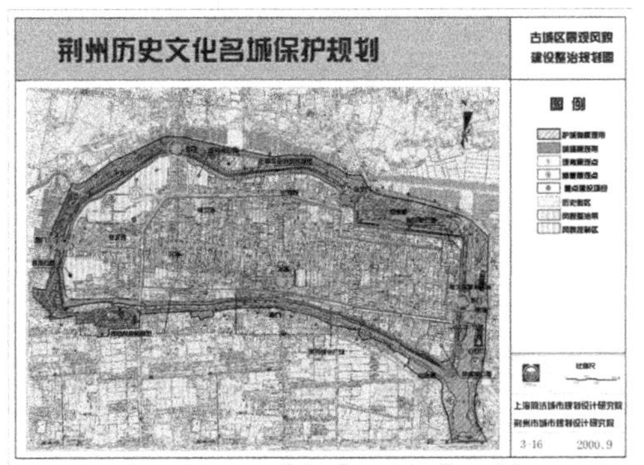

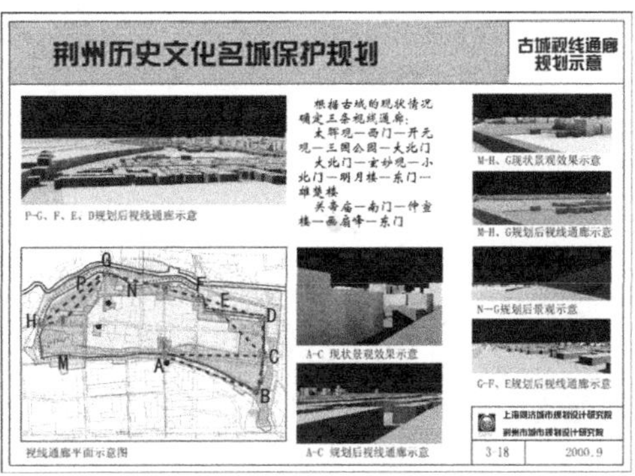

图 8-13 荆州古城区景观风貌建设整治规划图（左）和荆州古城视线通廊规划示意图（右）
来源：荆州市城乡规划局 . 荆州历史文化名城保护规划（2000 年版）[R]. 2000.

在具体历史地段整治方面，此轮规划对荆州区的三义街和得胜街，沙市区的胜利街和中山路提出了相应的保护措施（图 8-14、图 8-15），其中三义街、得胜街和胜利街划定了明确的保护范围。规划提出了与历史文化名城保护规划相一致的旅游规划设想与实施对策建议，明确了以“楚文化”为主题，展现古城历史风貌和荆楚民风民情的旅游发展策略，并拟定了城区主要旅游线路。

图 8-14　荆州古城旅游线路规划图（左）和沙市胜利街历史街区现状评价图（右）
来源：荆州市城乡规划局. 荆州历史文化名城保护规划（2000 年版）[R]. 2000.

图 8-15　沙市胜利街保护范围规划图（左）和沙市胜利街交通整治规划图（右）
来源：荆州市城乡规划局. 荆州历史文化名城保护规划（2000 年版）[R]. 2000.

2. 2009 年《荆州市城市总体规划（2010—2020）》①

2009 年《荆州市城市总体规划（2010—2020）》重点解决了以下五个问题：城镇体系构建与区域经济发展；城市空间布局的整合与发展；综合交通体系的完善与发展；宜居城市的建设与发展；历史文化的保护与发展（图 8-16）。

规划分为 3 个层次。第一层次为市域城镇体系规划，规划范围为荆州市域的行政管辖范围，包括荆州市区及石首市、洪湖市、松滋市、监利县、公安县和江陵县，面积

① 本节关于 2009 年《荆州市城市总体规划（2010—2020）》的介绍源自：荆州市城乡规划局. 荆州市城市总体规划（2010—2020）[R]. 2010.

为 14067km^2。第二层次为规划区规划，规划范围为荆州市区的行政管辖范围，面积为 1576km^2。第三层次为中心城区规划，规划范围为北至海子湖风景区，南至长江，东至南北渠，西至引江济汉渠，面积为 480km^2（图 8-17）。

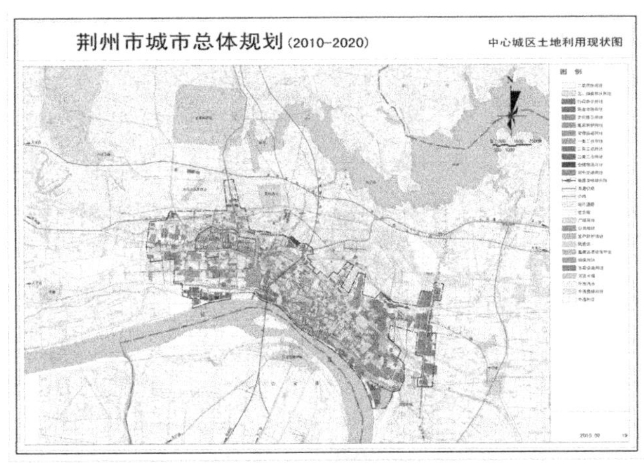

图 8-16　荆州中心城区土地利用现状图
来源：荆州市城乡规划局 . 荆州市城市总体规划（2010—2020）[R]. 2010.

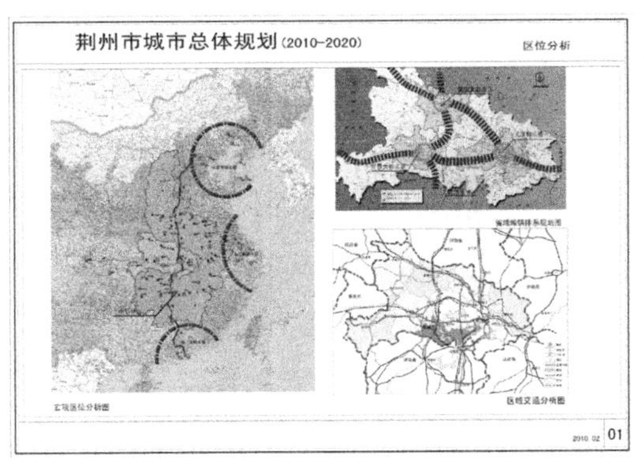

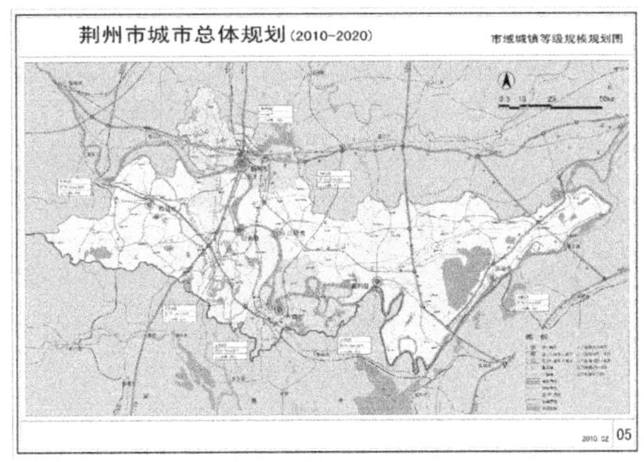

图 8-17　荆州市城市区位分析（左）和荆州市域城镇等级规模规划图（右）
来源：荆州市城乡规划局 . 荆州历史文化名城保护规划（2000 年版）[R]. 2000.

城镇空间布局结构规划以荆州市中心城区为核心，沿长江南北两侧的高等级公路发展，形成“一心、五轴、六点”的市域城镇空间结构。“一心”：指一个区域中心城市，即指荆州市中心城区。“五轴”：指“两横三纵”五条城镇空间发展轴，其中“两横”分别为江北城镇发展轴和江南城镇发展轴。“三纵”：指在市域东、中、西部沿重要交通道路形成三条南北向城镇发展次轴。六点：六个县（市）域综合功能节点，即指市域三市三县的中心城区，培育成带动县（市）域发展的中心城市（图 8-18）。

城市规划区划分了禁止建设区、限制建设区、适宜建设区和已建区进行空间管制。将城市远期发展的空间增长边界限定为：北至海子湖风景区，南至长江，东至南北渠，西至引江济汉渠。

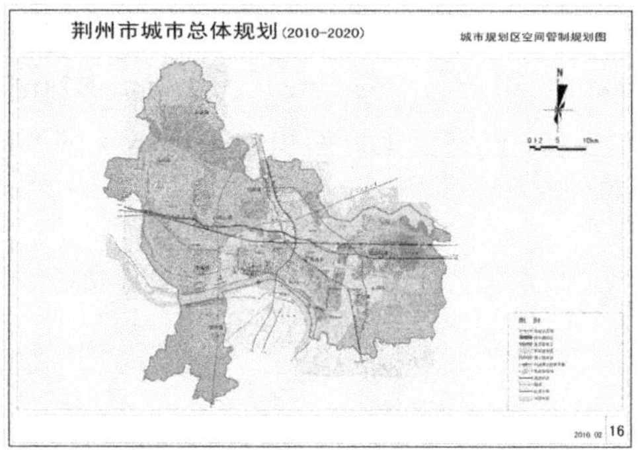

图 8-18　荆州市域城镇职能结构规划图（左）和荆州市城市规划区空间管制规划图（右）
来源：荆州市城乡规划局 . 荆州市城市总体规划（2010—2020）[R]．2010.

中心城区规划将荆州的城市性质定义为：国家历史文化名城，长江中游重要的交通枢纽，鄂中南地区的中心城市[①]。近期（2015 年）建成区常住人口为 85 万人，远期（2020 年）建成区常住人口为 100 万人（用地面积 102.5km^2）。城市发展方向确定为：以向东发展为主，适当向西、向北发展，严格限制跨越荆岳铁路和沪汉蓉高速铁路继续向北发展（图 8-19）。

中心城区的用地布局上分为五大功能区，包括：中心片区、武德片区、城南片区、城东片区、古城片区[②]。布局结构为“一心、两轴、五片区”，其中“一心”为行政文化和商贸金融中心；“两轴”为南环路—荆沙大道和江汉路两条城市发展轴（图 8-19）。

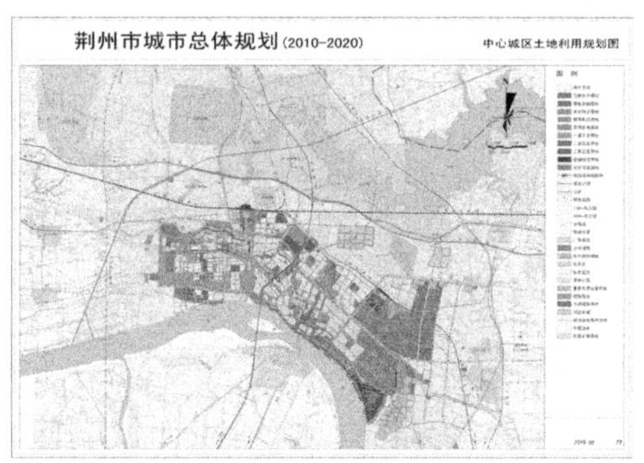

图 8-19　荆州市中心城区土地利用规划图（左）和荆州市中心城区规划结构图（右）
来源：荆州市城乡规划局 . 荆州市城市总体规划（2010—2020）[R]．2010.

① 引自：荆州市城乡规划局．荆州市城市总体规划（2010—2020）[R]．2010.

② “中心片区：在现状沙市城区的基础上向北扩展，形成东起豉湖路、西至荆东环路、北抵荆岳铁路、南至荆江大堤的核心区域。完善金融商贸、行政办公、文化娱乐、生活居住等综合功能。

武德片区：依托沪汉蓉高速铁路客运站、宜黄高速公路出入口及跨江大桥等大型对外交通设施，承担快速客运、商贸物流等对外服务功能和城市生活居住功能。

城南片区：东接武德片区、西至九阳大道、北抵北环路、南至长江。拓展教育科研、高新技术产业、生活居住等现代综合服务功能，以科研教育为依托，集产、学、研为一体的高新技术产业基地。

城东片区：位于中心片区以东，以工业和港口为主的综合型片区，主要承担工业基地、港口运输与物流、对外交通等职能，配有适量的生活、服务设施。该片区主要发展一、二类工业。

古城片区：古城片区为荆州古城垣以内及护城河周边区域，以古城保护、文化、旅游服务功能为主，对古城人口进行疏散，重点拓展历史文化、旅游服务等功能。”以上资料引自：荆州市城乡规划局．荆州市城市总体规划（2010—2020）[R]．2010.

根据中心城区用地空间布局规划，展开城市公共服务设施中心布局，形成市级中心—片区中心—居住区级中心的公共服务设施布局体系。依据公共服务设施的功能，分别制定了行政办公设施规划、商业金融设施规划、文化娱乐设施规划、体育用地规划、医疗卫生设施规划、教育科研用地规划和其他公共服务设施用地规划。

根据中心城区用地空间布局规划，居住用地规划将中心城区的居住用地分为5个居住片区：古城居住片区、城南居住片区、武德居住片区、中心居住片区和城东居住片区。规划保留原有的27所中学，并结合具体周边地块适当扩建。规划新建高级中学6所。并提出城中村改造的五项原则（图8-20）。

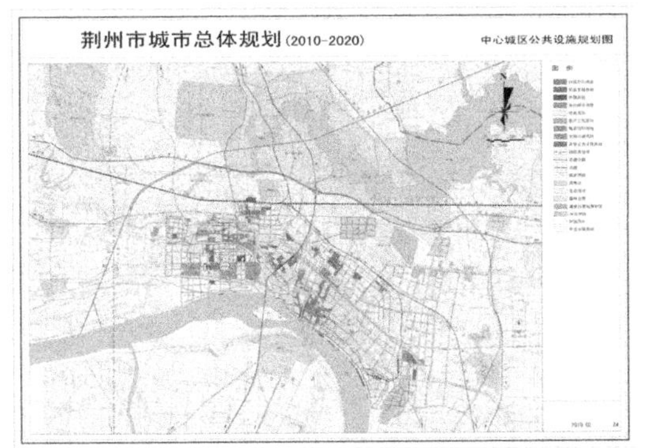

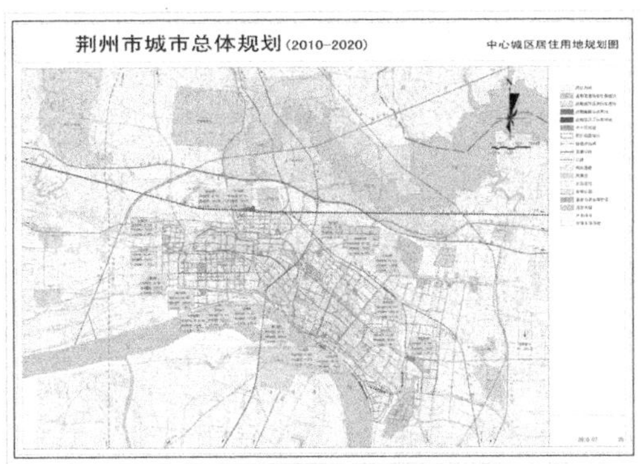

图8-20 荆州市中心城区公共设施规划图（左）和荆州市中心城区居住用地规划图（右）
来源：荆州市城乡规划局.荆州市城市总体规划（2010—2020）[R]. 2010.

根据中心城区用地空间布局规划，工业用地规划提出工业用地调整原则：中心片区、武德片区和古城片区内停止新增工业用地，逐步置换工业土地，搬迁企业实现"退城进区"。武德片区太岳路、江津西路附近的一类工业用地，可适当保留。规划设立城南科教开发区和城东经济技术开发区两大工业园区。城东经济技术开发区以发展二类工业为主，城南科教开发区以发展一类工业和高新技术产业为主。同时，对仓储物流用地进行规划。

中心城区综合交通规划包括：城区对外交通规划、城区疏港交通规划、城区道路系统规划、城市道路交通设施规划、城市公共交通规划、城市慢行交通规划和城市交通管理原则等7个方面。第一次提出了道路交通设施规划和慢行交通规划的概念（图8-21）。

中心城区绿地水系规划提出：以"点""线""面""环""楔"相互渗透的布局方式，形成中心城区绿化网状结构。绿地系统结构概括为："两圈、两环、三带、七楔、多园"。并根据绿地功能分类，分别制定：生态绿地规划、公园绿地规划、生产防护绿地规划、专用绿地规划、道路绿地规划和城区河流水系规划等五个分项规划。

中心城区景观风貌规划提出：突出历史文化名城和滨水城市景观特色，建构人工和自然有机结合的城市景观系统。依据城市风貌特色，划分了古城风貌区、古城风貌协调区、科教风貌区、现代工业风貌区、滨江风貌区和现代都市风貌区等五个城市风貌区（图8-22）。

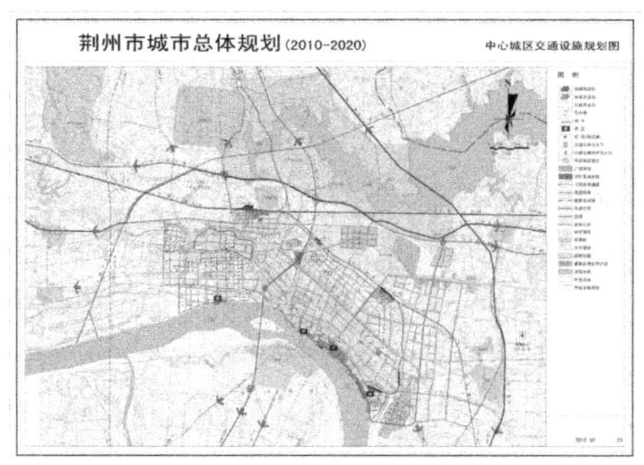

图 8-21　荆州市中心城区交通设施规划图（左）和荆州市中心城区道路系统规划图（右）
来源：荆州市城乡规划局 . 荆州市城市总体规划（2010—2020）[R]. 2010.

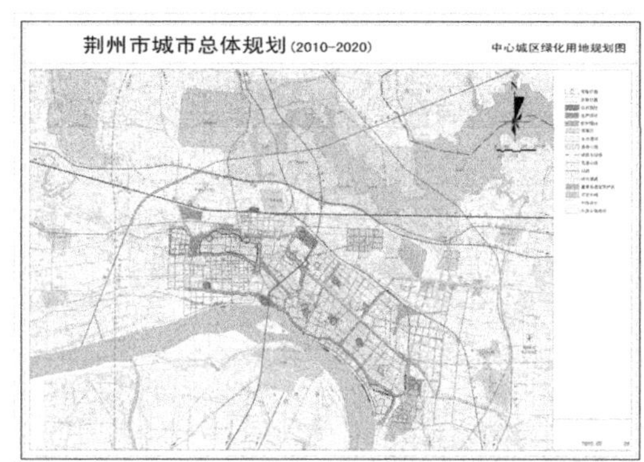

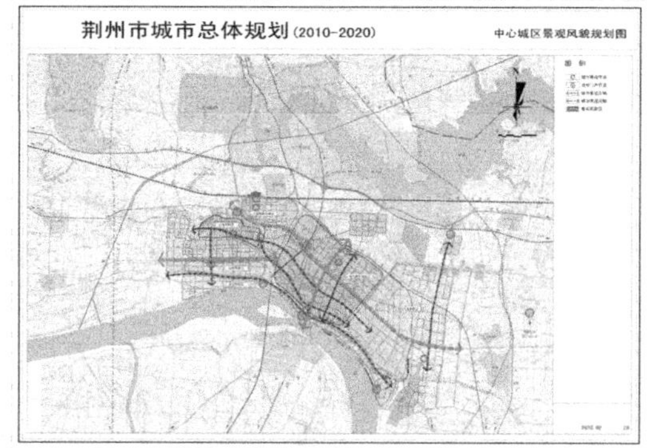

图 8-22　荆州市中心城区绿化用地规划图（左）和荆州市中心城区景观风貌规划图（右）
来源：荆州市城乡规划局 . 荆州市城市总体规划（2010—2020）[R]. 2010.

根据中心城区景观风貌规划制定了城市开放空间系统规划。提出利用城市广场、公园和开敞空间组织开放空间系统，重点沿护城河绿楔、太湖港绿楔、荆襄河绿楔、园林路绿楔、豉湖路绿楔、周家岭高压走廊绿楔和荆岳铁路下河线防护绿楔等七条城市绿楔布置。

根据中心城区景观风貌规划制定了景观轴线与节点系统规划。将城市景观主轴控制为：南环路（东西向）、荆沙大道（东西向）和园林路（南北向）。规划城市景观副轴为：北京路—荆沙路、江津路—荆南路—荆中路、郢都路、红门路、东方大道和沿江大道。城市景观节点设定为：沙隆达广场区域、沙市新北区行政文化中心、开发区综合服务中心、城南科教文化中心、东门景区和关庙片区等。城市门户节点包括：沪汉蓉高速铁路站前区、荆岳铁路客运站前区、荆襄高速服务区、桥头公园区、锣场高速公路出入口、荆州北高速公路出入口、长江旅游码头、盐卡港区、沙市港、沙市机场和引江济汉工程龙洲垸船闸区等。

根据中心城区景观风貌规划制定了视觉走廊与眺望系统规划。分别制定了眺望系统、视线通廊规划和城市天际线控制。眺望系统分：荆江大堤眺望点、高层建筑眺望点和城楼眺望点。视线通廊规划以荆州古城通视走廊、绿色廊道、水景轴线和道路景观轴线为骨架，将城市公园、广场和节点等联系起来共同形成视线通廊。城市天际线控制沿江景观以万寿宝塔和长江大桥为主要标志，加强沿江大道建筑景观，创造优美的沿江城市轮廓线，并提出城市街道景观和荆州古城的高度控制原则。

中心城区市政工程规划包括：给水工程规划、排水工程规划、电力工程规划、电信工程规划和燃气工程规划等五项。中心城区环境保护和环境卫生规划包括：环境保护规划和环卫工程规划等两项。中心城区综合防灾规划包括：消防工程规划、人防工程规划、抗震规划和防洪排涝规划等四项。

历史文化名城保护规划强调保荆州古城历史城区和沙市历史城区的传统风貌保护和延续、自然景观和人文景观的保护、荆楚传统文化的弘扬，以及物质文化遗产与非物质文化遗产的展示和利用，并第一次强调保护与利用的协调，以及经济增长、社会发展和提高人民生活水准并重。规划提出将荆州建设成为楚文化、三国文化、水文化和近代商业文化交相辉映的历史文化名城，其内容包括：历史城区保护规划、荆州古城保护规划，以及历史文化街区保护、文物保护单位保护和历史建筑保护规划等（图 8-23、图 8-24）。

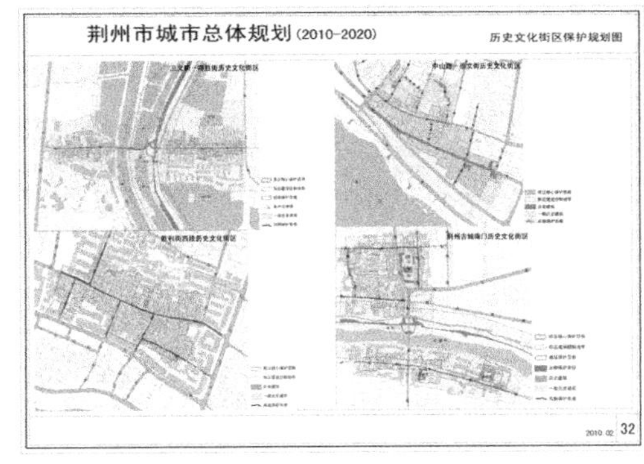

图 8-23 荆州市历史城区保护范围图（左）和荆州市历史文化街区保护规划图（右）
来源：荆州市城乡规划局 . 荆州市城市总体规划（2010—2020）[R]. 2010.

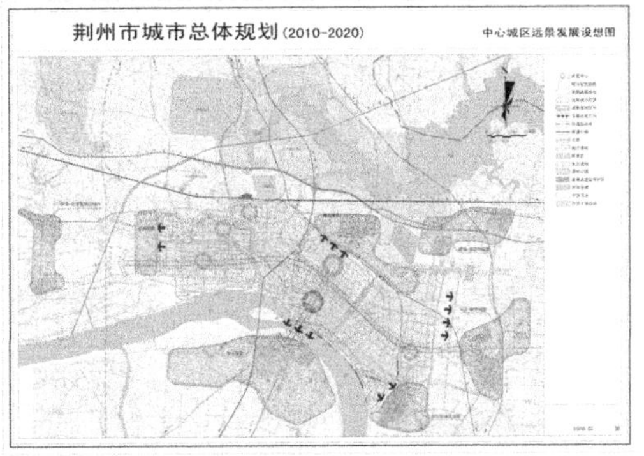

图 8-24 荆州古城高度及视廊控制图（左）和荆州市中心城区远景发展设想图（右）
来源：荆州市城乡规划局 . 荆州市城市总体规划（2010—2020）[R]. 2010.

近期建设规划与远景发展设想，将城市近期建设发展策略确定为：调整完善老城区、充实城东工业区和积极向北拓展中心片区。近期优先发展东部工业区、荆州港区、沙北新区、城南科教园区和沪汉蓉高速铁路客运站站前区，重点改造提升中心商业区。集中财力物力，开发一片，形成一片。并确定近期建设规模和近期建设发展重点区域，针对住房建设、公共服务设施建设、工业建设、交通设施建设、环境绿地建设、市政设施建设、综合防灾体系建设、旧城改造和历史文化名城保护等九个问题制定近期规划。远景建设用地发展方向确定为：主要向东发展，完善城东片区，发展工业和配套生活服务；城南片区适当向西带状延伸；中心片区往北适当发展荆岳铁路北侧地带。未来考虑跨江建设，将公安县埠河镇纳入中心城区，形成沿长江两岸发展的城市格局，解决好越江交通、行政区划调整和防洪安全等问题。预测荆州未来将发展成为“中心城市＋外围组团”的组合发展模式。

规划实施措施包括六条，分别针对城市规划编制、城市规划管理、中心城区规划范围内建设活动的控制、城中村改造、城乡协调发展和规划的公共参与等问题提出了规划实施方法。

3. 2009 年《荆州历史文化名城保护规划》①

2009 年《荆州历史文化名城保护规划》提出三个规划原则：保护历史环境原真性、保护历史环境完整性和合理利用、永续利用的原则。规划范围涉及市域、城市规划区、中心城区三个层面。其内容包括：名城价值评述和城市特色分析、市域不可移动文物的保护、非物质文化遗产保护规划、历史城区保护规划、荆州古城高度控制规划、历史文化街区保护规划、文物保护单位保护规划、历史建筑保护规划、保护对策与实施时序等八个方面内容（图 8-25 ~图 8-33）。

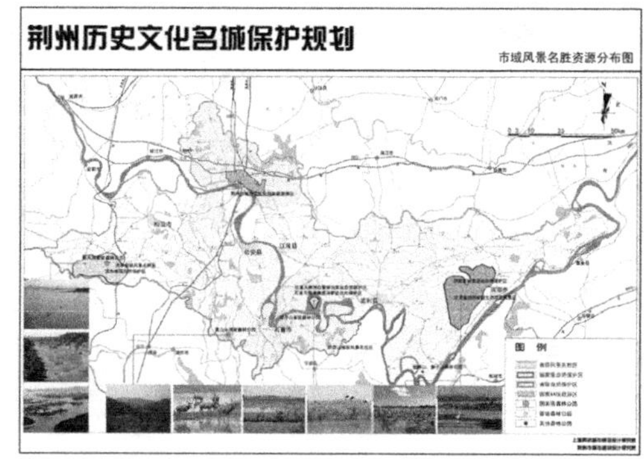

图 8-25　荆州市区位图（左）和市域风景名胜资源分布图（右）
来源：荆州市城乡规划局．荆州历史文化名城保护规划（2009 年版）[R]．2009.

① 本节关于《荆州历史文化名城保护规划》的介绍源自：荆州市城乡规划局．荆州历史文化名城保护规划（2009 年版）[R]. 2009.

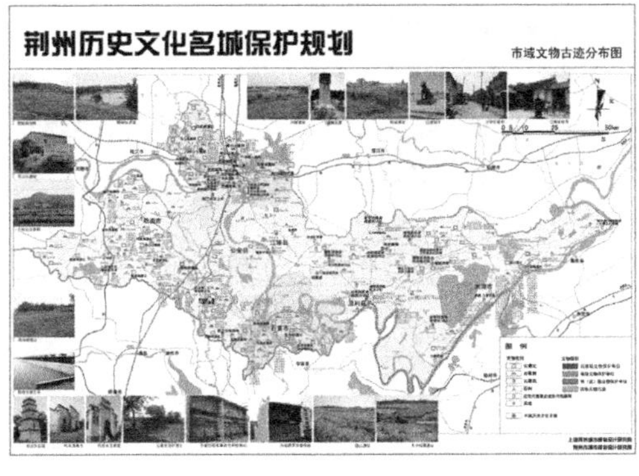

图 8-26 市域文物古迹分布图（左）和市域历史古镇及其他历史文化古迹分布图（右）
来源：荆州市城乡规划局.荆州历史文化名城保护规划（2009 年版）[R]. 2009.

图 8-27 非物质文化遗产分布图（左）和市域城市遗产保护规划图（右）
来源：荆州市城乡规划局.荆州历史文化名城保护规划（2009 年版）[R]. 2009.

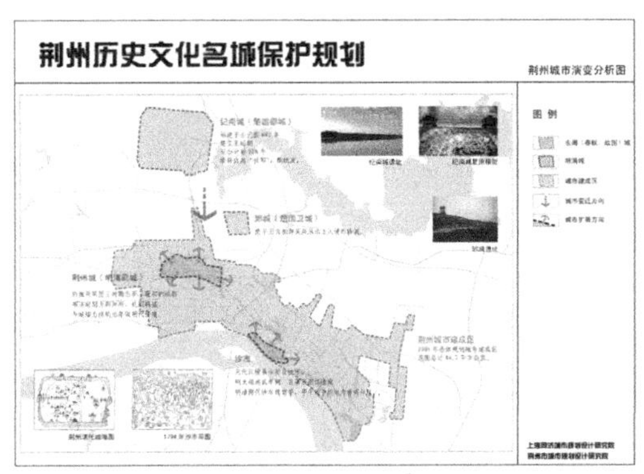

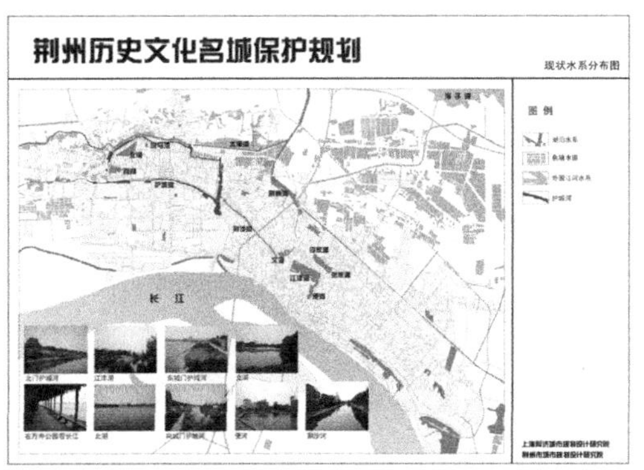

图 8-28 荆州城市演变分析图（左）和现状水系分布图（右）
来源：荆州市城乡规划局.荆州历史文化名城保护规划（2009 年版）[R]. 2009.

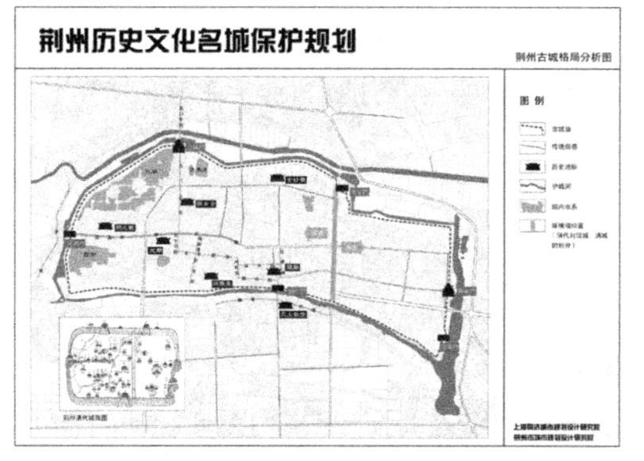

图 8-29　荆州古城格局分析图（左）和沙市古城格局分析图（右）
来源：荆州市城乡规划局 . 荆州历史文化名城保护规划（2009 年版）[R]. 2009.

图 8-30　荆州古城用地现状图（左）和荆州古城道路交通现状图（右）
来源：荆州市城乡规划局 . 荆州历史文化名城保护规划（2009 年版）[R]. 2009.

图 8-31　荆州古城用地布局规划图（左）和荆州古城道路交通规划图（右）
来源：荆州市城乡规划局 . 荆州历史文化名城保护规划（2009 年版）[R]. 2009.

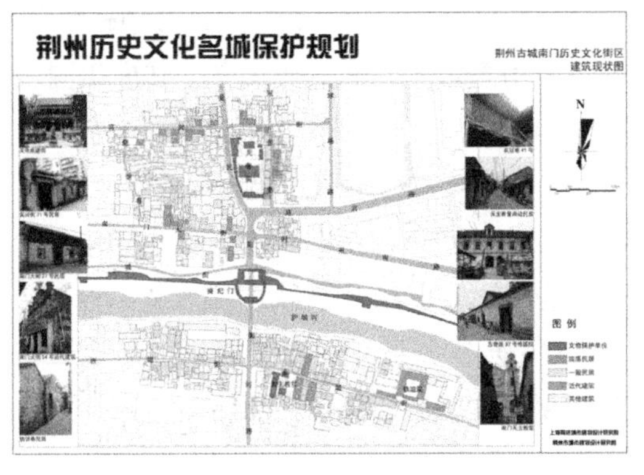

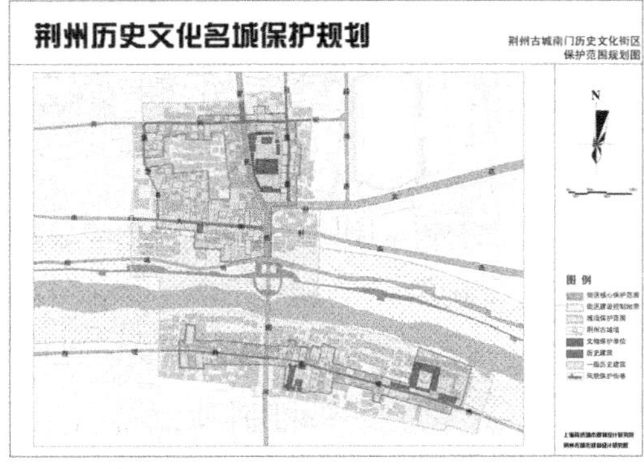

图 8-32　荆州古城南门历史文化街区建筑现状图（左）和保护范围规划图（右）
来源：荆州市城乡规划局. 荆州历史文化名城保护规划（2009 年版）[R]. 2009.

图 8-33　沙市胜利街西段历史文化街区建筑现状图（左）和保护范围规划图（右）
来源：荆州市城乡规划局. 荆州历史文化名城保护规划（2009 年版）[R]. 2009.

8.2　1979—2009 年荆州城市空间营造的特征分析

1979 年后，以汉族为主体融合多民族的中华民族结束了三十年封闭的内聚式发展模式，中华文化与西方文化的交流再次展开。改革开放初期，荆州的规划受理想主义主导，延续计划经济体制的自上而下的规划思想，以行政力推动公共设施更新和历史文化名城保护，试图建立区域经济中心的营造模式，然而在市场经济的影响下失去效力。荆沙合并后，城市总体规划受西方后现代主义和市场经济的影响，向国际都市的营造模式转变。

8.2.1　理想主义主导的营造境界和营造制度

改革开放初期，中国城市规划实践的主要理论来源是西方现代主义理论，同时随着市场经济的展开，“理想主义在中国的发展由对群情激昂的创造‘热情’的关注转为充满热情的‘创造’的关注”①。中国的社会制度正由供给主导型，向中间扩散型和需求诱致型转变②。在深刻的社会变革过程中，中国城市规划的指导思想由复古主义和古典主义，转向田园城市和卫星城理论等西方空想社会主义的规划理论。20世纪80年代至90年代末，这些理论推动了中国城市向农村的土地扩张。这一时期的荆州城市规划共11次，包括：1979年沙市总体规划，1984年江陵历史文化名城规划，荆沙合并之前沙市的7次专项规划，以及荆沙合并之后1996年荆州城市总体规划和2000年荆州历史文化名城保护规划。

《沙市市暨江陵县城关镇城市总体规划》（1979年版）于1981年8月经湖北省人民政府按国家规定审批程序批准，是沙市市第一个被国家批准的总体规划。整体上解决了荆沙两城的城市交通、工业布局、居住组团布局和旅游发展等现实问题。规划提出了“生活区”的概念，避免了向旧城集聚的发展方向，是对1973年规划的修正。旅游规划方案的提出，为下阶段历史文化名城保护和城市景观的塑造厘清了思路。不足之处在于对旧城保护更新（尤其是荆州古城）、新旧城之间的空间衔接和风貌协调，并未提出有效的空间发展模式和整治方案，因此在旧城产业发展和人口增加之后，产生了建筑密度剧增、城市交通拥挤、环境破坏和城市景观不协调等问题。

同时，“八五”期间荆州面临农业投入量不大、工业技改滞后、城市建设欠账较多、资金短缺、社会配套改革和企业改革滞后等五个方面的问题，因此1996年《荆州市城市总体规划（1995—2010）》打破了1979年以工业发展为主导的城市规划思路，第一次从区位的角度对荆州的城市性质作出定义，强调经济结构调整、城市功能完善和城市资源整合。其中综合交通规划较好地解决了荆沙两城的联系问题；城市绿地水系规划为荆沙间景观风貌的塑造预留了空间；历史文化名城保护规划部分对明代城垣、城区古建筑和地下文物划定了保护范围和建设控制地带，划定了三义街和得胜街两片历史文化保护区，提出开辟古城外环游览线、保证外环线与古建筑之间的通视走廊等规划策略，并制定了名城保护的对策和措施。

然而1996年的城市总体规划在城市性质的定位上片面强调港口区位，忽视了铁路、公路和航空等多种交通区位的综合分析；没有突破1979年的空间结构，对旧城人口密度不断升高带来的交通问题、环境问题没有提出预见性的解决方案；城市各片区间的过渡衔接、城市新旧风貌协调等尚未列入规划考虑范围，因此在实施过程中遇到两方面的问题：

（1）市域层面：城市规划区（含代管县）内市与市、市与县之间规划编制统一，但规划实施管理尚未统一，加上市域公路交通网以已有的高速公路为依托，呈北密南疏、西密东疏的特征，与东南部城镇的联系没有得到加强，导致荆州对市域东南部的辐射力不够，东南部城镇的经济发展不均衡。

（2）中心城区层面：1996年版总体规划确定的一个中心、两个副中心的格局并未形成，

---

① 关于后现代主义的论述，引自：赵冰．4！——生活世界史[M]．长沙：湖南人民出版社，1989.

② 供给主导型制度，是指国家自上而下控制资源供给的制度。中间扩散型，是指政府作为中间组织，协调资源配置的制度。需求诱致型，是指既定制度规则下，寻求自身利益最大化的政治、经济和教育等团体自下而上，自行配置资源的制度，其中第一行动集团是个人和企业，第二行动集团是政府。整理自：杨瑞龙，我国制度变迁方式转换的三阶段论——兼论地方政府的制度创新行为[J]. 经济研究，1998（1）：3-10.

沙市北区和城南区发展缓慢。护城河、西干渠和荆襄河等城市水体污染依然严重，部分地段排水设施依然缺乏。行政区划的分隔，荆州区、沙市区、开发区及城郊乡镇各自为政招商引资，存在着布局不合理和重复建设的现象。老城区人口密度大，市政基础设施的负荷过重。城区小区开发和危旧房改造规模偏小，整体上未能形成带状组团式发展格局。部分企业破产导致城区工业用地的减少，部分地段工业、商业、居住混杂。城市经济与产业发展规模不足以对国家级历史文化名城的众多保护内容提供支撑，部分规划绿地被占，填河造地，一些关键地段建筑过密、水平较低，荆州古城人口疏散规划没有得到有效的实施，历史街区保护整治缺乏有效的方法和措施。

2000 年 6 月荆州市城市规划管理局举行了《荆州历史文化名城保护建设规划专家评审会》①。来自全国历史文化名城专家委员会的专家委员和中国城市规划设计研究院、清华大学、东南大学、华中科技大学、武汉理工大学、中南建筑设计院、山西省城乡规划设计研究院、湖北省城市规划研究院等 8 所研究机构的专家学者共计 13 人出席了会议。通过现场踏勘考察，专家在听取同济城市规划设计研究院的方案介绍后，提出了修改意见。具体意见包括：

（1）《荆州历史文化名城保护建设规划》内容翔实、层次清晰、重点明确、保护措施具体。方案确定的指导思想和规划原则、保护内容与层次、保护范围及建筑高度控制是合理的，规划方案达到了国家有关规范要求的深度。

（2）在荆州市行政体制变化后，对荆州历史文化名城或江陵历史文化名城的名称、保护对象、保护范围要明确、要论证，并报原批准机构审批。

（3）名城保护要与荆州市总体规划相符合。对荆州古城的保护只提出疏散古城内人口是不够的，要根据城市总体规划明确古城定性和定位，从城市总体的角度提出进行宏观调控原则，如行政办公机构的搬迁问题。

（4）古城内的道路系统不要采取大拆大迁和拓宽的方式，要保护古城的格局与尺度，基本维护现有道路的红线宽度。不要再在古城墙上开豁口，以保存古城垣的完整性。交通以满足消防、防灾以及居民出行为主要目的，要保护好城墙内环路的空间环境。

（5）历史街区保护的问题，要实事求是，如沙市区内的胜利街和近代建筑集中地段中山路的风貌要加大保护力度。此外，历史地段要分类，如古城遗址、古文化遗址等也可作为历史地段加以保护。

（6）楚文化、三国文化、城墙文化的内涵要大力发掘，充分利用，适度开发，通过旅游业的发展，发掘古城在城市建设和精神文明建设中的积极作用，为城市经济发展作出贡献。

（7）规划文字内容总体不错，但要按《历史文化名城保护规划编制要求》规范到位，应由规划文本、规划图纸和附件 3 个部分组成，规划文本应简明、条文化，以指导今后的管理和实践工作。

（8）“保护”是一个积极、综合的概念，本身已经包含了“建设”的概念，因此项目名称应改为《荆州历史文化名城保护规划》。

① 以下记述引自：荆州市城乡规划局．荆州历史文化名城保护规划（2000 年版）[R]．2000.

总之，2000 年《荆州历史文化名城保护建设规划》是一次以生产为主导、自上而下的控制性规划，在历史保护的原真性、完整性和可持续性上还有诸多未解决的问题，未来需要向以生活为主导、自下而上的保护规划转变。

8.2.2 后现代主义主导的城市技艺

20 世纪 90 年代末，改革开放深入，经济全球化时代到来，20 世纪 80 年代主导西方城市规划和建筑设计领域的后现代主义影响到中国，其本质“是一种理性主义思想，它在现代主义的环境定向基础上强调环境的认同”[①]。

国际垄断资本主义和经济全球化是产生后现代主义的制度来源。20 世纪 90 年代以来跨国公司的规模不断扩大，对世界经济的影响力与日俱增，他们利用资本、技术和管理优势、发达的信息交通网络，通过国际投资将各国的生产密切地联系起来，发达国家的生产要素实现了全球范围的自由流动，原来局限于资本主义国家或集体内部的社会化大生产转变为全球性的社会大生产[②]。

西方社会致力于资本输出和建立世界市场的方法之一就是参与产业中心和经济中心城市的建造。一方面在资本主义国家内部，自上而下的规划模式被逐渐改良，国家主导的终极性物质性规划逐渐转变为公众参与、兼顾社会各利益团体和族群文化的混合性规划，规划的权力重心逐步向城市基层社区转移，政府、非政府组织、市民团体和开发商之间谈判不断，以应对多变的市场，提高城市规划的有效性；另一方面，西方规划理论界对其他文化语境下的城市研究，尤其是亚洲城市问题的研究成为关注重点，“世界城市”和“大都市全球化”等理论研究从西方国家推及全球各地。

西方后现代主义对中国城市规划思想的影响表现为城市集中主义和增长极理论的广泛运用。城市集中主义是第二次世界大战后功能主义、当前“大都市全球化”和“世界城市”等概念结合的产物，它催生了一批中国国际大都市计划。据北京国际城市发展研究院的最新统计，2010 年全国有 655 个城市提出要“走向世界”，183 个城市要兴建“国际大都市”[③]。增长极理论的运用在中国先后推动了深圳特区为核心的珠三角地区、浦东新区为核心的长三角地区、滨海新区为核心的环渤海地区等三个城市带的发展，它们成为国家综合配套改革试验区。与此同时，西方规划理论中的有机疏散、公共参与和历史遗产保护思想逐渐被中国吸收，推动了反规划理论的形成，21 世纪初期吴良镛、俞孔坚等学者提出：规划的要意不仅在规划建造的部分，更要千方百计保护好留空的非建设用地。

荆州 2009 年版的城市总体规划和历史文化名城保护规划就是增长极理论影响下的成果，这一时期的荆州未来城市发展预测受到城市集中主义和“世界城市”理念的影响。

---

① 关于后现代主义的论述，引自：关于后现代主义的论述，引自：赵冰. 4！——生活世界史 [M]. 长沙：湖南人民出版社，1989.

② 关于国际垄断资本主义的特征分析，参考：王宏伟. 试析国际垄断资本主义的五大特征 [J]. 理论与现代化，2004（5）.

③ 通过对“十一五”期间中国城市发展的跟踪调查，北京国际城市发展研究院发布了《2006—2010 中国城市价值报告》。引自：六大“城市病”挑战中国“十二五”城市发展 [EB/OL]. 2010-10-29. http://www.caijing.com.cn/2010-10-29/110555447.html.

2005年后受原荆州机场用地的影响，规划的结构布局和城市的实际发展方向之间出现诸多矛盾，城市规划已经落后于建设的步伐，不能再有效指导城市建设。同时，长江经济带扩展、沪汉蓉高速铁路兴建和三峡工程建立等外部环境改善，荆州工业复兴、城市建设发展迅速，市政府制定了“农业立市，工业兴市，文化富市”发展战略和“工业走向中部，农业走向全国，文化走向世界”奋斗目标。在内部矛盾和外部条件的推动下（表8-1），2008年荆州开始编修新一轮的城市总体规划，2009年编制完成[①]。

1996年与2009年两次规划修编背景条件分析 **表8-1**

内容	1996年版	2009年版
政策导向	1. 进入20世纪90年代，国家经济发展战略重点由沿海向内地转移，并全面实施长江开发战略，形成了以浦东开发、三峡工程建设为龙头的沿江城市迅速发展的势态。 2. 全省“四区一中心”的经济发展格局已初步形成，湖北省“九五”计划及2010年远景目标纲要中明确提出要发挥城市主导作用，加强城市和小城镇建设，形成“一特（武汉）五大（黄石、荆州、襄樊、宜昌、十堰）”，若干个中等城市和一批小城市的城市网络。 3. 荆州市成立后，迫切需要将历史形成的自成体系，相对独立的两套城市系统，组织成统一协调、高效运转的现代化大城市	1. 五个统筹和科学发展观。 2. 2004年3月，温家宝总理在政府工作报告中提出“促进中部地区崛起，形成东中西互动、优势互补、相互促进、共同发展的新格局”。 3.《湖北省城镇体系规划（2003—2020）》中提出“一主两副”“一圈两区三轴”架构，即形成以武汉都市圈为龙头，以襄樊都市区、宜昌都市区为两翼的“金三角”，从而推动湖北经济快速增长。在湖北省城镇体系中，荆州为二类区域性中心城市，是将要发展的五个特大城市之一。 4. 新一届荆州市政府确立了“新荆州、古荆州、美荆州、大荆州”的发展策略，在城市发展上提出“对外引进资本与技术，接受发达地区的产业转移与辐射”的城市发展战略，以“工业兴市，内部优化产业结构，盘活存量与扩大增量”的奋斗目标总揽全局，大力发展现代物流和商贸业，积极发展科教文化和旅游业，推进经济社会的健康协调发展
区域定位	1. 鄂中南经济区的中心城市。 2. 国家历史文化名城，湖北省长江游览线和三国旅游线的交会点，楚文化的中心。 3. 长江重要港口之一	1. 国家历史文化名城。 2. 长江中游国家级的枢纽港口。 3. 楚文化发祥地和中心区域，中外闻名的三国古战场，湘鄂西革命根据地中心，中国优秀旅游城市
社会经济	1. 人口：1994年底城区人口53.7万人。 2. GDP：1995年全市地区生产总值152亿元，1995年人均GDP4300元。 3. 用地：1994年城区用地46.84km^2。 4. 产业：纺织、化工、机械、电子、建材	1. 人口：2009年底城区人口68.8万人。 2. GDP：2008年全市地区生产总值623.98亿元，增长12.6%。 3. 用地：2009年城区用地64.9km^2。 4. 产业：纺织、化工、家电、汽车零部件、食品

来源：荆州市城乡规划局．荆州市城市总体规划（2010—2020）[R]．2010.

根据新时期的发展背景，新一轮的荆州城市总体规划提出四个指导思想：①以科学发展观为指导，以构建社会主义和谐社会为基本目标，贯彻“五个统筹”方针，编制城市总体规划，充分发挥城市规划的调控作用。②从湖北省及荆州市的全局出发，坚持中国特色的城镇化道路，合理确定城市发展目标与战略，促进城乡全面协调可持续发展。③坚持节约和集约利用资源，保护生态环境，保护人文资源，尊重历史文化，突出荆州的城市特色。

① 以上介绍源自：荆州市城乡规划局．荆州市城市总体规划（2010—2020）[R]．2010.

④合理确定城市基础设施和服务设施的配置标准和服务水平，协调区域性的大型基础设施的配置，改善人居环境，提高生活质量。并提出六个修编原则：城乡区域协调发展原则、生态环境与资源保护原则、公平和谐原则、资源节约利用原则、可持续发展原则和相关规划协调一致原则。

2011 年《荆州市城市总体规划（2010—2020）》一方面总结历届荆州城市规划编制的经验，一方面借鉴中国城市总体规划的成果，体现了规划的科学性、完整性和前瞻性，代表了当代中国中型城市总体规划的编制水平。规划成果的变化说明以工业发展为主导、功能分区的规划思想已不能适应城市发展的需要，多中心体系建立和城乡协调发展的需求明显，城市总体规划与城市设计的配合更为重要，城市总体规划应从“技术属性为主”向“技术与公共政策属性并重”转变。

《荆州历史文化名城保护规划》2009 年版与 2000 年版相比，扩展了历史保护的概念，增加了历史文化名镇保护、风景名胜资源保护、水利工程和农业遗产保护、非物质文化遗产保护等范畴，加强了沙市古城、荆州传统民居、沙市会馆建筑和近现代建筑的研究。历史地段的现状调查、建筑遗产分类和保护范围制定更为细致。同时研究了江陵、沙市两座城市的空间演变特征，体现了历史环境保护的原真性、完整性原则，弥补了上轮规划的不足。并提出了荆州古城的交通疏散方案，体现了合理利用的原则。

然而总体上看，荆州历史文化名城保护规划的方法仍然停留在孤立研究历史遗产的阶段，尚未将城市总体规划和历史遗产保护区的发展规划联系起来。为了更好地挖掘荆州历史空间的特色，需要更深入地研究历史空间格局和营造模式，跳出迁移人口和限定保护区的传统角度，细致地研究历史保护区与相邻地块的功能组织、道路系统和空间结构衔接关系，凸显历史文化遗产对城市社区文化塑造和生活空间品质提高的意义。可通过给水排水设施更新、道路交通细微整治、基础设施的现代化设计和小型公共空间介入等改善居民生活品质，提高街区可识别性和景观协调性，减少居民迁移。同时以历史街区带动周边街区更新，实现历史文化保护和空间品质提升的双赢。

8.3 1979—2009 年荆州城市空间尺度研究

1979—2009 年，在理想主义的城市规划指引下，沙市和江陵一体化成为现实，荆州双城合一的历史又一次上演，城市空间再次由内聚填充转入开放扩展阶段，但规模更为庞大，格局更为复杂。

8.3.1 体：双核带状城市

20 世纪 80 年代初期，沙市城区呈“带状密集”型[①]发展，江陵城区呈“单核集聚 + 多轴松散”型发展，1979 年《沙市暨江陵城市总体规划》提出了“依托旧城，连片集中”的

① 本节关于荆州城市形态的分析参考：荆州市城市规划设计研究院．荆州市城市总体规划（2010—2020）专题七：城市空间拓展专题 [R]．2010．

发展原则，随着城市第三产业的兴起，各功能区自发平衡协调：沙市西部与江陵相连，呈沿江带状发展，江陵城内集中建设，人口容量和建筑密度超标，开始向城外扩展，东部呈面状展开，与沙市连为一体，北部沿207、318国道轴向发展；南部沿南环路松散布局。20世纪80年代末，江陵和沙市统一编制城市总体规划，提出了“统一规划，分别建设，分别管理，协调发展”的原则，两城间联系增强、发展增快，用地连为一体。荆沙合并后，城市呈“沿江狭长双核带状”形态发展。

1996年荆州编制了《荆州市城市总体规划（1995—2010）》，在总体规划的指导下，城市南部的市内交通和市政设施建设加快；北部的对外交通设施增多，随着宜黄一级公路的建成通车，城市向北沿207国道指状发展，用地呈“单核集聚＋多轴松散”形态发展。

通过近10年的建设，荆州中心城区50多平方公里的建成区内仍存在一定量的空置地和空置房，新增的城市用地基本集中在沙岑公路周边，主要围绕中心区域向北缓慢发展和向东展开（图8-34），说明城市用地布局仍较松散，公共设施还未形成一个核心，城市北部的机场地区没有有效开发利用。2009年荆州市城市总体规划（2010—2020）调整了城市结构，规划围绕沙市旧城南北为行政文化和商贸金融中心形成“一心”“两轴”“五片区”的沿江带状城市[①]，远期进一步向南北纵深辐射，带动城北和江南片区的发展（图8-35）。

笔者则认为，荆州的地理条件和形态演变规律决定了城市可沿江多中心发展，但难以形成一个单中心。

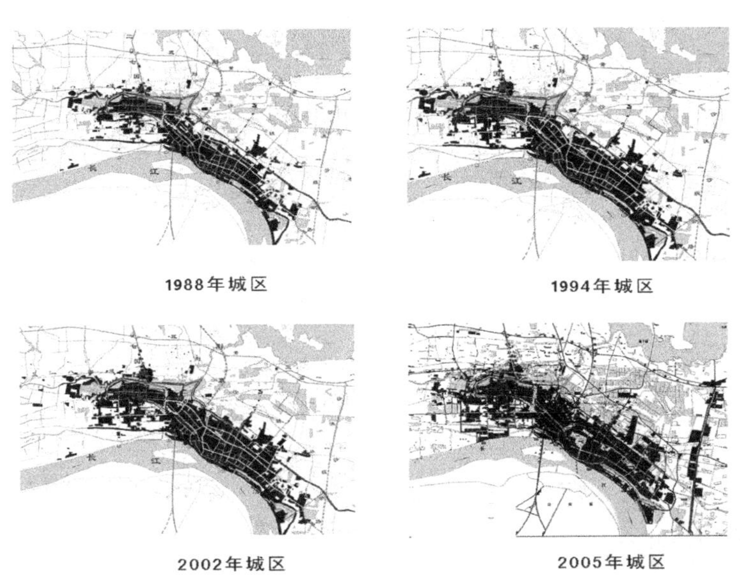

图8-34 荆州城市空间拓展分析（1988—2005年）
来源：荆州市城市规划设计研究院．荆州市城市总体规划（2010—2020）专题七：城市空间拓展专题[R]．2010.

① “以南环路—荆沙大道、江汉路两条城市东西、南北向主干道为发展轴，由西向东依次联系古城片区、城南片区、武德片区、中心片区和城东片区。”以上解释引自：荆州市城乡规划局．荆州市城市总体规划（2010—2020）[R]．2010.

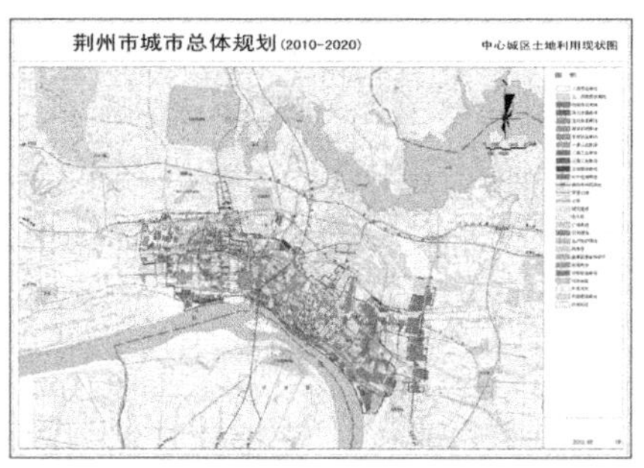

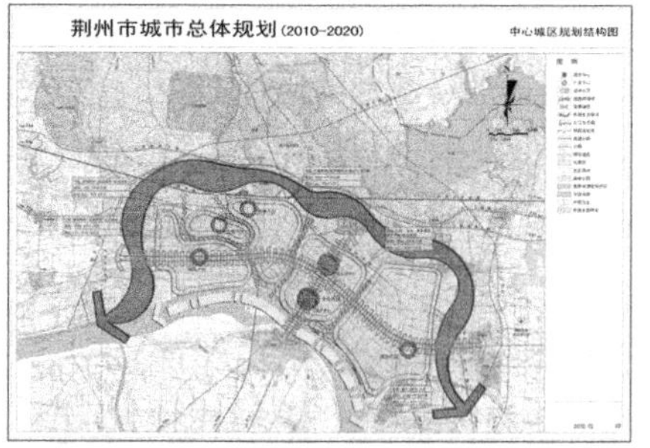

图 8-35　荆州中心城区土地利用现状图（左）和荆州市中心城区规划结构图（右）

来源：荆州市城乡规划局．荆州市城市总体规划（2010—2020）[R]．2010.

8.3.2　面：核外扩展与核内填充

1979 年至今荆州的用地扩展经历了 3 个时期：① 20 世纪 80 年代沙市旧城东南的居住用地扩展（图 8-36）；② 1996 年荆沙合并后，两城内的绿地填充和两城之间的教育用地扩展（见图 8-16）；③ 21 世纪初荆州古城以南的居住用地扩展，沙市以东的工业用地扩展，沙市以北的旅游用地扩展，以及两城间的居住用地填充（图 8-37）。整体上可归纳为，核外扩展（居住区、教育区、工业区和旅游区）和核内填充（绿地和公园）。这些面状空间按时间顺序包括以下内容：

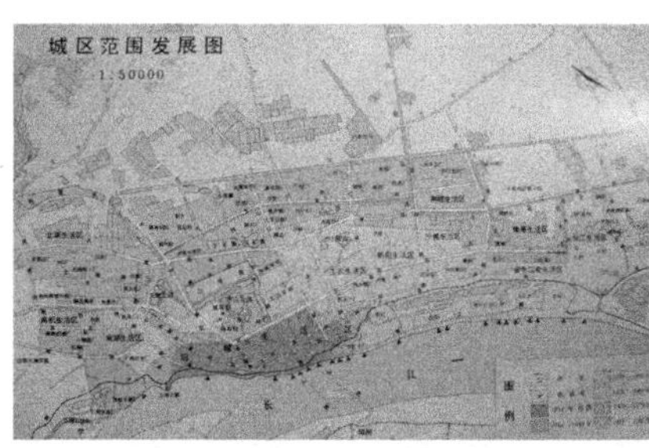

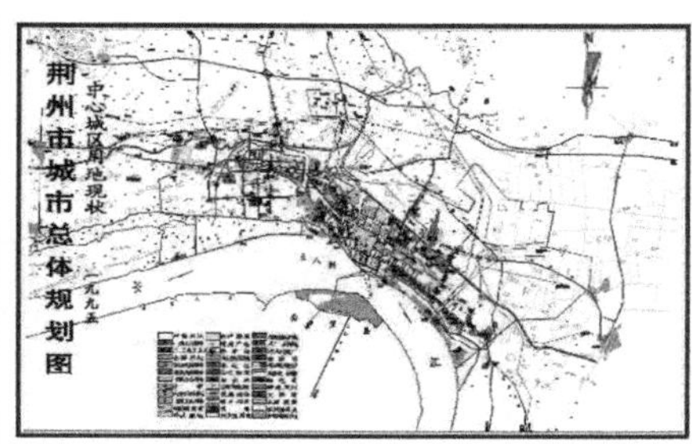

图 8-36　1979—1985 年沙市城区扩展范围（左）和 1995 年荆州中心城区用地现状（右）

左图来源：沙市市建设志编纂委员会．沙市市建设志 [M]．北京：中国建筑工业出版社，1992.

右图来源：荆州市城乡规划局．荆州市城市总体规划（1995—2010）[R]．1996.

图 8-37　21 世纪初沙市东南的玉桥经济技术开发区（左）和便河东岸的商业楼盘（右）

左图来源：肖潇，张明贵．魅力荆州之城建篇：荆州脸孔的靓丽变身 [N]．荆州日报，2009-12-23.

右图来源：2010 年自摄。

1. 两核外的教育用地、居住区和旅游用地扩展[①]

两核外的空间扩展主要包括：1980 年之后沙市旧城西北的教育用地和东南的居住区拓展，以及 2000 年之后沙市以北的旅游用地扩展。内容包括：

纺织职工大学：始建于 1981 年，1983 年建成。位于江津路西段，是国家教育部批准创办的专科大学。学校占地 1.5 万 m^2，总建筑面积 $5740m^2$。其中教学大楼建筑面积 $2400m^2$，为砖混结构，外敞式长廊，礼堂面积约 $500m^2$，还建有物理电工电子、纺织、化学 3 个大型实验室、机织和金工实习车间等配套建筑。

洪垸小区：1982 年由沙市规划处设计，主要设计师是陈佛超。旧称洪垸新村，距市中心 1.5km，位于江津路北，荆襄内河东。洪垸新村原是沼泽地，设计基地东靠李家渊湖畔，西邻青少年宫，南隔江津路与市科技馆相对，北界长港路，占地 $9.39hm^2$。设计成果包括总图、鸟瞰图、竖向设计图、绿化布置图、道路设计图、给水排水设计图、供电设计图和住宅造型设计图等。规划有住宅 52 栋，公共建筑 12 栋，包括小学、托幼园、百货、副食、储蓄、邮电、饮食、粮店、煤店、修理、菜场、集贸市场、文化室、管养段、居委会、代销店、自行车棚和公共厕所等 19 个项目，总建筑面积 $99308.45m^2$，居住建筑密度 $26.9m^2/hm^2$，居住 5848 人，人口密度每公顷 622 人。

规划布局以小区中心 $5000m^2$ 的花园为主体，江津路方向的主出入口直通中心花园，风车型道路围绕主体，将松、竹、梅三个组团连接起来。住宅建筑以条式为主，间杂点式，条式建筑单元组合有韵律地错开。建筑层数 5 ~ 7 层，最高 7 层。松、竹、梅三村的住宅阳台栏杆以深绿、嫩黄和红色的松、竹、梅图案以示区别，造成既错落有致又浑然一体的建筑艺术风格。公共建筑采用庭院式建筑形式，布置在小区入口和中心花园周围，最大服务半径不超过 300m，造型小巧玲珑。临江津路建筑物一改传统的平行街道的布置法，采取交错手法，既富于变化，又兼顾朝向。

绿化以中心花园为面，各组团公共绿地为点，道路绿化为线，组成有机整体。中心花园中修水池、置假山和架曲桥，水池驳岸自然弯曲，水池中树立象征绿化、美化、净化的三个白色氧原子 O 变形雕塑，配以银挂式喷泉。各组团公共绿地分别种植马尾松、窝竹和梅花。行道树合欢与女贞相间，配以黄杨和棕榈。路灯造型选用双头莲花式和倒圆台式，入口分隔花池中高矗两根十火球型灯杆。

住宅造型有 6 类，条式住宅一梯二户、点式一梯三户或四户。住宅规格有一室半户、二室户、二室半户和一室两半户，适于各类家庭。平面布置通风透光，适合沙市地区夏季炎热的特点。室内设备充分运用空间，设邮政信箱、橱柜、壁柜、晒衣架、窗帘线、挂衣钩、洗脸架和衣橱等。规划设计首次突破了沙市建筑中“排排坐”“火柴盒”的格局和“灰色调”，整个小区显得清新、活泼、优美和静谧（图 8-38）。

① 本节关于沙市居住区和工业区的详细介绍源自：沙市市建设志编纂委员会. 沙市市建设志 [M]. 北京：中国建筑工业出版社，1992.

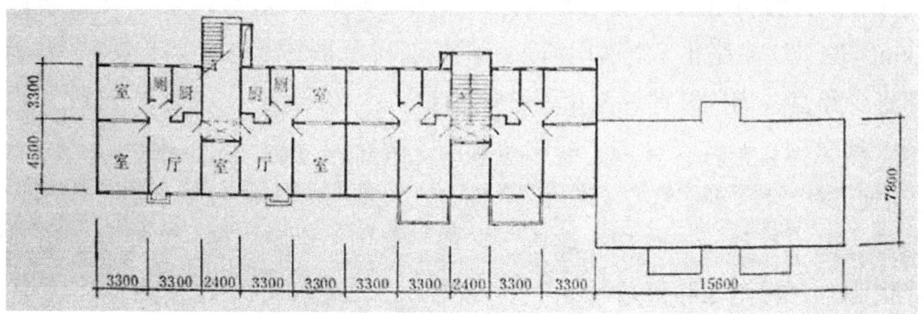

图 8-38　20 世纪 80 年代的洪垸小区内景（上）和户型图（下）
来源：沙市市建设志编纂委员会 . 沙市市建设志 [M]. 北京：中国建筑工业出版社，1992.

春来综合区：1984 年沙市规划管理处工程师孟祥弟首先作“春风”街坊改造规划，沙市建筑综合开发公司（简称建综开发公司）决定开发“春来”和“春风”区，由沙市建筑学会采取竞赛方式征集方案。孟祥弟与陈佛超合作设计的“春来、春风生活区改造规划”获二等奖（一等奖缺），建综开发公司拟采用。为适应改革开放需要，市政府要求把该区建成居住、接待和展销综合区，而方案中商场比重太小，不符合综合原则未被采用。1985 年陈佛超与张松重新设计《春来综合区规划》（图 8-39），规划改造面积 2.8hm^2，区内旧有建筑全部拆除，改造成居住、商业贸易，金融与服务的综合中心，另有 7.5 万 m^2 商品住宅。区中以集中下沉式广场将各单项建筑组织成整体，以内向式布局手法延伸商业建筑临街面，区南开辟连接江渎巷与红门路通道，便于居民及车辆出入，临北京路主要出口处设导门，同时将沙市第一建筑公司堆场改为停车场。建筑空间以 16 层贸易中心大楼为主体，友谊大厦与其成反曲线，再以群楼、低层商场相呼应，建筑群以曲线为主。区内点缀绿地及建筑小品，低层商店修建屋顶花园垂直绿化。

梨园小区：原规划名称为“苗圃新村”，1984 年由沙市建筑综合开发公司和规划处先后修改，后定名为“梨园小区”，是由城市居民投资、国家补助部分资金的“民建公助”居住小区。位于近郊梨铺子，东西面分别与沙市拉丝厂和沙市苗圃为邻。规划面积 3.9hm^2，其中保留郊区农村居民点用地 1.3hm^2，居住 168 户 840 人，住宅楼 51 幢，建筑 3 ~ 4 层，总建筑面积约 1.3 万 m^2。小区由 7m 宽主路划分成 4 个组团，交叉处设小区中心，由居委会、商店和小吃店组成，公共建筑面积 369m^2。住宅楼南偏东 12°，行列式排列，间距 1 : 1，由甲、乙型单体组合，每户有 40m^2 左右庭院，通透式围墙分割。每个组团除农村居民点外留有一片 400m^2 左右的小块绿地。

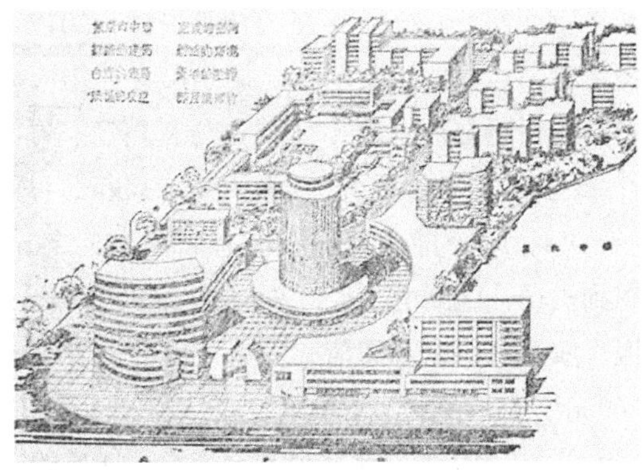

图 8-39 20 世纪 80 年代的春来综合区规划鸟瞰图（左）和 20 世纪 90 年代的滨江综合小区鸟瞰图（右）

左图来源：沙市市建设志编纂委员会．沙市市建设志 [M]．北京：中国建筑工业出版社，1992.

右图来源：肖潇，张明贵．魅力荆州之城建篇：荆州脸孔的靓丽变身 [N]．荆州日报，2009-12-23.

海子湖生态文化旅游新区：2012 年湖北省政府批准《海子湖生态文化旅游新区总体规划》，规划区域为南至沪蓉高速铁路，北至 318 国道改道新线，东至桥河与荆门相邻，西至老 207 国道及纪南城遗址西侧，总面积 115.25km²，区划范围 136.1km²。2016—2030 年，荆州将把现居古城内的 6 万人迁移到海子湖新区，届时荆州古城内仅容纳 5 万 ~ 6 万人。

海子湖新区规划为“一环、两核、三区”。一环为海子湖环湖游憩带，两核为文化观光核和生态新城核，三区为文化观光体验区、休闲度假区和生态宜居区。工程从 2011 至 2030 年，分早、中、晚三期建设。目前荆州市政府已与广东碧桂园集团签订框架协议，将在海子湖新区实施城市综合体开发。2016—2030 年，海子湖新区第二、三期开发建成后，可容纳 25 万常住人口。规划项目包括：碧桂园荆州凤凰城、创意产业园、垄上文化产业园、对外建设有限公司、航空运动俱乐部和海子湖通用机场等（图 8-40）。

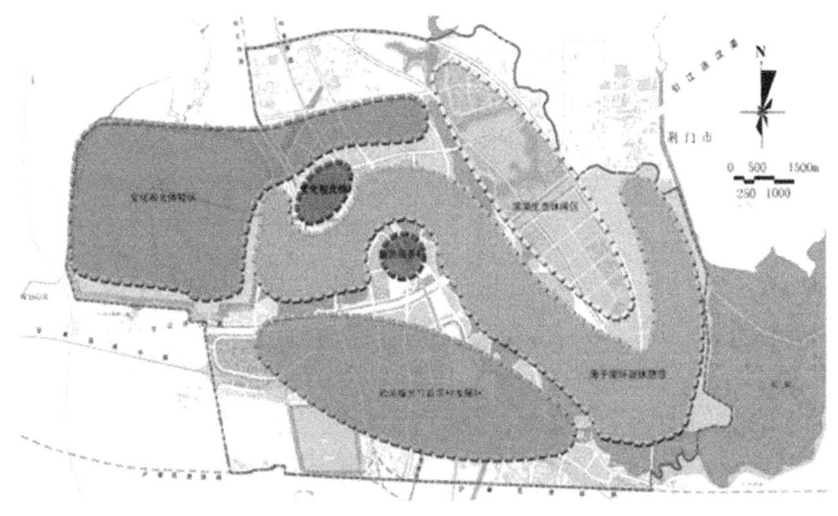

图 8-40 海子湖新区规划

来源：楚天民报，http://hb.sina.com.cn/news/j/2012-11-05/201029818.html.

荆州机场：2016 年完成初步设计，2017 年开建。机场定位为：国内支线机场，长江经济带航空运输的重要节点，荆州市交通物流枢纽区和先进制造业示范区，国家级产业发展互补区机场。规划管控区域含观音垱镇、岑河镇和资市镇等三个镇，7 个农（种）场，共计 75 个村（含分场），总面积 562.34km^2。规划区含岑河镇、沙市实验林场和省畜牧良种场，共计 11 个村（含分场），总面积 103.67km^2。空港经济区北到开放大道，南到岑桑公路，东到机场，西到七斗渠，总面积 15.94km^2。一期航站楼规划面积为 7000m^2，主要包括飞行区、航站区，以及通信、气象、供油、供电、消防救援等配套设施。其中飞行区拟建 1 条 2600m × 45m 跑道，1 条垂直联络道和 5 个机位站坪（5C）。荆州机场将开辟 4 条进离场航线，在东、西、南、北 4 个方向形成“四进四出”的航线新格局，进场和离场航线完全分离，缓解可能出现的交通压力（图 8-41）。

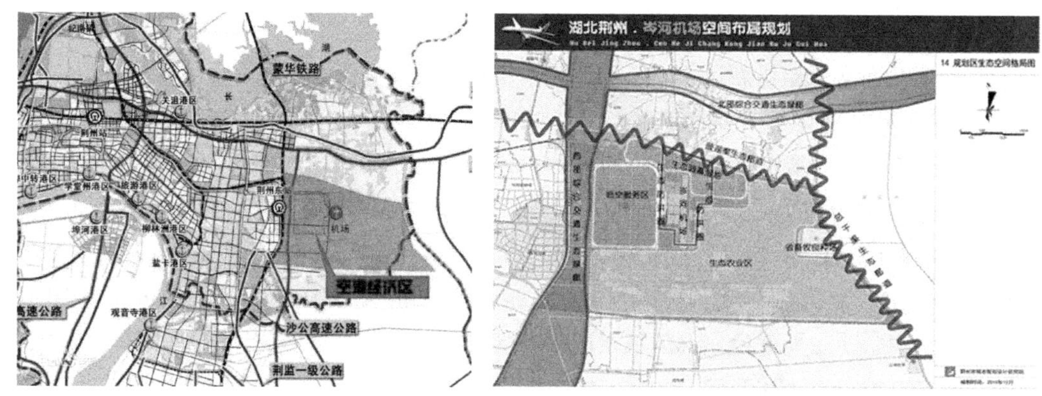

图 8–41　岑河机场规划

来源：荆州新闻网，http://www.jznews.com.cn/comnews/system/2016/03/16/011851934.shtml.

2. 两核内的园林绿地填充 ①

1981 年，沙市规划处开设园林绿化专业，城市绿化工作在规划指导下进行。规划的范围包括公园、陵园、游园、道路绿化、工厂绿化、生活区绿化和旅游点的开发，到 1985 年，完成旅游规划 1 个、公园规划 4 个（中山公园、文湖公园、廖子河公园、宝塔公园），陵园规划（烈士陵园）1 个，红门路、北京路、中山路、江津路、豉湖路和园林路等六条道路植物配置规划，大湾堤外滩、荆沙河、便河游园和北三小门前广场等规划 41 处，沙市青少年宫和沙市棉纺织厂等单位规划 21 个。

（1）万寿园：建于 1980 年 10 月，因依地势围塔筑园而得名宝塔公园，位于沙市西区南端荆江大堤外侧象鼻矶处，占地 19.50 亩。1983 年扩建，由规划管理处初步规划。全园以万寿宝塔为中心，东、西、南三面临江，北以红色宫墙环绕，充分利用自然地势，因地造景，园内分为前、中、后 3 个既独立又统一的部分。建筑布局从前至后依次为正门、接待厅、怡寿轩、寿苑、九龙壁、长廊、望江亭、万寿宝塔、观音阁、迎宾楼等及附属建筑物，

① 本节关于沙市园林绿地规划建设的详细介绍源自：沙市市建设志编纂委员会. 沙市市建设志 [M]. 北京：中国建筑工业出版社，1992.

建筑总面积 2100m^2，现为省重点文物保护单位。

园东首为牌楼式正门，门楣横额题："万寿园"草书阳刻大字，门侧对联"东望武昌云历历，西连巫峡路悠悠"，取自清人郑机《七律·登望江楼》诗句。入门左侧为接待厅，采用混凝土结构，通过对临江高低凉台，四角攒尖亭的设计处理，使厅内与长江自然景观相结合，融为一体。接待厅连接怡寿轩，红墙琉璃绿瓦，硬山式砖木结构，设步廊与长廊贯通。前园正中圆形石台上为一假山石，周围点缀花草，另设工艺旅游用品、副食和摄影服务部。绕过假山进入中园，建有寿苑和九龙照壁，寿苑为歇山式琉璃瓦顶、长方形亭式结构建筑，因两扇花格门上雕有八仙过海图，故称八仙门。中部以万寿宝塔为中心，与长廊、望江亭互相衬托，塔周筑有双层圆形塔池，石质栏杆围护，临江长廊全长 140m。后园以观音阁和迎宾楼为背景，歇山式琉璃瓦结构建筑高低错落，配以花木和假山，自成院落。迎宾楼内装修典雅，可供各种会议之用。假山门洞直通地下餐厅。园内广植树木花草，有银杏、腊梅、香樟、雪松、水杉、桂花、石榴等近 80 个品种，约万株，绿化覆盖面积达 80% 以上。

（2）便河广场游园：1982 年始建，与便河小游园一路之隔，占地 15.3 亩。游园四周设有钢管制作的矮栅栏，园内种有梓树、广玉兰、红叶李、珍珠梅、夹竹桃、雪松和小叶黄杨等 35 个树种，计 506 株，园中辟有大草坪和大面积的水泥块铺设，可供附近中小学学生开展文体活动。

（3）中山公园：1982 年为配合便河疏挖排水工程，市政府决定将中山公园向西北方向扩建，规划管理处与杭州市园林局专家多次商讨，编制了《中山公园总体规划方案》。规划将江津湖和便河纳入中山公园范围，总面积达 74.62hm^2，水面占 58%。整个公园在布局上划分成 5 个游览区和 1 个生产管理小区。

文化娱乐区设计有银杏草坪、中心岛、中山纪念堂、雪松龙柏草坪、花鸟鱼虫乐园、人民英雄纪念碑和盆景园，中山纪念堂利用人民会场旧址，与民国 22 年（公元 1933 年）所建的中山纪念堂遗址相距不远，建筑面积 720m^2，四周培植常绿乔木，造成肃穆气氛，在相对的中心岛上重建中山亭。蜈蚣岭游览休息区贯穿公园南北，春秋阁、阳春池和孙叔敖墓散布其上，在蜈蚣岭上游人可遥观江津湖和阳春池。儿童活动区设有儿童乐园，电动游戏场和植物科普小区。江津湖水上活动区包括便河和江津湖，水面约 37.5hm^2，岸线长 6600m，区内设计修建云天州、碧云堤、湖心岛及游船码头。湖滨游览区环湖布置，顺其自然曲折，划分为两部分：沙石至云天州以较大面积铺装地面供人们休息散步，装点紫藤花架、小雕塑、园灯和园椅，云天州至塔桥路远离闹市，采取自然式布局手法。

按 5 个分区的联系，为游人设计了园内、江津湖滨、水上游船等三条游览线。规划园内种植植物 219 种。基调树种有香樟、桂花和慈竹，骨干树种有广玉兰、银杏、枫香、重阳木、垂柳和黑松。

（4）沙市烈士陵园：1959 年始建，原名"革命烈士公墓"，位于红门路北段，西靠红门路、东邻红星路、北抵江津路，南与古章华寺相邻，在章华寺后面征地 10hm^2，将散埋的革命烈士遗骨迁葬，建起烈士陵园。1983 年沙市烈士陵园管理处委托市规划处进行规划设计，由秦振芝主持完成《沙市烈士陵园总体规划》，规划面积 21.24hm^2，将太师渊划入。1984 年市政府号召社会各界集资 50 万元，扩建陵园。

烈士陵园扩建后，占地面积318.6亩，其中水域90亩，建筑面积1300m^2。正门临红门路，主轴线与路垂直，两侧规划为烈士纪念区。东部规划为游览区，以太师渊水体为主，约40亩。北部是观赏区，由展览花园、荷塘、红叶林、沙市土城遗址组成。陵园大门和围墙为仿古式建筑，大门广场25m宽，主干道主轴线烈士大道用花岗石铺筑，被花池一分为三，中间主道宽11m，长155m，以0.5%的坡度上升，拾级而上至纪念碑。纪念碑高30m，碑座四周留有1100m^{2}广场，首层镌刻“烈士精神永垂不朽”8个大字。碑文由沙市市政府所撰，纪念碑前的28级台阶，象征着在中国共产党领导下，中国新民主主义革命的28年历程。纪念碑后两侧，是烈士墓群，共500座，位于两侧松柏林中。过烈士桥到达筑于高台之上的烈士纪念堂，前临荷花池，后濒太师渊。纪念区还建有革命烈士事迹陈列馆、老干部纪念馆和烈士纪念亭。全园有树木70余种，共2820多棵，松柏、杨柳、女贞、梧桐、刺槐居多。

（5）帆秀园：1983年北依荆江大堤而建的外滩滨江游园，占地3.6亩。南缘临江处筑有高1.2m混凝土栏板，园路为水泥预制方块铺砌，园内漫步可眺望江上船帆，故名帆秀园。园北植夹竹桃与堤坝分隔，园内种有棕榈、栀子、盘槐、桂花等，计22个树种。761株。

（6）憩园：1983年始建，位于江汉电影院前，占地821m^2。四周用金属栅栏围护，结合电影院的入口和出口设计，用栀子花作绿篱将出入口分开。园内有岭南风格的假山，挖有水池，设有喷泉，庭前树下筑有圆圈状水泥坐凳，种有樟树、黑松等18个树种，计96株。

（7）春秋园：1983年始建，位于北京东路南侧，塑料一厂大门外的东边，面积1161m^2。园四周有金属栅栏围护，两个出入口，园路宽2m为水泥路面，其上贴有彩色卵石花饰。园内有一土丘，上种植桂花，每到秋季芳香四溢。园东建有一间操作间，另种有樟树、合欢、桂花、月月红等20个树种，计200株。

（8）廖子河游园：1983年建成，位于廖子河路与荆江大堤相接处的东边内堤脚，占地37亩。园周围有刺丝围栏，园内按植物品种分块，留有土路，中心按花坛形式栽有雪松、龙柏等，也辟有园路，可供游玩和休息。园内种有女贞、夹竹桃、法冬青、石楠、栀子阳、石榴花等13个树种，计2954株。

（9）文湖公园规划：1984年沙市规划处完成《文湖公园总体规划》(图8-42)，1985年始建，位于荆襄内河绿化区内，荆沙路和北京西路交接处之北侧，西界白云路，北抵江津路、荆襄河从园东流过，占地11.5hm^2。其用地原属郊区荆沙大队文湖渔场、沙市第三中学农场和荆州供电线路工区，建设前期，沙市市政府通知全市在职职工每人参加5天义务劳动，修建公园。经过10个月的疏浚，挖掘塘泥60000m^3，浆砌块石驳岸2400m，挖成大、中、小相连的3个人工湖，堆出大小7座土山，平整了园内场地。9月沙市市文湖公园筹建处成立，开始栽植工作。园内按规划分为老人活动区、儿童游乐区、散步游息区和水上活动区以及27处园林建筑。儿童游乐区以趣味雕塑为主体，塑“十二生肖”“狐狸家族”“东郭先生和狼”“南郭先生”“儿童游艺迷宫”等。水系为相通的3个人工湖，内置湖心岛。湖东岸是全园中心，堆制一坐标高34.8m的土山，拔地5m有余，平地突兀而起，成为全园制高点，上建望湖亭。园林建筑布置有荆襄亭、汇足桥、逍遥榭、儿童画廊等27项。植物配置类型有竹林、阔叶疏林。

图 8–42　文湖公园规划和建成后景观

来源：沙市市建设志编纂委员会 . 沙市市建设志 [M]. 北京：中国建筑工业出版社，1992.

（10）霞翠园：1984 年兴建，位于北京西路北侧，与北京路第三小学紧邻，占地 2.3 亩。四周置低矮金属栅栏，园内有绿地和水泥铺装活动场地，园路曲折贯连，园中竖立一尊名为“植树忙”的儿童雕塑像，绿地中栽植月月红、国槐、香樟、迎春等，共 13 个树种，351 株。

（11）金龙园：建于 1984 年，位于北京西路北侧，紧邻霞翠园、西抵塑料五厂门前，是依临街围墙而建的带状道边游园，占地 3.8 亩。种有雪松、樟树、夹竹桃、月月红、南迎春、笔柏等 16 个树种，计 500 余株。

（12）思园：1984 年兴建，又名万宏园，位于江汉北路与长港路交叉口的东南方，北与蛇入山隔长港路相望，占地 2.9 亩。园内中心花坛是由大、中、小 3 个圆形平面相交组成，分高、中、低 3 层，园东南方建有一栋占地 140m^2 的管理间。园路为水泥现浇路面，路边设有水磨石坐凳。种有龙柏、雪松、蚊母、珍珠梅、丛竹、红叶、李、罗汉松、紫薇、大叶黄杨、栀子花等 20 个树种。

（13）埠园：1984 年兴建，位于江汉南路跨荆江大堤处的东北侧，占地仅 1 亩。园西有一人工塑石，上书“埠园”二字，为居民提供活动场所。

（14）翠芳园：1985 年始建，位于白云路南端东侧，依建筑预制构件公司西围墙，占地 10.4 亩，是沙市最大的游园之一。园内建有高、低、大、小花坛，树坛 45 个，坛壁均为瓷砖、铺地砖等贴面，或是水刷石饰面。园西为砖、混结合的异形花墙，瓷砖、陶瓷锦砖贴面。由于铺设面积过大，种植面积小，仅种有香樟、桂花、红叶李、栀子花、丛竹、月月红、迎春等大、小乔灌木 11 种，计 536 株。

（15）翡翠园：建于 1985 年，位于白云路与金龙路交叉口东北方，而依路呈线形的街头小游园，跨白云路和金龙路，占地 2.9 亩。园东、北依环卫处仓库围墙，西、南边为 1m 高的砖柱铁栅栏，园路为六边形预制方块铺设，园内有 8 块栽植绿地，内种有红叶李、栀子花、樟树、月月红、棕榈和广玉兰 8 个树种，计 330 株。

（16）晶园：1985 年兴建，俗称玻璃厂前游园，位于北京东路北侧，占地 4.1 亩。依人行道而建，无围墙。整个游园由 38 块绿地组成，种有棕榈、枇杷、窝竹、栀子花、南迎春、月月红等 15 个树种，计 1067 株。

（17）荧园：1985 年兴建，位于红门路与长港路交叉口的东北方，日光灯厂的西侧，又

图 8-43　明月公园

来源：https://baike.baidu.com/.

称日光灯厂游园，面积 1.5 亩。园四周有 1.2m 高的金属栅栏，园内建有弧形景墙一面，上开有扇形景窗，窗内有人工塑石，石旁配修竹。景墙南侧有一水泥预制栅栏，将园分成南北两部分，设有景门相通。景墙北侧建有蘑菇双亭，南面筑有花坛、水池。开有西、南两个出入口，入口呈扇形，园路为水泥现浇路面。园内种有樟树、女贞、栀子、黄杨、红叶李等树木。

（18）九龙渊公园：2000 年建成，位于荆州古城东门外九龙桥南侧，北部为金凤广场，中部主体建筑为九龙渊龙舟赛场，四周立有九龙柱，南部为天问广场，广场中立有屈原塑像。2014 年，屈原塑像移至小北门明月公园，九龙渊公园改为关羽义园。

（19）明月公园：2014 年建成，位于荆州古城墙以北，荆沙大道以南，东起荆沙大道与荆州大道交会处，西至小北门城门原红砖渔场地区，总面积 21.53hm^2，其中绿地面积 6.51hm^2，水体面积 11.89hm^2。公园根据小北门城墙上原有的明月楼取名，以荆楚水乡湿地为特色，构成“一环两带四区”的景观：“一环”为景区主环路，“两带”为景区北部雕塑景观带和南部荆楚民俗景观带，“四区”为荆楚名人区、明月景区、爱情园和荆楚民俗区。园内有求索桥、明月桥、望月桥和龙凤桥等多座小桥，园内设计有楚庄王和屈原等名人典故景区。原矗立在天问广场的屈原像搬迁至明月公园，面朝东面，方形底座，高 5.5m、边长 6.5m，雕像整体高度为 15m（图 8-43）。

8.3.3　线：核间干道和核间水系[①]

1979 年至今荆州城市道路的发展经历了 3 个阶段：① 20 世纪 80 年代两城间干道拓宽，主要是荆沙路拓宽；② 20 世纪 90 年代荆沙间干道建成，沙市主干道拓宽和江陵南主干道修建，包括江津路、北京路、三湾路和南湖路的修建（图 8-44）；③ 21 世纪初沙市道路向北延伸，城南大学城南北向道路增修，包括塔桥路和太岳路的北延。

（1）荆沙路：1980 年，沙市政府决定将全国公路干线 207 号国道的金龙桥至武德路间 1.9km 路段划为城市道路，更名为荆沙路。1985 年，沙市城市建设总公司市政设计室完成设计，建成 18m 宽水泥混凝土路面，排水、路灯和其他市政设施也同步建设，1986 年竣工。

（2）北京路：1981 年，三湾路至月堤路的 2.38km 路段改建成 14m 的水泥混凝土路面，扩宽路段由沙市城建局规划管理科设计。1982—1984 年，便河路至江汉路 0.78km，金龙路至市第三中学 1.5km 依次扩宽为 26m 的路幅，由沙市城市建设环境保护委员会城市建设科设计，首次在沙市建成“三板四带”的道路格局，使人车分流，快慢车分流；排水、路灯等市政设施同步建成（图 8-45）。建成后金龙路至新沙路尾长 1.5km 命名为北京西路，新沙路尾至红星路长 1.93km 命名为北京中路，红星路至范家渊路口长 5.87km 命名为北京东路。

① 本节关于荆州道路建设和水系治理的详细介绍源自：沙市市建设志编纂委员会. 沙市市建设志 [M]. 北京：中国建筑工业出版社，1992.

图 8-44 连通荆沙的江津路（沙市段）和荆南路（荆州段）

来源：肖潇，张明贵．魅力荆州之城建篇：荆州脸孔的靓丽变身 [N]．荆州日报，2009-12-23.

图 8-45 20 世纪 90 年代（左）和 2010 年重修后的北京路（右）

左图来源：http://0716.net/ourcity/.

右图来源：http://citylife.house.sina.com.cn/detail.php?gid=61168.

（3）荆沙河：也称荆沙内河，位于荆沙间，略呈东西走向。原与便河相通，是荆州城南门外地面水的排放通道，可行木船，20 世纪 60 年代后，与便河相接的部分被填，从此无船只往来。有的河段就近的农业生产队分段筑坝养鱼，变成了自然村的养殖水面；有的河段成为附近工厂的排水沟，水体污染严重；有的河段因筑路填平修建工厂和商店，自然调蓄能力减弱。1970 年，沙市革委会通过了填荆沙河的规划，因故未能执行。20 世纪 70 年代起下游水位顶托，造成倒灌内渍，沿河钉螺孳生，又因两岸工厂发展，颇感交通不便，为了保护和美化环境，改善排水状况，沙市人民政府、市人大和市政协号召全市人民集资整理现存的荆沙河河段，并委托城环委规划设计（图 8-46）。

1981 年，《沙市市排水扩大初步设计》完成，将荆沙河列为雨水调节水体。1984 年，整治荆沙河指挥部成立，沙市规划处展开绿化规划设计，在满足排水要求的情况下，将荆沙河改造成市民散步游憩之地：规划按荆沙河河岸自然曲线略加修整砌筑驳岸，护坡铺预制漏花混凝土方块，以利于小草生长，且节约投资；两岸修曲折游人小道，安放休息园椅，植灌木花草，岸边种垂柳。1984 年完成清淤、疏浚和砌筑施工。1985 年在两岸分别建成春、夏、秋、冬 4 景点，河首金龙桥处绿地中树立沙市特色的雕塑，在原白云桥处重修古白云桥（图 8-47）。

图 8-46　整治中（左）和整治后（右）的荆沙河
来源：沙市市建设志编纂委员会．沙市市建设志 [M]．北京：中国建筑工业出版社，1992.

图 8-47　竣工后的新白云桥（左）和复原后的旧白云桥（右）
来源：沙市市建设志编纂委员会．沙市市建设志 [M]．北京：中国建筑工业出版社，1992.

（4）中山路规划：1984 年，为配合中山路街景改造，沙市政府决定将中山路行道树法桐换成市树广玉兰，规划管理处提出配置方案：在每一株树位种植灌木小叶女贞，修剪成矩形簇拥着广玉兰，在共和巷口空地布置纪念性绿地“刺柱”，揭露日本侵略者在沙屠杀我同胞的暴行，昭示后人不忘国耻。

（5）海子湖大道：2012 年开建，位于荆北新区荆襄外河西侧，全长 7.1km，分两期建设。道路红线规划为 40m 和 55m 两个路段，第一期名为楚都大道，道路两侧修建“楚国八百年城市生态文化公园”。公园以楚国 800 年的历史为经线，以重大历史事件为纬线，以重要历史人物为节点，以环境雕塑、景观园林和建筑艺术为表现手段，以游乐互动为亮点，在生态保护的基础上融入休闲娱乐、康体运动、文化展演等配套功能，打造荆楚文化传承与创新的城市空间（图 8-48）。

8.3.4　点：城市广场、历史遗产和交通枢纽作为城市中心 ①

1979—2009 年间，荆州的点状空间由公共建筑向公共空间和交通枢纽演变，其发展分

① 本节关于荆州公共建筑的详细介绍源自：沙市市建设志编纂委员会．沙市市建设志 [M]．北京：中国建筑工业出版社，1992.

图 8-48　楚都大道施工现场
来源：2017 年自摄。

为 3 个阶段：① 20 世纪 80 年代，以公共建筑为主要空间节点，如：沙市体育场、沙市剧院、沙市青少年宫、沙市影剧院和沙市商场等；② 20 世纪 90 年代，以商业建筑和办公建筑为空间节点，如：沙市港客运大楼、沙市温水游泳池等；③ 21 世纪初，以城市广场和交通枢纽为空间节点，如：沙隆达广场、金凤广场、天问广场和荆州站等（图 8-49）。随着城市空间的现代化，古城楼和古城门等历史遗产镶嵌其中，也成为重要的标志物（图 8-50）。

图 8-49　沙市区沙隆达广场（左）和荆州区凤凰广场（右）
来源：肖潇，张明贵．魅力荆州之城建篇：荆州脸孔的靓丽变身 [N]．荆州日报，2009-12-23.

图 8-50　东荆河东岸的九龙柱（左）和西岸的寅宾门（右）
来源：2010 年自摄。

首先，1978年后，改革开放推动了现代建筑的发展，公共建筑多采用现浇框架结构，外观改变了传统的条式和四方盒造型，更突出个性，内外装饰开始采用铝合金件、玻璃马赛克和浮花墙布等材料，成为城市重要的空间节点。其中，公共建筑包括：沙市体育场、沙市影剧院、沙市客运站、沙市青少年宫、沙市影剧院等。商业建筑有：江津宾馆、玉兰饭店、东区饭店、章华饭店、沙市商场和洪垸商场等。办公建筑有：沙市市委办公大楼、政协办公大楼、五交化中心办公大楼、外贸局办公大楼、新邮局大楼、沙市图书馆、科技馆、科委综合楼和工业展销大楼等。教育建筑包括：沙市市广播电视大学、职工大学、教师进修学院新教学楼等。

（1）沙市影剧院：1980年建成，位于北京西路，占地面积1.1万m^2，由沙市市建筑设计院设计，为沙市当时规模最大、设备最完善的综合性剧场。建筑总面积8500m^2，建筑主体长71.5m、面宽50m、高22.5m。正面设计3m高长台阶，通往门厅，正立面大部分采用大型玻璃幕墙，外墙黄色水刷石抹面。厅内两座弧形楼梯通往二楼，立柱及墙裙为大理石贴面。观众大厅面积1178m^2，上下层设座1819个，首次采用钢筋混凝土船型顶棚，拉条墙面。大型屋面卷材防水，屋面梁跨24m，另建有发电机房、空调车间等配套建筑（图8-51）。

图8-51　沙市影剧院（左）和沙市进出口公司大楼（右）

来源：沙市市建设志编纂委员会.沙市市建设志[M]. 北京：中国建筑工业出版社，1992.

（2）沙市客运站大楼：1981年建成，位于塔桥路与公园路交会处。主楼为框架结构，高7层，全高24.7m，建筑面积6680m^2，其中主楼底层售票厅为237.6m^2，东侧两层候车大厅为2880m^2，外墙装饰米黄色水刷石。楼后停车场面积1400m^2，可停留100辆大型客车，是湖北省大型汽车客车站之一（图8-52）。

（3）沙市青少年宫：1984年建成，位于江津路北侧，占地面积4万多平方米，由地方财政拨款和沙市287个单位赞助及市民捐款集资建成。总建筑面积7600m^2：主体建筑临池而建，承重结构为砖混框架结构；内设联欢厅、电子游戏室、乒乓球室等活动房19个；有廊形花架外伸，外墙饰有彩色几何图形水刷石面；另有图书馆、展览厅和溜冰场等设施，可同时容纳3000名青少年活动。

（4）江津宾馆：是荆州地区干部学校及沙市市委党委旧址，1979年为沙市第二招待所，1981年更名江津饭店，1981—1983年新建两栋田园式风格新楼，改名为江津宾馆。位于公园路1号，东邻中山公园，占地面积3.5万m^2、建筑面积7808.9m^2，馆内建有高、中档客房楼8栋。

图8–52 沙市汽车客运站（左）和沙市市烈士纪念碑（右）
来源：沙市市建设志编纂委员会.沙市市建设志[M]. 北京：中国建筑工业出版社，1992.

（5）沙市商场：1984年建成，位于北京中路与江汉南路交会处西南角，面朝北京路，西临大赛巷，由沙市市建筑设计院设计，为沙市市级全优工程，是当时沙市最大的一座商场。整幢楼为5层，现浇框架结构，商场长70m、宽40m、建筑面积1万m^2。

（6）沙市市烈士纪念碑：1963年曾立有纪念碑，1984年烈士陵园扩建，拆除旧碑，重建新碑。新碑建于高3.6m、宽33.5m、长60m的坪台上，碑体通高30.3m、碑身9层，意喻九重天，取意于毛泽东诗词“杨柳轻飏直上重霄九”“可上九天揽月”。每重天以曲面四棱台表示，除了相邻的棱线可构成人字形外，相邻的曲面构成一个粗大的“人”字，暗喻烈士英灵扶摇直上（图8-52）。

（7）便河中心广场：1973年列为中心广场，计划直抵荆江大堤，其后多次作详细规划，1984年邀请天津大学沈玉麟教授规划设计。广场位于市中心，规划范围从北京路始，由便河东路和便河西路延伸至荆沙大堤，面积约10hm^2。广场东西两边布置商业服务和文化娱乐等大型公共建筑。广场内划分成3部分：北部临北京路是文化广场，树立市标雕塑；中间布置园林小品；南侧以花坛台阶与中山路商业街相连，堤脚防护林形成绿化背景。规划完成后广泛征集市标，沙市规划处收到数十件雕塑方案，大致归为3类：有古船类型，寓意沙市因水而生；有纺织女类型，谓沙市轻纺工业城市；有手捧珍珠的仙女类型，象征沙市是明星之城。现已改为沙隆达广场（图8-53）。

图8–53 便河广场
来源：沙市市建设志编纂委员会.沙市市建设志[M]. 北京：中国建筑工业出版社，1992.

（8）沙市工人体育馆：1985 年建成，为沙市第一座封闭式的比赛场地，设计首次采用轻型钢网架镀锌薄板屋面，造型风格轻快大方，采光通风设施均达到国家标准。

（9）沙市进出口公司大楼：1986 年竣工，位于碧波路中段。包括主楼和前后副楼，总建筑面积 4245m^2。主楼与前侧副楼之间有架空曲廊连通，所余空间置叠石假山，饰以绿草流泉，整幢建筑与前方江津湖水交相辉映（图 8-52）。主楼 9 层、高 40m，采用混凝土框架现浇结构。

1990 年后，荆州高层建筑增多，城市广场增多。2000 年后，城市空间整治和历史遗产保护力度加强，荆州古城门和城楼外开辟广场，历史建筑成为重要的标志点。同时随着高铁发展，城市外围的高铁站成为新的空间节点。

（10）金凤广场：2000 年建成，位于荆州区东门外，总面积为 19.57 万 m^2，其中水域面积约为 6.8 万 m^2，是湖北省当时最大的城市绿地休闲游乐广场。广场以古城墙、古城楼、古护城河为背景，依势而建，广场中央矗立着荆州的城标——“金凤腾飞”，取材自楚国图腾——凤凰，是 2008 年北京奥运会火炬湖北省荆州站传递的起跑点。

（11）荆州万达广场：2014 年建成，位于北京西路与武德路交会处，项目总占地面积 12.18 万 m^2。总建筑面积 60 万 m^2，集五星级酒店、国际购物中心、城市商业街、高端院线、标杆写字楼、城市华宅和精装 SOHO 等多种业态于一体（图 8-54），是 2014 年前荆州投资额最大、商业配套最齐全、开发规模最大的城市综合体项目。

图 8–54 荆州万达广场（左）和荆州站广场（右）
来源：https://baike.baidu.com/.

（12）荆州站：2012 年建成，汉宜铁路在湖北省 5 个城市新建火车站中站房面积最大的站（图 8-54）。建设占地面积 529.54hm^2、站房面积 1.198 万 m^2，建有 5 个台面，其中基本站台 1 座、中间站台 2 座，旅客年发送量 400 万人次，日均发送旅客 12055 人次。荆州站是荆北新区标志性建筑之一，周边以其为圆心，建设有楚源大道、荆楚大道和郢城大道等道路，站前广场右侧规划修建江汉平原最高建筑——218m 的荆州绿地之窗，以形成荆州北京路城市商业圈和万达商圈后又一个新的城市商业中心。

8.4 总结：全球文化发展时期经济主导的开放式城市空间博弈

1979—2009 年的 30 年间，世界经济一体化带动文化全球化，也推动荆州走入城市空间开放发展的时代，荆州族群的城市空间营造思想由理想主义的“田园城市”模式逐渐转变为自然、经济、政治和社会等资源集中配置的“大都市”模式，无论是荆沙一体化和住宅开发，还是工业区扩展和广场开辟，市场成为城市资源配置和城市空间营造的主导因素。城市空间博弈走向利益化、规模化和多元化（表 8-2）。

8.4.1 自然层面：土地开发与水系治理

1979—2009 年随着城市经济发展水平的提高，荆州外围的工业用地和居住用地扩展，土地开发规模增大，环境变化加速；随着三峡大坝的修筑，城市的防洪压力减轻。在城市内部，市政工程投入增多，便河和东护城河被疏浚，荆江大堤得到修整，然而局部环境的改善只能缓解人与自然的矛盾，城市开发带来的环境污染和水系淤塞等问题尚未根本解决。

当代（四维后科学阶段）荆州城市空间营造的动力机制分析　　表8–2

<table>
<tr><th colspan="2">时间</th><th colspan="2">主体</th><th colspan="2">客体</th><th colspan="2">主客互动机制</th></tr>
<tr><th>全球时间</th><th>荆州时间</th><th>荆州族群主体</th><th>族群主导文化</th><th>聚落、城市</th><th>城市空间</th><th>主体对于客体的影响</th><th>客体对主体的影响</th></tr>
<tr><td rowspan="4">1979—2009 年</td><td>1979—1989 年</td><td rowspan="2">中华民族</td><td rowspan="2">全球文化：理想主义</td><td rowspan="2">江陵
沙市</td><td rowspan="2">规划起步
园林绿地
名城保护
道路规划</td><td rowspan="4">全球文化发展时期，理想主义推动了城市向农村的土地扩张。后现代主义引发的城市集中主义、增长极理论的催生“大都市全球化”和“世界城市”概念。荆州城市空间结构呈现集中扩张的特点：

体：双核带状城市；
面：核外扩展与核内填充；
线：核间干道和核间水系；
点：城市广场、历史遗产和交通枢纽作为城市中心</td><td rowspan="4">1979—2009 年荆州城市空间营造带来了大荆州概念的复兴和对城市地位和城市历史价值的重新认识。
1. 土地开发与水系治理；
2. 统一规划和市场配置；
3. 现代风貌与城市记忆。

全球文化发展时期特点：
1. 利益多元化；
2. 规划政策化；
3. 文化多样化</td></tr>
<tr><td>1989—1999 年</td></tr>
<tr><td rowspan="2">1999—2009 年</td><td rowspan="2">中华民族</td><td rowspan="2">全球文化：后现代主义</td><td>沙市
江陵</td><td>房地产开发加速
公共建筑和公共绿地建设加快
城市总体规划
道路交通规划
教育设施</td></tr>
<tr><td>荆州</td><td>旧区治理
公共绿地建设
大学城开发
道路交通</td></tr>
</table>

8.4.2 社会层面：统一规划和市场配置

图 8-55 天问广场
来源：2010 年作者自摄。

1979—2009 年荆州通过市政设施的统一规划和土地的商业开发实现了社会层面的城市空间博弈平衡。基础设施的修建推动土地开发，商业开发的经济效益又带动基础设施的升级，市场的资源配置作用得以体现，同时如何控制商业开发对自然环境的破坏，如何建立更加完善的社会监督机制，保持市场运作和政府调控之间的长期平衡，实现城市发展和保护双赢，是当前经济全球化时期荆州面临的主要问题。

8.4.3 个人层面：现代风貌与城市记忆

1979—2009 年荆州城市基础设施的改善拓展了市民的生活空间，提高了生活效率：荆州古城和沙市连为一体，荆沙间差异减少，荆州与周边城市的联系加强。同时城市特色也在消失，传统街巷大量消失，现代住宅区兴起，只能通过书籍、网站中的老照片回溯城市历史，追忆城南旧事……（图 8-55）

第 6 部分

结论与展望

第 9 章　结论：荆州城市空间营造的动力机制研究

9.1　荆州城市空间营造的动力机制

9.1.1　主体：荆楚族群

纵观荆州上下两千年的城市发展史，族群的定居、繁衍、变化和迁移带来文化的新兴、拓展、更新和成熟，影响着空间营造的起承转合。族群在每一个历史阶段所面临的社会、政治、经济和文化矛盾推动城市空间的变革，通过空间理想的转化实现了族群文明的沉淀和内化。

大溪文化时期，濮人定居于阴湘城城址。屈家岭文化早期，吴人祖先迁徙至阴湘城，修筑了颇具规模的城垣，成为方圆十里内的中心聚落。石家河文化时期，苗瑶人来到阴湘城建立城市，后受中原华夏族群挤压而衰落。西周时期，楚人从丹水流域迁徙而来，融合苗瑶人形成荆楚族群，西周时期的公元前 689 年楚文王迁郢，修复城墙，改阴湘城为楚郢都的脾泄。东周时期的公元前 493 年楚昭王入住纪南城，阴湘城被废弃。阴湘城的生命周期共约两千年，其中新兴期和拓展期共 500 年，更新期 1300 年，成熟期 200 年。

公元前 519 年的楚平王时期始建纪南城。公元前 497 年扩建，公元前 385 年更新，公元前 278 年毁灭，生命周期为 241 年。其中新兴期 22 年，扩展期 112 年，更新期和成熟期共 107 年。纪南城的历史就是楚文化的发展史，楚文化以纪南城为中心，通过人工运河系统和楚直道体系传播至大江南北和中原腹地。

公元前 680—前 670 年（西周）的楚成王时期建渚宫于江陵，公元前 273 年（春秋）始建江陵邑。公元前 273—219 年（春秋至魏晋时期）为江陵城的新兴期，历时 492 年。公元 220—555 年（魏晋南北朝时期）是江陵城的扩展期，历时 335 年。公元 587—960 年（隋唐五代时期）是江陵城的更新期，历时 373 年。公元 963—1363 年（宋元时期）是江陵城的成熟期，历时 400 年。自公元 1369（明洪武二年）至公元 1646 年（清代）江陵城重建又重修，新兴期 277 年。公元 1756—1909 年民国初年的扩展期 153 年。1909—2019 年的更新期 110 年。因此第一个新兴期 492 年，扩展期 335 年，更新期 277 年，成熟期 400 年。第二个新兴期 277 年，扩展期 153 年，更新期 110 年。拥有 2292 年历史的江陵城既是楚文化的产物，又是汉文化的摇篮，其空间既体现楚城的结构，又带有汉城的特点。

公元前 219 年（秦代）郢城兴起。郢城虽是楚人所建，但兴盛期主要在秦汉。公元前 219—前 157 年（秦至西汉）为郢城的新兴期和扩展期，约 62 年。公元前 156—120 年（西汉至东汉）为郢城的更新期和成熟期，约 276 年。郢城共历时 338 年，由于秦人并不擅长修筑城池和管理城市，因此郢城的尺度和结构来源于楚城，体现了楚文化向汉文化过渡的特点。

东晋时期，北方豪族南迁，江津码头第一次修筑军事城堡，公元 317 年修筑便河，市民聚集，沙市城兴起。1189 年（宋代）沙市再次筑城，辟四座城门。1797 年（清代）沙市城规模扩展至最大。1946 年开始制定荆沙统一的城市规划。1999 年至今（2019 年）荆州市城市总体规划修编三轮。其中新兴期 872 年，扩展期 608 年，更新期 149 年，成熟期 20 年，共 1702 年历史。沙市是汉文化发展繁荣的结果，城市空间结构较江陵城开放，体现了文化融合的特点，是地道的汉城。

荆沙联合的大荆州城规划开始于 1946 年。1949—1979 年是新兴期，30 年；1979 年至今是扩展期，40 余年；共 70 余年历史。今天轮廓初成的荆州城是全球文化发展的结果，因此其营造模式受世界都市模式影响。随着全球文化转折时期的到来，未来荆州的城市空间营造模式必将发生深刻变化。

可见，荆州的城市历史是荆楚文化融合多族群文化的历史，荆州的城市空间营造随族群文化的萌芽、发展、转折和成熟而起承转合①，体现为阴湘城、纪南城、郢城、江陵城、沙市城和大荆州城等六座城市的生命更叠。

9.1.2 客体：水系贯连的城市漂移

除大荆州城外，阴湘城、纪南城、郢城、江陵城和沙市城都经历了新兴、拓展、更新和成熟的生命周期，总结 6 座城市的空间营造历程，得到以下时空函数（图 9-1）：

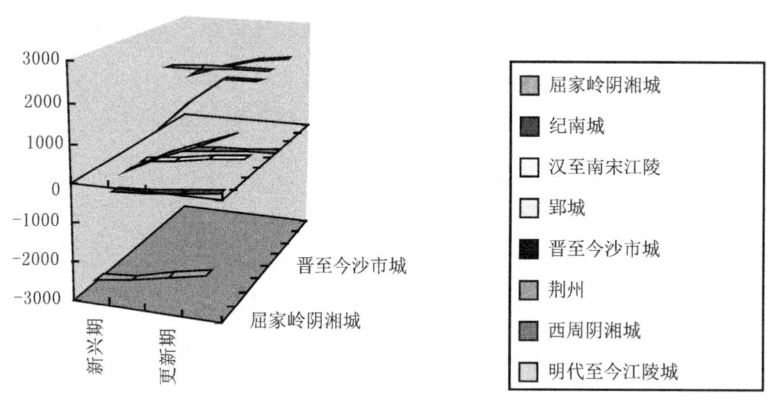

图 9–1 荆州城市空间营造的时空函数

由此可见，西汉至宋代城市的更叠速度相对缓慢，城市发展较为稳定。战国以前、中华人民共和国成立之后城市更叠较快：战国之前是聚落向城市剧烈转变的时期，中华人民共和国成立之后是城市向城镇群剧烈转变的时期。

尽管荆州的城市中心不断变迁，空间形态不断变化，但始终与两条水系相关，即长江和杨水。长江是今天中国最庞大的自然河道，杨水（包括龙陂、便河、荆沙河等支流）是春秋时期中国最庞大的人工运河体系。前者决定着荆州的外部空间形态，后者构建了城市的内部空间结构。荆州是在一个自然河流和人工运河交织的庞大水系中不断漂移的城市（图 9-2）。

① 正如传统的易学所总结的事物发展的起承转合 4 个阶段一样。

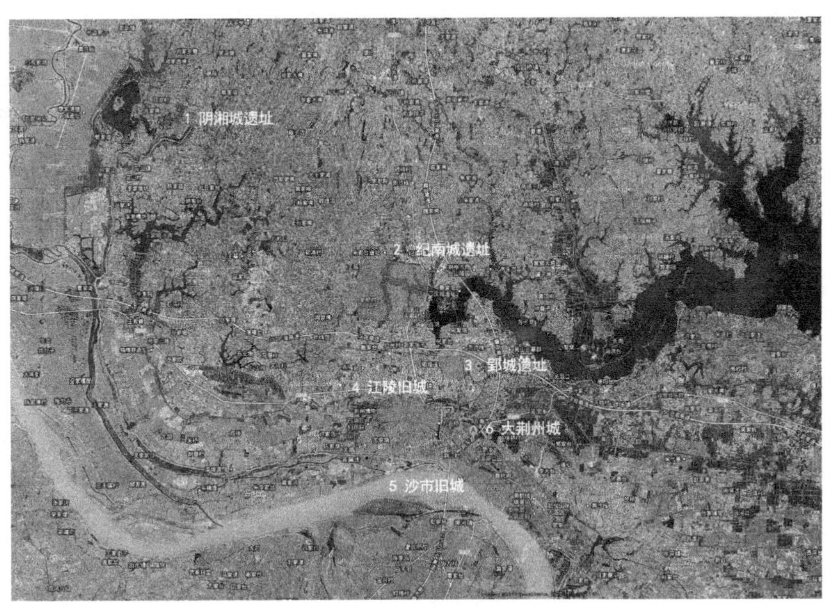

图 9-2　公元前 680—2005 年荆州城市外部空间形态演变
来源：根据谷歌地图 2011 年版和相关历史资料改绘。

9.1.3　主客互动机制：楚文化融合多族群的空间博弈

族群变迁历史反映城市文化特色，空间营造过程展现城市发展规律，族群文化变迁推动空间演变，新的空间反过来促进新文化的形成，城市历史是族群文化与空间彼此推进的结果，这是荆州城市空间营造向我们揭示的主客互动机制（图 9-3）。

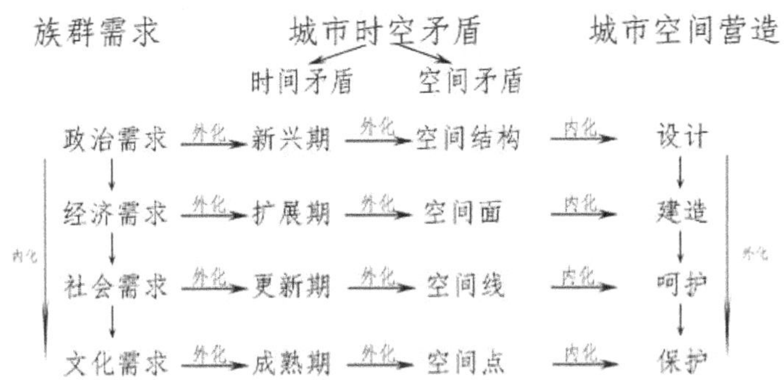

图 9-3　城市空间营造动力制

例如：阴湘城、纪南城、江陵城、郢城和沙市城的演变过程，可以看出，随着族群变迁，城市空间经历了新兴期、扩展期、更新期和成熟期，城市整体、空间面、空间线和空间点等要素逐渐发展成熟。族群主体变迁，族群文化进入一轮又一轮的演变周期，城市空间随之不断再生。

（1）在族群文化的不同发展阶段，城市空间营造的推动力不同。文化新兴期的资源分配方式转变，社会形态转变，经济形态定型，城市空间定向，空间营造主要解决族群的政治需求。文化拓展期物质交换方式转变，经济形态转变，社会形态稳定，城市空间定位，主要解决族群的经济需求。文化更新期人际交流方式转变，社会形态转变，经济形态稳定，城市空间定向，主要解决族群的社会需求。文化成熟期思想观念融合统一，经济形态转变，社会形态稳定，城市空间定位，主要解决族群的文化需求。

（2）在族群文化的不同发展阶段，城市空间营造的内容不同。文化新兴期城市营造的重点是空间设计，文化扩展期城市营造的重点是空间建造，文化更新期城市营造的重点是空间呵护，文化成熟期城市营造的重点是空间保护。城市再生就是通过城市空间的重新设计、建造、呵护和保护，重塑族群文化的过程。

（3）在族群文化的不同发展阶段，城市空间营造的结果不同。文化新兴期城市营造的主要结果是空间结构的设计，指明经济发展的方向。文化扩展期城市营造的主要结果是空间面的建造，奠定社会稳定的基础。文化更新期城市营造的主要结果是城市空间线的呵护，拉通信息交流的骨架。文化成熟期城市营造的主要结果是空间节点的保护，搭建文化创新的舞台。

荆州是荆楚族群的政治经济和文化中心城市，又融合了多族群的文化基因，因此城市空间营造以楚文化为主要特色，形成了楚风汉韵的整体格局和多文化镶嵌的细部肌理（表9-1 ~表9-6）。

战国以前（一维神话阶段）荆州城市空间营造的动力机制分析　　表9-1

<table>
<tr><th colspan="2">时间</th><th colspan="2">主体</th><th colspan="2">客体</th><th colspan="2">主客互动机制</th></tr>
<tr><th>全球时间</th><th>荆州时间</th><th>荆州族群主体</th><th>族群主导文化</th><th>聚落、城市</th><th>城市空间</th><th>主体对于客体的影响</th><th>客体对主体的影响</th></tr>
<tr><td rowspan="6">战国之前（一维神话阶段）</td><td>4万年前</td><td></td><td></td><td>荆江三角洲，长江</td><td></td><td rowspan="6">楚人为主体的族群改变了南方城市的空间结构：

体：“圆城”与“方城”。
面：“东西并立”与“尚东布局”。
线：“一字分隔”与“经纬格局”。
点：“分间房屋”到“高台建筑”</td><td rowspan="6">楚国都的建立促使荆蜀文化、巴庸文化和苗瑶文化融合为楚文化。形成楚文化开放时期的筑城传统：
1. 国土规划与航运开发（荆蜀文化）；
2. 闾里制度与功能布局（苗瑶文化）；
3. 景域规划与漕运公园（巴庸文化）。

楚文化开放时期的特色：
1. 重商传统；
2. 巫文化；
3. 昭穆制度；
4. 老庄学说</td></tr>
<tr><td>4万~2万年前</td><td>古人类</td><td>南方旧石器文化</td><td>鸡公山遗址</td><td>石圈（制作场）</td></tr>
<tr><td>6000 ~ 5000年前</td><td>—*</td><td>大溪文化</td><td>阴湘城</td><td>圆形单核心聚落</td></tr>
<tr><td>5000 ~ 4000年前</td><td>—*</td><td>屈家岭文化</td><td>阴湘城</td><td>圆形双核心聚落</td></tr>
<tr><td>4000 ~ 3000年前</td><td>—*</td><td>石家河文化</td><td>阴湘城</td><td>方形城市</td></tr>
<tr><td>公元前1046—前475年</td><td>楚人</td><td>楚文化</td><td>纪南城</td><td>双都系统
水系治理
尚东布局
高台建筑</td></tr>
</table>

*　该阶段的族群主体尚待进一步研究，因此不作标注。

战国至五代十国（二维宗教阶段）荆州城市空间营造的动力机制分析　　表9–2

<table>
<tr><th colspan="2">时间</th><th colspan="2">主体</th><th colspan="2">客体</th><th colspan="2">主客互动机制</th></tr>
<tr><th>全球时间</th><th>荆州时间</th><th>荆州族群主体</th><th>族群主导文化</th><th>聚落、城市</th><th>城市空间</th><th>主体对于客体的影响</th><th>客体对主体的影响</th></tr>
<tr><td rowspan="8">战国～五代十国时期（二维宗教阶段）</td><td>战国时期（公元前475—前237年）</td><td>楚人</td><td>楚文化</td><td>纪南城
江陵行邑
江津渡
郢城</td><td>城镇体系
闾里制度
引水入城
军事卫城</td><td rowspan="8">汉文化的形成使得荆州城市空间形态发生变化：

体："星分翼轸"的方城变为"依水扩展"的带形城市。
面：闾里制度下的"单城""双城"发展成为"重城"和"三重城"。
线："T字交叉"发展为"一字主街""之字主街"和"垂直街巷"。
点：以位于城东的高台建筑发展为"河流转折处和城门处"的城市中心</td><td rowspan="8">江陵城的兴盛促进了楚文化与中原文化的交流，促使道教形成、玄学思想成熟。带动南北漕运的贯通，促进都城营造方法的成熟，与宗教、园林建筑的发展。在城市营造方法上，建立汉文化传统：
1. 近江拓展与堤防修筑；
2. 市坊制度与重城布局；
3. 宫苑建筑与寺庙建筑。

汉文化内聚时期的特点：
1. 巫觋文化；
2. 傩文化；
3. 道教文化；
4. 南方佛教文化；
5. 江南士族文化</td></tr>
<tr><td>秦代（公元前237—前202年）</td><td>秦人</td><td>秦文化</td><td>郢城
江陵城
津乡</td><td>相天法地
国土规划
南北轴线
闾里制度</td></tr>
<tr><td>汉代（公元前202—210年）</td><td>西汉：汉人
东汉：汉人</td><td rowspan="4">楚文化</td><td rowspan="2">江陵
津乡</td><td>巫文化
老庄学说
儒家思想
单城
"T字交叉"</td></tr>
<tr><td>三国时期（公元210—280年）</td><td>—*</td><td>道教盛行
学术中心
双城
一"字主街"</td></tr>
<tr><td>晋代（公元280—420年）</td><td>西晋：—*
东晋：—*</td><td>江陵
奉城</td><td>道教中心
玄学中心
重城
之"字主街"</td></tr>
<tr><td>南北朝时期（公元420年—587年）</td><td>—*</td><td>江陵
江津</td><td>皇家园林
南方都城
三重城
垂直街巷</td></tr>
<tr><td>隋唐时期（公元58—906年）</td><td>汉人</td><td rowspan="2">汉文化</td><td>江陵
沙头市</td><td>佛教中心
南方都城
河流转折处和城门处的城市中心</td></tr>
<tr><td>五代十国时期（公元907—963年）</td><td>汉人</td><td>江陵
沙头镇</td><td>通商立国
南方都城</td></tr>
</table>

* 该阶段的族群主体尚待进一步研究，因此不作标注。

宋代至晚清（三维科学阶段）荆州城市空间营造的动力机制分析 表9-3

时间		主体		客体		主客互动机制	
全球时间	荆州时间	荆州族群主体	族群主导文化	聚落、城市	城市空间	主体对于客体的影响	客体对主体的影响
宋代～晚清时期（三维科学阶段）	宋代（公元960—1265年）	汉族	汉文化	江陵沙市	神、道、佛并立。 厢坊制度、县学制度。 城墙防御体系、堤防防灾体系、私家园林	中华文化萌芽时期的荆州城市空间结构相对于汉文化时期更为复杂，显示出多元混合形态： 1. 体：江陵为主，沙市为辅的双子城。 2. 面：中心秩序和带状混杂。 3. 线：南北主街和东西主街。 4. 点：政治、宗教和商业中心的混杂	宋代至晚清荆州城市的发展使得长江中游的重要经济文化中心得以形成。经济职能超越文化职能，推动了中华文化的融合和塑造。形成长江中游滨水商业城市的营造特点： 1. 堤防增修与城墙维护； 2. 书院建筑与会馆建筑； 3. 私家园林与天井院落。 中华文化开放时期特点： 1. 多元宗教融合； 2. 中央集权和地区商业并行； 3. 地方教育和地方行政加强
	元代（公元1266—1340年）	汉族	汉文化融合蒙回满族文化	沙市城	儒佚结合，佛、道、天主教、伊斯兰教等多种宗教并立。 元代城市录事司，明代卫所制度、粮仓设置、分藩制度和城隍制度，清代八旗制度。 防御体系、防灾体系与交通设施		
	明代（公元1341—1642年）	汉族		江陵沙市			
	清代（公元1643—1889年）	汉族	晚清：中华文化	江陵城沙市城	“神道设教”的宗教文化。 旗学制度、帮会制度、救济制度。 书院建筑、大型民居、会馆建筑		

近代（三维科学阶段）荆州城市空间营造的动力机制分析 表9-4

时间		主体		客体		主客互动机制	
全球时间	荆州时间	荆州族群主体	族群主导文化	聚落、城市	城市空间	主体对于客体的影响	客体对主体的影响
1889—1919年	1889—1899年	汉族	中华文化融合西方文化	江陵沙市	教育设施租界	中华文化发展时期荆州城市空间结构沿江岸东西向扩展，荆沙联系加强： 体：江陵、沙市并立的双子城。 面：江陵以南和沙市以东的新工业区。 线：沙市东西道路和江陵南北道路的延伸。 点：新教育、新宗教和新商业中心的生成	1889—1919年荆州城市空间的演变促进了民族工商业发展和中华文化的西化进程。 1. 长江航运和内河航运； 2. 新式学校和西式宗教； 3. 传统住宅与新式房产。 中华文化内聚式发展特点： 1. 新教育建筑； 2. 新工商业建筑； 3. 新居住模式
	1899—1909年	汉族	中华文化融合西方文化	江陵沙市	教育设施海关码头		
	1909—1919年	中华民族	中华文化内聚	江陵沙市	民族工商业		

现代（三维科学阶段）荆州城市空间营造的动力机制分析　　表9–5

时间		主体		客体		主客互动机制	
全球时间	荆州时间	荆州族群主体	族群主导文化	聚落、城市	城市空间	主体对于客体的影响	客体对主体的影响
1919—1949年	1919—1929年	中华民族	中西方文化融合	沙市江陵	工商业、教育、行政、医疗社会上	中华文化转型时期荆州城市空间以沙市为营造重点，体现中西方文化交融的设计思想： 体：沙市为主、江陵为辅的双子城。 面：工业用地和园林用地的外扩。 线：沙市道路西扩。 点：文化中心作为城市中心	1919—1949年荆州城市空间营造的展开揭开了城市新生活的序幕，带动了城市风貌和城市文化的更新： 1. 园林设计和堤防加固； 2. 道路整理和公共场所修建； 3. 工业区和公园。 中华文化转型期特点： 1. 公园和滨江休闲空间； 2. 中西结合的居住模式； 3. 中西结合的公共建筑
	1929—1939年			沙市	市政设施		
	1939—1949年			沙市	市政设施		

当代（四维后科学阶段）荆州城市空间营造的动力机制分析　　表9–6

时间		主体		客体		主客互动机制	
全球时间	荆州时间	荆州族群主体	族群主导文化	聚落、城市	城市空间	主体对于客体的影响	客体对主体的影响
1949—1979年	1949—1959年	中华民族	全球文化：现代主义	沙市江陵	旧房改建 工商业发展 公共设施建设 堤防改造	全球文化萌芽时期，现代主义和理想主义的影响，使得荆州城市工业发展加快，两城间联系扩展加快： 体：两核一轴型城市。 面：工业区、居住区和绿地扩展。 线：两城间道路连通和城外路网扩散。 点：文化建筑和纪念建筑	1949—1979年荆州城市空间营造推动了城市集体生活和工业城市文化的形成： 1. 堤防修筑和水路消失； 2. 道路规划和统筹统建； 3. 工业拓展与单位住宅。 全球文化萌芽时期特点： 1.政治指导的规划专门化； 2.工业化城市和集体生活； 3. 理想主义和古典主义
	1959—1969年		全球文化：理想主义		工业发展 河渠改造 道路改造		
	1969—1979年				工业发展 规划工作 道路建设 园林建设		
1979—2009年	1979—1989年	中华民族	全球文化：理想主义	江陵沙市	规划起步 园林绿地 名城保护 道路规划	全球文化发展时期，理想主义推动了城市向农村的土地扩张。后现代主义引发的城市集中主义、增长极理论的催生"大都市全球化"和"世界城市"概念。荆州城市空间结构呈现集中扩张的特点： 体：双核带状城市。 面：核外扩展与核内填充。 线：核间干道和核间水系。 点：城市广场、历史遗产和交通枢纽作为城市中心	1979—2009年荆州城市空间营造带来了大荆州概念的复兴，和对城市地位和城市历史价值的重新认识。 1. 土地开发与水系治理； 2. 统一规划和市场配置； 3. 现代风貌与城市记忆。 全球文化发展时期特点： 1. 利益多元化； 2. 规划政策化； 3. 文化多样化
	1989—1999年			沙市江陵	房地产开发加速 公共建筑和公共绿地建设加快 城市总体规划 道路交通规划 教育设施		
	1999—2009年	中华民族	全球文化：后现代主义	荆州	旧区治理 公共绿地建设 大学城开发 道路交通		

9.2 荆州城市空间形态的基本特征

荆州的城市空间在空间体、空间面、空间线和空间点四个方面体现着楚文化的基本特征：

9.2.1 空间体：水系贯连的带状城市

楚文化吸收了江汉平原其他各族群文化的城市营造传统，充分利用江汉平原的天然水系，构建人工运河，又在运河的关键节点营造城市和县邑，无论是楚都纪南城、江陵行邑，还是江津渡口，城址由水贯连，城内有水渗透。水系贯连的城市形态，是荆州城市空间最基本的特征（图 9-4）。

秦汉至五代十国城市空间叠痕的关系

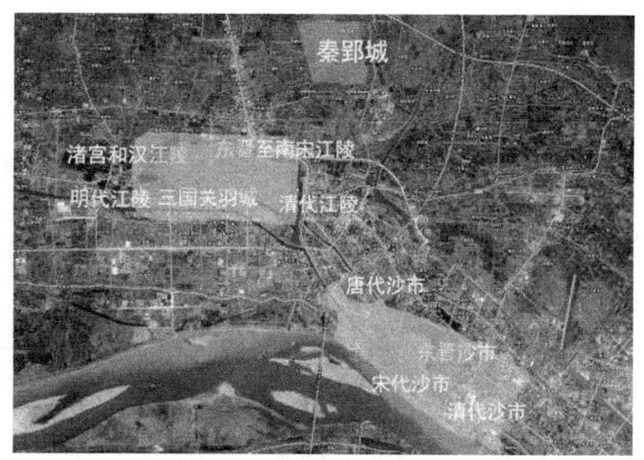

宋代至晚清城市空间叠痕的关系

图 9–4 荆州历代城市空间营造叠痕边界分析

来源：根据历代史料和谷歌地图荆州航拍图绘制。

例如：阴湘城选址沮漳河畔，长江滩涂边缘。楚都纪南城依水建城，更引水入城，连接沮漳河和杨水，沟通汉江和长江，楚文化由此发扬光大，扩展至中原、长江下游和湘滇地区。纪南城、郢城、江陵和江津四城又由杨水贯连，构成庞大的楚都城镇群，城址整体至今没有改变，仍然保留着城市与水系的紧密关联。

依水筑城的空间形态来源于楚文化的重商传统。春秋战国时期，楚国以海子湖、江陵港、江津港为起点营造纪南城、江陵行邑和江津渡，其根本目的就是打造江汉平原的贸易中心，纪南城虽受中原礼制影响呈规则方形，但其内部以河道为骨架进行功能分区，融合江汉平原各族群文化，外部通过杨水与江陵和江津相连，形成团状城镇群，城镇即商城，河道即商道，国土即商土。东汉至魏晋时期，长江航运发展推动江陵东扩，形成带状格局，城市形态依商业发展而变化。南北朝至唐代，江陵成为中国南方重要的商业和行政中心城市，出现重城结构，外城格局更规整，但依然没有改变带状形态。宋代之后，随着坊市制解体，内城消失，外城轮廓继续呈带状蔓延。后长江岸线南移，沙市替代江陵成为新兴的港口城市。

晚清时期，受到江汉平原区域贸易、川湘地区贸易和国际棉花贸易的推动，沙市城沿便河和长江江岸扩展，又一次形成沿江带状格局。今天“引江济汉”工程穿越荆州，由荆州区、沙市区为主体的大型沿江带状城市初具雏形。可见，带状形态是长江航运和港口贸易推动城市发展的必然结果，是楚人“重商”文化的空间体现，在荆州这片土地上具有极强的可行性，构成荆州城市空间形态的一大特色。

同时，水系贯连的城市对荆楚文化的推动作用十分明显。战国之前，荆楚文化通过纪南城的水运系统融合江汉平原和长江流域的文化，传播到长江下游、南阳盆地和两湖两广等地区，形成了中国南方文化。楚族衰落后，南方文化又通过长江港口江陵融合中原文化，发展为汉文化。魏晋南北朝时期江陵一度成为首都，文化影响力扩散到江淮地区。隋唐时期江陵是中国南方唯一的陪都，直接影响其后南方都城的营造。宋代以后中国政治和经济中心向长江下游转移，荆州地处长江中游，成为联系中原城市和南方城市的枢纽，推动了多元文化的融合。近代至中华人民共和国成立初期，沙市一度成为中国最重要的棉花输出商埠之一和棉纺织工业的明星城市，滨水公共空间和居住区的营造模式成为全国样板。可见荆州依水营城的传统推动了城市文化的创新，是荆州长期持续发展的重要保证。

9.2.2 空间面：多样拼贴的城市肌理

荆州自古多民族聚居，且多行业混杂，春秋战国时期郢都实施按民族和职业划分的闾里制，宫城位于城东南，居住区位于城西北，是唐代里坊制的原型。汉代之后江陵城继承郢都传统，宫城（或子城）位于城东，肌理开阔疏朗，居住区（或外城）位于城西，肌理规则密集。宋代之后，坊市制解体，江陵子城消失，外城保留，东西部保留了各自的肌理特征。清代荆州东部隔为满城，引入北方旗营肌理，街道密度增加，形态更为规整，但尺度仍比西城更开阔疏朗。

明清之前荆州的传统民居多采用沿街列肆、前店后宅的空间模式，住宅内以小型天井组织空间，院落开间和进深较少，尺度小巧灵活。明清之后，“十三帮”等士绅阶层围绕便河和中山路兴建房产，各族群分片营造大型住宅，宅内以会馆为中心，形成层层套叠的大开间院落空间，与小尺度的传统民居形成鲜明对比。清代之后，江陵和沙市还出现了大量殖民建筑，其空间形态多样，包括：多层单边的商业建筑、合院式的教堂建筑等。民国时期，沙市民族工业发展，城市外围出现了大尺度的工业区肌理。

中华人民共和国成立后，沙市工业区与居住区统一规划，形成了在全国具有示范性的综合生活区肌理和工业居住混合的大院肌理。归纳起来，在春秋战国郢都、晚清江陵城、清末沙市、民国时期沙市和中华人民共和国成立后等不同的历史阶段，荆州先后呈现出8种空间肌理特征，包括：江陵汉城肌理、江陵满城肌理、沙市九十埠肌理、沙市大型民居肌理、沙市近代商业街肌理、沙市近代工业区肌理、沙市当代综合生活区肌理、沙市当代工业区肌理等（图9-5）。

江陵汉城肌理

江陵满城肌理

沙市九十埠肌理

沙市大型民居肌理

图 9-5　荆州城市空间肌理的八种模式（一）

来源：根据谷歌地图 2011 年版荆州航拍图和荆州实景照片绘制。

沙市近代商业街肌理

沙市近代工业区肌理

沙市综合生活区肌理

沙市当代工业区肌理

图 9-5 荆州城市空间肌理的八种模式（二）

来源：根据谷歌地图荆州航拍图和荆州实景照片绘制。

9.2.3 空间线：在水一方的“丁”字格局

荆州不仅在城市外部具有水系贯连的特征，而且在内部也具有引水入城的传统（图 9-6）。纪南城引护城河水形成内河龙陂，郢城也有内河与护城河相通，江陵城引护城河水形成北湖、西湖和洗马池，沙市城更是沿着便河排列街巷市肆。中华人民共和国成立之后，沙市展开了大规模的便河治理活动。1996 年荆沙合并之后，荆州东护城河成为公共空间整治的重点对象。目前荆沙河湿地保护治理和海子湖滨水旅游区的开发方兴未艾，楚文化中水土交融、在水一方的空间意境必将在荆州未来的空间营造中展现光彩。

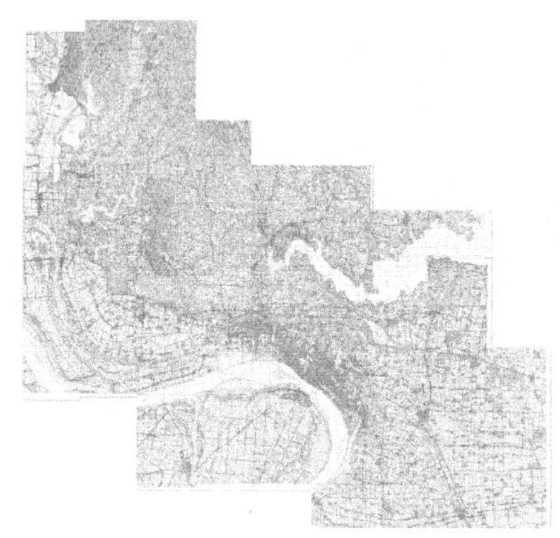

图 9-6 荆州城市空间与水体的关系——川中陆地即为“州”

来源：荆州城市规划设计研究院。

同时，在微观的滨水空间形态上，荆州市中心的“丁”字格局也具有独特性。例如：纪南城的中心就以丁字形水道构成了公共空间的骨架，使外城的东西向生活轴和宫城的南北向礼仪轴相互独立，不仅形成了生活和礼仪分离的水陆复合交通体系，而且打破了《周礼》中内外城统一的“井”字等级结构，创造了内外城独立的均质城市空间（图 9-7）。

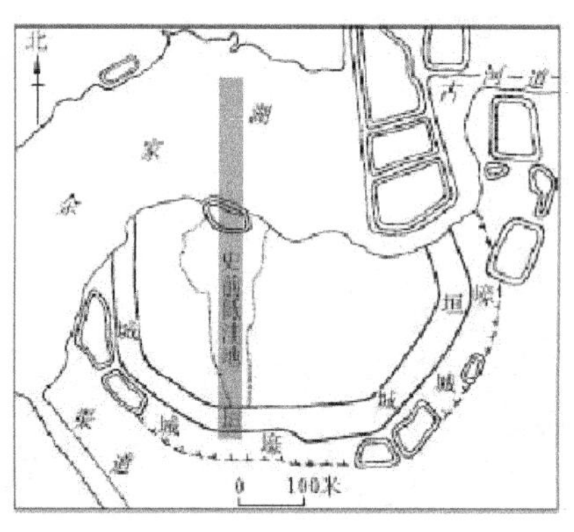

阴湘城空间轴线图

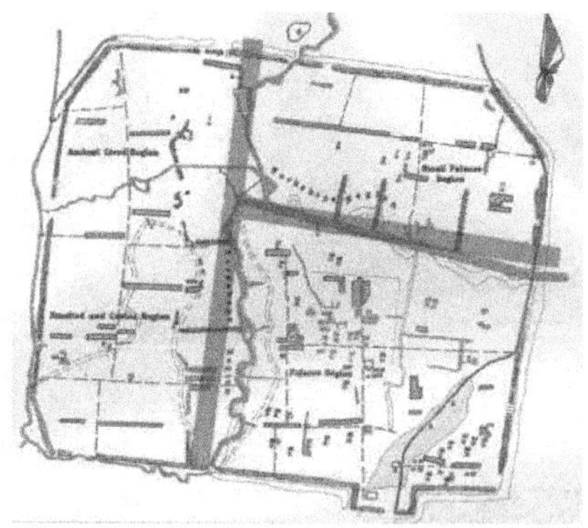

纪南城城市空间轴线图

图 9-7 荆州历代城市空间轴线分析（一）

来源：根据各历史时期城市平面图绘制。

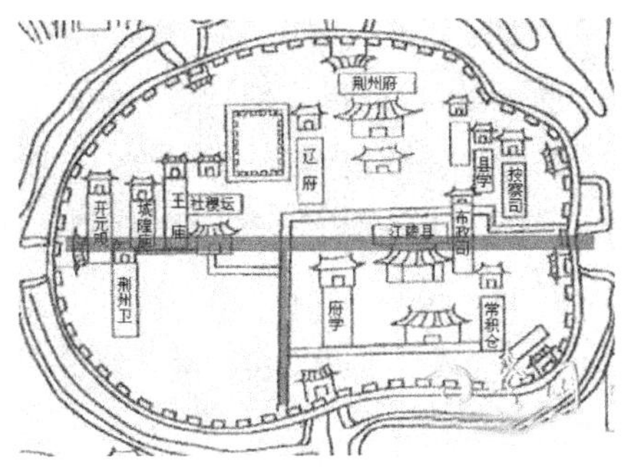

明江陵城市空间轴线图

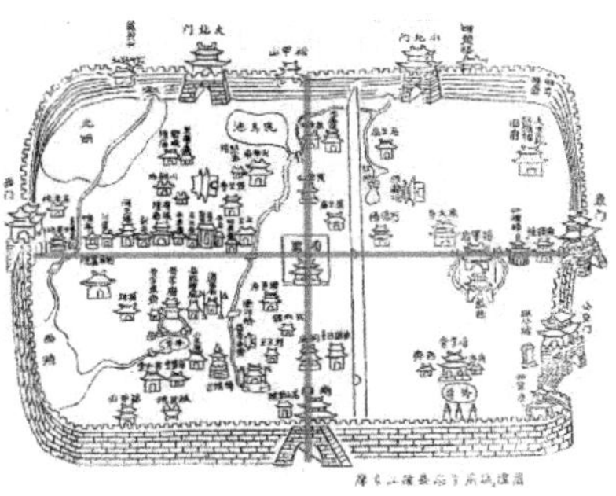

清江陵城市空间轴线图

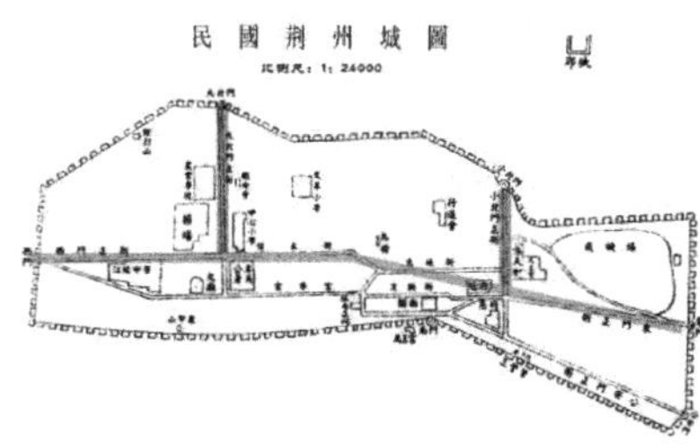

民国江陵城市空间轴线图

民国沙市城市空间轴线图

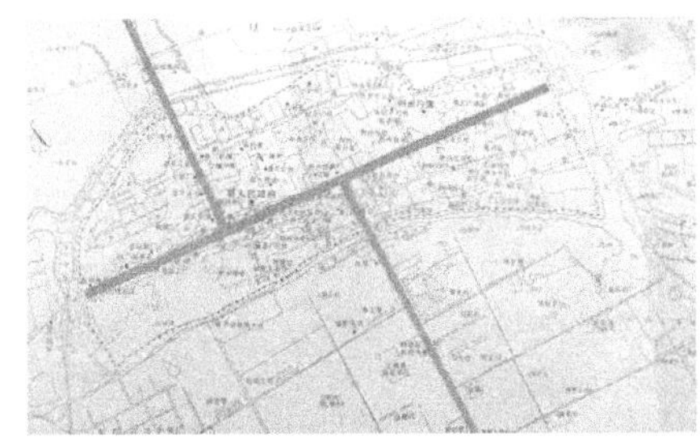

20 世纪 80 年代江陵城市空间轴线图

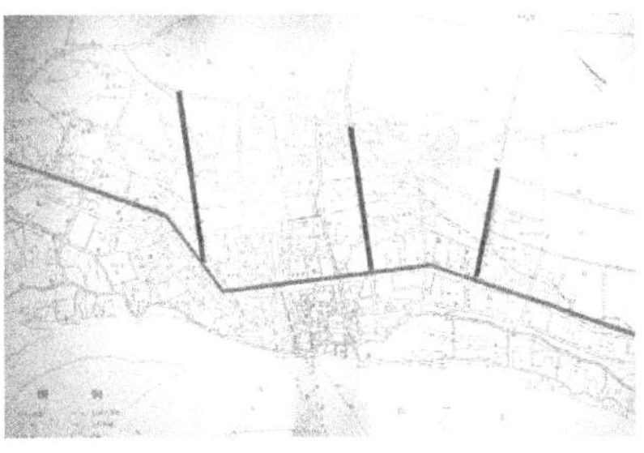

20 世纪 80 年代沙市城市空间轴线图

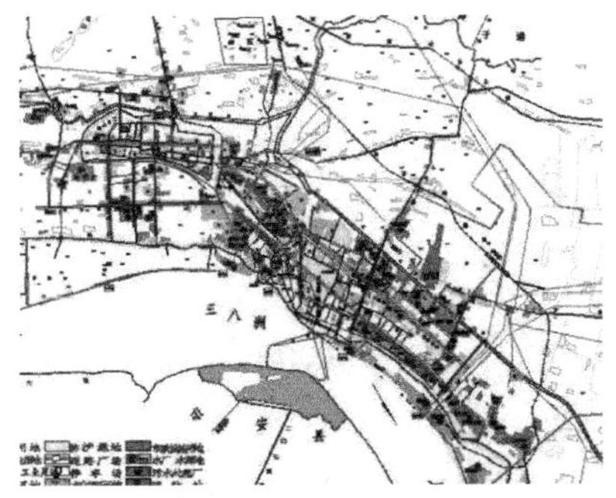

20 世纪 80 年代江陵城市空间轴线图

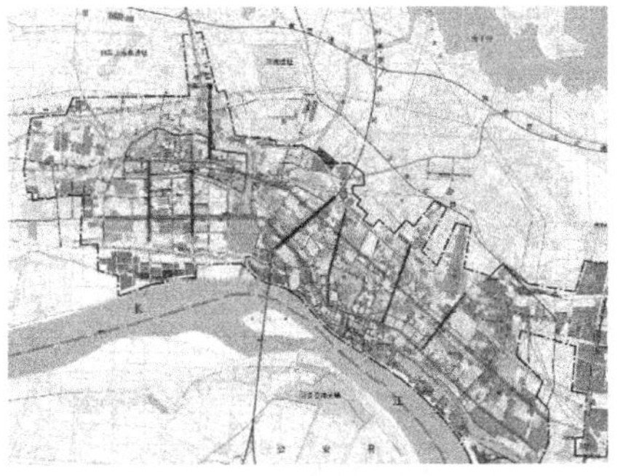

20 世纪 80 年代沙市城市空间轴线图

图 9–7 荆州历代城市空间轴线分析（二）

来源：根据各历史时期城市平面图绘制。

这种丁字格局同样存在于江陵城和沙市城中。如：江陵城的历代府署均偏离中心，位于东侧，具有独立南北轴线系统，而居住街区以东西向道路为轴线，两者之间形成丁字交叉，且轴线南部各自以大量丁字道路组织街区。虽然明清之后江陵城出现了大小十字街，体现了回族文化的渗透，但总体格局不变，大部分街道仍为丁字形交叉。沙市市中心至今仍以便河为轴线呈带状发展，道路多丁字交叉，而较少十字路。荆州的丁字形轴线系统不仅保留了楚城的特色，而且影响了大量中国南方城市的营造，这种空间形态的意义尚待深入研究。

9.2.4 空间点：多元交融的城市标志物

以楚人为主体的族群在荆州各阶段的城市营造活动中留下了多种文化的印记，形成城市空间节点的多样化特征。

例如：新石器时期的阴湘城城址是屈家岭文化的标志，春秋战国时期的纪南城城墙代表了楚文化的巅峰，郢城是楚汉文化的标志物，江陵城城址是楚文化和三国文化的产物，其中开元观是唐代道教文化的产物，承天寺、章华寺是佛教文化的标志，太晖观、湘王府、辽王府等是明代王府文化的标志物，文庙是书院文化的标志物。

又如：晚清时期沙市的春秋阁、川主宫等戏楼是各地域会馆文化的标志物。近代江陵城南门外的天主教堂、文萃小学及修道院是殖民时期天主教文化的产物。民国时期沙市中山路和中山公园是士绅文化的标志物，沙市纱厂和打包厂是民族工业发展的标志。沙市青杨巷 18 号革命遗址、烈士纪念碑和中山公园纪念碑是革命历史的标志物。中华人民共和国成立后荆江分洪纪念塔是荆江工程的纪念物。当代诸多优秀的公共建筑和沙隆达广场等是当代都市文化的标志物。改革开放后的长江大学等可作为当代高校文化的标志。

因此荆州城市空间节点的类型可初步归纳为：屈家岭文化、楚文化、楚汉文化、三国文化、佛教文化、道教文化、明代王府文化、宋至明清的书院文化、晚清会馆文化、殖民文化、民国文化、近代工业文化、中国革命文化、荆江工程纪念、现代都市文化、现代高校文化等 16 种模式。

9.3 荆州城市空间营造的现状问题

荆州的城市文明走过了 2500 年的历史，彰显出依水筑城、引水营城的重要意义，也出现了以下 4 个方面的问题：

9.3.1 水系治理和滨水空间复兴

荆州最为宝贵的资源是自然水网和人工运河构成的水系，最典型的风貌特色是以河道为骨架的城市公共空间。宋代之前，荆州的城市营造注重河道疏浚和治理，人与自然的和谐，自然灾害的影响较小。宋代之后漕运缩减，围垸造田，完整的内河水系割裂为零碎的水面，洪涝灾害对城市的影响加剧。近代荆州工业发展加速，控污设施缺乏，护城河、西干渠和荆襄河等污染淤塞严重。尽管中华人民共和国成立后便河整治和东荆河疏浚等改善了局部环境，但长期以来的河道萎缩问题已经彻底改变了荆州的人地关系和滨水空间风貌，水体蓄洪能力下降和环境污染等问题难以根治。因此，当前迫切需要重构高品质的城市水系，重塑人与自然和谐共存的城市风貌，重建水体保护意识。

首先，疏浚自然河道和人工运河。古云梦泽遗存长湖与杨水遗存龙陂、荆襄河、护城河、荆沙河和便河等应当整体保护，建议疏浚河道，打通被割裂的水体，重建自然河道和人工运河为骨架的空间格局，从根本上改善城市水环境质量。

其次，治理水体污染。针对工业污染和生活排污严重的地段，应补充排水设施和减污设备，加强控污管理，制定远期搬迁计划，减少污染，改善水质。

最后，合理利用滨水空间。维护便河和东荆河沿岸空间，保护治理龙陂、荆襄河和荆沙河等滨水空间，串联各水系交叉点，如：江陵城门、纪南城门、沙市便河广场和海子湖畔等，构建绿化、休闲和旅游设施，以楚文化为主题，重塑滨水空间的文化特色，发挥社会效益。

9.3.2　城市肌理的多样化保存

荆州自古文化多元，空间肌理多样，中华人民共和国成立后计划经济下的终极规划模式减弱了空间多样性，市场经济下的国际都市模式也不利于多元化的发展，我们认为，荆州应当恢复开放包容的楚文化传统特色，改变以经济生产为目的的规划模式，转向以生活文化为核心的规划模式，从“全盘规划、全局控制、全面管理”转向“基础规划、重点控制、分层管理”，基础设施统一配置，特色地区控制发展，分区之间互补协调，整体上实现城市资源的有效利用。

随着荆州高铁站的运营、岑河机场的修建和海子湖旅游休闲区的兴起，城市向北和向东发展的空间拓展，可将城市肌理重新划分为5类：①高铁片：高层高密度的肌理；②沙市片：多层高密度肌理；③荆州古城片：低层高密度肌理；④岑河机场片：低层低密度肌理；⑤海子湖片：低层低密度肌理。

城市肌理的保护建设应当遵循3条原则：①重点保护荆州古城和沙市旧城的空间肌理，创造性地利用文化资源，引入更有活力的城市功能，实现旧城中心的可持续发展。②统一规划城市基础设施，对市场开发给予有效的支持和限定，实现分区发展平衡。③充分利用分区优势资源，发挥分区自主性，分片规划、分步实施，构建体现产业特点和文化特色同时具有完备功能的城市副中心。

9.3.3　城市道路交通系统重组

完善的道路交通系统是城市经济发展的保障，随着国家高速铁路网的建设，轨道交通技术升级，区域联系加强，可能从两方面影响荆州城市道路系统重组：

（1）高铁站点将提升荆州区位优势，带动城市活力增长。高铁站点在荆州武德片区设立，标志着城市轨道交通时代到来，不仅有利于发挥荆州的区位优势和人才优势，进一步推动高新技术产业发展，同时有利于市内自然资源和文化资源的开发，带动生态农业和观光旅游等第三产业发展，增强城市宜居性和吸引力。荆州应充分利用高铁发展带来的集聚效应，建立新的市域高速公路网或轨道交通网，重新发挥荆州的交通枢纽作用，同时加强高铁站与其他市内交通节点的联系，将高铁站的活力辐射到市中心和各分中心，带动城市整体经济发展。

（2）新型城市公共轨道交通技术将重塑节能环保的新型城市交通系统。国内外旧城更新的经验表明，有轨电车、轻轨和地铁等公共轨道交通系统可以有效减少旧城中心的机动车交通量，提高公共交通效率，对减少交通拥堵、降低环境污染、优化景观风貌等具有显著作用。对于中心城区人口大于100万，城市建成区面积超过100km^{2}的大型和巨型城市，适合发展地铁和轻轨等与公路交通网错开的高速轨道交通。对中心城区人口少于100万、建成区面积小于100km^{2}的大中型城市，可以采用与汽车交通并行的有轨电车系统。

通过有轨电车系统，可帮助荆州解决3个问题：

（1）疏导荆州古城内部交通。荆州古城内街道尺度有限，机动车交通的承载量较小，且不宜大拆大建和增开城门，可使用有轨电车系统建立低碳高效的公共交通网络，增修城外停车场，限制机动车进入古城，从而减少城内机动车，提升古城的空间品质。

（2）加强荆沙双核间联系。目前荆州古城和沙市之间主要通过江津路连接，对塔桥路口交通造成压力，可在武德高铁站和沙市中心区、荆州东门和塔桥路，以及荆州南门和御路口之间分别建立有轨电车线路，分流城内交通，带动城南片区和城北片区发展。

（3）提高交通效率和空间品质。有轨电车系统与汽车道路系统并行，有助于将城市的生活道路系统与生产服务道路系统分离，如：以有轨电车系统在高铁站与各分区中心之间构建生活轴线，高效连通分区中心，再以步行道路联系分区中心和各社区中心，构建连续的步行景观体系。又如：快速的服务干道可限定于城市外围，或商业区背街，或与社区生活干道垂直交叉。这种人车分流的生活空间，可以提高货运效率和排污能力，更能将汽车与人行道和景观带分离，降低噪声和尾气污染，改善生态环境和居住安全度，提高城市中心区的吸引力。

荆州道路交通系统的重建可分为3个阶段：①建立轨道交通网路，联系城市水体和历史遗产，限制荆州古城和沙市旧城汽车交通量。②在五片区间建设快速车行道，加强市域联系，限制市中心汽车交通量。③在五片区外围增加停车空间，限制城区整体汽车交通量。

9.3.4 历史遗产活态保护

荆州的文化遗产丰富，历史资源价值宝贵，而历史遗产保护与城市发展之间没有相互促进，反而相互制约，主要面临3个问题：

（1）地方经济发展与大遗址保护之间矛盾重重。中心城区以北的纪南城和郢城等大型文化遗址周边乡镇经济薄弱，小型工业发展落后，历史遗产破坏和生态环境污染等问题较为严重。

（2）历史街区保护规划缺乏执行力。在荆州古城和沙市旧城内，城市基础设施落后，居民生活品质下降，社区景观文化衰败，如：曾经繁荣的荆州古城官带巷、沙市旧城胜利街和三府街等历史街区已经成为荆州最贫困的街区，市民维权意识日益加强，历次保护规划中依赖行政执行力来迁移人口的策略基本失效。

（3）历史建筑的完整性和原真性没有得到保护。虽然在1984年和2000年两次的荆州历史文化名城保护规划评审中都有强调，应保护古城墙完整性，不要在城墙上开豁口[①]，但新城门还是越来越多，城墙恐将由中国南方少有的“完璧”变成“残壁”，希望编制规划的同仁们引起注意！同时，荆州王府建筑和沙市中山路的大型民居也应当尊重历史原真性，避免建造假古董取而代之。

针对荆州历史遗产保护的这三个矛盾，可采取以下三类保护模式：

（1）大遗址保护：将纪南城和郢城等大型遗址的保护做整体规划，整合区域优势，打造大遗址保护区和保护链，整体发掘荆州的历史文化特色。首先在遗址保护区内要打破商业、旅游等局部开发的思维局限，对自然环境、农业资源和历史资源统筹管理，形成整体环境协调、区域特色鲜明的大遗址保护区。其次通过保护区的环境优化带动周边环境品质的提升，为外围商业开发和土地利用制定良好的环境标准和明确的空间结构，减少开发带来的破坏，实现保护和发展双赢。

（2）自主协同的旧城更新：对于旧城内的历史街区保护，应当建立文化社区的概念，充分调动居民的自主创造力和文化认同感，以提高生活品质和复兴街区文化为目的，展开城市更新。首先，深入研究不同历史地段的城市肌理，理解城市空间背后的文化内涵。然后通过给水排水设施更新和道路系统维护等举措，提高公共设施品质，提升街区生活品质。其次，通过小型生活广场和小型城市小品的设计提高街区的可识别性和景观的协调性，提升社区的文化认同感。从而在尽少迁移居民和干扰正常生活的前提下，激发居民根据自身需求，尊重传统特色，自发参与街区的修缮和维护，与规划师协作，完成自主协同的社区营造。

（3）历史建筑的活态保护：需要通过更深入细致的理论研究，还原历史建筑的真实面貌。同时需要将历史建筑保护与城市文明建设结合起来，将历史遗产还给城市，调动市民积极性，推动历史建筑的有效利用和活态保护。例如：结合城市步行系统的规划保护荆州古城墙，从创造城市特色景观的角度严格控制改造破坏，禁止新开城门。又如：大型历史建筑可改建为主题博物馆和纪念馆，小型历史建筑可开辟历史教育基地或社区文化中心。从而将历史遗产保护与公共空间提升结合，将提高市民文化素养和提升城市认同感结合，带动市民自发了解城市文化，自觉保护遗产。

总之，荆州历史文化遗产保护与城市发展的矛盾，需要深入研究历史遗产的空间特色和文化内涵，跳出自上而下的规划思维，从提高居民生活品质的角度探讨历史遗产保护的意义和方法，从整体出发协调历史遗产与周边城市的功能关系和空间关系，最终实现历史环境的可持续发展。

① 参见：钱运铎，汤文选，高介华，等. 科学地规划建设古城江陵——四个问题，六点建议 [J]. 华中建筑，1984（1）.

另参见：2000 年 6 月，荆州市城市规划管理局举行《荆州历史文化名城保护建设规划专家评审会》具体意见。

第 10 章　展望：荆州城市空间未来发展预测

根据荆州城市空间营造的动力机制和城市空间形态基本特征，可以对未来 30 年荆州城市空间营造的活动、特征和尺度作简要的预测（表 10-1）。

10.1　2009—2039 年荆州城市空间营造活动预测

10.1.1　2009—2019 年：城市中心区的保护设计和建造

2009—2019 年，随着 2009 年荆州总体规划的实施，荆州城市空间结构明确，工业发展水平提高，经济实力增强，城市营造活动将集中于中心片区。其内容包括：

1. 城市中心区的环境、交通和公共空间整治加强，整体风貌特色形成，中心区辐射力凸显。

2. 城市基础设施建设由城市中心向周边片区扩展，城市道路交通网络升级，市中心与各分区间联系加强。

荆州市中心大型商业区和高铁站的营造（见本书 8.3 节）体现了中心区强化的趋势。

10.1.2　2019—2029 年：城市分区中心的设计和建造

2019—2029 年，各片区中心的基础设施加强，分区中心环境、交通和公共空间设计建设完成，分区中心的辐射力增强，分区中心风貌特征形成。

各分区周边城市道路系统调整，城市交通网络整合。城南片区、古城片区和武德片区融合。

荆州机场和海子湖旅游休闲区规划筹建（见本书 8.3 节）体现了分中心设计的趋势。

10.1.3　2029—2039 年：城市中心区和各分区的呵护和保护

2029—2039 年，中心片区与各分区间用地填充完成，城市道路系统整合完成，各分区间联系加强。

大荆州城市整体风貌特征形成，辐射力提升，带动周边市镇的进一步发展。

10.2　2009—2039 年荆州城市空间营造特征预测

未来 30 年，荆州将处于城市发展的更新期，主要满足族群的社会需求和文化需求，城市空间营造仍将以社会主义和理想主义为主导思想。

2009—2039年（四维后科学阶段）荆州城市空间营造的动力机制预测　　表10-1

<table>
<tr><th colspan="2">时间</th><th colspan="2">主体</th><th colspan="2">客体</th><th colspan="2">主客互动机制</th></tr>
<tr><th>全球时间</th><th>荆州时间</th><th>荆州族群主体</th><th>族群主导文化</th><th>聚落、城市</th><th>城市空间</th><th>主体对于客体的影响</th><th>客体对主体的影响</th></tr>
<tr><td rowspan="3">2009—2039年</td><td>2009—2019年</td><td rowspan="3">中华民族</td><td>中华文化发扬
社会利益聚合</td><td rowspan="3">荆州</td><td>中心区的保护、设计和建造</td><td rowspan="3">中华文化发扬时期的荆州城市空间营造将复兴荆州传统文化和智慧，在绿地和历史遗产的保护下，城市多元化的空间结构进一步建立：

体：单核多心的团状城市。
面：城市肌理的梳理平衡。
线：公共交通的设计建造。
点：文化中心为城市中心</td><td rowspan="3">2009—2039年荆州城市空间营造将带来城市族群文化的复兴，以及多元社会的构建。

1. 水系疏浚和滨水治理；
2. 轨道交通与社区中心；
3. 科技产业与多元居住。

中华文化发扬时期特点：
1. 传统文化复兴；
2. 生态环境重建；
3. 历史遗产重新利用</td></tr>
<tr><td>2019—2029年</td><td>中华文化发扬
社会利益平衡</td><td>各社区中心的设计和建造</td></tr>
<tr><td>2029—2039年</td><td>全球文化定型
社会利益平衡</td><td>中心区和社区中心的呵护和保护</td></tr>
</table>

10.2.1 2009—2019年中华文化发扬时期的营造技艺和营造制度

21世纪初期，随着中国经济实力和国际地位提升，中华民族文化自信心增强，中华文化将反思传统文化，从崇尚西方社会主义和理想主义转向建立东西方融合的建构主义，从更高的境界上思考族群社会关系，复兴家族观念和汉文化基础，各区域的同家族间将加强交流，加大经济合作，推进文化繁荣。与虚拟的网络社会相对应，现实社会将形成以地域和家族文化联系的族群联盟，和以相似喜好联结的民间社团，公益组织和民间团体大量建立，成为政府和垄断资本的监督方。高速环保的公共轨道交通网将从国家、区域深入到城市和社区，城市设计和景观设计将受到重视，城市总体规划将由形态设计逐渐转变为政策指引。

在这种历史背景下，荆州整体将保持沿江带状形态，继续发扬引水入城的营造传统，在中心城区以滨水空间为主体，形成城市风貌特色。

受轨道交通站点的影响，沪汉蓉高铁站周边将出现新的城市中心，带动荆州整体将向北部扩展。

10.2.2 2019—2039年中华全球化时期的营造境界

随着时间推移，中华文化与世界文化的交流融合更为深入，中华民族与世界各民族历史同源的本质将得到认同，中华文化将成为世界多元文化的主体，全球文化形成。中华文化将建立社会主义体制下的市民社会，通过完善的政府职能和以家族企业为主导的经济团体推动城市空间的营造。城市内部的公共轨道交通普及，历史遗产保护意识增强，公众参与加强，城市规划走向理性和公平。

在这种历史背景下，荆州的科教产业将加速发展，城南片区大学城以江汉大学为中心构成产学研片区，形成荆州第 8 类空间肌理——大学城肌理。荆州古城的文化产业与城南片区的高新技术产业互补，空间联系加强，人口自发融合，在古城市民和城南技术精英的自主协同下，市坊制肌理、旗营肌理、传统民居肌理和殖民建筑肌理将得到创造性的保护和利用。

随着各片区中心的发展，古城片区将分别建立代表清代文化的鼓楼纪念中心、代表三国文化的关庙纪念中心、代表楚文化的渚宫纪念中心、体现唐代历史的玄妙观纪念中心、体现明清传统民居的冠带巷纪念中心；城南片区将建立具有高科技特色的博物馆、图书城、休闲商务中心和滨江公园；武德片区将沿荆沙河建立体现楚文化、明代文化和近代工业文化的纪念中心，在沪汉蓉高铁站点建立展示荆州历史和文化特色的纪念中心；沙市片区将建立水文化、会馆文化、近代商业文化、传统建筑文化、殖民建筑的纪念中心；城东片区将建立近代工业、现代工业纪念中心和由工业建筑改建的大型展览馆、现代艺术中心等。

10.3 2009—2039 年荆州城市空间尺度预测

10.3.1 体：单核多心的团状城市

根据荆州城市空间营造中“依水建市、引水入城、两城合一、水系贯连”等形态特色，预计未来 30 年，中心城区将以西部过江通道、北部宜黄高速公路、东部 207 国道和南部长江江岸为边界，建立以江津河、便河与护城河为骨架的城市特色风貌，中心城区以沙市区为主中心，荆州区为副中心，以江津河为主轴线形成“两心一轴”结构。沙市区以沙北片区的政治中心为主，带动现有沙南片区的文化中心和沙东片区的经济中心，构成三片区。荆州区以古城片区的行政中心为主，带动武德片区的经济中心和城南片区的文化中心构成三片区（图 10-1）。

以荆州中心城区为节点辐射周边区域，由东至西将形成五个组团：荆西组团、郢城组团、关沮组团、锣场组团和岑河组团，并辐射六镇：马山镇、李埠镇、弥市镇、八岭山镇、纪南镇和观音垱镇。

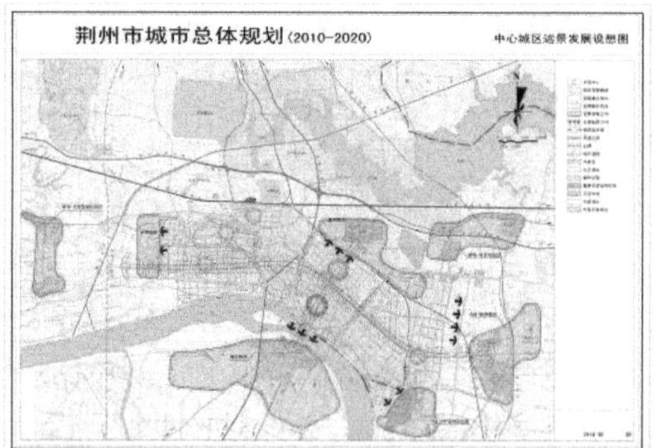

图 10–1　中心城区规划结构图（左）和中心城区远景发展设想图（右）
来源：荆州市城乡规划局 . 荆州市城市总体规划（2010—2020）[R]. 2010.

10.3.2 面：城市肌理的梳理平衡

通过创造性继承楚文化中“多产业、多文化共存和多样空间肌理拼贴”的理性城市营造模式，预计未来 30 年，荆州中心城区将建立沙市区和荆州区等两个大区，沙市区辖沙北区、沙南区、沙东区 3 个片区，荆州区辖古城区、城南区和武德区 3 个片区。

沙市区以沙北区的行政中心为主，结合沙南区的文化中心和沙东区的经济中心，构成向荆州东部辐射的城市主中心。

荆州区以古城片区的行政中心为主，带动武德片区的经济中心和城南片区的文化中心，构成向荆州西部辐射的城市副中心。

6 个片区将建立自主协同、和合情理的营造模式：

古城片区位于荆州古城，是包含行政办公、休闲旅游和生活居住等现代综合服务功能的城市片区，将形成低层高密度肌理。

武德片区依托沪汉蓉高速铁路客运站、宜黄高速公路出入口及跨江大桥等大型对外交通设施，承担快速客运、商贸物流等对外服务和居住功能，将采用高层高密度肌理。

城南片区东接武德片区、西至九阳大道、北至荆州古城、南至长江，将建立以大学城为中心，高新技术和教育科研为主导产业，包含休闲旅游和居住等现代综合服务功能的城市片区，将采用多层低密度肌理。

沙南片区位于沙市旧城区，南至荆江大堤，北至江津路，完善休闲旅游、商业贸易、文化娱乐和居住等综合功能，将形成多层低密度肌理。

沙北片区（包括海子湖）在江津路以北扩展，将形成东起豉湖路、西至荆东环路、北抵荆岳铁路、南至江津中路的核心区域，建立金融商贸、行政办公、文化娱乐、生活居住等综合功能，将采用低层低密度肌理。

沙东片区（包括机场）位于中心片区以东，将形成以工业、港口和机场为主的综合服务片区，主要发展一、二类工业，承担工业基地、港口航空运输与物流等对外职能，配有适量生活设施，将采用低层低密度肌理。

10.3.3 线：公共交通的设计建造

根据荆州城市空间营造中“水系决定城市格局”和“在水一方的丁字道路”特色，预计未来 30 年中心城区内部将以水系为轴线建立新型公共轨道交通体系，控制荆州古城和沙市旧城片区的机动车交通量。中心城区外围将建立快速主干道，联系各城镇和中心城区，增强主中心区和分中心区的辐射力。

公共轨道交通系统联系高铁站点和各片区中心，以便河为界，形成 3 条轨道交通线路：①城东生活轨道线，连接高铁站、海子湖、经济开发区和机场；②城中环线，连接高铁站、荆州古城小北门、荆州古城东门、荆沙河、江津河行政中心、沙市中山路、荆州古城南门和荆州古城大北门；③城西生活轨道环线，联系高铁站、荆州古城大北门、大学城、滨江公园和御码头。轨道交通环线使用地面轨道，不污染环境、不破坏历史遗产、不影响机动车交通和慢行交通，将提高城市中心区公共交通效率，提升城市公共空间品质。

快速主干路联系中心城区和各乡镇中心，联系翠环路、徐桥路、张沟路、荆沙大道、南环路、江津路、北京路、沿江大道等东西干道，以及九阳大道、西环路、荆州大道、武德路、塔桥路、园林路、豉湖路、三湾路、月堤路、王家港路和东方大道等南北向主干路，形成环线。

10.3.4 点：文化中心为城市中心

根据荆州城市空间营造中"历史累积、文化融合、多元并存"的空间特色，预计未来30年，将在公共轨道交通系统的带动下，在各片区中心和典型地段建立城市文化风貌纪念地，形式包括：城市广场、城市博物馆、文化中心和公园等。

古城片区：在荆州古城内将建立代表清代文化的鼓楼纪念广场、代表三国文化的关庙博物馆、展示楚文化的渚宫博物馆（荆州博物馆）、体现唐代历史的玄妙观道教文化中心、体现明清传统民居的冠带巷民俗体验区；

武德片区：沿荆沙河将建立楚文化滨河公园、张居正纪念馆、沙市纱厂工业主题公园等，在沪汉蓉高铁站点前建立荆州历史文化广场；

城南片区：在城南产业园和大学城内将建立具有高科技特色的博物馆、图书城、休闲商务中心、滨江公园和御码头公园；

沙北片区：将建立以便河和西干渠为节点的水文化广场和海子湖湿地公园；

沙南片区：将建立洋码头文化广场、会馆文化博物馆、近代商业文化街、传统建筑城市博物馆、西方建筑城市博物馆；

城东片区：将建立由机场和近现代工业遗产改建的植物园、展览馆、现代艺术之家等文化机构（图 10-2）。

图 10–2 荆州机场规划

来源：荆州新闻网，http://www.jznews.com.cn/comnews/system/2016/03/16/011851934.shtml.

10.4 总结：全球文化转型时期社会主导的内聚式空间博弈

未来 30 年，以中华文化和全球文化主导的荆州城市空间营造将改变政治因素和经济因素主导的营造模式，转为以社会关系为主导的内聚式空间营造模式，建立一个具备综合功能的城市主中心，和多个具备综合功能的城市副中心，并围绕副中心建立各具特色的片区、组团和社区，形成层次分明、功能互补、联系紧密的多自主体城市空间[①]，推行自主协同、符合情理的营造模式[②]。

10.4.1 自然层面：水系疏浚和滨水治理

2009—2039 年间，荆州城市空间营造在宋代以前的治水传统将继续发扬，通过水系疏浚和滨水治理来创造族群与自然之间的博弈平衡。其中水系疏浚包括：修复自然河道和人工水系，增强城市水环境的蓄洪能力，减弱对荆江堤防的依赖，通过变“堵”为“疏”的方式减少水灾对城市的影响。滨水治理包括：在控制河道两岸的开发建设，建立以自然景观为主的柔性驳岸和休闲公园，在河道涨水时期为蓄洪预留空间，减少河道两岸的经济损失，在没有洪灾影响时为城市居民提供亲近自然的休闲娱乐场所，改变城市广场主导的公共空间营造模式，减轻绿化成本，减少硬质铺地数量，增强土地渗透力，保证雨水对地下水的供给，保持城市土壤和地质构造的稳定，实现生态景观的可持续发展。

10.4.2 社会层面：轨道交通与社区中心

2009—2039 年间，荆州将通过公共轨道交通系统和社区中心的建立实现社会层面的空间博弈平衡。公共轨道交通将改善传统公路交通的拥堵和污染，提升居民出行效率和生活环境品质，城市空间更加洁净、安全，更适宜步行。同时依靠历史文化遗产建立的社区文化中心为居民提供了教育、集会、休闲和游览的精神空间，让市民对城市历史文化和传统习俗的体验更为直观，人们为生活在荆州这座历史悠久的城市而自豪，将更加珍惜和爱护自己所在的社区环境。不同社区间和社区邻里间了解和交流的机会增多，城市文化繁荣，社会矛盾调和。

10.4.3 个人层面：科技产业与多元居住

2009—2039 年间，荆州族群个体将通过科技产业的发展和多元居住模式的选择实现个人层面空间博弈的平衡。随着高铁网络和航空网络的发展，荆州与武汉、宜昌等中西部城市快速连接，区域中心的地位重新建立，新兴科技产业和金融贸易企业落户荆州，优美的自然环境和悠久的城市历史文化气息将吸引国内外精英安居创业。新世纪的荆州人不再拘泥于传统职业限制，将通过互联网把荆州的自然资源和文化资源引介到世界市场中，运用生态农业技术和跨区域旅游产品参与国际竞争，通过世界文化遗产地的申请将荆州文化广泛传播。经济全球化的背景下，荆州人居住空间的选择也更多元，可以在现代化的滨江地带远眺江景，可以在温馨优雅的荆沙河畔品味时光，可以在荆州古城的城墙上体验历史沧桑，可以走入沙市街巷感受市井繁华，城市漫长的历史记忆将被一一唤醒，可见可触可感的生活体验将更加丰富多彩。

---

① 参见：CHEN Y，HE B．Multi-agent City[C]//2009 International Conference on Industrial and Information Systems（IIS 2009）．Haikou：IEEE，2009：458．

② 引自：赵冰．中国城市空间营造个案研究系列总序 [J]．华中建筑，2010（12）：4．

10.5 深入研究工作的议题

本书对荆州城市空间营造的历史、特征和尺度进行了整体研究，但荆州城市空间营造的内涵之深、课题之多远非本书所能涵盖，要使其中的营造智慧得以创造性继承，还需要继续深化和量化研究，在此抛砖引玉，希望未来有更多同仁参与其中。

10.5.1 纵向研究工作的思路

本书仅从宏观和中观等物质空间层面总结了荆州的空间营造模式，尚未细致研究其背后的技艺、礼仪和境界，未来可从以下 3 个方面继续探讨：

（1）细化城市空间结构的研究：如荆州水体空间结构变迁研究、荆州自然河道空间结构研究，荆州人工运河的空间结构研究、杨水运河对荆州城市空间演变的影响研究、荆州道教建筑的分布结构研究、荆州伊斯兰教建筑的分布结构研究等，可结合 GIS 等地理信息技术，进一步揭示空间结构背后的时空变化规律和人地关系内涵。

（2）量化城市肌理的研究：如荆州汉城闾里制度下的城市肌理研究、沙市邓氏住宅空间肌理研究、沙市十三帮房地产的空间肌理等，可借助 BIM 软件等计算机辅助技术模拟还原建筑尺度，保证历史建筑保护修复的精确度和真实性。

（3）建筑空间的研究：如楚国渚宫营造模式研究、荆州湘王府营造模式研究、荆州佛教建筑的营造模式、荆州天主教建筑的营造模式，荆州关帝庙的营造模式等，可与其他地域的同类建筑对比研究，进一步总结荆州传统建筑的空间特色。

10.5.2 横向研究工作的思路

针对未来荆州城市空间营造面临的问题，本书仅初步提出研究角度和方法建议，还需要通过诸多横向研究落实到城市设计和工程设计层面，例如：

（1）城市滨水空间设计研究：可选择与荆州滨水空间地理位置、河流宽度和城市功能相似的多个城市滨水空间，进行比较研究，探讨荆州滨水空间的功能、结构和施工技术。

（2）以公共交通为导向的城市开发模式（简称 TOD）研究：可广泛参考国内外城市轨道交通的布线原则和设计方法，探讨荆州公共轨道交通系统的线路规划和 ID 设计方案。

（3）城市高新产业区与旧城区的空间关系模式研究：如何通过轨道交通使高新产业区与旧城区发展互动，可借鉴西方旧城更新的丰富经验，探讨荆州旧城更新的可能性。

（4）重要历史地段的保护模式研究：可参考与荆州城市规模和人口规模相近、城市变迁历程相似的国内外历史文化名城保护模式，研究重要历史地段如城门、街道交叉口等地段的保护方法，探讨历史遗产活态保护的多种模式。

21 世纪，世界经济社会风云变幻，中华文化的复兴必将带动汉文化和楚文化的复兴，荆州是楚文化的中心，它的悠久历史如同荆江之水，尽管柔肠百转，依然荡气回肠，“惟楚有材”的荆州人一定能够运用智慧、抓住机遇，穿越历史的迷雾，一步步实现他们美好的生活理想！

参考文献

[1] 《中国大百科全书・环境科学》编委会，《中国大百科全书》编辑部．中国大百科全书・环境科学卷 [M]．北京：中国大百科全书出版社，2002.

[2] 班固．汉书 [M]．北京：中华书局，2007.

[3] 北京国际城市发展研究院．2006—2010 中国城市价值报告 [EB/OL]．http://www.caijing.com.cn/2010-10-29/110555447.html.

[4] 蔡运章．屈家岭文化的天体崇拜——兼谈纺轮向玉璧的演变 [J]．中原文物，1996（4）.

[5] 蔡质撰．孙星衍校集．汉官典职仪式选用・汉官 [M]．北京：中华书局，1985.

[6] 曹卫平．再论大溪文化时期城头山住民所处之社会形态 [J]．湖南文理学院学报，2008（11）：76.

[7] 常健，邓翔，秦军．平畴千里、碧水浮城——荆州市水文化与滨水景观构想 [J]．华中建筑，2006（9）.

[8] 陈寿．三国志 [M]．栗平夫，武彰译．北京：中华书局，2007.

[9] 陈静远．西方近现代城市规划中社会思想研究 [D]．武汉：华中科技大学，2004（11）.

[10] 陈铁梅，G. 拉普，荆志淳，等．荆南寺遗址陶瓷片的中子活化分析法溯源研究 [C]// 北京大学考古学系．“迎接二十一世纪的中国考古学”国际学术研讨会论文集（1993）．北京：科学出版社，1998.

[11] 陈曦．从江陵“金堤”的变迁看宋代以降江汉平原人地关系的演变 [J]．江汉论坛，2009（8）.

[12] 陈曦．以江陵县为例看宋元明清时期荆北平原的水系变迁——以方志为中心的考察 [J]．中国地方志，2006（9）.

[13] 陈怡．荆州古城城市空间形态保护 [D]．武汉：武汉大学，2005.

[14] 陈泳．城市空间：形态、类型与意义——苏州古城结构形态演化研究 [M]．南京：东南大学出版社，2006.

[15] 陈昱，魏金石．长江经济带可持续发展地图集 [M]．北京：科学出版社，2001.

[16] 陈远柏，李小平，秦军．荆州历史文化名城保护规划探析 [J]．规划师，2003（7）.

[17] 陈跃．清代荆州满城初探 [J]．三门峡职业技术学院学报，2009（1）.

[18] 陈运溶，王仁俊．荆州记九种．襄阳四略 [M]．武汉：湖北人民出版社，1999.

[19] 成一农．宋、元以及明代前中期城市城墙政策的演变及其原因 [M]// 中日古代城市研究．北京：中国社会科学出版社，2004.

[20] 成一农．中国古代城市城墙史研究综述 [J]．中国史研究动态，2007（1）.

[21] 崔龙见修．魏耀等纂．（乾隆）江陵县志 [M]．清乾隆五十九年（1794）刻本.

[22] 崔陇鹏，黄旭升．清代巴蜀会馆戏场建筑探析 [J]．四川建筑，2009（4）.

[23] 邓翔、秦军．荆州市水文化初探 [J]．规划师，2006（3）.

[24] 邓翔．荆州古城滨水空间文化内涵与景观规划研究 [D]．武汉：武汉理工大学，2006.

[25] 董灏智．楚国郢都兴衰史考略 [D]．长春：东北师范大学，2008.

[26] 窦建奇，王扬．楚“郢都（纪南城）”古城规划与宫殿布局研究 [J]．古建园林技术，2009（1）.

[27] 杜佑．通典：二百卷（影印本）[M]．北京：北京图书馆出版社，2006.

[28] 尔雅 [M]．北京：中华书局，2014.

[29] 方珂．两汉时期的荆州刺史为何不治江陵 [J]．中南大学学报，2007（12）：726.

[30] 房玄龄等．晋书 [M]．北京：北京图书馆出版社，2003.

[31] 房玄龄等．晋书 [M]．中华书局，1996.

[32] 冯纪忠．建筑人生——冯纪忠自述 [M]．北京：东方出版社，2010.

[33] 孚保修．邓宗禹．江陵乡土志 [M]．传抄本.

[34] 傅红，罗谦．剖析会馆文化 透视移民社会——从成都洛带镇会馆建筑谈起 [J]．西南民族大学学报（人文社科版），2004（4）.

[35] 范成大．吴船录 [M]．北京：中华书局，1985.

[36] 范晔．后汉书 [M]．北京：中华书局，2007.

[37] 冈村秀典等．湖北阴湘城遗址研究（Ⅰ）——1995 年日中联合考古发掘报告 [J]．东方学报（京都），1997 年第 69 册.

[38] 高介华，刘玉堂．楚国的城市与建筑 [M]．武汉：湖北教育出版社，1996.

[39] 高介华．“楚辞”中透射出的建筑艺术光辉——文学“幻想”，楚乡土建筑艺术的全息折射 [J]．华中建筑，1998（2）.

[40] 古河图洛书解 [M]．松云书屋刻本.

[41] 顾大庆．《空间原理》的学术及历史意义 [M]// 赵冰．冯纪忠和方塔园．北京：中国建筑工业出版社，2007.

[42] 顾祖禹．读史方舆纪要 [M]．贺次君，施和金点校．北京：中华书局，2005.

[43] 郭德维，李德喜．楚纪南城西垣北门和南垣水门的复原研究（下）[J]．华中建筑，1994（1）.

[44] 郭德维．楚都纪南城复原研究 [M]．北京：文物出版社，1999.

[45] 郭嘉轩．“江汉—洞庭湖平原区”沉降是水患频发重要因素 [EB/OL]．http://news.xinhuanet.com/society/2005-10/24/content_3677754.htm.

[46] 郭贸泰．中国地方志集成·湖北府县志辑 35·康熙荆州府志 [M]．南京：江苏古籍出版社，2001.

[47] 郭沫若．关于《鄂君启节》的研究 [J]．文物参考资料，1958（4）.

[48] 海石．大溪文化的代表——城头山遗址考古 [J]．集邮博览，2005（11）.

[49] 贺杰．古荆州城内部空间结构演变研究 [D]．武汉：华中师范大学，2009.

[50] 贺巧娟．“五四”时期的三次东西文化论战 [J]．大众文艺（理论），2008（6）.

[51] 湖北省博物馆．楚都纪南城的勘查与发掘（上）[J]．考古学报，1982（3）.

[52] 湖北省博物馆．楚都纪南城的勘查与发掘（下）[J]．考古学报，1982（4）.

[53] 湖北省江陵县志编纂委员会．江陵县志 [M]．武汉：湖北人民出版社，1990.

[54] 桓谭．新论 [M]．上海：上海人民出版社，1976.

[55] 黄恭发．荆州历史上的战争 [M]．武汉：湖北人民出版社，2006.

[56] 黄渺淼．纪南城的布局及其城建思想 [J]．兰台世界，2011（7）.

[57] 黄清农，盛松青．江陵名城的保护与发展 [J]．华中建筑，1988（2）.

[58] 季富政．三峡房屋及聚落初始研究——三峡地区乡土建筑及城镇历史之一 [J]．重庆建筑，2010（12）.

[59] 江陵文物局．江陵阴湘城的调查与探索 [J]．江汉考古，1986（1）.

[60] 江陵县地名领导小组办公室．湖北省江陵县地名志 [Z]．1982.

[61] 江陵郢城考古队．江陵县郢城调查发掘简报 [J]．江汉考古，1991（4）.

[62] 解辰巽．建筑师，请对中国文化有自信 [J]．新建设：现代物业上旬刊，2011（6）：11-12.

[63] 靳进．东汉末年荆州八郡考 [J]．襄樊学院学报，2009（1）.

[64]《荆州百年》编委会办公室．荆州百年（上卷）[M]．北京：红旗出版社，2004.

[65] 荆楚园林史稿略 [M] // 杨宏烈，刘辉杰．名城美的创造．武汉：武汉工业大学出版社，1992.

[66] 荆州博物馆，福冈教育委员会．湖北荆州市阴湘城遗址东城墙发掘简报 [J]．考古，1997（5）.

[67] 荆州博物馆．湖北荆州市阴湘城遗址 1995 年发掘简报 [J]．考古，1998（1）.

[68] 荆州年鉴编辑委员会．荆州年鉴（1997—2007）[Z]．荆州：荆州市史志办公室，1998-2008.

[69] 荆州市城市规划设计研究院．荆州市城市总体规划（2010—2020）专题七：城市空间拓展专题 [R].2010.

[70] 荆州市城乡规划局．荆州市城市总体规划（1995—2010）[R]．1996.

[71] 荆州市城乡规划局．荆州市城市总体规划（2010—2020）[R]．2010.

[72] 荆州市城乡规划局．荆州历史文化名城保护规划（2000 年版）[R]．2000.

[73] 荆州市城乡规划局．荆州历史文化名城保护规划（2009 年版）[R]．2009.

[74] 荆州市历史沿革 [EB/OL]．http://www.xzqh.org.

[75] 孔自来．中国地方志集成・湖北府县志辑 30・顺治江陵志余 [M]．南京：江苏古籍出版社，2001.

[76] 蒯正昌，吴耀斗修．胡九皋，刘长谦纂．中国地方志集成・湖北府县志辑 30、31・光绪续修江陵县志 [M]．南京：江苏古籍出版社，2001.

[77] 黎虎．六朝地区荆州地区的人口 [J]．北京师范大学学报（社会科学版），1991（4）：10.

[78] 李辉，金力．重建东亚人类的族谱 [J]．科学人，2008（8）.

[79] 李吉甫．元和郡县图志 [M]．北京：中华书局，1983.

[80] 李军．近代武汉城市空间形态的演变（1861—1949）[M]　武汉：长江出版社．2005.

[81] 李伦亮．城市规划与社会问题 [J]．规划师，2004（8）.

[82] 李敏．荆楚地区传统民居的象征文化初探 [J]．山西建筑，2005（9）.

[83] 李瑞．南阳城市空间营造研究 [D]．武汉：武汉大学，2008.

[84] 李文澜．湖北通史・隋唐五代卷 [M]．武汉：华中师范大学出版社，1999.

[85] 李文墨．城墙保存完整的历史名城保护之比较研究 [D]．上海：同济大学，2006.

[86] 李心传．建炎以来系年要录（卷一百六十七）[M]．北京：中华书局，1988.

[87] 郦道元．水经注校证 [M]．北京：中华书局，2007.

[88] 廖浩深．荆州古城之历史文化名城保护研究 [J]．科技咨询导报，2007（8）.

[89] 刘彬徽. 试论丹阳和郢都的地望与年代 [J]. 江汉考古，1980（1）：54.
[90] 刘德银，王幼平. 鸡公山遗址发掘初步报告 [J]. 人类学学报，2001（5）.
[91] 刘林. 活的建筑：中华根基的建筑观和方法论——赵冰营造思想评述 [J]. 重庆建筑学报，2006（12）.
[92] 刘林. 营造活动之研究 [D]. 武汉：武汉大学，2005.
[93] 刘士岭. 试论明代的人口分布 [D]. 郑州：郑州大学，2005.
[94] 刘向编订. 明洁辑评. 战国策 [M]. 上海：上海古籍出版社，2008.
[95] 刘昫等. 旧唐书·列传第五十七·玄宗诸子 [M]. 北京：中华书局，2000.
[96] 刘玉堂. 有无相生 道法自然——楚国的建筑艺术 [J]. 政策，1998（12）.
[97] 陆游. 入蜀记校注 [M]. 蒋方校注. 武汉：湖北人民出版社，2004.
[98] 卢川，许宏雷. 袁宏道诗文与明代荆州城市 [J]. 沙洋师范高等专科学校学报，2010（6）.
[99] 卢川. 略论中晚明荆州城市人文形态——以荆州地域文献为考察对象 [J]. 孝感学院学报，2011（4）.
[100] 卢川. 中晚明荆州城市新变与城市人文空间——以“公安三袁”诗文为考察对象 [J]. 郧阳师范高等专科学校学报，2010（5）.
[101] 鲁西奇. 中国历史的空间解构 [M]. 桂林：广西师范大学出版社. 2014，10.
[102] 罗先明. 荆州历史文化名城保护评估 [D]. 武汉大学，2005（12）.
[103] 马世之. 层台累榭　临高山些——读郭德维著《楚都纪南城复原研究》[J]. 华夏考古，2001（1）.
[104] 马世之. 略论楚郢都城市人口问题 [J]. 江汉考古，1988（1）.
[105] 马世之. 中国史前古城 [M]. 武汉：湖北教育出版社，2003.
[106] 马雅莉. 唐代荆州政治经济变迁探析 [D]. 南京：南京师范大学，2012.
[107] 牟发松. 湖北通史（魏晋南北朝卷）[M]. 武汉：华中师范大学出版社，1999.
[108] 牟宗三. 中西哲学之会通十四讲 [M]. 长春：吉林出版集团有限责任公司，2010.
[109] 倪文蔚. 中国地方志集成·湖北府县志辑 37·光绪荆州府志 [M]. 南京：江苏古籍出版社，2001.
[110] 宁倩. 荆州城墙古代城防设施研究及实例分析 [D]. 西安：西安建筑科技大学，2005.
[111] 潘琴. 荆州城墙及其周边环境的保护与更新 [D]. 武汉：华中科技大学，2006.
[112] 裴安平. 聚落群居形态视野下的长江中游史前城址分类研究 [J]. 考古，2011（4）.
[113] 彭建东. 景德镇城市空间营造——瓷业主导下的城市空间演变研究 [D]. 武汉：武汉大学，2011.
[114] 彭蓉. 蒙太奇手法于新旧建筑空间的重构 [D]. 武汉：华中科技大学，2005.
[115] 彭贤则. 荆州优势资源利用与可持续发展 [D]. 北京：中国地质大学，2005.
[116] 钱运铎，汤文选，高介华，等. 科学地规划建设古城江陵——四个问题，六点建议 [J]. 华中建筑，1984（1）.
[117] 乾子（赵冰）. 民众的力量 [M]// 当代艺术（4）. 长沙：湖南美术出版社，1992.
[118] 曲英杰. 说郢 [J]. 湖南考古辑刊，1994（6）.
[119] 任云英. 近代西安城市空间结构演变研究（1840—1949）[D]. 西安：陕西师范大学，2005.

[120] 阮元校．春秋左传正义 [M] // 十三经注疏本．北京：中华书局，1980．

[121] 沙市市地方志编纂委员会．沙市市志・第一卷 [M]．北京：中国经济出版社，1992．

[122] 沙市市地名委员会．沙市市地名志 [Z]．1984．

[123] 沙市市建设志编纂委员会．沙市市建设志 [M]．北京：中国建筑工业出版社，1992．

[124] 沙市市政管理委员会．沙市市政汇刊 [Z]．1936．

[125] 沙市市政权志编纂办公室．沙市市政权志 [Z]．1989．

[126] 沙市水利堤防志编委会．沙市水利堤防志（1994 年版）[M]．太原：山西高校出版社，1994．

[127] 山东省文物考古研究所等．曲阜鲁国故城 [M]．济南：齐鲁书社，1982．

[128] 沈克宁．建筑现象学 [M]．北京：中国建筑工业出版社，2007．

[129] 司马迁．史记 [M]．北京：中华书局，1959．

[130] 四书五经 [M]．北京：中华书局，2009．

[131] 宋濂，王祎．元史 [M]．北京：中华书局，2015．

[132] 宋衷注．秦嘉谟等辑．世本八种 [M]．上海：商务印书馆，1957．

[133] 孙家柄，马吉苹，廖志东，杨权喜．楚古都——纪南城的遥感调查和分析 [J]．遥感信息，1993（1）．

[134] 孙士辉．《天官书》导引，结合天体图，破解“河图”“洛书”[EB/OL]．http://www1.lit.edu.cn．

[135] 唐春生．刘表时期避难荆州的北方名士 [J]．湖南大学学报（社会科学版），2001（2）．

[136] 陶肃平．江陵古城保护规划设想初议 [J]．华中建筑，1984（3）．

[137] 田盛颐．中国系统思维再版序 [M] // 刘长林．中国系统思维——文化基因探视．北京：社会科学文献出版社，2008．

[138] 童曹．2600 多年前，我家乡的那场战争，推动了“春秋五霸”的形成 [EB/OL]．http://blog.china.com.cn/caochenbo/art/3629396.html．

[139] 脱脱，等．宋史 [M]．北京：中华书局，1977．

[140] 万谦，王瑾．1788 年洪水对荆州城市建设的影响 [J]．华中建筑，2006（3）．

[141] 万谦．江陵城池与荆州城市御灾防卫体系研究 [M]．北京：中国建筑工业出版社，2010．

[142] 万谦．晚清荆州满城家庭结构与居住模式推测 [J]．新建筑，2006（1）．

[143] 汪德华．中国城市规划史纲 [M]．南京：东南大学出版社，2005．

[144] 汪坦．诺伯格 - 舒尔茨：《场所精神——关于建筑的现象学》前言 [J]．世界建筑，1986（12）．

[145] 汪原．凯文・林奇《城市意象》之批判 [J]．新建筑，2003（3）．

[146] 王象之．舆地纪胜 [M]．北京：中华书局，2003．

[147] 王宏伟．试析国际垄断资本主义的五大特征 [J]．理论与现代化，2004（5）．

[148] 王明贤．三十年中国当代建筑文化思潮 [M] // 张颐武主编．中国改革开放三十年文化发展史．上海：上海大学出版社，2008．

[149] 王明贤．建筑的实验 [J]．时代建筑，2000（2）．

[150] 王仁湘，郭德维，程欣人．湖北宜城楚皇城勘查简报 [J]．考古，1980（2）．

[151] 王善才．湖北宜城“楚皇城”遗址调查 [J]．考古，1965（8）．

[152] 王毅．南京城市空间营造研究 [D]．武汉：武汉大学，2010．

[153] 王勇．楚文化与秦汉社会 [M]．长沙：湖南大学出版社，2009.

[154] 王志忠．风雨沧桑九十埠——关注历史文化街区胜利街 [J]．荆州房地产，2008（2）.

[155] 魏昌．研究荆州地方史的开拓之作——读《荆州百年》（上卷）[J]．荆州纵横，2004（10）.

[156] 魏徵．隋书 [M]．北京：中华书局，1997.

[157] 吴庆洲．迎接中国城市营建史研究之春天（中国城市营建史研究总序）[M] // 万谦．江陵城池与荆州城市御灾防卫体系研究．北京：中国建筑工业出版社，2010.

[158] 武汉市档案馆等．武昌起义档案资料选编（中卷）[M]．武汉：湖北人民出版社，1983.

[159] 希元．荆州驻防志 [M]．林久贵点注．武汉：湖北教育出版社，2002.

[160] 夏铸九，王志弘编译．空间的文化形式与社会理论读本 [M]．台北：明文书局有限公司，1999.

[161] 肖融．荆州古城风貌保护及文化传承 [J]．小城镇建设，2007（2）.

[162] 肖文静．基于城墙遗址保护利用的荆州环城公园建设研究 [D]．武汉：华中农业大学，2010.

[163] 肖旭．对文化名城江陵保护与建设的探讨 [J]．长江大学学报（社会科学版），1989（3）.

[164] 萧代贤．江陵 [M]．北京：中国建筑工业出版社，1992.

[165] 徐凯希．略论晚清荆沙社会变迁 [J]．武汉科技大学学报（社会科学版），2011（4）.

[166] 徐轩轩．宜昌城市空间营造研究 [D]．武汉：武汉大学，2010.

[167] 杨超．少年奇才王弼 [M] // 舒大刚主编．中国历代大儒．长春：吉林教育出版社，1997.

[168] 杨朝阳，宋立林．孔子家语通解 [M]．济南：齐鲁书社，2009.

[169] 杨宏烈，刘辉杰．名城美的创造 [M]．武汉：武汉工业大学出版社，1993.

[170] 杨宏烈，魏炼久．沙市近代建筑览要 [M] // 张复合．建筑史论文集（第 12 辑）．北京：清华大学出版社，2000.

[171] 杨宏烈．江陵的古都建置及旅游开发构想 [J]．城市研究，1997（4）.

[172] 杨宏烈．荆州古城历史街区的保护与更新 [J]．华中建筑，1994（3）.

[173] 杨宏烈．荆州古城水空间试析 [J]．华中建筑，1990（3）.

[174] 杨宏烈．历史街区保护更新的手法——以荆州沙市为例 [J]．北京规划建设，1999（4）.

[175] 杨宏烈．论城墙保护与园林化 [J]．中国园林，1998（6）.

[176] 杨宏烈．论城墙公园 [J]．中外建筑，1997（5）.

[177] 杨宏烈．沙市历史街区的保护与更新 [J]．中州建筑，1996（1）.

[178] 杨宏烈．自然美与人文美的交织——荆州环城公园水景美的探求 [J]．南方建筑，2000（4）.

[179] 杨旭莹．楚都纪南城与渚宫江陵区位考析 [J]．湖北大学学报（哲学社会科学版），1988（4）.

[180] 姚桂芳．江陵凤凰山 10 号汉墓“中服共侍约”牍文新解 [J]．考古，1989（3）.

[181] 叶骁军．中国都城历史图录（第一集）[M]．兰州：兰州大学出版社，1986.

[182] 叶仰高修；施廷枢纂．政协荆州市委员会校勘．荆州府志（清乾隆二十二年刻本）[M]．武汉：湖北人民出版社，2013.

[183] 印第安人的中国基因 [EB/OL]．http://club.kdnet.net/.

[184] 于志光．武汉城市空间营造研究 [M]．北京：中国建筑工业出版社，2011.

[185] 余金汉．《遗志二》：婴儿至两岁 [EB/OL]．http://cn.netor.com/m/box200505/m50579.asp?BoardID=50579.

[186] 余金汉．《遗志一》：我的出生地 [EB/OL]．http://cn.netor.com/m/box200505/m50579.asp?BoardID=50579.

[187] 余知古．渚宫旧事译注 [M]．袁华忠注译．武汉：湖北人民出版社，1999.

[188] 张德魁．荆州民居略窥 [J]．华中建筑，1997（4）.

[189] 张捷．留学生与中国近代建筑思想和风格的演变 [D]．太原：山西大学，2006.

[190] 张俊．大清国地理书中的沙市 [EB/OL]．http://zongheng.jzinfo.com.

[191] 张俊．荆州古城的背影 [M]．武汉：湖北人民出版社，2010.

[192] 张良皋．巴史别观 [M]．北京：中国建筑工业出版社，2006.

[193] 张良皋．匠学七说 [M]．北京：中国建筑工业出版社，2002.

[194] 张良皋．论楚宫在中国建筑史上的地位 [J]．华中建筑，1984（1）.

[195] 张良皋．秦都与楚都 [J]．新建筑，1985（3）.

[196] 张松，阮仪三，顿明明．荆州历史文化名城保护规划抱略 [J]．华中建筑，2001（1）.

[197] 张廷玉．明史 [M]．北京：中华书局，2015.

[198] 张维华．中国长城建置考・上编 [M]．北京：中华书局，1979.

[199] 张正明．楚史 [M]．武汉：湖北教育出版社，1995.

[200] 张正明．楚文化史 [M]．上海：上海人民出版社，1987.

[201] 赵冰，崔勇．风生水起——赵冰访谈录 [J]．建筑师，2003（4）.

[202] 赵冰．4！——生活世界史 [M]．长沙：湖南人民出版社，1989.

[203] 赵冰．此起彼伏：走向建构性后现代城市规划 [J]．规划师，2002（6）.

[204] 赵冰．从后现代主义多元论说开去 [J]．中国美术报，1986（41）.

[205] 赵冰．关于居住的思考 [J]．美术思潮，1987（2）.

[206] 赵冰．建筑之书写——从失语到失忆 [J]．新建筑，2001（1）.

[207] 赵冰．人的空间 [J]．新建筑，1985（2）.

[208] 赵冰．数字时代的建筑学 [M] // 水晶石数字传媒．建筑趋势．北京：知识产权出版社，2004.

[209] 赵冰．营造法式解说 [J]．城市建筑，2005（1）.

[210] 赵冰．长江流域：成都城市空间营造 [J]．华中建筑，2011（3）.

[211] 赵冰．长江流域：合肥城市空间营造 [J]．华中建筑，2011（10）.

[212] 赵冰．长江流域：荆州城市空间营造 [J]．华中建筑，2011（5）.

[213] 赵冰．长江流域：昆明城市空间营造 [J]．华中建筑，2011（2）.

[214] 赵冰．长江流域：南昌城市空间营造 [J]．华中建筑，2011（9）.

[215] 赵冰．长江流域：南京城市空间营造 [J]．华中建筑，2011（11）.

[216] 赵冰．长江流域：南阳城市空间营造 [J]．华中建筑，2011（6）.

[217] 赵冰．长江流域：上海城市空间营造 [J]．华中建筑，2012（1）.

[218] 赵冰．长江流域：苏州城市空间营造 [J]．华中建筑，2011（12）.

[219] 赵冰．长江流域：武汉城市空间营造 [J]．华中建筑，2011（8）.

[220] 赵冰．长江流域：长沙城市空间营造 [J]．华中建筑，2011（7）.

[221] 赵冰．长江流域：重庆城市空间营造 [J]．华中建筑，2011（4）.

[222] 赵冰．长江流域族群更叠及城市空间营造 [J]．华中建筑，2011（1）

[223] 赵冰．中国城市空间营造个案研究系列总序 [J]．华中建筑，2010（12）.

[224] 赵冰. 中华全球化之走向公民社会——兼论自主协同规划设计 [J]. 新建筑，2009（3）.

[225] 赵冰. 珠江流域：广州城市空间营造 [J]. 华中建筑，2012（4）.

[226] 赵冰. 珠江流域：南宁城市空间营造 [J]. 华中建筑，2012（3）.

[227] 赵冰. 珠江流域：珠海城市空间营造 [J]. 华中建筑，2012（5）.

[228] 赵冰. 珠江流域族群更叠及城市空间营造 [J]. 华中建筑，2012（2）.

[229] 赵冰. 作品与场所 [J]. 新美术，1988（4）.

[230] 赵冰. 多元主义——挪用的策略 [M]. 长沙：湖南美术出版社，1992.

[231] 赵冰. 建构主义——文本化趋势 [M]. 长沙：湖南美术出版社，1992.

[232] 赵冰. 解构主义——当代的挑战 [M]. 长沙：湖南美术出版社，1992.

[233] 赵冰. 转换主义——生成与置换 [M]. 长沙：湖南美术出版社，1992.

[234] 郑明佳. 江汉平原古地理与“云梦泽”的变迁史 [J]. 湖北地质，1988(12).

[235] 周凤琴. 云梦泽与荆江三角洲的历史变迁 [J]. 湖泊科学，1994（3）.

[236] 朱诚，钟宜顺，等. 湖北旧石器时期至战国时期人类遗址分布与环境的关系 [J]. 地理学报，2007（3）.

[237] 朱翰昆. 荆楚研究杂记 [Z]. 荆州：湖北省荆州行署地方志办公室，1997.

[238] 朱剑飞. 当代西方建筑空间研究中的几个课题 [J]. 建筑学报，1996（10）.

[239] 邹逸麟. 中国历史地理概述 [M]. 上海：上海教育出版社，2007.

[240] 左丘明. 国语 [M]. 北京：中华书局，2016.

[241] 左丘明. 左传 [M]. 北京：中华书局，2007.

[242] 单先进，曹传松. 洞庭湖区史前考古又获重大成果澧县城头山屈家岭文化城址被确认 [N]. 中国文物报，1993-03-15.

[243] 陈礼荣. 名冠三楚风景地川主宫古戏台（风景线）[N]. 人民日报（海外版），2002-10-28（7）.

[244] 肖潇，张明贵. 魅力荆州之城建篇：荆州脸孔的靓丽变身 [N]. 荆州日报，2009-12-23.

[245] 一丁. 荆州“城中城”有座“大观园”：有识之士呼吁“手下留城” [N]. 江汉商报，2010-07-04（5）.

[246] 兴建荆襄生态公园，古城荆州将新添绿意 [N]. 江汉商报，2011-03-19（5）.

[247] 谭其骧. 云梦与云梦泽 [J]. 复旦学报（社会科学版），1980（S1）.

[248] 保康王. 沧海桑田话“荆州三海” [EB/OL]. 2007-10-15. http://culture.cnhubei.com/ 2007-10/25/cms480795article.shtml.

[249] 巴舍拉. 空间诗学 [M]. 龚卓军，王静慧译. 台北：张老师文化事业股份有限公司，2003.

[250] 福柯. 知识的考掘 [M]. 王德威译. 台北：麦田出版社，1993.

[251] 吉迪恩. 空间・时间・建筑：一个新传统的成长 [M]. 王锦堂，孙全文译. 武汉：华中科技大学出版社，2010.

[252] 拉普卜特. 建成环境的意义：非言语表达方法 [M]. 黄兰谷等译. 北京：中国建筑工业出版社，1992.

[253] 拉普卜特. 宅形与文化 [M]. 常青等译. 北京：中国建筑工业出版社，2007.

[254] 林奇. 城市意象 [M]. 方益萍，何晓军译. 北京：华夏出版社，2001.

[255] 罗·科特. 拼贴城市 [M]. 童明译. 北京：中国建筑工业出版社，2003.

[256] 罗西. 城市建筑学 [M]. 黄士钧译. 北京：中国建筑工业出版社，2006.

[257] 诺伯格 - 舒尔茨. 西方建筑的意义 [M]. 李路珂，欧阳恬之译. 北京：中国建筑工业出版社，2005.

[258] 诺伯格 - 舒尔茨. 场所精神：迈向建筑现象学 [M]. 施植明译. 武汉：华中科技大学出版社，2010.

[259] 诺伯格 - 舒尔茨. 存在·空间·建筑 [M]. 尹培桐译. 北京：中国建筑工业出版社，1990.

[260] 文丘里，布朗，艾泽努尔. 向拉斯维加斯学习 [M]. 徐怡芳，王健译. 北京：知识产权出版社，中国水利水电出版社，2006.

[261] 文丘里. 建筑的复杂性与矛盾性 [M]. 周卜颐译. 北京：中国建筑工业出版社，1991.

[262] 希列尔. 赵冰译. 空间句法：城市新见 [J]. 新建筑，1985（1）.

[263] 薛求理. 建造革命：1980 年以来的中国建筑 [M]. 水润宇，喻蓉霞译. 北京：清华大学出版社，2009.

[264] 亚历山大. 建筑的永恒之道 [M]. 赵冰译. 北京：中国建筑工业出版社，1989.

[265] 亚历山大. 建筑模式语言：城镇·建筑·构造 [M]. 王昕度，周序鸿译. 北京：中国建筑工业出版社，1989.

[266] ALEXANDER C. A city is not a tree[J]. Architectural Forum，1965，122（1-2）.

[267] BRUNO F. Xi'An - an ancient city in a modern world - Evolution of the urban form 1949-2000[M]. Paris：Editions Recherches，2007.

[268] CHEN Y，BING H. Multi-agent City[C] //2009 International conference on industrial and information systems（IIS 2009）. Haikou：IEEE，2009：458.

[269] CLEMENT P，PECHENART E，CLEMENT-CHARPENTIER S. L'Ambiguïté d'une Dépendance，la Ville Chinoise et le Commerce[R]. 1984.

[270] HEIDEGGER M. Being and time[M]. trans. by MARQUARRIE J，ROBINSON E. London：SCM Press，1962.

[271] HILLIER B，HANSON J. The Social logic of space[M]. New York：Cambridge University press，1984.

[272] LOUBES J. Maisons creusées du Fleuve Jaune[M]. Paris：Editions Créaphis，1989.

[273] LOUBES J. Réhabilitation du quartier des trois allées à Xian，la ville chinoise entre transformation et disparition[M] //Dans：Chine Patrimoine architectural et urbain. Paris：Les éditions de la Villette，1997.

[274] NORBER-SCHULTZ C. Intentions of the architecture[M]. Cambridge，Massachusetts：M.I.T. press，1963.

[275] WANG Y. Une hiérarchie du passé，une autre du futur——Un nouveau modèle d'architecture mixte dans un ancien quartier chinois[D]. Bordeaux：Travail Personnel de Fin d'Etudes de l'Ecole d'Architecture et de Paysage de Bordeaux，2006.

[276] ZHU J. Chinese spatial strategies：Imperial Beijing（1420–1911）[M]. London：Routledge Curzon，2004.

后　记

城市如人，是物质和精神统一的生命体：空间如肉体，文化如灵魂，肉体与灵魂的相互作用构成生命。作为荆州城市生命的守望者，每次穿越时空去触摸她，总是目不暇接，又甚感悲凉：她曾灿烂辉煌，又历经沧桑；她曾风华绝代，又被人遗忘。城市的风生水起与人的命运坎坷何等相似。作为自然环境和社会环境中的造物，城市与人的关系又是何等密切：人通过环境的改造认识自我，同时又按照自我认识改造环境，城市就在人与环境的相互作用中生生不息。

正是这种沧海桑田、生生不息的历程吸引着我：关注族群、研究城市空间营造，如同追溯自己的前世今生，回眸自身的生命体验，只不过人的生命如此有限，城市的生命却十分漫长。想到许多城市生命的守望者，如师祖冯纪忠教授、导师赵冰教授，无不是在这种“知也无涯”的探求中延展着“生也有涯”的意义。荆州城市空间营造研究虽历时十载，却跨越上下两千年，在思想的纵横驰骋中体会历史的风云变幻和城市的起承转合。而这又仅仅是一个开始，城市变迁的速度今非昔比，我们不仅是城市历史的守望者，更将成为城市未来的缔造者，对城市空间营造过程的理解和反思、探索和展望，是每个城市规划者应当承担的责任。

“荆州城市空间营造研究”是作者个体介入荆州个案，对其城市空间营造的整体过程进行发掘、归纳、思考和预测的成果记录。导师赵冰教授对论文的选题、撰写、修改和完善的全过程给予指导，倾注了大量心血，在作者困惑时醍醐灌顶、指点迷津，教授我缜密严谨的思维方法和大胆求证的勇气信心。读博期间，赵冰老师委以参编《冯纪忠讲谈录》的重任，让我感受到冯纪忠先生宽厚儒雅的人格风范，并使我在论文研究前期对中国城市规划学科的发展历程有初步认识。冯纪忠先生提出的空间原理、与古为新等学术思想，不仅启发我对中西文化展开对比思考，更加深了对赵冰教授“空间营造理论”的理解。“空间营造”思想起源于赵冰教授硕士阶段人本主义角度的哲学思辨和其博士阶段从“人的空间”切入的人类“生活世界史”研究。“生活世界史”和规划设计实践的结合，使其创造了“空间营造”设计方法论，并从族群文化角度展开“城市空间营造个案”的研究和城市空间营造规律的探索。赵冰教授跨文化的视野、东西结合的思维与冯纪忠先生中西贯通的学术思想是一脉相承的，同时将冯纪忠先生的空间原理扩展到景域、城市和建筑等相互贯通的广义“空间”层面，通过“环境、情境和意境”“技艺、礼仪和境界”等概念的提出，形成了“空间营造”的方法论体系，并通过城市空间营造个案研究检验和重构这种方法论。“荆州城市空间营造研究”对赵冰教授的“空间营造”理论最重要的推动就是证明地域文化在城市空间中的连续作用和影响力。尽管城市空间营造的技艺和礼仪可能转换，城市空间可能变迁，只要族群的主体不变，城市空间营造的理想境界就会保持稳定。即使暂时被掩盖，最终也会随着城市的复兴而彰显。荆州的城市空间营造应当体现其主体族群文化——楚文化的理想境界，这是未来荆州城市空间营造成功的关键所在。

正如赵冰教授在"大学的校园（3篇演讲）"中提到的，"在大学中，学到多少知识不是最重要的，最重要的是真正找到内心精微的东西，这是我们的学生将来为人处世是否合乎新建构伦理的关键"。作为一名学生，在研究荆州城市空间营造的理想境界时体会更深的还有自身内心最精微的东西——理想。正是一种对未来的期盼和对理想的坚持推动着我对荆州城市空间营造过程一次又一次地展开探索和追问。城市规划者毫无疑问是理想主义者，重建城市如同重塑生命，精神的指引才会带来物质的复兴。

2007年至今，荆州城市空间营造的研究持续13年，本书每一步进展都得到多位老师、同行和同学的关心帮助。在本书的选题、研究框架和内容撰写方面，华中科技大学张良皋先生、中南建筑设计院高介华先生，武汉大学李军教授、尚涛教授、王江萍教授、彭建东教授、刘卫兵教授、刘林老师和宋靖华老师都给予了指导和建议。初稿撰写期间得到冯纪忠教授和其女儿冯叶小姐的关心鼓励，13年前冯先生对我的叮咛鞭策至今记忆犹新。荆州市规划设计研究院前任院长秦军、城市规划室前任主任康自强，荆州市城市建设档案馆前任馆长杨俊和荆州市建设委员会张俊先生为本书提供了珍贵的第一手资料。武汉大学朱斯坦博士、荆州市社会科学联合会谢葵老师、长江大学城市规划系前任主任王宇和曹志立教授、荆州博物馆丁家元教授为本书资料的收集提供了重要线索。5次荆州调研中，高峰、苏女士、李先生以及诸多与我耐心交谈、给我宝贵建议而不愿留名的荆州人，在此向你们致以衷心的感谢！同时感谢昔日同窗复旦大学徐曦博士为沙市民国时期资料收集提供的重要帮助，以及同门师兄王毅博士、同学涂光陆博士和叶鹏博士，同学陈丹博士、王莉莉博士、王波博士、周俊博士、胡珊博士和室友刘欢欢博士在本书撰写期间给予的重要建议和无私帮助！感谢高介华先生、中国建筑工业出版社吴宇江编审、浙江工商大学旅游与城乡规划学院前任院长易开刚教授、副院长陈觉教授和前任副院长郑四渭教授为本书出版提供的帮助和支持！感谢学生王丹阳和谢雨潇等对图片的后期整理！

最后，将本书献给辛勤培育我的父母和默默支持我的先生郑惠峰博士、女儿郑清文和儿子郑青原，是你们的爱支撑我走到今天。掩卷反思，更惭愧由于自身局限，本书尚存诸多不足，恳请诸位老师、同学和同行批评指正！

陈怡

2012年4月于武昌狮子山北麓东湖之滨（初稿）

2020年12月28日于杭州保俶山北（定稿）